高等学校土建类专业规划教材

流 体 力 学

（第 2 版）

徐正坦　主编

马金花　刘衍香　副主编

化学工业出版社

·北京·

《流体力学》（第 2 版）是根据高等学校土建专业流体力学课程教学基本要求，并考虑目前加强理论基础、拓宽基础知识面、强调工程应用型特色，按大类培养的教改思想编写的，体现了流体力学的基本概念、基本理论和基本工程应用。全书共分十三章，内容包括绪论、流体静力学、一元流体动力学理论基础、流动阻力与能量损失、量纲分析与相似原理、理想和黏性流体动力学、管路计算的基本理论、可压缩气体的一元恒定流动、明渠流动等内容。各章均有一定数量的思考题和习题，书末附有答案。

　　《流体力学》（第 2 版）由浅入深，通俗易懂，便于自学，注重基础理论，加强能力的培养。本书可作为高等学校土建类建筑环境土木工程、给水排水工程、市政工程、建筑环境与能源应用工程等有关专业本科生的教学用书或教学指导书。也可供研究生、设计单位的科技人员参考。

图书在版编目（CIP）数据

　　流体力学/徐正坦主编. —2 版. —北京：化学工业出版社，2020.6（2025.2 重印）
　　高等学校土建类专业规划教材
　　ISBN 978-7-122-36538-5

　　Ⅰ. ①流…　Ⅱ. ①徐…　Ⅲ. ①流体力学-高等学校-教材　Ⅳ. ①O35

　　中国版本图书馆 CIP 数据核字（2020）第 052127 号

责任编辑：陶艳玲　　　　　　　　　装帧设计：韩　飞
责任校对：杜杏然

出版发行：化学工业出版社（北京市东城区青年湖南街 13 号　邮政编码 100011）
印　　装：北京建宏印刷有限公司
787mm×1092mm　1/16　印张 17¼　字数 436 千字　2025 年 2 月北京第 2 版第 4 次印刷

购书咨询：010-64518888　　　　　　　售后服务：010-64518899
网　　址：http://www.cip.com.cn
凡购买本书，如有缺损质量问题，本社销售中心负责调换。

定　　价：49.00 元

前　言

　　《流体力学》第一版，因具有内容体系完整、适用面广、难度适中等特点，已为多所高校选用。为了更好地为教学服务，满足相关专业的后续专业课程学习的需求，对本书部分章节进行必要的调整和修改，对发现的错误和疏漏进行订正。

　　这次订正工作主要体现在以下几个方面：

　　（1）尽量保持教材原来特色和风格，框架结构和框架体系基本不变。

　　（2）对原书有的基本理论做了一些补充阐述，例题和问题也稍有增加，新增加了在教学过程中提出的一些启发性的思考题。

　　参加本次修订工作的编者有：闽南理工学院徐正坦，河南城建学院尹玉先，闽南理工学院刘衍香。

　　由于水平有限和时间较紧，书中不妥之处恳请读者批评指正。

编者

2020 年 2 月

第一版前言

　　本书以本科"建筑环境与设备工程"专业培养目标和培养方案以及主干课程教学基本要求为主要依据，注重教材的科学性、实用性、通用性，在体现教材工程应用型特色的同时，尽量满足了同类工科院校各专业教学的需求。

　　本书是论述流体力学的专业教材。在编写上着重于流体力学基本理论、基本计算及基本实验技能方法，行文力求简洁清楚，突出重点，分散难点，尽量不将一些理论色彩过浓的非核心内容编入本书，循序渐进，便于自学。增加例题、思考题、习题数量以加强基本解题训练，使各专业学生在学习过程中，尽快掌握典型流体力学的原理和解题方法。本书也包括了一些专业特殊要求的内容，理论和专业内容结合，构成了一个有机整体，有利于增强学生对后续课程学习的适应能力，力求将流体力学专业知识与有关工程问题紧密结合，为从事专业技术工作打下坚实的基础。

　　由于各院校的学时数不同，专业要求也有差异，因此任课教师可根据具体情况，对某些章节进行取舍。

　　全书由福建工程学院徐正坦主编。参加编写工作的有徐正坦（第一～四、八、九章）、平顶山工学院尹玉先（第五、六章）、河北科技大学马坤茹、崔明辉（第七、十章）、山东建筑大学马金花（第十一～十三章）。全书由徐正坦统稿。张增凤教授对全书精心进行了审阅，并提出宝贵的修改意见，在此深表谢意。

　　本书可作为建筑环境与设备工程、环境工程、给排水工程、土木工程、交通工程等专业教学用书，也可供研究生以及设计单位的科技人员参考。

　　由于作者知识和水平有限，书中若有不妥之处，恳请读者批评指正。

编者

2008 年 10 月

目 录

第一章　绪　　论

第一节　流体力学的任务与研究对象

流体力学的任务是研究流体平衡和运动时的力学规律及其在工程技术中的应用。流体力学是一门宏观力学，是力学的一个重要分支。

流体力学的研究对象是流体。流体包括液体和气体这两大类。它们的共性是由于流体质点之间的内聚力很小，所以具有很大的流动性，流体的易流动性是流体的最基本特征。流动性是指无论在多小的剪切力作用下，流体都很容易发生连续剪切变形，直至剪切力停止作用为止。但是液体和气体也具有各自的个性：液体有一定的体积而无一定的形状，不易压缩，形状随容器形状而变，可有自由表面；气体则既无一定的体积又无一定的形状，容易压缩，气体将充满整个容器，没有自由表面存在。当在研究某个问题过程中，如果液体或气体其各自的个性可以忽略的话，那么这两者之间便具有相同的规律。流体作为物质的一种基本形态，必须遵循自然界一切物质运动的普遍规律，如牛顿的第二定律、质量守恒定律、能量守恒定律和动量定律等。所以，流体力学中的基本定理实质上都是这些普遍规律的具体体现和应用。

流体力学学科的渗透性很强，几乎与所有基础和技术学科间都有交叉学科形成。如航空航海、水利水电、热能制冷、土建环保、气液输送、冶金采矿等部门，都会碰到大量与流体运动规律有关的生产技术问题，要解决这些问题就必须具备一定的流体力学知识。因此，流体力学是高等工科院校不少专业的一门重要技术基础课。

学习流体力学时，要注意基本理论、基本概念、基本方法的理解和掌握，要学会理论联系实际地分析和解决工程中的各种流体力学问题。

本书主要采用国际单位制，基本单位是：长度用"米"，单位符号为 m；时间用"秒"，单位符号为 s；质量用"千克"，单位符号为 kg；力是导出单位，采用"牛顿"，单位符号为 N，$1N=1kg \cdot m/s^2$。在某些专业设备上，仍有采用工程单位制的习惯。使用时，必须注意两种单位的换算。国际单位制与工程单位制基本换算关系是 $1kgf=9.807N$。

第二节　作用于流体上的力

流体运动状态发生变化的外因是流体受到力的作用，因此首先必须分析作用在流体上的力。作用在流体上的力，按其物理性质来看，有重力、压力、弹性力、黏性力、惯性力、弹性力等。但在流体力学中分析流体运动时，主要是从流体中取出一封闭表面所包围的流体，作为分离体来分析。因此，流体中作用力按作用方式可以分为质量力和表面力两大类。

一、质量力

质量力是作用于每一流体质点（或微团）上的力。质量力是分布力，它分布于各流体质点的体积上。在均匀流体中，质量力与其作用流体的体积成正比。最常见的质量力包括重力和惯性力两种。

在流体力学中，质量力的大小通常以单位质量力 $\vec{f}$ 来表示。单位质量力 $\vec{f}$ 在直角坐标系三个坐标方向上的投影可分别以 X，Y，Z 表示。

由于流体处于地球的重力场中（图1-1），受到地心的引力作用，因此流体的全部质点都受有重力，$G=mg$。流体所受的质量力只有重力是流体力学中碰到的普遍情况。当采用直角坐标系时，z 轴铅直向上为正，单位质量力的轴向分力为 $X=0$，$Y=0$，$Z=-g$。

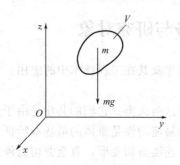

图1-1　流体的质量力

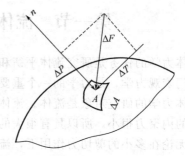

图1-2　流体的表面力

当研究流体的相对平衡时，如盛装液体的容器作直线运动或旋转运动等，运用达朗伯原理使动力学问题变为静力学问题，虚加在流体质点上的惯性力也看成是作用在流体上的质量力。惯性力的大小等于质量与加速度的乘积，其方向与加速度方向相反。

在国际单位制中，质量力的单位是 N。单位质量力的单位是 m/s^2，量纲为 LT^{-2}，与加速度的单位相同。

二、表面力

表面力是作用在所考虑的流体表面上的力，且与作用流体的表面积大小成正比的力。它是相邻流体之间或固体壁面与流体之间相互作用的结果。这个力的施力体主要取决于流体与流体接触还是与物体接触，前者施力体是流体，后者施力体是物体。在连续介质中，表面力不是一个集中力，而是沿流体表面连续分布的。因此，在流体力学中用单位面积上作用的表面力（称为应力）来表示，应力分为法向应力和切向应力。

如图1-2，在流体的表面上任取一微小面积 ΔA，且设作用在该表面上的表面力 ΔF 的方向是倾斜的，然后把此力分解为法向投影 ΔP 以及切向投影 ΔT。因为流体内部不能承受拉力，所以表面力没有外法线方向的拉力。因此将表面应力分解为

$$\left.\begin{aligned}\overline{p}&=\frac{\Delta P}{\Delta A}\\\overline{\tau}&=\frac{\Delta T}{\Delta A}\end{aligned}\right\} \tag{1-1}$$

$\overline{p}$ 称为面积 ΔA 上的法向应力（平均压强），$\overline{\tau}$ 称为面积 ΔA 上的切应力。当令面积 ΔA 无限缩小至中心点 $A(x,y,z)$，即 $\Delta A \to A$ 时，则

$$\left.\begin{aligned}p&=\lim_{\Delta A \to A}\frac{\Delta P}{\Delta A}=\frac{\mathrm{d}P}{\mathrm{d}A}\\\tau&=\lim_{\Delta A \to A}\frac{\Delta T}{\Delta A}=\frac{\mathrm{d}T}{\mathrm{d}A}\end{aligned}\right\} \tag{1-2}$$

A 点的压强 p 和切应力 τ 的单位都是 N/m^2。国际单位制中，以 Pa 表示，$1Pa=1N/m^2$；工程单位制为 kgf/m^2 或 kgf/cm^2。

综上所述，单位质量力$\vec{f}$是空间坐标（x,y,z）和时间t的函数，可表示为$\vec{f}=\vec{f}(x,y,z,t)$，是质量力在空间中的分布密度；而式（1-1）中的压强p和切应力τ与空间位置、时间以及作用面的方位都有关，因此被称为是作用面上的分布密度。

第三节　流体的主要物理性质

在研究流体的平衡及运动时，必须知道流体的力学性质。流体运动的基本规律，除了与外部因素有关外，更重要的还取决于流体内在的物理性质，同流体运动有关的主要物理性质有流体的惯性、压缩性、黏性、表面张力等。

一、流体的惯性

惯性是物体维持原有运动状态能力的性质。要改变物体的运动状态，则必须克服惯性的作用。一般用物体的质量来表征物体惯性的量度。在地球引力场里，由于物体的重量与质量成正比，因此重量也是惯性的量度。但是在多数情况下，描述流体的总质量或者总重量是没有意义的。因此往往用密度来表征流体的惯性。

密度是单位体积流体的质量，以符号ρ来表示。

各点密度完全相同的流体，称为均质流体。而各点密度不完全相同的流体，称为非均质流体。

对于均质流体，其密度为

$$\rho=\frac{m}{V} \tag{1-3}$$

式中　ρ——流体的密度，kg/m³；

m——流体的质量，kg；

V——流体的体积，m³。

对于非均质流体中某点的密度，则可表示为

$$\rho=\lim_{\Delta V\to 0}\frac{\Delta m}{\Delta V} \tag{1-4}$$

式中　ρ——某点流体的密度，kg/m³；

Δm——为微小体积ΔV内的流体质量，kg；

ΔV——该微小流体的体积，m³。

通常，流体的密度随压强和温度而变化。由于液体的密度随压强和温度的变化很小，一般情况下可视为常数。如果流体的密度始终不变，则称为不可压缩流体，可用$\rho=C$（C为常数）来表示。表1-1列举了水在101.325kPa（一个标准大气压）时，不同温度时的密度。对气体来说，温度和压强的变化对气体密度的影响很大，一般不能视为常数。但空气和那些远离液相的实际气体，可近似作为理想气体加以研究，用理想气体的状态方程来表示密度和压强、温度的关系，即

$$\frac{p}{\rho}=RT \tag{1-5}$$

式中　p——气体的绝对压强，Pa；

T——气体的热力学温度，K；

ρ——气体的密度，kg/m³；

R——气体常数，单位为J/(kg·K)。对于空气，$R=287$；对于其他气体，在标准状态下，$R=8314/n$，式中n为气体分子量。

表 1-1 水的密度

温度/℃	0	4	10	20	30
密度/(kg/m³)	999.87	1000.00	999.73	998.23	995.67
温度/℃	40	50	60	80	100
密度/(kg/m³)	992.24	988.07	983.24	971.83	958.38

当温度不变（等温）时，状态方程写成常用形式

$$\frac{p}{\rho}=\frac{p_1}{\rho_1} \tag{1-6}$$

当气体在很高的压强、很低的温度下，或接近液态时，就不能当作理想气体看待，式(1-6)不再适用。

当压强不变（定压）时，状态方程可简化为

$$\rho_0 T_0=\rho T \tag{1-7}$$

式中，热力学温度 $T_0=273K$；ρ_0 是 T_0 时的密度；T 是某一热力学温度；ρ 是 T 时的密度。

表 1-2 列举了在压强为 101.325kPa（标准大气压——海平面上 0℃时的大气压强，即等于 760mmHg）下，不同温度时的空气密度。

表 1-2 几种常见流体的密度（标准大气压下）

流体名称	空气	酒精	四氯化碳	水银	汽油	海水
温度/℃	20	20	20	20	15	15
密度/(kg/m³)	1.20	799	1590	13550	700~750	1020~1030

在流体力学计算中常用的流体密度如下：

水的密度 $\rho=1000kg/m^3$；

汞的密度 $\rho_{Hg}=13595kg/m^3$；

干空气在温度为 290K、压强为 760mmHg 时的密度为 $\rho_a=1.2kg/m^3$。

【例 1-1】 已知压强为 98.07kPa、0℃时，烟气的密度为 1.34kg/m³。若压强不变，求 200℃时烟气的密度。

解：因压强不变，故为定压情况。用式(1-7)

$$\rho_0 T_0=\rho T$$
$$T=T_0+t=273K+t$$

则

$$\rho=\rho_0\frac{T_0}{T}=1.34\times\frac{273}{273+200}=0.77kg/m^3$$

二、流体的压缩性和膨胀性

随着压强的增加，流体体积缩小；随着温度的增高，流体体积膨胀，这是所有流体的共同属性，即流体的压缩性和膨胀性。

1. 流体的压缩性

流体受压，体积减小，密度增大的这种性质，称为流体的压缩性。流体的压缩性用体积压缩系数 α_p 来表示，即在一定的温度下，增加单位压强所引起的流体体积相对变化值。设流体的体积为 V，当压力增加 dp 后，体积减小 dV，则体积压缩系数

$$\alpha_p=-\frac{1}{V}\times\frac{dV}{dp} \tag{1-8}$$

因为流体受压体积减小，dp 和 dV 异号，为保证 α_p 为正值，式(1-8) 右侧加负号。α_p 值与流体的压缩性成正比，α_p 的单位 Pa^{-1}。

根据流体受压前后质量无改变，即

$$dm = d(\rho V) = \rho dV + V d\rho = 0$$

所以

$$\frac{dV}{V} = -\frac{d\rho}{\rho}$$

故体积压缩系数 α_p 又可表示为

$$\alpha_p = \frac{1}{\rho}\frac{d\rho}{dp} \tag{1-9}$$

实际运用中，通常用流体体积压缩系数的倒数来表征流体的压缩性，称为流体的体积弹性模量，以 E 来表示，即

$$E = \frac{1}{\alpha_p} = -V\frac{dp}{dV} = \rho\frac{dp}{d\rho} \tag{1-10}$$

式中　E——流体的体积弹性模量，Pa；

$\quad\quad dp$——流体压强的增加量，Pa；

$\quad\quad V$——原有流体的体积，m^3；

$\quad\quad dV$——流体体积的增加量，m^3。

表 1-3 是温度为 $0℃$ 时，不同压强下水的压缩系数。

表 1-3　水的压缩系数（$0℃$时）

压强/kPa	490	980	1960	3920	7840
$\alpha_p/(m^2/N)$	0.538×10^{-9}	0.536×10^{-9}	0.531×10^{-9}	0.528×10^{-9}	0.515×10^{-9}

体积弹性模量 E 随流体的温度、压强以及种类而变化，它的大小反映出流体压缩性的大小，E 值愈大，流体的压缩性愈小；E 值愈小，流体的压缩性愈大。

压缩性是流体的基本属性。任何流体都是可以被压缩的，只不过可压缩的程度不同而已。通常液体的压缩性很小，在比较大的压力变化范围内，密度仍然变化很小，则可视为常数，因此，对于一般的液体平衡和运动问题，可按不可压缩流体处理。但是，在水击现象等问题中，则不能忽略液体的压缩性，必须按可压缩流体来处理。气体的压缩性远大于液体，是可压缩流体。但是，如果气体在流动过程中密度变化不大，可忽略密度的变化，也不会对所处理的问题产生较大的误差，则可忽略气体的压缩性。例如，动力工程中的空气、烟气管道内气体的流速均低于 $30m/s$，可按不可压缩流体处理。

2. 流体的膨胀性

流体受热，体积增大，密度减小的这种性质，称为流体的膨胀性。流体的膨胀性用体积膨胀系数 α_V 来表示，即在一定的压强下，增加温度所引起的体积相对变化值。设流体的体积为 V，当温度增加 dT 后，体积增大 dV，则体积膨胀系数

$$\alpha_V = \frac{1}{V}\times\frac{dV}{dT} \tag{1-11}$$

式中　α_V——流体的体积膨胀系数，$℃^{-1}$，K^{-1}；

$\quad\quad dT$——流体温度的增加量，$℃$，K；

$\quad\quad V$——原有流体的体积，m^3；

$\quad\quad dV$——流体体积的增加量，m^3。

体积膨胀系数 α_V 随流体的温度、压强以及种类而变化。一般情况下，液体的体积膨胀

系数很小，在工程问题中当温度变化不大时，可忽略不计，而对于气体，体积膨胀系数却有很大影响。

在一些工程问题中，还经常用到相对密度这一概念。流体的相对密度是指该流体的重度与水在温度为 4℃时的重度之比。或者指该流体的密度与 4℃水的密度之比。很显然，相对密度是一个无量纲量。

三、流体的黏性

黏性是流体抵抗剪切变形的一种属性。当流体内部的质点间或流层间发生相对运动时，而产生切向阻力（摩擦力）抵抗其相对运动的特性，称作流体的黏性。黏性是流体的重要属性，是流体运动中产生阻力和能量损失的主要因素。在流体力学研究中，流体黏滞力十分重要。

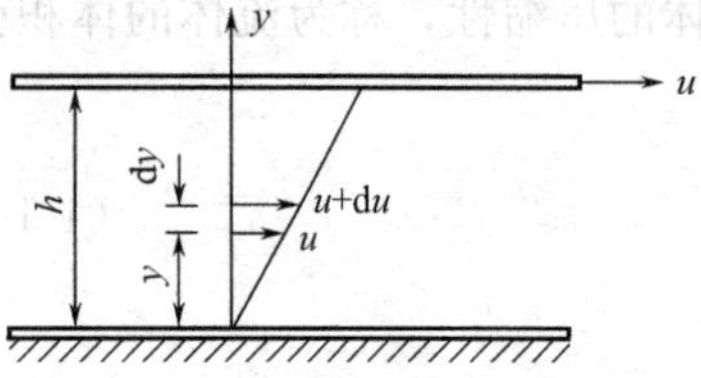

下面用牛顿平板实验来说明流体的黏性。如图 1-3 所示，设有两块平行平板，其间充满流体，下板固定不动，上板受牵引力的作用，沿所在平面以匀速 u 向右运动。由于流体质点黏附于板壁上，所以与上板接触的流体将以速度 u 向右运动，与下板接触的流体速度为零。图 1-3 就是流速 u 随垂直于流速方向 y 而变化的关系图，即 $u = f(y)$ 的函数关系曲线，称为流速分布图。倘若两平板之间的距离很小，而且平板移动速度不大时，可以认为平板间每层流体的速度分布是直线分布，否则就是曲线分布。

图 1-3　流速变化关系图

实际上，流体在运动时，各层之间都会产生摩擦阻力。由于速度大的上层流体将带动速度小的下层流体向右运动，而下层流体将阻滞上层流体的运动，流层间便产生大小相等、方向相反的切向阻力，也称摩擦阻力或黏滞力。设任意两层流体，它们之间的距离为 dy，它们之间的速度差为 du，则这两层流体之间单位面积所受到的切向力（简称切力）T 的大小与接触面积 A 和速度梯度 du/dy 成正比，且与流体的种类有关，其数学表达式为

$$T = \mu A \frac{du}{dy} \tag{1-12}$$

式中　μ——流体的动力黏度，表征流体抵抗变形的能力，与流体的种类、压强以及温度有关，Pa·s；

　　　A——上平板的面积，m^2；

　　du/dy——速度梯度，表示速度随垂直于速度方向的 y 的变化率，s^{-1}。

单位面积上的内摩擦力称为切应力，以 τ 表示，单位为 Pa，则

$$\tau = \frac{T}{A} = \mu \frac{du}{dy} \tag{1-13}$$

式(1-12) 和式(1-13) 称为牛顿内摩擦定律。

为了分析的方便，在管中运动流体中取矩形微元平面 $abcd$，如图 1-4（a）所示。图

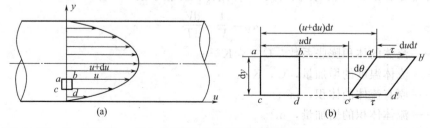

图 1-4　流体质点的直角变形速度

1-4(b)是矩形微元平面的放大图。由于上、下层流速相差 du，经过 dt 时段，矩形微元平面将发生角变形，变形角为 $d\theta$，角变形速度为 $d\theta/dt$。根据几何关系，可得

$$d\theta \approx (\tan d\theta) = \frac{du\, dt}{dy}$$

故
$$\frac{du}{dy} = \frac{d\theta}{dt}$$

于是，式(1-13)可变形为

$$\tau = \mu \frac{d\theta}{dt} \tag{1-14}$$

因此，速度梯度就是直角变形速度。由于直角变形速度是在切应力作用下发生的，所以也称作剪切变形速度。

从式(1-14)可看出，切应力的大小与流体的角变形速度成正比。对于相接触的两个流层：流速较快的流层对较慢的流层作用，则 τ 的方向与流动方向相同；流速较慢的流层对较快的流层作用，则 τ 的方向与流动方向相反。

在流体力学中，经常会出现 μ/ρ 的比值，我们将这个比值定义为运动黏度 $\nu(\text{m}^2/\text{s})$，故

$$\nu = \mu/\rho \tag{1-15}$$

运动黏度没有明确的物理意义，不能像动力黏度那样直接表示黏性切应力的大小，它的引入只是因为在理论分析和工程计算中经常出现 μ 与 ρ 的比值，引入 ν 后可使其分析、计算简便而已。之所以称为运动黏度，是因为其量值仅有运动学因素。

在工程实际中，运动黏度也可以给出比较形象的黏度概念。我国现行的机械油牌号数所表示的即是运动黏度值。确切点说，是指机械油运动黏度的平均值。

黏度是流体的重要属性，它与流体温度、压强以及种类有关。在工程常用的温度和压强范围内，温度对流体黏度的影响很大。液体的黏度随温度升高而减少，气体的黏度随温度升高而增大。这是由流体黏性的微观机制决定的：液体的黏性主要由分子内聚力决定，当温度升高时，液体分子运动幅度增大，分子间平均距离增大，分子间吸引力随间距增大而减少，使内聚力减少，黏度相应减少；气体的黏性主要由分子动量交换的强度决定，当温度升高时，分子运动加剧，动量交换剧烈，切应力随之增大，使黏度也相应增大。压强对于流体黏度影响很小，故一般可以忽略不计。只有发生几百个大气压变化时，黏度才有明显改变，在高压作用下，液体和气体的黏度都将随压强的升高而增大。

表 1-4、表 1-5 列出了在标准大气压下，水和空气在不同温度下的黏度值。

表 1-4 不同温度下水的黏度（标准大气压下）

$t/℃$	$\mu/10^{-3}\text{Pa}\cdot\text{s}$	$\nu/(10^{-6}\text{m}^2/\text{s})$	$t/℃$	$\mu/10^{-3}\text{Pa}\cdot\text{s}$	$\nu/(10^{-6}\text{m}^2/\text{s})$
0	1.792	1.792	40	0.656	0.661
5	1.519	1.519	45	0.599	0.605
10	1.308	1.308	50	0.549	0.556
15	1.140	1.140	60	0.469	0.477
20	1.005	1.007	70	0.406	0.415
25	0.894	0.897	80	0.357	0.367
30	0.801	0.804	90	0.317	0.328
35	0.723	0.727	100	0.284	0.296

表 1-5　不同温度下空气的黏度（标准大气压下）

$t/℃$	$\mu/10^{-3}\mathrm{Pa\cdot s}$	$\nu/(10^{-6}\mathrm{m^2/s})$	$t/℃$	$\mu/10^{-3}\mathrm{Pa\cdot s}$	$\nu/(10^{-6}\mathrm{m^2/s})$
0	0.0172	13.7	90	0.0216	22.9
10	0.0178	14.7	100	0.0218	23.6
20	0.0183	15.7	120	0.0228	26.2
30	0.0187	16.6	140	0.0236	28.5
40	0.0192	17.6	160	0.0242	30.6
50	0.0196	18.6	180	0.0251	33.2
60	0.0201	19.6	200	0.0259	35.8
70	0.0204	20.5	250	0.0280	42.8
80	0.0210	21.7	300	0.0298	49.9

四、牛顿流体和非牛顿流体

将作纯剪切流动时满足牛顿内摩擦定律的流体称为牛顿流体；否则，称为非牛顿流体。

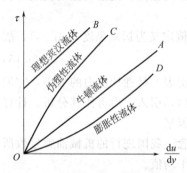

图 1-5　牛顿流体与非牛顿流体

如图 1-5 所示，A 线就是牛顿流体，常见的牛顿流体有水、空气等，B 线、C 线和 D 线均为非牛顿流体。其中，B 线被称作理想宾汉流体，如泥浆、血浆等，这类流体只有在切应力达到某一值时，才会产生剪切变形，且变形速度是常数。C 线被称作伪塑性流体，如油漆、颜料、泥浆等，其黏度随角变形速度的增大而减小。D 线被称作膨胀性流体，如浓淀粉糊、生面团等，其黏度随角变形速度的增大而增大。

综上所述，牛顿内摩擦定律只适用于牛顿流体。非牛顿流体是流变学的研究对象，本教材只讨论牛顿流体。

五、实际流体与理想流体

实际流体都具有黏性。不具有黏性的流体称为理想流体，它是客观世界中并不存在的一种假想的流体。在研究很多流动问题时，由于实际流体本身黏度小或所研究区域速度梯度小，使得黏性力与其他力（例如重力、惯性力等）相比很小，此时可以忽略流体的黏性。按理想流体建立基本关系式，这样可以大大简化流体力学问题的分析和计算，并能近似反映某些实际流体流动的主要特征。如果是黏性占主要地位的实际流体的流动问题，也可从研究理想流体入手，再研究更复杂的实际流体的流动情况。在解决流体力学问题时，如果考虑表面力中的切应力（黏性力）会引起许多数学上的困难，而且从牛顿内摩擦定律中可以看出，当流体的黏度 μ 很小，同时 $\mathrm{d}u/\mathrm{d}y$ 又很小时，往往 τ 可以忽略不计，并能得到实际的精确度。因为这个缘故，在流体力学中引入了非黏性流体或理想流体的概念。这种流体其表面力中只有压强而没有黏性力（切应力）。这一抽象，在科学和实用上有很大的价值，它使讨论的问题大为简化，易于得到简单明了的解答。

【例 1-2】　动力黏度 $\mu = 0.172$ Pa·s 的润滑油充满在两个同轴圆柱体的间隙中，如图1-6，外筒固定，内

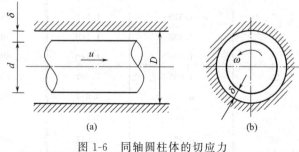

图 1-6　同轴圆柱体的切应力

径 $D=120\text{mm}$，间隙 $\delta=0.2\text{mm}$，试求：①当内筒以速度 $u=1\text{m/s}$ 沿轴线方向运动时 [图 1-6(a)]，内筒表面的切应力 τ_1；②当内筒以转速 $n=180\text{r/min}$ 旋转时 [图 1-6(b)]，内筒表面的切应力 τ_2。

解：内筒外径　$d=D-2\delta=120-2\times0.2=119.6\text{mm}$

① 当内筒以速度 $u=1\text{m/s}$ 沿轴线方向运动时，内筒表面的切应力

$$\tau_1=\mu\frac{\mathrm{d}u}{\mathrm{d}y}=\mu\frac{u}{\delta}=\frac{0.172\times1}{0.2\times10^{-3}}=860\text{Pa}$$

② 当内筒以转速 $n=180\text{r/min}$ 旋转时，内筒的旋转角速度 $\omega=\dfrac{2\pi n}{60}$，内筒表面的切应力

$$\tau_2=\mu\frac{\omega d}{2\delta}=\frac{0.172\times\dfrac{2\pi\times180}{60}\times119.6\times10^{-3}}{2\times0.2\times10^{-3}}=968.9\text{Pa}$$

六、液体的表面张力和毛细现象

1. 表面张力

由于分子间的吸引力，在液体的自由表面上能够承受极其微小的张力，这种张力称为表面张力。表面张力通常发生在液体与气体相接触的周界面上，也可以在液体与固体或两种不同液体相接触的周界面上发生。比如，在液体和气体相接触的自由表面上，边界上的分子受到液体内部分子的吸引力与其上部气体分子的吸引力不平衡，最终合力的方向与液面垂直并指向液体内部。在合力的作用下，表层中的液体分子都趋于向液体内部收缩，将液面上的分子尽可能地压向液体内部，让液体具有尽量缩小其表面的趋势，于是沿液体的表面便产生了表面张力。

例如，液体与气体的主要区别之一就是流动性的大小。由于气体比液体具有更大的流动性，故它总是充满所存在的空间，而液体通常只占据容器体积的一部分，与气体接触处存在自由表面。这种区别的本质在于二者分子间距相差悬殊，气体分子间距大到彼此间的牵引力显得很小，不足以造成相互间的约束。而液体分子间的距离较小，彼此的作用力大，使得液体的分子只能在一定的小范围内做无规则运动，不能像气体分子那样，做足以充满空间的自由运动。

表面张力是由分子的内聚力引起的，其作用结果使液体表面看起来好像是一张均匀受力的弹性膜。不难想象，处于自由表面附近的液体分子所受到周围液体和气体分子的作用力是不相平衡的，气体分子对它的作用力远小于另一侧相应距离液体分子的作用力。因此，这部分分子所受到的合力是将它们拉向液体内部。受这种作用力最大的当然是处于液体自由表面上的分子，随着与自由表面距离的增加，分子所受到的作用力将逐渐减少，直到一定距离以后，液体周围所施加的力彼此抵消。

表面张力的大小，可以用表面张力系数 σ 来表示，它的单位是 N/m。σ 的大小与液体的温度、纯度、性质和与其接触的介质有关。表 1-6 列出了几种液体与空气接触时的表面张力系数。

表 1-6　几种液体与空气接触时的表面张力系数

流体名称	温度/℃	表面张力系数 $\sigma/(\text{N/m})$	流体名称	温度/℃	表面张力系数 $\sigma/(\text{N/m})$
水	20	0.07275	丙酮	16.8	0.02344
水银	20	0.465	甘油	20	0.065
酒精	20	0.0223	苯	20	0.0289
四氯化碳	20	0.0257	润滑油	20	0.025~0.035

液体内部并不存在表面张力，它仅存在于液体的自由表面，所以它是一种局部受力现象。因为表面张力很小，通常对液体的宏观运动不起作用，可以忽略不计。可是，当涉及流体计量、物理化学变化、液滴和气泡的形成等问题时，则一定要考虑表面张力的影响。

2. 毛细现象

液体分子间存在的相互吸引力称为内聚力。如果液体和固体壁面接触，那么液体分子和固体分子间便会产生相互的吸引力，称之为附着力。如果附着力比液体分子间的内聚力大，就会产生液体润湿固体的现象。如图1-7所示，玻璃细棒管竖立在水中，此时，接触角 α 为锐角，液体润湿管壁，管内液面升高，液面呈凹形。如果附着力比液体分子间的内聚力小，就不会产生液体润湿固体的现象，如图1-8所示，玻璃细棒管竖立在水银中，此时，接触角 α 为钝角，液体不能润湿管壁，管内液面下降，液面呈凸形。

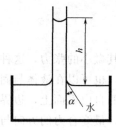
图1-7　水的毛细现象

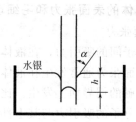
图1-8　水银的毛细现象

上述现象称为毛细现象。根据表面张力的合力与毛细管中上升（或下降）液柱所受的重力相等，可求出液柱上升（或下降）的高度 h，即

$$\pi d\sigma\cos\alpha = \rho g h \frac{\pi d^2}{4}$$

故

$$h = \frac{4\sigma\cos\alpha}{\rho g d} \tag{1-16}$$

如把玻璃细棒管竖立在水中，如图1-7。当水温为20℃时，可以计得水在管中上升的高度为

$$h = \frac{30}{d} \tag{1-17}$$

如果把玻璃细棒管竖立在水银中，如图1-8。当水温为20℃时，则水银在管中下降的高度为

$$h = \frac{10.14}{d} \tag{1-18}$$

式(1-17)和式(1-18)中，h 和 d 的单位都为 mm。所以，当管径 d 很小时，h 就可能很大。因此在使用液位计、单管测压计等仪器时，应选取适当的管径以避免因毛细现象而导致读数误差。

第四节　连续介质模型

流体是由大量不断作无规则热运动的分子所组成的。从微观角度来看，流体分子间存在着间隙，所以，流体的物理量（如密度、压强和流速等）在空间上的分布是不连续的。同时，由于分子作随机运动，又导致任一空间点上的流体物理量随时间的变化也是不连续的。

因此，从微观角度来看，实际流体的物理量在空间和时间上的分布都是不连续的。

客观上存在的实际流体，物质结构和物理性质非常复杂，如果我们全面考虑它的所有因素，将很难提出它的力学关系式。因此，在分析流体力学问题时，采取抓主要矛盾的方法，建立力学模型，把流体加以科学的抽象，简化流体的物质结构和物理性质，以便于列出流体运动规律的数学方程式。像这种研究问题的方法，在固体力学中也经常采用，如刚体、弹性体等。下面主要介绍一下流体的连续介质模型。

流体的连续介质模型是没有任何空隙的流体质点充满其所占据的空间而组成的连续体，这就是说流体力学的研究对象是一种所谓的连续介质模型，且不考虑流体的分子运动。以空气为例，在 0℃ 时，1 个大气压下 1cm^3 体积内含有 2.69×10^{19} 个分子。换言之，以 10^{-3} mm 为边长的正方体内（体积为 10^{-9} mm^3）含有 2.69×10^7 个分子。从宏观工程的角度，这么小的体积完全可看作一个几何点。这里所谈到的流体质点，是指流体中宏观尺寸相当小但微观尺寸又足够大的任意一个物理实体，其具有以下特点：宏观尺寸非常小，没有尺度，可当作一个点；微观尺寸足够大，内含许多流体分子；同样存在质量、密度、压强、流速、动能等宏观物理量，这些物理量是流体质点中大量流体分子的统计平均值；流体质点的形状可随意划定，因此质点与质点之间可以认为是完全没有空隙。

这种连续介质模型，是对流体物质结构的简化，使我们在分析问题时得到两大方便。首先，它使我们不必考虑复杂的微观分子运动，只考虑在外力作用下的宏观机械运动；其次，能运用数学分析的连续函数工具。因此，本课程分析问题时采用流体的连续介质模型。

第五节　流体力学的研究方法

同其他学科研究方法一样，流体力学的研究方法也是从实践到理论再从理论到实践，要经过不断且反复的过程，才能使流体力学得以不断地发展和提高，而至完善的地步。

流体力学的研究方法大体上分为科学实验、理论分析、数值模拟三种。

科学实验：不但可以检验理论分析结果的正确性，而且当某些流体力学问题在理论上还无法完全得到解决时，可以通过实验找到一些经验性的规律，以满足实际工程应用的需要。流体力学实验分为原型实验和模型实验，这两种实验都是通过对具体流动的观测和测量，整理所得到的数据和现象，从而认识流体的流动规律，其中以模型实验为主。实验研究的理论基础是相似理论和量纲分析。

理论分析：就是把实际流体的力学问题，通过建立反映问题本质的"力学模型"；然后根据物质机械运动的普遍规律，如能量守恒、质量守恒、动量定理等，建立控制流体运动的基本方程组，在对应的初始条件和边界条件下，通过数学分析方法导出理论结果，最后达到揭示流体运动规律的目的。但是，由于实际流体的运动具有多样性和复杂性，有些流体完全靠理论分析来解决还存在许多困难，还得通过其他方法来解决。

数值模拟：采用有限差分、有限元等离散化方法，建立各种数值模型，利用计算机进行数值计算，获取定量描述流场的数值解，从而求解出许多最初用理论分析无法求解的复杂流体力学问题。随着科学技术的不断发展，流体力学的计算方法也得到了很大的改善，并逐渐形成一门独立学科——计算流体力学。

科学实验、理论分析和数值模拟三者互相补充，相辅相成。科学实验需要理论指导，才能从分散的、表面上无联系的实验数据和现象中得出具有普遍规律性的结论。理论分析和数值模拟也要依靠科学实验给出流体流动图案和数据，来建立流动的力学模型和数值模型，最后，还需要通过许多实验来检验这些模型的完善程度。只有将这三种方法合理的相互结合在一起，才能不断地完善流体力学的理论知识，才能更好地解决复杂工程技术问题。

思 考 题

1. 作用在流体上的力包括哪些力？在何种情况下有惯性？在何种情况下没有摩擦力？

2. 什么是流体的黏性？它对流体流动有什么作用？动力黏度和运动黏度有何区别和联系？

3. 试解释牛顿内摩擦定律？产生摩擦力的根本原因是什么？

4. 液体和气体的黏性随温度的升高或降低发生变化，变化趋势是否相同？为什么？

5. 什么是流体的压缩性及热胀性？它们对流体的密度有什么影响？

6. 什么是表面张力？试对表面张力现象作物理解释。

7. 理想流体有无能量损失？为什么？

8. 何谓连续介质模型？说明引入连续介质模型的必要性。

习 题

1-1 汽车上路时，轮胎内空气的温度为20℃，绝对压强为395kPa，行驶后，轮胎内空气温度上升到50℃，试求这时的压强。

1-2 一盛水封闭容器从空中自由下落，则器内水体质点所受单位质量力 $\vec{f}$ 等于多少？

1-3 如图，为防止水温升高时，体积膨胀将水管胀裂，通常在水暖系统顶部设有膨胀水箱，若系统内水的总体积为10m³，加温前后温差为50℃，在其温度范围内水的体积膨胀系数 $\alpha_V = 0.0005℃^{-1}$。求膨胀水箱的最小容积 V_{min}。

1-4 压缩机压缩空气，绝对压强从 9.8067×10^4 Pa 升高到 5.8840×10^5 Pa，温度从20℃升高到78℃，问空气体积减少了多少？

1-5 如图，在相距 $\delta = 40$mm 的两平行平板间充满动力黏度 $\mu = 0.7$Pa·s 的液体，液体中有一长为 $a = 60$mm 的薄平板以 $u = 15$m/s 的速度水平向右移动。假定平板运动引起液体流动的速度分布是线性分布。当 $h = 10$mm 时，求薄平板单位宽度上受到的阻力。

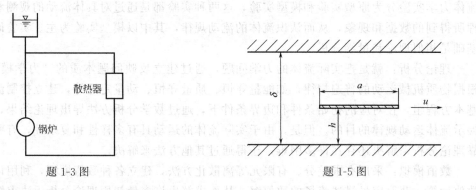

题 1-3 图   题 1-5 图

1-6 两平行平板相距0.5mm，其间充满流体，下板固定，上板在2Pa的力作用下以0.25m/s匀速移动，求该流体的动力黏度 μ。

1-7 温度为20℃的空气，在直径为2.5cm的管中流动，距管壁上1mm处的空气速度为3cm/s。求作用于单位长度管壁上的黏滞切力为多少？

1-8 如图，有一底面积为0.8m×0.2m的平板在油面上作水平运动，已知运动速度为1m/s，平板与

固定边界的距离 $\delta=10$mm，油的动力黏度 $\mu=1.15$Pa·s，由平板所带动的油的速度成直线分布，试求平板所受的阻力。

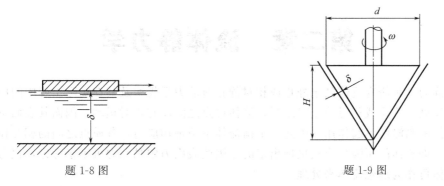

题 1-8 图　　　　　　　　　　　题 1-9 图

1-9　如图，某圆锥体绕竖直中心轴以角速度 $\omega=15$rad/s 等速旋转，该锥体与固定的外锥体之间的间隙 $\delta=1$mm，其间充满动力黏度 $\mu=0.1$Pa·s 的润滑油，若锥体顶部直径 $d=0.6$m，锥体的高度 $H=0.5$m，求所需的旋转力矩 M。

第二章　流体静力学

流体静力学是研究流体处于静止或相对静止时的力学规律及其在实际工程中的应用。

当流体处于静止或相对静止状态时，流体质点之间没有相对运动，因而其表面不存在摩擦力，流体的黏滞性不起作用。因此，平衡流体不呈现切应力，各质点之间的相互作用是通过压应力（即流体静压强）形式呈现出来的。因此表面力中黏性力可不予考虑，仅考虑静压强，即流体可作为理想流体来处理。

本章主要分析流体压强的分布规律，以解决流体与固体壁面之间的作用力问题。

第一节　流体静压强及其特性

一、流体静压强的基本概念

在流体内部或流体与固体壁面所存在的单位面积上的法向作用力称为流体的压强。当流体处于静止状态或相对静止状态时，流体的压强称为流体静压强，用符号 p 表示，单位为 Pa。

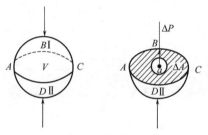

图 2-1　流体静压强

从静止流体中，任取一体积 V，周围流体对该体积 V 的作用力，以箭头表示，如图 2-1。设平面 $ABCD$ 将体积 V 分为 I、II 两部分。以等效力代替 I 部分对 II 部分的作用，使 II 部分保持原有的平衡。

如果受压面 ΔA 上作用静止压力 ΔP，则 $\Delta P / \Delta A$ 称为 ΔA 上所受的静平均压强，用符号 $\overline{p}$ 表示，即

$$\overline{p} = \Delta P / \Delta A \tag{2-1}$$

当面积 ΔA 无限缩小至点 a 时，则平均压强 $\overline{p}$ 的极限为

$$p = \lim_{\Delta A \to a} \frac{\Delta P}{\Delta A} = \frac{\mathrm{d}p}{\mathrm{d}A} \tag{2-2}$$

此极限值 p 即为 a 点的流体静压强。

二、流体静压强的特性

流体静压强有两个基本特性。

① 流体静压强的方向与作用面相垂直，并指向作用面的内法线方向。

反证法证明：如图 2-2，假如平衡流体中某一点 E 的静压强 p 的方向不是内法线方向而是任意方向，则 p 可以分解为切向分量 τ 和法向分量 p_n。由于切向压强是一个剪切力，平衡流体既不能承受剪切力也不能承受拉力，否则将破坏平衡。所以，流体静压强的方向与作用面的内法线方向一致。

② 平衡流体中任意一点流体压强的大小与作用面的方向无关，即任一点上各方向的流体静压强都相同。

证明如下：在静止流体中划分出一四面体 $OABC$，其顶点为 C，三条分别平行于直角坐标系 x、y、z 轴的棱边长为 $\mathrm{d}x$、$\mathrm{d}y$、$\mathrm{d}z$。作用于三角形 OBC、OAC、OAB 及 ABC 上的

压强分别为 p_x、p_y、p_z 和 p_n，如图 2-3 所示。

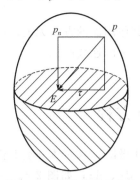

图 2-2　流体静压强的方向

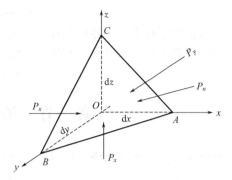

图 2-3　微元四面体平衡

则作用在各面上流体的表面力有

$$P_x = p_x \frac{1}{2}\mathrm{d}y\,\mathrm{d}z$$

$$P_y = p_y \frac{1}{2}\mathrm{d}x\,\mathrm{d}z$$

$$P_z = p_z \frac{1}{2}\mathrm{d}x\,\mathrm{d}y$$

$$P_n = p_n \mathrm{d}A_n \text{（$\mathrm{d}A_n$ 为倾斜面 ABC 的面积）}$$

四面体 $OABC$ 除了受到表面力的作用外，还受到质量力的作用。流体微团的平均密度为 ρ，而微元四面体的体积为 $\frac{1}{6}\mathrm{d}x\,\mathrm{d}y\,\mathrm{d}z$，则流体微团的质量为 $\frac{1}{6}\rho\,\mathrm{d}x\,\mathrm{d}y\,\mathrm{d}z$。设单位质量力在 x、y、z 轴上的分量分别为 X、Y、Z，则作用在微元四面体上的质量力在各坐标轴方向的分量为

$$F_x = \frac{1}{6}\rho\,\mathrm{d}x\,\mathrm{d}y\,\mathrm{d}z \cdot X$$

$$F_y = \frac{1}{6}\rho\,\mathrm{d}x\,\mathrm{d}y\,\mathrm{d}z \cdot Y$$

$$F_z = \frac{1}{6}\rho\,\mathrm{d}x\,\mathrm{d}y\,\mathrm{d}z \cdot Z$$

由于流体的微元四面体处于平衡状态，故作用在其上的一切力在任意轴上投影的总和等于零。对于直角坐标系，在 x 轴方向上力的平衡方程为

$$p_x \cdot \frac{1}{2}\mathrm{d}y\,\mathrm{d}z - p_n \mathrm{d}A_n \cos(n,x) + \frac{1}{6}\rho\,\mathrm{d}x\,\mathrm{d}y\,\mathrm{d}z \cdot X = 0$$

式中，$\mathrm{d}A_n \cos(n,x) = \frac{1}{2}\mathrm{d}y\,\mathrm{d}z$，为斜平面 ABC 在坐标面 yoz 上的投影面积，将其代入上式，化简后得

$$p_x - p_n + \frac{1}{3}\rho\,\mathrm{d}x \cdot X = 0$$

上式中第三项是高阶无穷小，略去后移项得

$$p_x = p_n$$

同理可得

$$p_y = p_n \quad p_z = p_n$$

由此得到

$$p_x = p_y = p_z = p_n \qquad (2\text{-}3)$$

这就证明了在平衡流体中，任一点的静压强的大小与其作用面的方位无关。但在不同空间点的流体静压强，一般并不相等，即流体静压强是空间坐标的连续函数

$$p = p(x, y, z) \qquad (2\text{-}4)$$

第二节　流体平衡微分方程

在密度为 ρ 的静止流体中任取一微元平行六面体的流体微团，六面体分别平行于 x、y、z 轴的边长为 $\mathrm{d}x$、$\mathrm{d}y$、$\mathrm{d}z$，如图 2-4。由上节所述流体静压强的特性可知，作用在微元平行六面体的表面力只有静压强。现分析作用于这一六面体流体块的表面力和质量力。

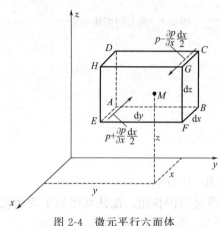

图 2-4　微元平行六面体

设六面体中心点 M 处的压强为 p，六面体与 x 轴垂直的两表面 $EFGH$ 和 $ABCD$ 的两形心仅 x 坐标与 M 点不同。在欧拉表达方法中，压强是坐标 x、y、z 的函数，且 $\mathrm{d}x$ 是微量，按泰勒级数展开并略去二阶以上微量后，得到矩形 $EFGH$ 形心处压强为 $p + \dfrac{\partial p}{\partial x}\dfrac{\mathrm{d}x}{2}$，方向指向 x 轴负向。由于此微面积各点压强可认为都等于形心处压强，因此，作用于 $EFGH$ 微面积上的压力在 x 轴上投影为 $-\left(p + \dfrac{\partial p}{\partial x} \times \dfrac{\mathrm{d}x}{2}\right)\mathrm{d}y\,\mathrm{d}z$。同样可以得到作用于矩形 $ABCD$ 的表面力在 x 轴上投影为 $\left(p - \dfrac{\partial p}{\partial x} \times \dfrac{\mathrm{d}x}{2}\right)\mathrm{d}y\,\mathrm{d}z$。六面体其余表面上作用的压力都与 x 轴垂直，因而在 x 轴上投影均为 0。所以，六面体所受表面力在 x 轴上的投影和应为 $\left(p - \dfrac{\partial p}{\partial x} \times \dfrac{\mathrm{d}x}{2}\right)\mathrm{d}y\,\mathrm{d}z - \left(p + \dfrac{\partial p}{\partial x} \times \dfrac{\mathrm{d}x}{2}\right)\mathrm{d}y\,\mathrm{d}z = -\dfrac{\partial p}{\partial x}\mathrm{d}x\,\mathrm{d}y\,\mathrm{d}z$。

单位质量流体所受重力在 x 轴上投影为 X，那么六面体流体块所受重力在 x 轴上投影成为 $X\rho\,\mathrm{d}x\,\mathrm{d}y\,\mathrm{d}z$。处于平衡状态的流体，表面力和质量力必须互相平衡。对于 x 轴向表面力和质量力的平衡可以写为

$$-\frac{\partial p}{\partial x}\mathrm{d}x\,\mathrm{d}y\,\mathrm{d}z + X\rho\,\mathrm{d}x\,\mathrm{d}y\,\mathrm{d}z = 0 \qquad (2\text{-}5)$$

以 $\rho\,\mathrm{d}x\,\mathrm{d}y\,\mathrm{d}z$ 除上式两端，得到式(2-6)第一式，同样可以求得 y、z 轴方向的其余两式

$$\left. \begin{array}{l} X - \dfrac{1}{\rho} \times \dfrac{\partial p}{\partial x} = 0 \\[2mm] Y - \dfrac{1}{\rho} \times \dfrac{\partial p}{\partial y} = 0 \\[2mm] Z - \dfrac{1}{\rho} \times \dfrac{\partial p}{\partial z} = 0 \end{array} \right\} \qquad (2\text{-}6)$$

在给定质量力的作用下，对式(2-6)积分，便可得到平衡流体中压强 p 的分布规律。将式(2-6)依次分别乘以 $\mathrm{d}x$、$\mathrm{d}y$、$\mathrm{d}z$ 后相加，得

$$\frac{\partial p}{\partial x}\mathrm{d}x+\frac{\partial p}{\partial y}\mathrm{d}y+\frac{\partial p}{\partial z}\mathrm{d}z=\rho(X\mathrm{d}x+Y\mathrm{d}y+Z\mathrm{d}z)$$

式中，右边是平衡流体压强 $p=p(x，y，z)$ 的全微分，即

$$\mathrm{d}p=\rho(X\mathrm{d}x+Y\mathrm{d}y+Z\mathrm{d}z) \tag{2-7}$$

式（2-7）称为流体平衡微分方程的综合式。当流体所受的质量力已知时，可用以求出流体内的压强分布规律。

根据数学分析理论可知，某个坐标函数 $W(x，y，z)$ 的全微分可以写成

$$\mathrm{d}W=X\mathrm{d}x+Y\mathrm{d}y+Z\mathrm{d}z$$

故式（2-7）变为

$$\mathrm{d}p=\rho\mathrm{d}W \tag{2-8}$$

积分得

$$p=\rho W+C \tag{2-9}$$

式中，C 为积分常数，由流体中某一已知条件决定。

一、等压面

在平衡流体中，压强相等的各点所组成的面称为等压面。很显然，在等压面上每个流体质点的压强 $p=$ 常数。由式 $\mathrm{d}p=\rho\mathrm{d}W$ 可知，$\rho\mathrm{d}W=0$，而 $\rho\neq0$，所以 $\mathrm{d}W=0$。也就是说，在不可压缩静止流体 $\mathrm{d}p=0$ 中，等压面也是有势质量力的等势面。等压面是求解静止流体中不同位置之间压强关系时经常应用的概念，使用条件必须是静止、连续的同种流体。

等压面具有如下两个特性。

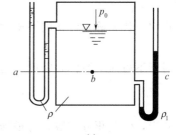

① 在平衡的流体中，通过任意一点的等压面，必与该点所受的质量力相互垂直。

在重力场中，任意形式的连通器内，在紧密连续而又属于同一性质的静止的均质液体中，深度相同的点，其压强必然相等。当流体处于绝对静止时，等压面是水平面。此时质量力仅仅是重力，所以质量力和等压面垂直。应当指出：上述静止流体的压强分布规律是在连通

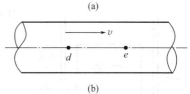

图 2-5 等压面条件

的同种液体处于静止的条件下推导出来的。如果不能同时满足这三个条件：绝对静止、同种、连续液体，就不能应用上述规律。例如，参阅图 2-5(a)，a、b 两点，虽属静止、同种，但不连通，中间被气体隔开了，所以在同一水平面上的 a、b 两点压强是不相等的。图中 b、c 两点，虽属静止、连续，但不同种，所以在同一水平面上的 b、c 两点的压强也不相等。图 2-5(b) 中，d、e 两点，虽属同种、连续，但不静止，管中是流动的液体，所以在同一水平面上的 d、e 两点压强也不相等。

② 当两种互不相溶的液体处于平衡时，分界面必定是等压面。

图 2-6 是两种密度不同互不相混的液体在同一容器中处于静止状态。一般密度大的液体在下，密度小的液体在上（$\rho_2>\rho_1$），其分界面是倾斜面 1—2。读者可自行证明：必有 $\Delta h=0$，即两种液体之间的分界面既是水平面又是等压面。

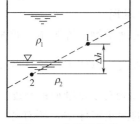

图 2-6 分界面条件

应当指出，当多种流体在同一容器或连通管的条件下求压强或者压强差时，必须注意将两种液体的分界面作为压强关系的联系面，写出等压面方程。

二、气体压强

以上规律，虽然是在液体的基础上提出来的，但对于不可压缩气体也仍然适用。由于气体密度很小，在两点间高差不大的情况下，气柱产生的压强值很小，因而可以忽略 $\rho g h$ 的影响，任意两点的静压强可以认为相等。对于一般的仪器、设备，由于高度 h 有限，重力对气体压强的影响很小，可以忽略，故可以认为各点的压强相等。例如储气罐内各点的压强都相等。

第三节　重力作用下流体静压强的分布规律

在自然界和实际工程中，经常遇到并要研究的流体是不可压缩的重力流体，也就是作用在液体上的质量力只有重力的流体。

一、重力作用下不可压缩流体中的压强

在重力作用下的不可压缩静止流体中建立直角坐标系，xoy 平面位于一水平面内，z 轴正向铅垂向上。流体所受单位质量力大小为 g，它在三个坐标轴上投影分别为：$X=0$，$Y=0$，$Z=-g$。

将它们代入静止流体的平衡微分方程［式(2-7)］，得到

$$\mathrm{d}p=-\rho g\,\mathrm{d}z$$

对于不可压缩流体，密度 ρ 是常数，积分上式可得

$$z+\frac{p}{\rho g}=C \tag{2-10}$$

式中，C 是积分常数，可根据边界条件确定。式(2-10) 称为重力作用下的不可压缩流体静压强基本方程。

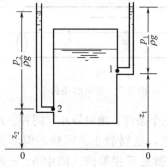

图 2-7　测压管水头

在静止液体内任选两点 1、2 (图 2-7)，这两点到 xoy 水平面距离分别为 z_1，z_2。压强分别为 p_1 和 p_2。由式(2-10) 得到

$$z_1+\frac{p_1}{\rho g}=z_2+\frac{p_2}{\rho g} \tag{2-11}$$

不可压缩流体静压强基本方程式(2-10) 的物理意义是：z 是单位重量流体对基准平面的位能，$\dfrac{p}{\rho g}$ 是单位重量的流体具有的压力能，单位重量静止流体的压力能 $\dfrac{p}{\rho g}$ 和位能 z 之和为一常数。这是能量守恒定律在静止流体能量特性的表现。

式(2-10) 中，z 表示流体中一点到基准平面的垂直距离，具有长度量纲，称为单位重量流体的位置水头。$\dfrac{p}{\rho g}$ 项也具有长度量纲，称为单位重量流体的压强水头。单位重量流体的位置水头和压强水头之和为常数，称作测压管水头，用来表示测压管水面相对于基准面的高度。

因此，不可压缩流体静压强基本方程的几何意义是：同一容器的静止流体中，所有各点的测压管水头均相等。静止流体测压管水头线是平行于基线的一条水平线，如图 2-7 中 1 和 2 两测压管水头高度相同。

在式(2-11) 中，将计算位能的基准面通过第 2 点，点 1 取在液面处，位置水头 $z_1=h$

（图 2-8），压强为 $p_1=p_0$。点 2 取在液面下 h 处，$z_2=0$，压强为 $p_2=p$，于是，从而得到

$$p=p_0+\rho gh \tag{2-12}$$

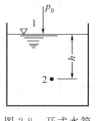

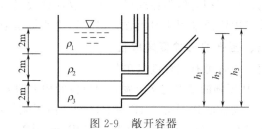

图 2-8　开式水箱　　　　　　　　图 2-9　敞开容器

式(2-12)是静压强基本方程的另一种形式。公式表明，静止均质液体内一点处的压强由两部分组成：一部分是自由液面上的压强 p_0；另一部分是该点到自由液面的单位面积上的液柱重量 ρgh。在重力作用下的静止液体中，静压强随深度按线性规律变化，即随深度的增加，静压强值成正比增大。

【例 2-1】 如图 2-9，敞开容器内注有三种互不相混的液体，$\rho_1=0.8\rho_2$、$\rho_2=0.8\rho_3$，求侧壁处三根测压管内液面至容器底部的高度 h_1、h_2、h_3。

解：由连通器原理，列等压面方程，可得

$(h_3-2-2)\rho_1 g=2\rho_1 g$，从而得 $h_3=6\mathrm{m}$

$(h_2-2)\rho_2 g=2\rho_1 g+2\rho_2 g$，从而得 $h_2=4+2\rho_1/\rho_2=5.6\mathrm{m}$

$h_1\rho_3 g=2\rho_1 g+2\rho_2 g+2\rho_3 g$，从而得 $h_1=2+(2\rho_1+2\rho_2)/\rho_3=4.88\mathrm{m}$

二、绝对压强、相对压强、真空值

流体压强按计量基准的不同，可分为绝对压强和相对压强（如图 2-10）。

以完全真空（$p'=0$）为基准计算的压强称为绝对压强。当问题涉及流体本身的性质，例如采用气体状态方程进行计算时，必须采用绝对压强。在讨论可压缩气体动力学问题时，气体的压强也必须采用绝对压强。绝对压强只为正值。

以当地大气压强为基准来计量的压强称为相对压强。很显然，如果采用相对压强为基准，则大气相对压强为零，即 $p_a=0$。

相对压强通常由压力表直接测得，故可简称为表压强。

例如水泵、油泵的吸入管中，风机吸风管内的气体压强都低于大气压，这些部位的相对压强是负值。

绝对压强 p' 总是正值，而相对压强则可正可负。绝对压强和相对压强之差是一个当地大气压 p_a，即

$$p=p'-p_a \tag{2-13}$$

如果流体内某点的绝对压强小于当地大气压强 p_a，即其相对压强为负值，则称该点存在真空，即出现了真空状态。某点处的真空度 p_v 指，该点绝对压强小于大气压的那一部分

$$p_v=p_a-p' \tag{2-14}$$

由于 p_v 值恒为正值，则 p_v 值越大，表明该点处的真空状态越显著。

图 2-10 是绝对压强、相对压强和真空度之间的关系图。压强公式（2-12）表达了液体内部任意一点的压强和自由表面上压强的定量关系，这一关系式表明，可用自由液面上的压强

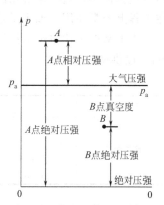

图 2-10　绝对压强、相对压强
和真空度之间的关系图

作为计算压强的一个基准。而自由液面上的压强通常是大气压强。

工程结构和工业设备都处在当地大气压的作用下，在很多情况下，大气压强作用是相互抵消的，采用相对压强往往可避免重复计算大气压强作用，从而能使计算得到简化，所以在工程技术中广泛采用相对压强。以后讨论所提压强，如未说明，均指相对压强。

三、压强的三种度量单位

表示压强可有三种度量单位。

① 从压强的基本定义出发，用单位面积上的力来表示，即力/面积。在国际单位制中压强以 N/m^2 或者是 Pa 表示，$1Pa=1N/m^2$。由于帕的值太小，在工程上压强常用千帕（kPa）和兆帕（MPa）单位，$1kPa=10^3Pa$，$1MPa=10^6Pa$。压强的工程单位为 kgf/m^2 或者 kgf/cm^2。

② 以大气压来表示。国际上规定，标准大气压用符号 atm 表示（温度为 0℃时，海平面上的压强，即 101.325kPa）。如果某处相对压强 202.65kPa，则称该处的相对压强为 2 个标准大气压，或 2atm。工程单位中规定，大气压用符号 at 表示（相当于海拔 200m 处正常大气压），$1at=1kgf/cm^2$，称为工程大气压。如果某处相对压强为 196kPa，则称该处的相对压强为 2 个工程大气压，或 2at。

③ 以液柱高度来表示。通常用水柱高度或者汞柱高度表示，其单位为 mH_2O、mmH_2O 或 mmHg。由式 $p=\rho g h$ 改写成 $h=p/\rho g$ 表示，只要知道液体密度 ρ，h 和 p 的关系就可以通过上式表现出来。例如一个标准大气压相应的水柱高度为

$$h=\frac{101.325kN/m^2}{9807N/m^3}=10.33mH_2O$$

相应的汞柱高度为

$$h'=\frac{101.325kN/m^2}{133375kN/m^3}=0.76mHg=760mmHg$$

一个工程大气压相应的水柱高度为

$$h=\frac{10000kgf/m^2}{1000kgf/m^3}=10mH_2O$$

相应的汞柱高度为

$$h'=\frac{10000kgf/m^2}{13595kgf/m^3}=0.736mHg=736mmHg$$

压强的上述三种度量单位是经常用到的，要求能够灵活应用。在通风工程中，通常气体的压强会很小，这时用 mmH_2O 表示就更适合。大气压和液柱高度虽不属国际制单位，但在工程上经常使用，如表示水头高和日常生活中血压计的汞柱高等。

为了掌握上述单位的换算，兹将国际单位制和工程单位制中各种压强的换算关系列入表2-1，以供换算使用。

表 2-1 国际单位与工程单位换算关系

压强单位	Pa	mmH_2O	at	atm	mmHg
换算关系	9.8	1	10^{-4}	9.67×10^{-5}	0.736
	98000	10^4	1	0.967	736
	101325	10332	1.033	1	760
	133.33	13.6	1.36×10^{-3}	13.16×10^{-3}	1

【例 2-2】 立置在水池中的密封罩如图 2-11 所示，试求罩内 A、B、C 三点的压强。

解：开口一侧水面压强是大气压，因水平面是等压面，B 点的压强 $p_B=0$，则 A 点

的压强

$$p_A = p_B + \rho g h_{AB} = 1000 \times 9.8 \times 1.5 = 14710 \text{Pa}$$

C 点的压强

$$p_C + \rho g h_{BC} = p_B$$

即

$$p_C = 0 - 1000 \times 9.807 \times 2.0 = -19614 \text{Pa}$$

C 点的真空压强

$$p_{vC} = 19614 \text{Pa}$$

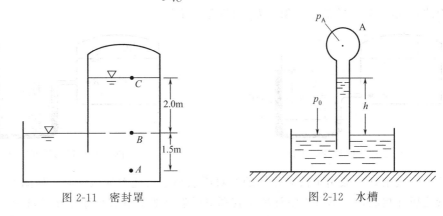

图 2-11　密封罩　　　　　　　　　　图 2-12　水槽

【**例 2-3**】　容器 A 被部分抽成真空（图 2-12），容器下端接一玻璃管与水槽相通，玻管中水上升 $h = 2\text{m}$，水的密度 $\rho = 1000 \text{kg/m}^3$，求容器中心处的绝对压强 p'_A 和真空度 p_{vA}，当时当地大气压 $p_a = 98000 \text{Pa}$。

解：由水槽表面取等压面，有 $p'_A + \rho g h = p_a$，则

$$p'_A = p_a - \rho g h = 98000 - 1000 \times 9.8 \times 2 = 78400 \text{Pa}$$
$$P_{vA} = p_a - p'_A = 98000 - 78400 = 19600 \text{Pa}$$

第四节　流体压强的测量

流体静力学基本方程式在工程实际中有广泛的应用。测量流体压强的仪器类型很多，其中液柱式测压计的测量原理就是以流体静力学基本方程为依据的，它用液柱高度或液柱高度差来测量流体的静压强或压强差。下面介绍几种常见的液柱式测压计。

一、测压管

测压管是一种最简单的液柱式测压计，是一根等径透明的玻璃管，直接连在需要测量压强的容器上，玻璃有管直管的，也有 U 形管的，如图 2-13 所示。测压管一般与大气相通，通过读出图 2-13 中液柱高度 h_A，就可算出 A 点的绝对压强与当地大气压强的差，即相对压强。

$$p_A = \rho g h_A \qquad (2-15)$$

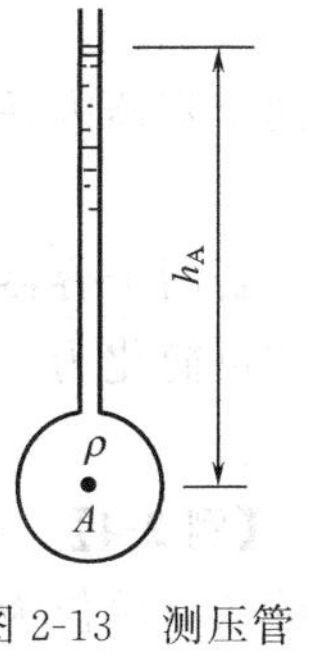

二、U 形管测压计

U 形管测压计一般用于被测流体压强较大或测量气体压强时，如图 2-14 所示。U 形管中的液体，根据被测流体的种类及压强大小不同，一般可采用水、酒精或水银。当测压管压强较大或液柱较高时，可在 U 形管中装入密度较大的介质从而用较短的测压管测定较大的压强或真空度。

图 2-13　测压管

由测压计上读出 h_1、h_2 后，根据流体静力学基本方程有

$$p_1 = p_A + \rho g h_1$$

$$p_2 = \rho_P g h_2$$

因为水平面 1—2 为等压面，故 $p_1 = p_2$，则

$$p_A = \rho_P g h_2 - \rho g h_1$$

$$p'_A = p_a + (\rho_P g h_2 - \rho g h_1) \qquad (2\text{-}16)$$

当被测流体为气体时，由于气体重度较小，在高差不大的情况下，气柱产生的压强值很小，因此，式（2-16）的最后一项 $\rho g h_1$ 可以忽略不计。

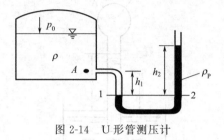

图 2-14　U 形管测压计

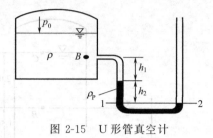

图 2-15　U 形管真空计

U 形管真空计一般用于被测流体的绝对压强小于当地大气压强时，如图 2-15 所示。与 U 形管测压计相似，U 形管真空计测量其真空压强（即真空值）计算方程如下

$$p'_B = p_a - (\rho_P g h_2 + \rho g h_1)$$

$$p_{vB} = \rho_P g h_2 + \rho g h_1 \qquad (2\text{-}17)$$

同样，若被测流体为气体时，上式最后一项可以忽略不计。

三、压差计

压差计是测定两点间压强差的仪器，常用 U 形管制成。测量时，把 U 形管两端分别与两个容器的测点 A 和 B 连接，如图 2-16 所示。U 形管中应注入较两个容器中的流体密度大且不相混淆的流体作为工作介质（即 $\rho > \rho_A$，$\rho > \rho_B$）。

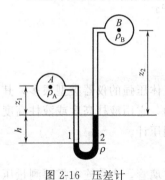

图 2-16　压差计

当 $\rho > \rho_A$，U 形管内液体向右管上升，平衡后，1—2 是等压面，即 $p_1 = p_2$。由此可得

$$p_1 = p_A + \rho_A g\,(z_1 + h)$$

$$p_2 = p_B + \rho_B g z_2 + \rho g h$$

因 $p_1 = p_2$，故

$$p_A + \rho_A g(z_1 + h) = p_B + \rho_B g z_2 + \rho g h$$

$$p_A - p_B = \rho_B g z_2 + \rho g h - \rho_A g(z_1 + h)$$

$$= (\rho - \rho_A)gh + \rho_B g z_2 - \rho_A g z_1$$

若两个容器内是同一流体，即 $\rho_A = \rho_B = \rho'$，则上式可写成

$$p_A - p_B = (\rho - \rho')gh + \rho' g (z_2 - z_1) \qquad (2\text{-}18)$$

若两个容器内是同一气体，由于气体的密度很小，U 形管内的气柱重量可忽略不计，上式可简化为

$$p_A - p_B = \rho g h \qquad (2\text{-}19)$$

【例 2-4】　如图 2-17 为一复式水银测压计，用以测量水箱中水的表面相对压强。根据图中读数（单位为 m）计算水箱水面相对压强 p_0。

解：水箱水面相对压强为 p_0，由图 2-17 读数写得

$$p_0 + (3.0 - 1.4)\rho g - (2.5 - 1.4)\rho_{Hg}g + (2.5 - 1.2)\rho g - (2.3 - 1.2)\rho_{Hg}g = 0$$

水面相对压强

$$p_0 = -(3.0 - 1.4)\rho g + (2.5 - 1.4)\rho_{Hg}g - (2.5 - 1.2)\rho g + (2.3 - 1.2)\rho_{Hg}g$$

$$= (2.5 - 1.4 + 2.3 - 1.2)\rho_{Hg}g - (3.0 - 1.4 + 2.5 - 1.2)\rho g$$

$$= 2.2 \times 133280 - 2.9 \times 9800 = 264796 \text{Pa}$$

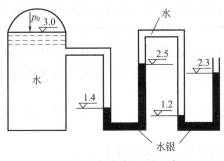

图 2-17 复式水银测压计

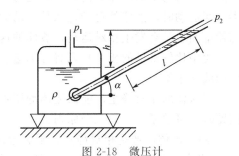

图 2-18 微压计

四、微压计

微压计是测定微小压强（或压差）的仪器，一般用于测量气体压强。微压计由一个大截面的杯子连接一个可调节倾斜角度的细玻璃管构成，其中盛有密度为 ρ 的液体。它的测压管是倾斜放置的，其倾角为 α，如图 2-18 所示。杯中的液面与测压管中高差为 h，读数为 l，而 $h = l\sin\alpha$，则

$$p_1 - p_2 = \rho g l \sin\alpha \tag{2-20}$$

测定时 α 为定值，只需测得倾斜长度 l，就可以得出压差。由 $h = l\cos\alpha$，可得倾斜角度越小，l 比 h 放大的倍数就越大，量测的精度就更高。由式（2-20）还可知 ρ 越小，l 就越大。因此工程上常用密度比水更小的液体如酒精来提高精度。

五、金属测压计

金属测压计是利用各种不同形状的弹性元件在被测压力的作用下产生的弹性变形的原理而制成的测压仪表。一般用于工业上测量较高的压力。常用的有弹簧管式和薄膜式两种。

图 2-19（a）为弹簧管式压力表。其主要部分为一个弯成环形的空心合金管，截面为椭圆形，端部封闭，由传动机构与指针相连，管子另一端接至测点。在压力作用下，合金管伸张，带动指针转动，指出压力读数。此种压力表测量范围由 2 个大气压到 10000 个大气压不等。

图 2-19（b）为薄膜式压力表，其结构主要由一片波状断面的弹簧与指针的传动机构相连。在压力作用下，薄膜变形带动指针，指出读数。其测量范围可以达到 30 个工程大气压。

这两类测压接口与大气相通时，指针均指零点，因此所测出的是相对压力值，也称为表压。习惯上把测量压力大于大气压的，即只测正压的叫"压力表"，而只测小于大气压的，即只测负压的叫"真空

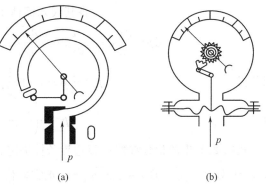

图 2-19 弹簧管式压力表（a）和薄膜式压力表（b）

表"。但也有一种兼测正压和负压的所谓压力真空两用表。

金属测压计体积小，安装方便，但弹簧管和弹簧片的制造工艺要求较高，否则精度不能满足要求。使用前，常需要用特别精密的标准压力表进行校正。

第五节　流体的相对平衡

除了重力场中的流体平衡以外，还有一种工程上常见的所谓液体的相对平衡。当液体随容器一起运动时，液体相对于地球是运动的，但是液体质点间的相对位置始终不变，而各质点与器壁间也没有发生相对运动，液体的这种相对于运动容器静止的运动叫做液体的相对平衡。工程中比较常见的相对平衡有等加速、等减速直线运动中的液体平衡和等角速度旋转运动中的液体平衡。

对于流体的相对静止，前面流体静压强的分布规律［式(2-12)］已不再适用。在处理这类问题时，可遵循下面的三个原则：

① 由于流体内部是相对静止，不必考虑黏性，可以作为理想流体来处理；

② 流体质点实际上在运动，根据达朗伯原理，在质量力中计入惯性力，使得流体运动的问题，形式上转化为静平衡问题，直接应用流体静力学的基本方程［式(2-12)］求解；

③ 一般将坐标建立在容器上，即所谓的动坐标。

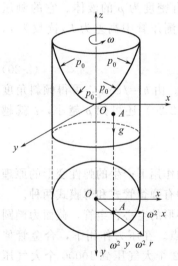

图 2-20　容器等角速旋转运动

下面我们以等角速旋转运动中的液体平衡为例进行讨论。

半径为 R 的一直立圆筒形容器盛有液体，绕其垂直轴心线等角速 ω 旋转，由于液体的黏性作用，筒内液体做相对平衡运动。如图 2-20 所示，现将坐标原点位于圆筒轴心与液面的交点上，z 轴铅直向上并与圆筒轴心线重合，xOy 平面为一水平面。这一坐标系是静止的，不随系统一起旋转。

分析液体任一质点 $A(x, y, z)$，可知其所受的单位质量的重力在各轴向的分力为

$$X_1 = 0, \quad Y_1 = 0, \quad Z_1 = -g$$

而单位质量的惯性力在各轴向的分力为

$$X_2 = \omega^2 x, \quad Y_2 = \omega^2 y, \quad Z_2 = 0$$

所以，单位质量力在各轴的分力为

$$X = X_1 + X_2 = \omega^2 x, \quad Y = Y_1 + Y_2 = \omega^2 y, \quad Z = Z_1 + Z_2 = -g$$

将其代入流体平衡微分方程得

$$\mathrm{d}p = \frac{\partial p}{\partial x}\mathrm{d}x + \frac{\partial p}{\partial y}\mathrm{d}y + \frac{\partial p}{\partial z}\mathrm{d}z = \rho\omega^2(x\,\mathrm{d}x + y\,\mathrm{d}y) - \rho g\,\mathrm{d}z$$

积分得

$$p = \frac{1}{2}\rho\omega^2 x^2 + \frac{1}{2}\rho\omega^2 y^2 - \rho g z + C$$

即

$$p = \rho\left(\frac{\omega^2 r^2}{2} - gz\right) + C \qquad (2\text{-}21)$$

式(2-21)中的积分常数 C 以边界条件决定。由于液面气体压强处处为 p_0，在 $x=0$，$y=0$，$z=0$ 处 $p=p_0$，且 $r=\sqrt{x^2+y^2}$。把它们代入式(2-21)得 $C=p_0$，由此得到等角速旋转直立容器中液体压强的分布规律

$$p = \rho \left(\frac{\omega^2 r^2}{2} - gz \right) + p_0 \tag{2-22}$$

若液体表面各点压强为常数 p_0，自由表面为一等压面，将 $p = p_0$ 代入上式，可得到自由表面方程

$$z = \frac{\omega^2 r^2}{2g} \tag{2-23}$$

【例 2-5】 水车沿直线等加速行驶，水箱长 $l = 3\text{m}$，高 $H = 1.8\text{m}$，盛水深 $h = 1.2\text{m}$，如图 2-21。试求，确保水不溢出时加速度的允许值。

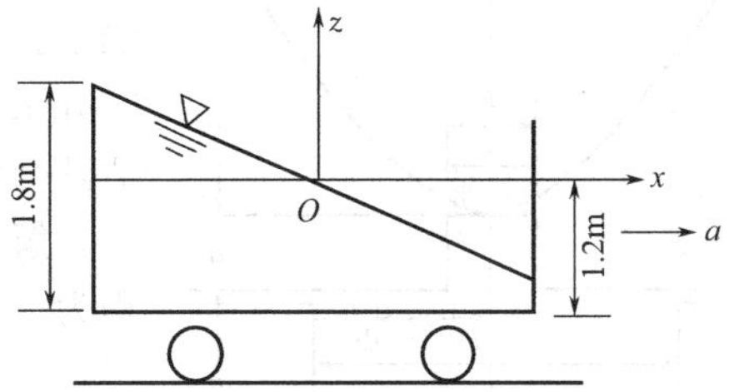

解： 选坐标系（非惯性坐标系）$Oxyz$，O 点置于静止时液面的中心点，Oz 轴向上，由式(2-7)

$$\text{d}p = \rho(X\text{d}x + Y\text{d}y + Z\text{d}z)$$

质量力 $X = -a$，$Y = 0$，$Z = -g$ 代入上式积分，得

$$p = \rho(-ax - gz) + C$$

图 2-21 水平

由边界条件， $\qquad x = 0,\ z = 0,\ p = p_a$

得 $\qquad\qquad\qquad C = p_a$

则 $\qquad\qquad\qquad p = p_a + \rho(-ax - gz)$

令 $\qquad\qquad\qquad p = p_a$

得自由液面方程

$$z = -\frac{a}{g}x$$

使水不溢出，$x = -1.5\text{m}$，$z \leqslant H - h = 0.6\text{m}$，

代入上式，解得

$$a \leqslant -\frac{gz}{x} = -\frac{9.8 \times 0.6}{-1.5} = 3.92\text{m/s}^2$$

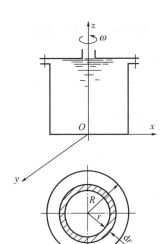

图 2-22 有盖圆筒

【例 2-6】 一高为 H、半径为 R 的有盖圆筒内盛满密度为 ρ 的水，上盖中心处有一小孔通大气。圆筒及水体绕容器铅垂轴心线以等角速度 ω 旋转，如图 2-22，求圆筒下盖内表面的总压力 p。

解： 将直角坐标原点置于下盖板内表面与容器轴心线交点，z 轴与容器轴心线重合，正向向上。在 $r = 0$，$z = H$ 处水与大气接触，相对压强 $p = 0$，代入式(2-21)

$$p = \rho \left(\frac{\omega^2 r^2}{2} - gz \right) + C$$

则 $\qquad\qquad\qquad C = \rho gH$

容器内相对压强 p 分布为

$$p = \frac{1}{2}\rho\omega^2 r^2 + \rho g(H - z)$$

相对压强是不计大气压强，仅由水体自重和旋转引起的压强。在下盖内表面上 $z = 0$，因而下盖内表面上相对压强只与半径 r 有关

$$p = \frac{1}{2}\rho\omega^2 r^2 + \rho gH$$

下盖内表面上总压力 p 可由上式积分得到

$$p = \int_0^R p 2\pi r \, dr = \int_0^R \left(\frac{1}{2} \rho \omega^2 r^2 + \rho g H \right) 2\pi r \, dr = \pi \rho \omega^2 R^4 / 4 + \rho g H \pi R^2$$

可见，下盖内表面所受压力由两部分构成：第一部分来源于水体的旋转角速度 ω，第二项正好等于筒中水体重力。

如果将直角坐标原点置于旋转轴与上盖内表面交点，这时式（2-21）中的积分常数 C 和相对压强 p 表达式都将发生变化，但不影响最终结果，读者可自行导出。

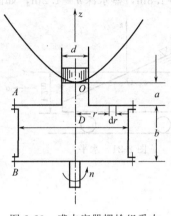

图 2-23　盛水容器螺栓组受力

【例 2-7】　如图 2-23 所示，盛水容器以转速 $n = 450 \text{r/min}$ 绕垂直轴旋转，容器尺寸 $D = 400\text{mm}$，$d = 200\text{mm}$，$b = 350\text{mm}$，水面高 $a + b = 520\text{mm}$，活塞质量 $m = 50\text{kg}$，不计活塞与侧壁的摩擦，求螺栓组 A、B 所受的力。

解：将坐标原点 O 取在液面处（图 2-23），则液面方程为

$$z = \frac{\omega^2 r^2}{2g}$$

设液面上 O 点处压强为 p_0，则

$$\int_0^{d/2} \left(p_0 + \frac{\rho \omega^2 r^2}{2} \right) 2\pi r \, dr = mg$$

解得　$p_0 = \dfrac{4mg - \pi \rho \omega^2 \left(\dfrac{d}{2} \right)^4}{4\pi r^2}$

$$= \frac{4 \times 50 \times 9.807 - 3.14 \times 10^3 \times \left(\dfrac{450 \times 2 \times 3.14}{60} \right)^2 \times 0.1^4}{4 \times 3.14 \times 0.1^2}$$

$$\approx 10067 \text{Pa}$$

（1）求螺栓组 A 受力　在上盖半径为 r 处去取宽度为 dr 的环形面积，该处压强为

$$p = p_0 + \rho \left(\frac{\omega^2 r^2}{2} + ag \right)$$

上盖所受的总压力为

$$P_1 = \int_{d/2}^{D/2} p \cdot 2\pi r \, dr = \int_{d/2}^{D/2} \left[p_0 + \rho \left(ag + \frac{\omega^2 r^2}{2} \right) \right] \times 2\pi r \, dr$$

$$= \frac{\pi}{4}(D^2 - d^2)(p_0 + \rho g a) + \frac{\pi \rho \omega^2}{64}(D^4 - d^4)$$

$$= \frac{3.14}{4} \times (0.4^2 - 0.2^2)[10067 + 10^3 \times 9.807 \times (0.52 - 0.35)] +$$

$$\frac{3.14 \times 10^3 \times \left(\dfrac{450 \times 2 \times 3.14}{60} \right)^2 \times (0.4^4 - 0.2^4)}{64}$$

$$\approx 3732 \text{N}$$

此力方向垂直向上，亦即为螺栓组 A 受的力。

（2）求螺栓组 B 受力　在下底 r 处压强为

$$p = p_0 + \rho g \left(a + b + \frac{\omega^2 r^2}{2g} \right)$$

因此，下底所受总作用力

$$P_2 = \int_0^{D/2} p \cdot 2\pi r \, dr = \int_0^{D/2} \left[p_0 + \rho g \left(a + b + \frac{\omega^2 r^2}{2g} \right) \right] \times 2\pi r \, dr$$

$$= \frac{\pi}{4} D^2 [p_0 + \rho g (a+b)] + \frac{\pi \rho \omega^2}{64} D^4$$

$$= \frac{3.14}{4} \times 0.4^4 \times [10067 + 10^3 \times 9.807 \times 0.52] + \frac{3.14 \times 10^3 \times \left(\frac{450 \times 2 \times 3.14}{60} \right)^2 \times 0.4^4}{64}$$

$$\approx 4697\text{N}$$

此即为螺栓组 B 所受之力。

第六节　作用于平面的液体压力

在许多工程设计时，除了要确定点压强之外，还需要确定静止液体作用在其表面上的总压力的大小、方向和位置。例如闸门、水坝、水箱、油罐等。确定作用力的大小、方向和作用点对结构物强度设计具有十分重要的意义。结构物表面可以是平面，也可以是曲面。本节讨论作用于平面的液体压力，研究的方法可分为解析法和图解法两种。

一、解析法

设有一平面 AB 的侧视图，与水平面成夹角 α，放置于静水液体中，假设在自由液面处压强为大气压。如图 2-24，为了便于分析，现将平面绕 Oy 轴旋转 $90°$ 置于纸面上，建立如图所示 xOy 坐标系。图中 h_C 为平面形心 C 处淹没深度，y_C 为形心 C 的 y 坐标，$h_C = y_C \sin\alpha$。

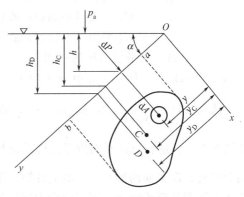

图 2-24　平面液体压力

在平面上中取一微元面积 dA，其中心点到液面下的水深为 h，一般情况下，平壁的两面均受到大气压强的作用，采用相对压强计算，则作用在微小面积上的水静压力为

$$dP = p \, dA = \rho g h \, dA$$

由于 $h = y \sin\alpha$，于是微小面积形心处压强可写为 $\rho g y \sin\alpha$，由此可得液下平面所受压力 P 为

$$P = \int \rho g y \sin\alpha \, dA = \rho g \sin\alpha \int_A y \, dA$$

其中，$\int_A y \, dA$ 为受压面积 A 对 x 轴的静面矩，由理论力学知，它等于受压面积 A 与其形心坐标 y_C 的乘积。即

$$P = \rho g \sin\alpha y_C A = \rho g h_C A = p_C A \tag{2-24}$$

式中　P——AB 平面上静水总压力；

h_C——AB 平面形心 C 的淹没深度；

p_C——AB 平面形心 C 点的压强；

ρ——液体的密度；

A——受压面积。

式(2-24) 表明：作用于液下任意位置，任意形状平面上的静水总压力大小等于平面形心处的压强与受压面积的乘积。形心处压强等于被淹没面积的平均压强。总压力的方向沿受压面的内法线方向。

如果用 y_D 表示 OY 轴上点 O 到压力中心的距离，则按合力矩定理：压力 P 对 x 轴的力矩 Py_D 应等于平面上微面积的压力 dP 对 x 轴力矩的和 $\int_A \rho g h y \, dA$ ，即

$$\int_A \rho g h y \, dA = P y_D$$

或

$$y \sin\alpha \, y_C A y_D = \rho g \sin\alpha \int_A y^2 \, dA$$

式中，$I_x = \int_A y^2 \, dA$ 为受压面积 A 对 x 轴的惯性矩，则上式可写为

$$y_D = I_x / (y_C A) \tag{2-25}$$

根据惯性矩平行移轴公式 $I_x = I_C + y_C^2 A$ ，将受压面 A 对 Ox 轴的惯性矩 I_x 换算成通过受压面形心 C 且平行于 Ox 轴轴线的惯性矩 I_C ，于是上式又可写成

$$y_D = y_C + I_C / (y_C A) \tag{2-26}$$

或

$$y_D = y_C + y_e \tag{2-27}$$

式中　　　y_D——相对总压力作用点到 Ox 轴的距离；

　　　　　y_C——AB 平面形心到 Ox 轴的距离；

　　　　　I_C——AB 平面对平行 Ox 轴并通过形心 C 的形心轴的惯性矩；

　　　　　A——平板 AB 的面积；

$y_e = I_C / (y_C A)$——压强中心沿 y 方向至受压面形心的距离。

式(2-26) 中 $\dfrac{I_C}{y_C A} > 0$ ，故 $y_D > y_C$ ，即证明了相对总压力作用点 D 通常在 AB 平面形心 C 的下方。但随着 AB 平面淹没深度的增加，即 y_C 增大，$\dfrac{I_C}{y_C A}$ 减小，静水总压力的作用点则会靠近 AB 平面的形心 C 。由上可知，压力中心在平面形心之下，随淹没的深度增加，压力中心逐渐趋近于形心。实际工程中通常遇到的平面多数是对称的，因此压力中心的位置是在平面的对称轴上，无需计算 x_D 的坐标值，只需求得 y_D 坐标即可确定压力中心 D 的位置。

容器的液体相同，水深相同，底面积大小也相等，而且形心的淹没深度 h_C 就等于水深。所以不论容器的形状如何，作用在底面积上的水静压力的大小都是一样的，它与容器中水的重量无关。

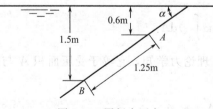

图 2-25　圆板水压力

【例 2-8】　一直径为 1.25m 的圆板倾斜地置于水面之下（图 2-25），其最高点 A、最低点 B 到水面距离分别为 0.6m 和 1.5m，求作用于圆板一侧水压力大小和压力中心位置。

解：圆板形心（圆心）在水面之下

$$h_C = (1.5 + 0.6)/2 = 1.05\text{m}$$

$$y_C = 1.05 \times 1.25/(1.5 - 0.6) = 1.458\text{m}$$

圆板面积

$$A = \pi d^2/4 = 3.14 \times 1.25^2/4 = 1.227\text{m}^2$$

形心压强

$$p_C = \rho g h_C = 1.05 \times 9807 = 10297 \text{Pa}$$

圆板一侧水压力大小为

$$P = p_C A = 10297 \times 1.227 = 12634 \text{N}$$

对于圆板

$$I_C = \pi d^4 / 64 = 3.14 \times 1.25^4 / 64 = 0.12 \text{m}^4$$

压力中心在形心之下，两点沿圆板距离为

$$y_e = I_C / (A y_C) = 0.12 / (1.227 \times 1.458) = 0.067 \text{m}$$

由此可得压力中心距形心 0.067m。

二、图解法

对位于静止液体中一边平行于自由液面的矩形平壁的水静压力的问题，可以采用图解法求总压力及压强中心。它不仅直接反映水静压力的实际分布，而且有利于对受压结构物进行结构计算。

压强分布图是在受压面承压的一侧，以一定的比例尺的向量线段，表示压强大小和方向的图形，是液体静压强分布规律的几何图示。对于通大气的开敞容器，液体的相对压强 $p = \rho g h$，沿水深直线分布，只要把上下两点的压强用线段绘出，中间以直线相连，就得到相对压强分布图，如图 2-26 所示。

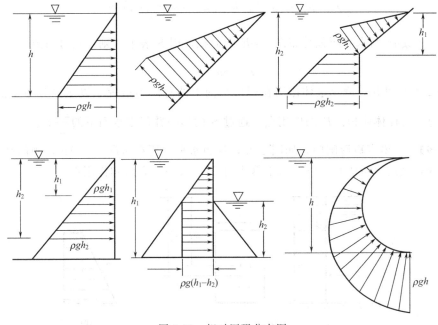

图 2-26　相对压强分布图

矩形平面是比较多见的受压面，由于它的形状规则，计算较为简单，用图解法计算只要先画出流体静压强的分布图，就可以根据图来计算总压力。

水静压强分布图是根据基本方程 $p = p_0 + \rho g h$，直接绘在受压面上表示各点压强大小及方向的图形。压强分布图是在受压面承压的一侧，以一定比例尺的矢量线段，表示压强大小和方向的图形，它是液体静压强分布规律的几何图形。设矩形平壁 AB 位于静止液体中，如图 2-27。首先计算 A 点和 B 点的相对压强

$$p_A = \rho g h_A$$

$$p_B = \rho g h_B =$$

并用线段绘出，中间以直线相连，就得到 AB 平壁的相对压强分布图。

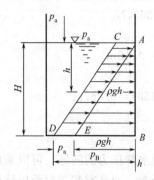

图 2-27　水静压强分布图

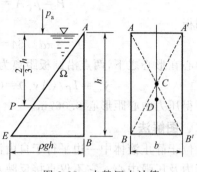

图 2-28　水静压力计算

如果 A 点恰好在自由液面上，此时 A 点的压强 $p_A = 0$，AB 平面的压强分布图是一个直角三角形，一般情况下压强分布图是一个直角梯形。

如图 2-28 所示，取高为 h，宽为 b 的铅直矩形平面，其顶面恰与自由液面齐平，应用静水压强分布图计算水静压力，则

$$P = p_C A = \rho g h_C b h = \rho g \frac{h}{2} b h = \frac{1}{2} \rho g h^2 b$$

式中，$\frac{1}{2}\rho g h^2$ 为水静压强分布图 ABE 的面积，用 S 表示，则上式可写成

$$P = Sb = V \tag{2-28}$$

由式（2-28）可知，静止液体作用在矩形平面上的总压力恰等于以压强分布图的面积为底，高度为 b 的柱体体积。P 的作用点，通过 S 的形心并位于水面下的 $\frac{2h}{3}$ 处。

【例 2-9】　一铅直矩形闸门，如图 2-29，顶边水平，所在水深 $h_1 = 1m$，闸门高 $h = 2m$。宽 $b = 1.5m$，试用解析法和图解法求水静压力 P 的大小、方向和作用点。

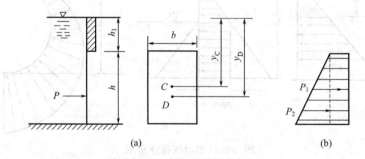

图 2-29　铅直矩形闸门水静压力

解：（1）先用解析法求 P

设自由液面处为大气压 p_a，相对压强为零。延长 BA 交自由液面于 O 点。OB 方向即为 y 轴，Ox 轴垂直纸面，如图 2-29（a）所示。

由式（2-13），先求矩形形状中心 C 处的压强

$$p_C = \rho g h_C = \rho g \left(\frac{h}{2} + h_1 \right) = 9807 \times \left(\frac{2}{2} + 1 \right) = 19614 \text{Pa}$$

矩形闸门受到水静压力则为

$$P = p_C A = 19614 \times 2 \times 1.5 = 58.8 \text{kN}$$

方向如图 2-29(a) 所示，垂直闸门。

压力中心 D 的求法，按式(2-26)

$$y_D = y_C + \frac{I_C}{y_C A} = 2 + \frac{\frac{1}{12} \times 1.5 \times 2^3}{2 \times 1.5 \times 2} = 2.17 \text{m}$$

（2）应用图解法计算 P

先绘制矩形闸门的静水压强分布图，将压强分布图分解为矩形和三角形，如图 2-29(b)，

$$p_A = \rho g h_A = 9807 \times 1 = 9807 \text{Pa}$$
$$p_B = \rho g h_B = 9807 \times 3 = 29421 \text{Pa}$$

则单位宽度闸门受到的水静压力 P' 为

$$P' = P_1 + P_2 = p_A h + \frac{1}{2}(p_B - p_A)h = 9807 \times 2 + \frac{1}{2}(29421 - 9807) \times 2$$

$$= 19614 + 19614 = 39.23 \text{kN}$$

宽度为 $b = 1.5 \text{m}$ 的闸门受到的水静压力为

$$P = 1.5 P' = 1.5 \times 39.23 = 58.84 \text{kN}$$

再求压强中心 D，以 B 为矩心应用合力矩定理

$$P_1 \frac{y_C}{2} + P_2 \frac{y_C}{3} = P' y_D$$

所以

$$y_D = \frac{19614 + 19614 \times \frac{2}{3}}{39230} = 0.83 \text{m}$$

或者压强中心 D 距水面高度为 $3 - 0.83 = 2.17 \text{m}$。

由此可见，两种方法所得的计算结果完全相同。

在应用解析法或图解法时要注意以下几点。

① 应用解析法时，由于利用上述公式只能求出液面压强为大气压 p_a 时，作用于该平面的水静压力及其压力中心。如果容器是封闭的，液面的相对压强 p_0 不等于零，则应虚设一个所谓的自由液面，使得这个虚设的自由液面的相对压强为零。这个相对压强为零的自由液面和容器实际液面的距离为 $\frac{|p_0 - p_a|}{\rho g}$。这就是说求解水静压力用 $p = \rho g h_C A$ 时，h_C 取平面形心至相对压强为零的自由液面的距离，而求压力中心用 $y_e = I_C/(y_C A)$ 时，y_C 取平面形心沿 y 轴方向至相对压强为零的自由液面交线的距离。这种方法实质上是将厚为 $\frac{|p_0 - p_a|}{\rho g}$ 的液层，想象地加在实际液面上，使平面所受压力没有任何改变。也就是说，坐标系原点的位置设在平面 AB 和自由液面的相交点。当 $p_0 > p_a$ 时，虚设的自由液面在实际液面上方，反之，在下方。

② 图解法只适用于矩形平壁，所以受压平壁是其他形状，例如圆形、梯形等，那么应用解析法为好。

③ 从式(2-24) $P = \rho g h_C A$ 可看出，作用于受压平壁上的水静压力，只与受压面积 A、液体重度以及形心的淹没深度 h_C 有关，而跟平壁 AB 与水平面的夹角 α 无关。

第七节　作用于曲面的液体压力

在实际工程中常遇到受压面是曲面的情形，如弧形闸门、拱坝坝面、水管管壁等。本节我们将对液体作用于曲面上的压力进行讨论。在工程中，经常要计算如圆形储水池壁面、弧形闸门以及球形容器等，这些壁面多为柱面或球面。因此本节着重讨论液体作用在柱面上的总压力，其计算方法可推广到其他的曲面。

一、总压力的大小、方向及作用点

设有一垂直于纸面的柱体，如图 2-30 所示，其左侧承受液体静压力，长度为 l，受压曲面为 AB，若在曲面 AB 上任取一微小面积 dA，其中心点的淹没深度为 h，作用在 dA 上的液体压力为

$$dP = p\,dA = \rho g h\,dA$$

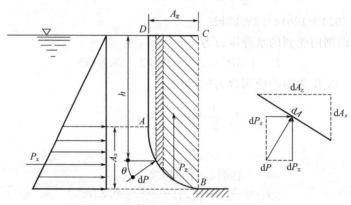

图 2-30　液体作用在曲面上的水静压力

该力垂直于面积 dA，并与水平面成 θ 角，可将此力分解为水平分力 dP_x 和铅直分力 dP_z

$$dP_x = dP\cos\theta = \rho g h\,dA\cos\theta$$

$$dP_z = dP\sin\theta = \rho g h\,dA\sin\theta$$

式中，θ 也为曲面 dA 与垂直面的夹角，所以 $dA\cos\theta$ 可以看成是曲面 dA 在垂直面 yoz 上的投影 dA_x，而 $dA\sin\theta$ 则可以看成是曲面 dA 在垂直面 xoy 上的投影 dA_z，则

$$dP_x = \rho g h\,dA_x$$

$$dP_z = \rho g h\,dA_z$$

上式分别积分得

$$P_x = \int dP_x = \rho g \int_{A_x} h\,dA_x \tag{2-29}$$

$$P_z = \int dP_z = \rho g \int_{A_z} h\,dA_z \tag{2-30}$$

式中　dA_x——dA 在铅垂平面（即 yoz 平面）上的投影；

　　　dA_z——dA 在水平平面（即 xoy 平面）上的投影。

$\int_{A_x} h\,dA_x$ 为平面 dA_z 对水平轴 y 轴的静矩，由理论力学知 $\int_{A_x} h\,dA_x = h_C A_x$，将此式代入式(2-29) 中，得

$$P_x = \rho g h_C A_x = p_C A_x \tag{2-31}$$

式(2-31)表明，液体作用在柱面上水静压力的水平分力，其大小等于作用于该柱面在铅垂平面的投影面上的水静压力。水平分力的作用线通过投影面积的压强中心，方向指向柱面。式中 h_C 为平面形心 C 处淹没深度。

式(2-30)中 $\int_{A_z} h\,dA_z$ 是曲面 AB 上以 dA 为底面积到自由液面（或者是到自由液面的延伸面）之间铅垂柱体（称为压力体）的体积，以 V 表示。则

$$P_z = \rho g V \tag{2-32}$$

式(2-32)表明，液体作用在柱面上水静压力的铅垂分力，等于压力体内液体的重量。垂直分力的作用线通过压力体的重心。

在求出 P_x 和 P_z 后就可以知道水静压力的大小和方向

$$P = \sqrt{P_x^2 + P_z^2} \tag{2-33}$$

合力 P 的作用线与水平线的夹角为

$$\theta = \arctan(P_z/P_x) \tag{2-34}$$

水静压力的作用点是这样来决定的：静止流体对二维曲壁总压力的水平分力 P_x 的作用线和垂直分力 P_z 的作用线交于一点，水静压力的作用线通过该点，并与水平方向的夹角为 θ。

二、压力体的概念

积分式 $V = \int_{A_z} h\,dA_z$ 表示的几何体积称为压力体。它的界定范围是：假设沿着柱面边缘上每一点作自由液面（或延伸面）的铅垂线，这些铅垂线围成的壁面和以自由液面为上底、柱面本身为下底的柱体就是压力体。

通常压力体有以下三种情况。

1. 实压力体

压力体和液体在柱面 AB 的同侧，压力体内充满液体，称为实压力体。此时 P_z 方向向下，如图 2-31(a)。

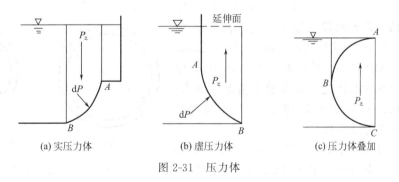

(a) 实压力体　(b) 虚压力体　(c) 压力体叠加

图 2-31　压力体

2. 虚压力体

压力体和液体在柱面 AB 的两侧，一般其上底面为自由液面的延伸面，压力体内无液体，称为虚压力体。此时 P_z 方向向上，如图 2-31(b)。

3. 压力体叠加

压力体和液体虽在柱面 AB 的同侧，但一般其为自由液面的延伸面，压力体部分充有液体，如图 2-31(c)。叠加后得虚压力体 ABC，P_z 的方向向上。

另外，有关 P_x 和 P_z 的方向要根据曲面在静止液体中的位置而定。例如，在图 2-31(a)

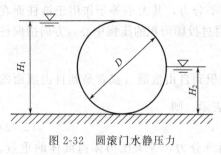

图 2-32 圆滚门水静压力

中水静压力 P 的水平分力 P_x，其方向是向右的，而图 2-31(b) 中的水平分力 P_x 的方向是向右的。垂直分力 P_z 的方向在图 2-31(a) 中是垂直向下的，而在图 2-31(b) 和（c）中 P_z 是垂直向上的。

【例 2-10】 如图 2-32，有一圆滚门，长度 $l=10$m，直径 $D=4$m，上游水深 $H_1=4$m，下游水深 $H_2=2$m，求作用于圆滚门上的水平和铅垂方向的分压力。

解：（1）圆滚门的左侧

水平方向分力大小

$$P_x = \rho g \frac{H_1}{2} D l = 9807 \times \frac{4}{2} \times 4 \times 10 = 784.56\text{kN（方向向右）}$$

铅垂方向分力大小

$$P_z = \rho g \frac{\pi}{8} D^2 l = 9807 \times \frac{\pi}{8} \times 4^2 \times 10 = 616.19\text{kN（方向向上）}$$

（2）圆滚门的右侧

水平方向分力大小

$$P_x = \rho g \frac{H_2}{2} H_2 l = 9807 \times \frac{2}{2} \times 2 \times 10 = 196.14\text{kN（方向向左）}$$

铅垂方向分力大小

$$P_z = \rho g \frac{\pi}{16} D^2 l = 9807 \times \frac{\pi}{16} \times 4^2 \times 10 = 308.1\text{kN（方向向上）}$$

故圆滚门上水静压力的水平分力大小

$$P_x = 784.56 - 196.14 = 588.42\text{kN（方向向右）}$$

铅垂分力大小

$$P_z = 616.19 + 308.1 = 924.29\text{kN（方向向上）}$$

【例 2-11】 露天敷设的输水管道如图 2-33 所示，直径 $D=1.5$m，管壁厚 $\delta=6$mm，钢管的许用应力 $[\sigma]=150$MPa，弹性模量 $E=21 \times 10^{10}$Pa，除内水压力外，不考虑其他荷载及敷设情况。试求：（1）该管道允许的最大内水压强；（2）保持弹性稳定，管内允许的最大真空度。

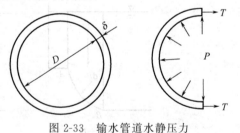

图 2-33 输水管道水静压力

解：（1）取 1m 长管段，沿直径平面剖分为两半，以其中的一半为隔离体（图 2-33），不计管内水重量对压强的影响，作用在管壁上的总压力

$$P = p_C A_x = p D \times 1$$

总压力 P 与管壁截面的张力平衡

$$P = 2T = 2\sigma\delta$$

由以上关系，允许的最大内水压强

$$p_{max} = \frac{2[\sigma]\delta}{D} = \frac{2 \times 150 \times 6 \times 10^{-3}}{1.5} = 1.2\text{MPa}$$

$$\frac{p_{max}}{\rho g}=\frac{1.2\times 10^6}{9807}=122\,\mathrm{mH_2O}$$

（2）管内出现真空状态，管外大气压大于管内压强，致使管壁受压。钢管为薄壁圆管，当管壁承受的外压力超过临界值，就会丧失弹性稳定而被"压瘪"。用结构力学的方法，由无限长圆管均匀受外压力的条件，导出临界外压力

$$\Delta P_{cr}=2E\left(\frac{\delta}{D}\right)^3$$

保持弹性稳定，管内允许的最大真空度

$$p_{vmax}=\Delta P_{cr}=2\times 21\times 10^{10}\left(\frac{6}{1500}\right)^3=2.69\times 10^4\,\mathrm{Pa}$$

或

$$\frac{p_{vmax}}{\rho g}=\frac{2.69\times 10^4}{9.8\times 10^3}=2.74\,\mathrm{mH_2O}$$

压力输水钢管能承受很大的内水压强，而管内为负压，管壁受压时，容易丧失弹性稳定，因此，对运行过程中管内可能出现真空状态的大口径钢管，要注意防止此类事故。

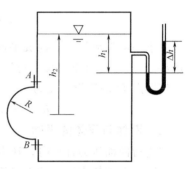

【例 2-12】 密闭盛水容器，如图 2-34，水深 $h_1=60\mathrm{cm}$，$h_2=100\mathrm{cm}$，水银测压计读值 $\Delta h=25\mathrm{cm}$，试求半径 $R=0.5\mathrm{m}$ 的半球形盖 AB 所受水静压力的水平分力 P_x 和铅垂分力 P_z。

图 2-34 盛水容器水静压力

解： 由于 $p_0=\rho_{Hg}g\,\Delta h-\rho gh_1$
自由液面上压强不是大气压，要虚设一个自由面，其上移的高度为

$$\frac{p_0}{\rho g}=\frac{\rho_{Hg}}{\rho}\Delta h-h_1=13.6\times 0.25-0.6=2.8\,\mathrm{m}$$

球盖 AB 所受水静压力的水平分力为

$$F_x=\rho g(h_2+2.8)\pi R^2=9807\times(1+2.8)\times 3.14\times 0.5^2=29.25\,\mathrm{kN}\text{（方向向左）}$$

垂直分力为

$$F_z=\rho gA=\rho g\times\frac{1}{2}\times\frac{4}{3}\pi R^3=9807\times 0.5\times\frac{4}{3}\times 3.14\times 0.5^3=2.566\,\mathrm{kN}\text{（方向向下）}$$

【例 2-13】 一半径 $R=10\mathrm{m}$ 的圆弧形闸门，如图 2-35，上端的淹没深度 $h=4\mathrm{m}$，设闸门的宽度 $B=8\mathrm{m}$，若圆弧的圆心角 $\alpha=30°$，求

（1）闸门上受到水静压力 P 的大小和方向；

（2）相对总压力的作用点 D 的淹没深度。

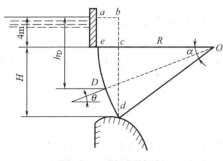

图 2-35 圆弧形闸门

解： 选取 $Oxyz$ 坐标：在自由液面上取原点 O，取自由液面为 Oxy 平面，z 轴铅垂向下。

闸门 AB 所受的水静压力 P 在 x 方向的分力大小 P_x，按式（2-30）得

$$P_x=P_C A_z=\rho gh_C A_z=\rho g\left(h+\frac{R\sin\alpha}{2}\right)(BR\sin\alpha)$$

$$=9.807\times\left(4+\frac{10\sin 30°}{2}\right)\times(8\times 10\sin 30°)$$

$$=2549.8\,\mathrm{kN}\text{（方向向右）}$$

水静压力 P 在 z 方向的分力 P_z 大小，按式（2-31）得

$$P_z = \rho g V$$

其中压力体 V 是如图 2-35 所示 $abcde$ 所围成的柱体体积。

$$V = B\left[h(R - R\cos\theta) + \pi R^2 \cdot \frac{\alpha}{360°} - \frac{1}{2}R^2\sin\alpha\cos\alpha \right]$$

$$= 8 \times \left[4 \times (10 - 10\cos30°) + 3.14 \times 10^2 \times \frac{30°}{360°} - \frac{1}{2} \times 10^2 \sin30°\cos30° \right]$$

$$= 79.12 \text{m}^3$$

$$P_z = \rho g V = 9.807 \times 79.12 = 775.9 \text{kN（方向向上）}$$

水静压力为

$$P = \sqrt{P_x^2 + P_z^2} = \sqrt{2549.8^2 + 775.9^2} = 2665.2 \text{kN}$$

$$\theta = \arctan\frac{P_z}{P_x} = \arctan\frac{775.9}{2549.8} = 16.93°$$

由于是圆弧形闸门，构成平面汇交力系，水静压力的作用线通过圆心，过圆心作与 x 轴成 $\theta = 16.93°$ 的力作用线交闸门于 D。D 点即是水静压力 P 的作用点。

作用点 D 的淹没深度为

$$h_D = h + R\sin\theta = 4 + 10\sin16.93° = 6.91 \text{m}$$

三、潜体与浮体的平衡

在进行曲面压力计算时，还会遇到一些作用于潜体或浮体上的压力问题。阿基米德定律指出：物体在液体中所受的水静压力（浮力），方向向上，其大小恰好等于物体所排开液体体积的重量。浮力的作用点称为浮心。

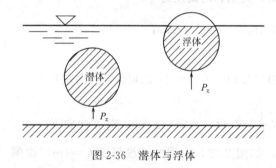

图 2-36　潜体与浮体

1. 物体在静止液体中的沉浮

物体在静止的液体中，如图 2-36，除受到重力作用外还受到液体的浮力作用。物体的重力 G 和所受的浮力 $P_z = \rho g V$ 的相对大小决定着物体的沉浮。

① 当 $G > P_z$ 时，物体下沉至底，称为沉体。

② 当 $G = P_z$ 时，物体可在液体中任一深处保持平衡，称为潜体。

③ 当 $G > P_z$ 时，物体浮出液面，直到液面以下部分所排开的液重等于物体的重量为止才保持平衡，称为浮体。船是其中的一个例子。

2. 潜体与浮体的平衡

潜体与浮体的平衡是相同的，都是指物体在水中不发生上浮或下沉的移动，同时也不发生转动的状态。物体在静止液体中仅受两个力作用，重力始终铅垂向下，浮力则铅垂向上，物体所受的这两个力可看成平行力系。由平行力系的平衡条件可知，潜体与浮体的平衡条件只能是：

① 作用于物体的重力和浮力相等；

② 重力和上浮力对任意点的力矩的代数和为零。

要满足这两个条件，重心和浮心必须在同一铅垂线上。上面提到的重力与浮力相等，物体既不上浮也不下沉，这是浮体和潜体维持平衡的必要条件。如果要求浮体和潜体在液体中

不发生转动，还必须满足重力和浮力对任何一点的力矩的代数和为零，即重心 C 和浮心 B 在同一条铅直线上。但这种平衡的稳定性（也就是遇到外界干扰，浮体和潜体倾斜后，恢复到原来的平衡状态的能力）取决于重心 C 和浮心 B 在同一条铅直线上的相对位置。

对于潜体，如图 2-37(a) 所示，重心 C 位于浮心 B 之下。若由于某种原因，潜体发生倾斜，使 B、C 两点不在同一条铅直线上，则重力 G 与浮力 P 将形成一个使潜体恢复到原来平衡状态的恢复力偶（或叫扶正力偶），以反抗使其继续倾倒的趋势。一旦去掉外界干扰，潜体将自动恢复原有平衡状态。这种情况下的潜体平衡称为稳定平衡。反之，如图 2-37(b) 所示，重心 C 位于浮心 B 之上。潜体如有倾斜，使 B、C 两点不在同一条铅直线上，则重力 G 与浮力 P 所形成的力偶，是一种倾覆力偶，将促使潜体继续翻转直到倒转一个方位，达到上述 C 点位于 B 点之下的稳定平衡状态为止。这种重心 C 位于浮心 B 之上、易于失稳的潜体平衡称为不稳定平衡。第三种情况是，重心 C 与浮心 B 重合，如图 2-37(c) 所示。此时，无论潜体取何种方位，都处于平衡状态。这种情况下的平衡称为随遇平衡。对于浮体来说，如果重心高于浮心，它的平衡还是有稳定的可能，这是因为浮体倾斜后，浸没在液体中的那部分形状改变了，浮心的位置也随之移动，而潜体的浮心并不因为倾斜而有所变化。

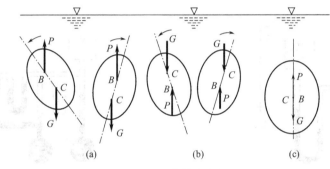

图 2-37 潜体稳定性

思 考 题

1. 什么叫压强水头、位置水头和测压管水头？
2. 静止流场中的压强分布规律仅适用于何种流体？
3. 绝对压强与相对压强、真空度、当地大气压之间关系如何？
4. 金属压力表的读值是什么压强？
5. 在什么特殊情况下，水下平面的压力中心与平面形心重合？
6. 压力体如何确定？
7. 若点的真空度为 65000Pa，当地大气压为 0.1MPa 时，该点的绝对压强为多少？
8. 流场中的压强分布规律可适用于哪些流体：不可压缩流体，理想流体，黏性流体？
9. 流体处于平衡状态的必要条件是什么？
10. 液体在重力场中作加速度直线运动时，与其自由面处处正交的是什么力？
11. 在液体中潜体所受浮力的大小与什么成正比？
12. 在什么特殊情况下，水下平面的压力中心与平面形心重合？

习 题

2-1 如图，求图中的 A、B 点的相对压强各为多少？（单位分别用 Pa 和 mH$_2$O 表示）

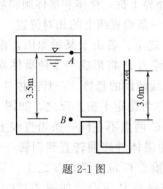
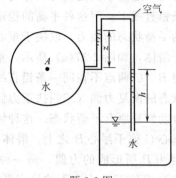

题 2-1 图   题 2-2 图

2-2 已知题 2-2 图中 $z=1\text{m}$，$h=2\text{m}$，试求 A 点的相对压强。

2-3 如图，已知水箱真空表 M 的读数为 0.98kPa，水箱与油箱的液面差 $H=1.5\text{m}$，水银柱差 $h_2=0.2\text{m}$，$\rho_{油}=800\text{kg/m}^3$，求 h_1 为多少米？

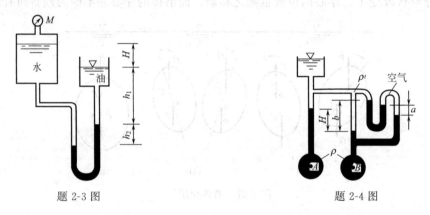

题 2-3 图   题 2-4 图

2-4 为了精确测定密度为 ρ 的液体中 A、B 两点的微小压差，特设计图示微压计。测定时的各液面差如图示。试求 ρ 与 ρ' 的关系及同一高程上 A、B 两点的压差。

2-5 图示密闭容器，压力表的示值为 4900Pa，压力表中心比 A 点高 0.4m，A 点在水面下 1.5m，求水面压强。

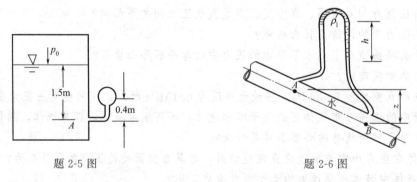

题 2-5 图   题 2-6 图

2-6 图为倾斜水管上测定压差的装置，已知 $z=20\text{cm}$，压差计液面之差 $h=12\text{cm}$，求①$\rho_1=920\text{kg/m}^3$ 的油时，②ρ_1 为空气时，A、B 两点的压差分别为多少？

2-7 已知图示倾斜微压计的倾角 $\alpha=30°$，测得 $l=0.5\text{m}$，容器中液面至测压管口高度 $h=0.1\text{m}$，求压力 p。

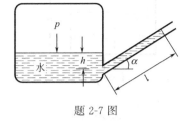

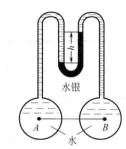

题 2-7 图　　　　　　　　　　　　　题 2-8 图

2-8　如图所示，U 形管压差计水银面高度差为 $h=15\mathrm{cm}$。求充满水的 A、B 两容器内的压强差。

2-9　如图所示，一洒水车以等加速度 $a=0.98\mathrm{m/s^2}$ 在平地上行驶，水车静止时，B 点位置 $x_1=1.5\mathrm{m}$，$h=1\mathrm{m}$，求运动后该点的静水压强。

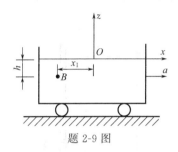

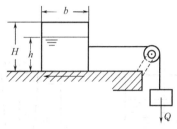

题 2-9 图　　　　　　　　　　　　　题 2-10 图

2-10　如图所示，正方形底 $b\times b=0.2\mathrm{m}\times0.2\mathrm{m}$、自重 $G=40\mathrm{N}$ 的容器装水高度 $h=0.15\mathrm{m}$，容器在重物 $Q=250\mathrm{N}$ 的牵引力下沿水平方向匀加速运动，设容器底与桌面间的固体摩擦系数 $f=0.3$，滑轮摩擦忽略不计，为使水不外溢，试求容器应有的高度 H。

2-11　如图所示，油槽车的圆柱直径 $d=1.2\mathrm{m}$，最大长度 $l=5\mathrm{m}$，油面高度 $b=1\mathrm{m}$，油的相对密度为 0.9。

① 当水平加速度 $a=1.2\mathrm{m/s^2}$ 时，求端盖 A、B 所受的轴向压力。

② 当端盖 A 上受力为零时，求水平加速度 a 是多少。

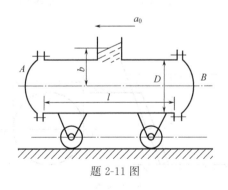

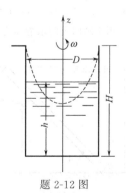

题 2-11 图　　　　　　　　　　　　　题 2-12 图

2-12　如图所示，圆柱形容器的半径 $R=15\mathrm{cm}$，高 $H=50\mathrm{cm}$，盛水深 $h=30\mathrm{cm}$，若容器以等角速度 ω 绕 z 轴旋转，试求 ω 最大为多少时不致使水从容器中溢出。

2-13　如图所示，装满油的圆柱形容器，直径 $D=80\mathrm{cm}$，油的密度 $\rho_{油}=801\mathrm{kg/m^3}$，顶盖中心点装有真空表，表的读数为 4900Pa，试求：①容器静止时，作用于顶盖上总压力的大小和方向；②容器以等角速度 $\omega=20\mathrm{s^{-1}}$ 旋转时，真空表的读数值不变，作用于顶盖上总压力的大小和方向。

2-14　如图所示，顶盖中心开口的圆柱形容器半径为 $R=0.4\mathrm{m}$，高度为 $H=0.7\mathrm{m}$，顶盖重量为 $G=50\mathrm{N}$，装入 $V=0.25\mathrm{m^3}$ 的水后，以匀角速度 $\omega=10\mathrm{s^{-1}}$ 绕垂直轴转动，试求作用在顶盖螺栓组上的拉力。

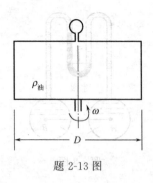

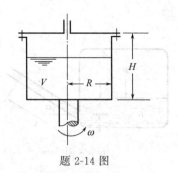

题 2-13 图　　　　　　　　　　　　　　题 2-14 图

2-15　如图所示，直径 $D=600\text{mm}$，高度 $H=500\text{mm}$ 的圆柱形容器，盛水深至 $h=0.4\text{m}$，剩余部分装以密度为 0.8g/cm^3 的油，封闭容器上部盖板中心开一小孔，假定容器绕中心轴、等角速度旋转时，容器转轴和分界面的交点下降 0.4m，直至容器底部。求必需的旋转角速度及盖板、器底的最大、最小压强。

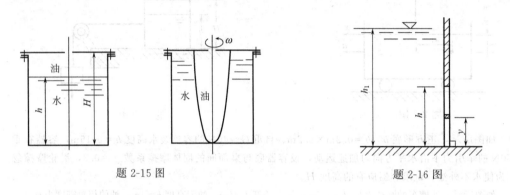

题 2-15 图　　　　　　　　　　　　　　　题 2-16 图

2-16　如图所示，矩形平板闸门一侧挡水，门高 $h=1\text{m}$，宽 $b=0.8\text{m}$，要求挡水深度 h_1 超过 2m 时，闸门即可自动开启，试求转轴应设的位置 y。

2-17　如图所示，宽为 1m，长为 AB 的矩形闸门，倾角为 $45°$，左侧水深 $h_1=3\text{m}$，右侧水深 $h_2=2\text{m}$，试用图解法求作用于闸门上的水静压力及其作用点。

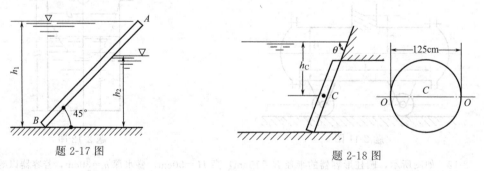

题 2-17 图　　　　　　　　　　　　　　题 2-18 图

2-18　如图所示，蓄水池侧壁装有一直径为 D 的圆形闸门，闸门平面与水面夹角为 θ，闸门形心 C 处水深 h_C，闸门可绕通过形心 C 的水平轴旋转，证明作用于闸门的水压力对轴的力矩与形心水深 h_C 无关。

2-19　如图所示，金属的矩形平板闸门，门高 $h=3\text{m}$，宽 $b=1\text{m}$，由两根工字钢横梁支撑，挡水面于闸门顶边齐平，如要求两横梁所受的力相等，两横梁的位置 y_1，y_2 应为多少。

2-20　如图所示的挡水板可绕 N 轴转动，求使挡板关紧需施加给转轴多大的力矩。已知挡板宽为 $b=1.2\text{m}$，$h_1=2.8\text{m}$，$h_2=1.6\text{m}$。

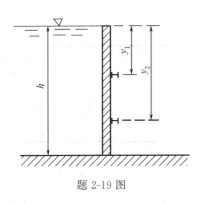
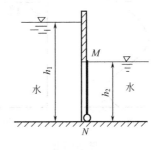

题 2-19 图　　　　　　　　　　　题 2-20 图

2-21　如图所示，折板 ABC 一侧挡水，板宽 $b=1.0\mathrm{m}$，高度 $h_1=h_2=2.0\mathrm{m}$，倾角 $\alpha=45°$，试求作用在折板上的静水总压力。

2-22　已知测题 2-22 图示平面 AB 的宽 $b=1.0\mathrm{m}$，倾角 $\alpha=45°$，水深 $h=3\mathrm{m}$，试求支杆的支撑力。

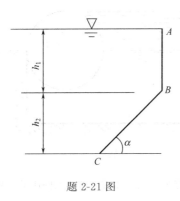
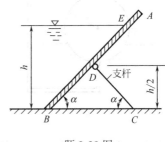

题 2-21 图　　　　　　　　　　　题 2-22 图

2-23　如图所示，绕铰链轴 O 转动的自动开启式水闸，当水位超过 $h_1=2\mathrm{m}$ 时，闸门自动开启。若闸门另一侧的水位 $h_2=0.4\mathrm{m}$，角 $\alpha=45°$，试求铰链的位置 x。

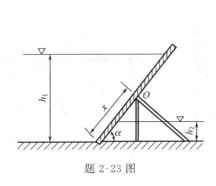
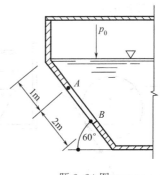

题 2-23 图　　　　　　　　　　　题 2-24 图

2-24　如图所示，封闭容器水面的绝对压强 $p_0=137.37\mathrm{kPa}$，容器左侧开 $2\mathrm{m}\times2\mathrm{m}$ 的方形孔，覆以盖板 AB，当大气压 $p_\mathrm{a}=98.07\mathrm{kPa}$ 时，求作用于此板上的水静压力及作用点。

2-25　试绘出图 (a)、(b) 中 AB 曲面上的压力体。

2-26　如图所示，一弧形闸门 AB，宽 $b=4\mathrm{m}$，圆心角 $\varphi=45°$，半径 $r=2\mathrm{m}$，闸门转轴恰与水面齐平，求作用于闸门的静水总压力。

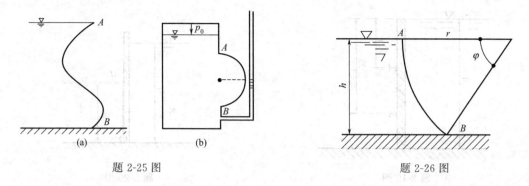

题 2-25 图　　　　　　　　　题 2-26 图

2-27　图示一球形容器由两个半球铆接而成，铆钉有 n 个，内盛密度为 ρ 的液体，求每一个铆钉所受的拉力。

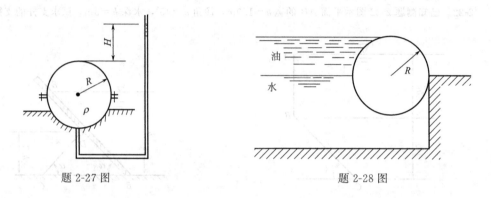

题 2-27 图　　　　　　　　题 2-28 图

2-28　半径 $R=0.2$m，长度 $l=2$m 的圆柱体与油（相对密度为 0.8）、水接触情况如图所示，圆柱体右边与容器顶边成直线接触，试求：

① 圆柱体作用在容器顶边上的力；

② 圆柱体的重量与相对密度。

2-29　如图所示，某圆柱体的直径 $d=2$m，长 $l=5$m，放置于 60°的斜面上，求作用于圆柱体上的水平和铅直分压力及其方向。

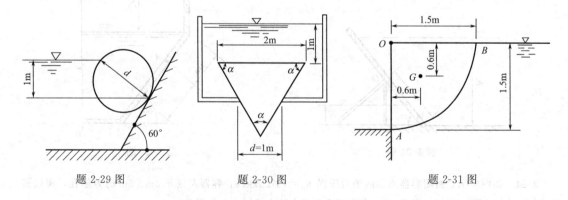

题 2-29 图　　　　　　　题 2-30 图　　　　　　　题 2-31 图

2-30　图示用一圆锥形体堵塞直径 $d=1$m 的底部孔洞，求作用于此锥形体的水静压力。

2-31　如图所示，弧形闸门的外形由 1/4 圆弧构成（如图所示），半径 1.5m。其重心位置如图中的 G 点。当水位于门顶平齐时，求作用于闸门上的总压力、作用点位置及开门所需的力矩。闸门长 3m，闸门的质量为 6000kg。

2-32　如图所示，内径 $D=3\mathrm{m}$ 的薄壁钢球储有 $p=1.47\times10^6\,\mathrm{Pa}$ 的气体，已知钢球的许用拉应力是 $[\sigma]=12\times10^7\,\mathrm{Pa}$，试求钢球的壁厚 δ。

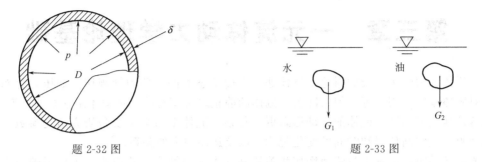

题 2-32 图　　　　　　　　　　　题 2-33 图

2-33　如图所示，一个物体在水中重 $G_1=3\mathrm{N}$，在相对密度为 0.8 的油中重 $G_2=4\mathrm{N}$，试求该物体的体积、重量、密度和相对密度。

第三章 一元流体动力学理论基础

在流体静力学中，我们讨论了流体处于平衡状态下的一些力学规律，如压力分布规律、流体对固体壁的作用力等。但实际上，流体的静止总是相对的，运动才是绝对的。流体最基本的特性就是流动性，流体的运动形态更为复杂。流体动力学主要是研究运动参数（速度、加速度等）随空间位置和时间的变化规律，以及运动与力的关系。

流体运动时，出现了与流速密切相关的黏性力和惯性力，从而改变了压强的静力特性。黏性力是由于流层之间流速差异所引起的，惯性力是由质点本身流速变化所产生的。为了进一步的研究流体的运动，在本章中我们将结合物理学和理论力学中的质量守恒定律、牛顿运动定律以及动量定理等知识，以一元流体为例来揭示流体运动要素随时间和空间位置的变化规律，建立描述流体运动规律的三个基本方程：连续方程、伯努利方程和动量方程。

在理论力学中，研究质点往往是用牛顿第二定律 $\vec{F} = m\vec{a}$ 将力和加速度联系起来，在流体力学中研究流体质点往往是用伯努利方程将压强和速度联系起来。从这方面来讲研究流体质点的速度更为重要。

第一节 描述流体运动的两种方法

流体只能在固体壁面所限制的空间内外进行运动。例如，水在管内流动，空气在室内流动，风绕建筑物流动等。充满运动流体的空间称为流场。场中流体质点的连续性决定表征流体质点运动和物性的参数（速度、加速度、压强、密度等）在流场中也是连续的，并且随时间和空间而变化。流体动力学即研究流体在流场中的运动。

一、拉格朗日法

拉格朗日法着眼于流体质点，跟踪一个选定的流体质点，观察它在空间运动过程中各个物理量的变化规律，当逐次由一个质点转移到另一个质点，便可了解整个或部分流体的运动全貌。以流体质点在某一时间 t 时的坐标 a、b、c 为变量组成函数

$$\left.\begin{array}{l} x = x(a,b,c,t) \\ y = y(a,b,c,t) \\ z = z(a,b,c,t) \end{array}\right\} \tag{3-1}$$

式中，(a,b,c,t) 称为拉格朗日变量，(a,b,c) 称为拉格朗日坐标，不同的 (a,b,c) 值代表不同的流体质点，它们是独立变量。

速度的定义是指一个选定的流体质点在单位时间内运动位移的变化，对式(3-1)中的时间求偏导数，即可得到每一个质点的运动速度

$$\left.\begin{array}{l} u_x = \dfrac{\partial x}{\partial t} = u_x(a,b,c,t) \\[2mm] u_y = \dfrac{\partial y}{\partial t} = u_y(a,b,c,t) \\[2mm] u_z = \dfrac{\partial z}{\partial t} = u_z(a,b,c,t) \end{array}\right\} \tag{3-2}$$

式中，u_x、u_y、u_z 为质点流速在 x、y、z 方向的分量。同理，加速度的定义是指一个选定的流体质点在单位时间内运动速度的变化，只要对式（3-1）求二次偏导数就可以得到质点的运动加速度

$$
\left.
\begin{aligned}
a_x &= \frac{\partial u_x}{\partial t} = \frac{\partial^2 x}{\partial t^2} = a_x(a,b,c,t) \\
a_y &= \frac{\partial u_y}{\partial t} = \frac{\partial^2 y}{\partial t^2} = a_y(a,b,c,t) \\
a_z &= \frac{\partial u_z}{\partial t} = \frac{\partial^2 z}{\partial t^2} = a_z(a,b,c,t)
\end{aligned}
\right\}
\tag{3-3}
$$

不难看出，拉格朗日法与理论力学研究质点系运动的方法相同：跟踪个别流体质点，研究其位移、速度、加速度等随时间的变化情况，综合流场中所有流体质点的运动，从而获得流场的运动规律。拉格朗日法的物理概念非常明确，但是，由于流体质点的运动轨迹极其复杂，用拉格朗日坐标描述流体质点群运动的数学方程将十分复杂，以致无法求解。因此，除了研究波浪运动，或者台风运动，在工程问题中一般不采用拉格朗日法，而是采用欧拉法。

空间点是个几何点，它仅仅表示一个空间位置，可用建立的空间坐标，如直角坐标、圆柱坐标等来表示。在流场中，由于流体是一个连续介质，因此在任何时候每一个空间点都有一个相应的流体质点占据它的位置。

二、欧拉法

欧拉法是选定的一个空间点，观察先后经过这个空间点的各个流体质点物理量的变化情况，当逐次由一个空间点转移到另一个空间点时，便能了解整个流场或部分流场的运动情况。因此，欧拉法表示流体物理量（如流速、加速度、压强、作用力等）在不同时刻的空间分布。

在流速场中取任意的固定空间，同一时刻，该空间内各点的流速可能不一样，也就是说 $\vec{u}$ 是空间坐标 (x,y,z) 的函数；而对某一固定的空间点，不同时刻被不同的流体质点占据，速度也有可能不同，即速度 $\vec{u}$ 同时也是时间 t 的函数。也就是说，速度既是空间坐标的函数也是时间的函数，所以可以得到在流速场中质点的空间坐标 (x,y,z) 和时间变量 t 的连续可微函数，或者写成

$$\vec{u}=\vec{u}(x,y,z,t) \tag{3-4}$$

速度分布的分量式可表示为

$$
\left.
\begin{aligned}
\vec{u}_x &= \vec{u}_x(x,y,z,t) \\
\vec{u}_y &= \vec{u}_y(x,y,z,t) \\
\vec{u}_z &= \vec{u}_z(x,y,z,t)
\end{aligned}
\right\}
\tag{3-5}
$$

式中，x，y，z，t 为欧拉变量，这里的 x，y，z 坐标变量与拉格朗日的坐标不同，它们是独立变量。拉格朗日方法中的坐标是时间 t 的函数，而在欧拉方法中却是自变量。一般说来，不同位置处的速度固然不同，但即使同一位置而不同瞬时的速度也不同。

同样，欧拉法中某空间点的加速度可以通过求速度对时间的全导数得到。
首先，写出质点的速度表达式

$$\vec{u}=\vec{u}[x(t),y(t),z(t),t]$$

然后，按照复合函数的求导法则导出欧拉法中质点的加速度

$$\vec{a} = \frac{\mathrm{d}\vec{u}}{\mathrm{d}t} = \frac{\partial \vec{u}}{\partial t} + \frac{\partial \vec{u}}{\partial x}\frac{\mathrm{d}x}{\mathrm{d}t} + \frac{\partial \vec{u}}{\partial y}\frac{\mathrm{d}y}{\mathrm{d}t} + \frac{\partial \vec{u}}{\partial z}\frac{\mathrm{d}z}{\mathrm{d}t} \tag{3-6}$$

$$= \frac{\partial \vec{u}}{\partial t} + u_x\frac{\partial \vec{u}}{\partial x} + u_y\frac{\partial \vec{u}}{\partial y} + u_z\frac{\partial \vec{u}}{\partial z}$$

式（3-6）是用欧拉变数表示的加速度场，其分量式为

$$\left.\begin{array}{l} a_x = \dfrac{\mathrm{d}u_x}{\mathrm{d}t} = \dfrac{\partial u_x}{\partial t} + u_x\dfrac{\partial u_x}{\partial x} + u_y\dfrac{\partial u_x}{\partial y} + u_z\dfrac{\partial u_x}{\partial z} \\[3mm] a_y = \dfrac{\mathrm{d}u_y}{\mathrm{d}t} = \dfrac{\partial u_y}{\partial t} + u_x\dfrac{\partial u_y}{\partial x} + u_y\dfrac{\partial u_y}{\partial y} + u_z\dfrac{\partial u_y}{\partial z} \\[3mm] a_z = \dfrac{\mathrm{d}u_z}{\mathrm{d}t} = \dfrac{\partial u_z}{\partial t} + u_x\dfrac{\partial u_z}{\partial x} + u_y\dfrac{\partial u_z}{\partial y} + u_z\dfrac{\partial u_z}{\partial z} \end{array}\right\} \tag{3-7}$$

欧拉法广泛用于描述流体运动，当要研究空间某区域内流体的运动，研究流体与物体之间的作用力时往往采用欧拉法。采用欧拉法研究流体运动时，选定某一空间固定点，记录其位移、速度、加速度等随时间的变化情况，综合流场中许多空间点随时间的变化情况，得出流场的运动规律。欧拉法并没有直接给定流体质点的运动轨迹。

欧拉法所选取的固定空间区域称为"控制体"，它的两端边界面称为"控制面"。选取控制体对流动进行分析是流体力学中非常重要的方法。

第二节　流体运动的若干基本概念

一、恒定流动与非恒定流动

流体运动按物理量变化来进行分类，可以分为恒定流动和非恒定流动。

恒定流动是指，在任何固定的空间点来观察流体质点的运动，流体质点的流体参数（速度、加速度、压强和密度等）皆不随时间变化。反之即为非恒定流动。在恒定流动中，欧拉变量不出现时间变量 t，它的表达式为

$$\left.\begin{array}{l} \vec{u}_x = \vec{u}_x(x,y,z) \\ \vec{u}_y = \vec{u}_y(x,y,z) \\ \vec{u}_z = \vec{u}_z(x,y,z) \end{array}\right\} \tag{3-8}$$

由上式可知，在描述恒定流动时，只需了解流速在空间的分布情况就可以了。

非恒定流动是指，在不平衡的流动中，各点流速和各运动要素随时间变化而变化的流动，即流速等物理量的空间分布与时间有关的流动。它的表达式为

$$\left.\begin{array}{l} \vec{u}_x = \vec{u}_x(x,y,z,t) \\ \vec{u}_y = \vec{u}_y(x,y,z,t) \\ \vec{u}_z = \vec{u}_z(x,y,z,t) \end{array}\right\} \tag{3-9}$$

上式既反映了流速的空间分布，又反映了流速的空间分布随时间的变化。

通过对比我们可以看出，如果流场的空间分布不随时间变化，其欧拉表达式中将不显示时间 t，这样的流场称为恒定流。否则称为非恒定流。前者少了时间变量 t，使问题的求解大为简化，所以恒定流动比非恒定流动来得简单。图 3-1 所示的管路装置，点 A、B 分别位于等径管和渐缩管的轴心线上。若水箱有来水补充，水位 H 保持不变，则点 A、B 处质点的速度均不随时间变化，就是恒定出流。当水位 H 随时间变化时，此时的流动称为非恒定

出流。在工程实际中，非恒定流是相当多的，有时虽为
非恒定流，但如果运动的物理量随时间的变化相当缓
慢，仍可近似按恒定流来处理。这主要取决于对近似精
度的要求：变化幅度值在精度范围之内，则可按恒定流
处理；超过精度范围时，则按非恒定流处理。有时对绝
对静坐标系来说是非恒定流动，但只要应用动坐标系则
可转化成为恒定流动。例如一条船在平直的静水河道中
作等速直线运动，人在岸上观察则河流的流水运动是非
恒定流动，但在船上的人观察到的却是恒定流动。

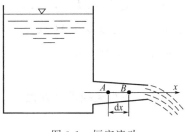

图 3-1　恒定流动

二、一维流动、二维流动、三维流动

根据流场中各运动要素与空间坐标的关系，流体运动又分为一维流动、二维流动和三维
流动。

若流体的运动要素是三个空间坐标和时间 t 的函数，这种流动称为三维流动。若只是两
个空间坐标和时间 t 的函数，就称为二维流动。若仅是一个空间坐标和时间 t 的函数，则称
为一维流动。

任何实际流动从本质上讲都是在三维空间内发生的，但由于运动要素在空间三个坐标方
向有变化，使分析、研究变得复杂。二维和一维流动是在一些特定情况下对实际流动的简化
和抽象，以便分析处理。例如，水流绕过长直圆柱体，忽略两端的影响，流动可简化为二维
流动；管道和渠道内的流动，流动方向的尺寸远大于横向尺寸，流速取断面的平均速度，则
流动可视为一维流动。

三、迹线与流线

迹线表示同一流体质点在不同时刻所形成的曲线。例如，在流动的水面上撒一片木屑，
木屑随水流漂流的途径就是某一水点的运动轨迹，也就是迹线。流场中所有的流体质点都有
自己的迹线，迹线是流体运动的一种几何表示，可以用它来直观形象地分析流体的运动，清
楚地看出质点的运动情况。迹线的研究是属于拉格朗日法的内容。

由运动方程

$$\left.\begin{array}{l} \mathrm{d}x = u_x\,\mathrm{d}t \\ \mathrm{d}y = u_y\,\mathrm{d}t \\ \mathrm{d}z = u_z\,\mathrm{d}t \end{array}\right\} \tag{3-10}$$

可以得到迹线微分方程

$$X = \frac{\partial W}{\partial x}, \quad Y = \frac{\partial W}{\partial y}, \quad Z = \frac{\partial W}{\partial z} \tag{3-11}$$

式中，时间 t 是自变量，x、y、z 是 t 的因变量。

流线是某一瞬时在流场中所作的一条曲线，在这条曲线上的各流体质点的速度方向都与
该曲线相切，表示在同一瞬时流场中各点的流动方向线就是
流线，如图 3-2 所示。在流场中可绘出一系列同一瞬时的流
线，称为流线簇。

流线可以形象地给出流场的流动状态。通过流线，可以
清楚地看出某时刻流场中各点的速度方向，由流线的密集程
度，也可以判定出速度的大小。流线的引入是欧拉法的研究
特点。

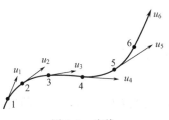

图 3-2　流线

设流线上某点 $M(x,y,z)$ 处的速度为 $\vec{u}$，其在 x、y、z 坐标轴的分速度分别为 u_x、u_y、u_z，$\mathrm{d}\vec{s}$ 为流线在 M 点的微元线段矢量，其三个轴向分量是 $\mathrm{d}x$、$\mathrm{d}y$、$\mathrm{d}z$。根据流线定义，$\vec{u}$ 与 $\mathrm{d}\vec{s}$ 共线，则

$$\vec{u} \times \mathrm{d}\vec{s} = 0 \tag{3-12}$$

展开上式，可得流线微分方程

$$\frac{\mathrm{d}x}{u_x} = \frac{\mathrm{d}y}{u_y} = \frac{\mathrm{d}z}{u_z} \tag{3-13}$$

式中，u_x、u_y、u_z 是空间坐标和时间 t 的函数。因流线是对某一时刻而言的，所以微分方程中的时间 t 是参变量，在积分求流线方程时应作为常数。

根据流线定义，可得出流线的特性。

① 除非流速为零或无穷大处，流线不能相交，也不能是折线。

② 在不可压缩流体中，流线族的疏密反映了该时刻流场中各点的速度大小。流线越密，流速越大，流线越疏，流速越小。

③ 恒定流动中，流线的形状不随时间的变化而改变，流线与迹线重合；非恒定流动中，一般情况下，流线的形状随时间而变化，流线与迹线不重合。

【例 3-1】 已知二维非恒定流场的速度分布为：$u_x = x+t$，$u_y = -y+t$。试求：① $t=0$ 和 $t=3$ 时，过点 $M(-1,-1)$ 的流线方程；② $t=0$ 时，过点 $M(-1,-1)$ 的迹线方程。

解： ① 由式(3-13)，得流线微分方程

$$\frac{\mathrm{d}x}{x+t} = \frac{\mathrm{d}y}{-y+t}$$

式中，t 为常数，可直接积分得：

$$\ln(x+t) = -\ln(y-t) + \ln C$$

简化为：

$$(x+t)(y-t) = C$$

当 $t=0$、$x=-1$、$y=-1$ 时，$C=1$。则 $t=0$ 时，过点 $M(-1,-1)$ 的流线方程为

$$xy = 1$$

当 $t=3$、$x=-1$、$y=-1$ 时，$C=-8$。则 $t=3$ 时，过点 $M(-1,-1)$ 的流线方程为

$$(x+3)(y-3) = -8$$

由此可见，对非恒定流动，流线的形状随时间变化。

② 由式(3-11)，得迹线微分方程

$$\frac{\mathrm{d}x}{x+t} = \frac{\mathrm{d}y}{-y+t} = \mathrm{d}t$$

式中，x、y 是 t 的函数。将上式化为

$$\begin{cases} \dfrac{\mathrm{d}x}{\mathrm{d}t} - x - t = 0 \\[2mm] \dfrac{\mathrm{d}y}{\mathrm{d}t} + y - t = 0 \end{cases}$$

解得

$$\begin{cases} x = C_1 \mathrm{e}^t - t - 1 \\ y = C_2 \mathrm{e}^{-t} + t - 1 \end{cases}$$

当 $t=0$、$x=-1$、$y=-1$ 时，$C_1=0$，$C_2=0$。则 $t=0$ 时，过点 $M(-1,-1)$ 的迹线方程为

$$\begin{cases} x = -t - 1 \\ y = t - 1 \end{cases}$$

消去时间 t，得

$$x + y = -2$$

由此可见，$t = 0$ 时，过点 $M(-1, -1)$ 的迹线是直线，流线却为双曲线，两者不重合。

如果将本题换成二维恒定流动，且它的速度分布为 $u_x = x$，$u_y = -y$，则过点 $M(-1, -1)$ 的流线方程和迹线方程相同，说明恒定流动流线和迹线重合，也就是说在恒定流动中才能用迹线来代替流线。

四、流管、元流、总流、过流断面

1. 流管

如图 3-3 所示，在流场中作一任意非流线的封闭曲线 C，过 C 上每一点作出该瞬时的流线，由于这些流线是不会互相穿越的，它们所构成的管状壁面就称为流管。流线所有的特性流管皆有，如瞬时性，在每一瞬时流体可看作沿流管流动。由于流线不能相交，所以流体不能穿过流管表面流进或流出。对恒定流动来说，流管的形状不随时间变化而变化，流管就像真实的一根固定管道。

图 3-3　流管

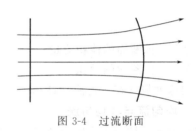

图 3-4　过流断面

2. 元流

如果所取的封闭曲线 C 相当小，则构成的流管称为微流管。流管内部的所有流体称为流束。断面积无限小的流束称为元流，见图 3-3。

由于元流边界由流线组成，而流线又不相交，所以，外部流体不能流入，内部流体不能流出。流管就像固体管子一样，将流体限制在管内流动。元流的断面积无限小，断面上各点的运动要素如流速、压强等可认为是相等的。

3. 总流

无数元流的总和称为总流。总流截面上的流动参数往往不是均匀分布的，如速度、加速度、压强等往往是不同的。自然界和工程中所遇到的管流或渠流都是总流。

4. 过流断面

在流束上作出与流线相垂直的横断面称为过流断面，如果流线是相互平行的均匀流，过流断面是平面，否则它是不同形式的曲面，如图 3-4 所示。

五、流量、断面平均流速

1. 流量

单位时间通过某一过流断面的流体量称为流量。它包括体积流量 $Q(\text{m}^3/\text{s})$、质量流量 $Q_m(\text{kg/s})$ 和重量流量 $Q_G(\text{N/s})$。一般在研究不可压缩流体时，通常使用体积流量 Q；研究可压缩流体时，则使用质量流量 Q_m 或重量流量 Q_G 较方便。

对元流来说（图 3-4），过流断面面积 $\text{d}A$ 上各点的速度均为 u，且方向与过流断面垂

直，所以单位时间通过的体积流量 $\mathrm{d}Q$ 为

$$\mathrm{d}Q = u\,\mathrm{d}A$$

总流的流量 Q 等于通过过流断面的所有元流流量之和，则总流的体积流量

$$Q = \int \mathrm{d}Q = \int_A u\,\mathrm{d}A$$

对于均质不可压缩流体，其密度为常数，则

$$Q_m = \rho Q \tag{3-14}$$

$$Q_G = \rho g Q \tag{3-15}$$

2. 断面平均流速

总流过流断面上各点的流速 $\vec{u}$ 一般是不相等的，例如流体在管道内流动，靠近管壁处流速较小，管轴处流速大，如图 3-5 所示。为了便于计算，设想过流断面上各点的速度都相等，大小均为断面平均流速 v。以断面平均流速 v 计算所得的流量与实际流量相同，即

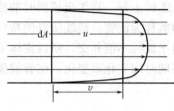

图 3-5 断面平均流速

$$Q = \int_A u\,\mathrm{d}A = vA$$

或

$$v = \frac{Q}{A} \tag{3-16}$$

式中　Q——该断面的体积流量；

　　　　A——该断面的面积。

平均速度概念在管道流动计算中经常使用。

六、均匀流与非均匀流

流体的流动按照它在同一流线上各质点的流速矢量是否沿流程变化，可分为均匀流和非均匀流。流场中所有流线都是平行直线的流动，称为均匀流，反之称为非均匀流。例如，流体在等直径长直管道中的流动或在断面形状、大小沿程不变的长直渠道中的流动均属均匀流；流体在断面沿程收缩或扩大的管道中流动或在弯曲管道中流动，以及在断面形状、大小沿程变化的渠道中的流动均属非均匀流。

在均匀流中，过流断面是平面，位于同一流线上的各质点的流速的大小和方向相同，并且均匀流过流断面上的动压强分布服从流体静力学规律。

七、渐变流和急变流

按流体均匀程度的不同又将非均匀流动分为渐变流和急变流，如图 3-6 所示。凡流线间夹角很小，接近于平行线流动，称为渐变流，反之称为急变流。很明显，渐变流近似于均匀流。因此，均匀流的性质对渐变流同样适用。

渐变流过流断面具有下面两个性质。

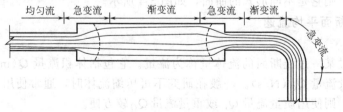

图 3-6 渐变流和急变流

① 渐变流的流线近于平行直线，过流断面近于平面，面上各点的速度方向接近平行。

② 恒定渐变流过流断面上的动压强分布与静止流体压强分布规律相同，即同一个过流断面上 $z+p/\rho g=C$。表明在恒定渐变流的过流断面上，沿流线法线方向的压强变化规律与静止液体中一样。

渐变流和急变流之间没有准确的界定标准，工程上将流线或相互平行或接近平行的直线的流束定义为渐变流（否则称为急变流），或者将流体质点的变位加速度较小的流动称为渐变流。显然，渐变流是均匀流向急变流的过渡，在实用上均匀流的某些性质可适用于渐变流。

八、有压流、无压流、射流

边界全部为固体（若为液体则没有自由表面）的流体运动，称为有压流。边界部分为固体，部分为大气，具有自由表面的液体运动，称为无压流。流体从孔口、管嘴或缝隙中连续射出一股具有一定尺寸的流束，射到足够大的空间去继续扩散的流动称为射流。

例如，给水管道中的流动为有压流；河渠中的水流运动以及排水管道中的流动是无压流；经孔口或管嘴射入大气的水流运动为射流。

第三节 连续性方程

连续性方程是质量守恒定律在流体力学中的具体应用，是流体运动学的基本方程，是在恒定流的条件下，分析流体在一定空间中的质量平衡。我们假设流体是连续介质，它在流动时连续地充满整个流场。在这个前提下，当研究流体经过流场中某一任意指定的空间封闭曲面时，可以断定：若在某一定时间内，流出的流体质量和流入的流体质量不相等时，则这封闭曲面内一定会有流体密度的变化，以便使流体仍然充满整个封闭曲面内的空间；如果流体是不可压缩的，则流出的流体质量必然等于流入的流体质量。

在总流中取两断面 1、2，面积分别为 A_1、A_2，平均流速分别为 v_1、v_2，如图 3-7 所示。则 dt 时间内流入断面 1 的流体质量为 $\rho_1 v_1 A_1 dt=\rho_1 Q_1 dt=Q_{m1}dt$，流出断面 2 的流体质量为 $\rho_2 v_2 A_2 dt=\rho_2 Q_2 dt=Q_{m2}dt$。

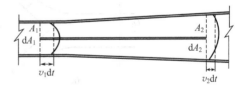

图 3-7 总流的质量平衡

在恒定流的条件下，流动是连续的，两断面间流动空间内流体的质量不变，根据质量守恒定律可得，流入断面 1 的流体质量等于流出断面 2 的流体质量，即

$$Q_{m1}=Q_{m2}$$
$$\rho_1 Q_1 dt=\rho_2 Q_2 dt$$

上式中两边约去 dt，便得到不同断面上不同密度反映两断面间流动空间的质量平衡的连续方程，即可压缩流体的连续方程

$$Q_{m1}=Q_{m2}$$
$$\rho_1 Q_1=\rho_2 Q_2 \tag{3-17}$$
或 $$\rho_1 v_1 A_1=\rho_2 v_2 A_2 \tag{3-18}$$

当流体不可压缩时，ρ 为常数，故 $\rho_1=\rho_2$，则上式变为

$$Q_1=Q_2 \tag{3-19}$$
或 $$v_1 A_1=v_2 A_2 \tag{3-20}$$

式(3-18)、式(3-19) 即为不可压缩流体的连续方程。可以证明，上述方程对任一元流

也成立，即

可压缩流体时
$$\left.\begin{aligned} \mathrm{d}Q_{m1} &= \mathrm{d}Q_{m2} \\ \rho_1 \mathrm{d}Q_1 &= \rho_2 \mathrm{d}Q_2 \\ \rho_1 v_1 \mathrm{d}A_1 &= \rho_2 v_2 \mathrm{d}A_2 \end{aligned}\right\} \qquad (3\text{-}21)$$

不可压缩流体时
$$\left.\begin{aligned} \mathrm{d}Q_1 &= \mathrm{d}Q_2 \\ v_1 \mathrm{d}A_1 &= v_2 \mathrm{d}A_2 \end{aligned}\right\} \qquad (3\text{-}22)$$

由不可压缩流体在恒定流连续方程式的各种形式可知，在一元流动中平均流速与断面积成反比。

由于断面 1、2 是任意选取的，上述关系可以推广至全部流动的各个断面
$$\left.\begin{aligned} Q_1 &= Q_2 = \cdots = Q \\ v_1 A_1 &= v_2 A_2 = \cdots = vA \end{aligned}\right\} \qquad (3\text{-}23)$$

采用流速之比和断面之比关系
$$v_1 : v_2 : \cdots : v = Q/A_1 : Q/A_2 \cdots : Q/A \qquad (3\text{-}24)$$

由式(3-23) 可以看出，连续方程确立了总流各断面平均流速沿流向的变化规律。式(3-19) 称为总流的连续性方程。对不可压缩均质流体，不论是恒定还是非恒定流动，上式均适用。对于非恒定流动，它表示同一时刻通过管道任意断面的流量相等，而对恒定流动，它还表示流量的大小不随时间变化而变化。

如图 3-8(a)、(b) 所示，对于有分流或合流的情况，根据质量守恒定律，总流连续性方程可表示为：

分流时
$$Q_1 = Q_2 + Q_3 \qquad (3\text{-}25)$$

合流时
$$Q_1 + Q_2 = Q_3 \qquad (3\text{-}26)$$

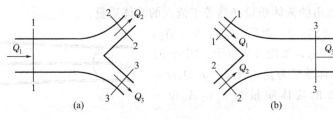

图 3-8 分流与合流

由方程的推导过程可以看出：连续性方程实质上是质量守恒定律在流体力学中的应用，所以，不满足连续性方程的流动是不可能存在的；在推导过程中没有涉及流体的受力情况，故连续性方程对理想流体和黏性流体都适用。

【例 3-2】 图 3-9 的氨气压缩机用直径 $d_1 = 76.2\mathrm{mm}$ 的管子吸入密度 $\rho_1 = 4\mathrm{kg/m^3}$ 的氨气，经压缩后，由直径 $d_2 = 38.1\mathrm{mm}$ 的管子以 $v_2 = 10\mathrm{m/s}$ 的速度流出，此时密度增至 $\rho_2 = 20\mathrm{kg/m^3}$。求：①质量流量 Q_m；②流入流速 v_1。

解：① 可压缩流体的质量流量为
$$Q_m = \rho_2 v_2 A_2 = 20 \times \frac{\pi}{4} \times 0.0381 = 0.228\mathrm{kg/s}$$

② 根据连续方程
$$\rho_1 v_1 A_1 = \rho_2 v_2 A_2 = 0.228\mathrm{kg/s}$$
$$v_1 = \frac{0.228}{4 \times \frac{\pi}{4} \times 0.0762} = 9.83\mathrm{m/s}$$

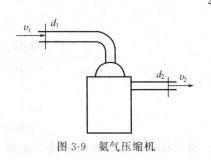

图 3-9 氨气压缩机

【例 3-3】　如图 3-8(b) 所示，输水管道经三通管汇流，$Q_1 = 1.5\,\text{m}^3/\text{s}$，$Q_3 = 2.6\,\text{m}^3/\text{s}$，过流断面面积 $A_2 = 0.2\,\text{m}^2$，试求断面平均流速 v_2。

解： 流入和流出三通管的流量相等，即

$$Q_1 + Q_2 = Q_3$$

则可得断面平均流速

$$v_2 = \frac{Q_2}{A_2} = \frac{Q_3 - Q_1}{A_2} = \frac{2.6 - 1.5}{0.2} = 5.5\,\text{m/s}$$

第四节　理想流体的运动微分方程及其积分

理想流体即无黏性的流体，运动时不产生内摩擦力，所以作用在流体微团上的外力只有质量力和法向压力。但在一般情况下，流体在运动过程中表面力不能平衡质量力，由牛顿第二定律可知，流体将产生加速度。因此，要得到理想流体的运动微分方程，采用第二章推导流体平衡微分方程类似的处理方法，再考虑到运动流体的惯性力即可。

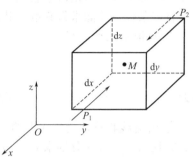

图 3-10　理想流体的运动微分方程

如图 3-10 所示，设 M 处压强为 p，微正方体与 x 轴垂直的两表面形心仅 x 坐标与 M 点不同。在欧拉表达方法中，压强是坐标 x、y、z 的函数，又 $\text{d}x$ 是微量，按泰勒级数展开并略去二阶以上微量后，可得压强 $p_1 = p + \dfrac{\partial p}{\partial x} \times \dfrac{\text{d}x}{2}$，方向指向 x 轴负向。由于此微面积各点压强可认为都等于形心处压强，因此，作用于微面积上的压力在 x 轴上投影为 $P_1 = -\left(p + \dfrac{\partial p}{\partial x} \times \dfrac{\text{d}x}{2} \right) \text{d}y\,\text{d}z$。同样可以得到 $P_2 = \left(p - \dfrac{\partial p}{\partial x} \times \dfrac{\text{d}x}{2} \right) \text{d}y\,\text{d}z$，式中出现负号是因为 $\text{d}x$ 本身是正值。正方体其余表面上作用的压力都与 x 轴垂直，因而在 x 轴上投影均为 0。六面体所受表面力在讨论时刻在 x 轴上投影和应为

$$P_2 - P_1 = \left(p - \frac{\partial p}{\partial x} \times \frac{\text{d}x}{2} \right) \text{d}y\,\text{d}z - \left(p + \frac{\partial p}{\partial x} \times \frac{\text{d}x}{2} \right) \text{d}y\,\text{d}z = -\frac{\partial p}{\partial x} \text{d}x\,\text{d}y\,\text{d}z$$

单位质量流体所受重力在 x 轴上投影为 X，那么正方体流体块所受重力在 x 轴上投影成为 $X\rho\,\text{d}x\,\text{d}y\,\text{d}z$。微正方体内各流体质点加速度可视为常数，设加速度在三坐标轴上投影为 a_x、a_y、a_z。

由牛顿第二定律可知，作用于讨论流体块的表面力、重力在 x 轴上投影之和应等于流体质量与其加速度在同一坐标轴上投影之积，由此得到

$$-\frac{\partial p}{\partial x} \text{d}x\,\text{d}y\,\text{d}z + X\rho\,\text{d}x\,\text{d}y\,\text{d}z = a_x \rho\,\text{d}x\,\text{d}y\,\text{d}z \tag{3-27}$$

以 $\rho\,\text{d}x\,\text{d}y\,\text{d}z$ 除上式两端，得到式(3-27) 第一式，同样可以求得 y、z 轴方向的其余两式

$$\left. \begin{aligned} X - \frac{1}{\rho} \times \frac{\partial p}{\partial x} &= \frac{\text{d}u_x}{\text{d}t} \\ Y - \frac{1}{\rho} \times \frac{\partial p}{\partial y} &= \frac{\text{d}u_y}{\text{d}t} \\ Z - \frac{1}{\rho} \times \frac{\partial p}{\partial z} &= \frac{\text{d}u_z}{\text{d}t} \end{aligned} \right\} \tag{3-28}$$

理想流体的运动微分方程，早在 1755 年就由欧拉提出，所以又称欧拉运动微分方程。

该方程对于恒定流、非恒定流、不可压缩流体或可压缩流体均适用。如果用当地加速度和迁移加速度表示上式右端的加速度，可将欧拉运动微分方程写成如下形式

$$
\left.
\begin{aligned}
X-\frac{1}{\rho}\times\frac{\partial p}{\partial x}&=\frac{\partial u_x}{\partial t}+u_x\frac{\partial u_x}{\partial x}+u_y\frac{\partial u_x}{\partial y}+u_z\frac{\partial u_x}{\partial z} \\
Y-\frac{1}{\rho}\times\frac{\partial p}{\partial y}&=\frac{\partial u_y}{\partial t}+u_x\frac{\partial u_y}{\partial x}+u_y\frac{\partial u_y}{\partial y}+u_z\frac{\partial u_y}{\partial z} \\
Z-\frac{1}{\rho}\times\frac{\partial p}{\partial z}&=\frac{\partial u_z}{\partial t}+u_x\frac{\partial u_z}{\partial x}+u_y\frac{\partial u_z}{\partial y}+u_z\frac{\partial u_z}{\partial z}
\end{aligned}
\right\}
\tag{3-29}
$$

通常情况下，作用在流体上的质量力 X、Y 和 Z 是已知的，对理想不可压缩流体其密度 ρ 为一常数。此情况下，式（3-28）中有四个未知数 u_x、u_y、u_z 和 p，而式（3-27）中有三个方程，再加上不可压缩流体的连续性方程［式（3-19）］，就从理论上提供了求解这四个未知数的可能性。但是由于它是一个一阶非线性偏微分方程组，所以至今仍未求出其通解，只有特定条件下才能求得其解。其特定条件如下。

① 对恒定流动，有

$$
\frac{\partial u_x}{\partial t}=\frac{\partial u_y}{\partial t}=\frac{\partial u_z}{\partial t}=\frac{\partial p}{\partial t}=0
$$

因此

$$
\mathrm{d}p=\frac{\partial p}{\partial x}\mathrm{d}x+\frac{\partial p}{\partial y}\mathrm{d}y+\frac{\partial p}{\partial z}\mathrm{d}z
\tag{3-30}
$$

② 沿流线积分，设流线上的微元线段矢量 $\mathrm{d}\vec{s}=\mathrm{d}\vec{x}i+\mathrm{d}\vec{y}j+\mathrm{d}\vec{z}k$，将理想流体运动微分方程的三个分式分别乘 $\mathrm{d}x$、$\mathrm{d}y$、$\mathrm{d}z$，然后将三个分式相加得

$$
(X\mathrm{d}x+Y\mathrm{d}y+Z\mathrm{d}z)-\frac{1}{\rho}\left(\frac{\partial p}{\partial x}\mathrm{d}x+\frac{\partial p}{\partial y}\mathrm{d}y+\frac{\partial p}{\partial z}\mathrm{d}z\right)=\frac{\mathrm{d}u_x}{\mathrm{d}t}\mathrm{d}x+\frac{\mathrm{d}u_y}{\mathrm{d}t}\mathrm{d}y+\frac{\mathrm{d}u_z}{\mathrm{d}t}\mathrm{d}z
\tag{3-31}
$$

对于恒定流动，流线与迹线重合，所以沿流线下列关系式成立，即

$$
\frac{\mathrm{d}x}{\mathrm{d}t}=u_x,\ \frac{\mathrm{d}y}{\mathrm{d}t}=u_y,\ \frac{\mathrm{d}z}{\mathrm{d}t}=u_z
$$

③ 质量力有势，设质量力的势函数为 $W(x,y,z)$，则

$$
X=\frac{\partial W}{\partial x},\ Y=\frac{\partial W}{\partial y},\ Z=\frac{\partial W}{\partial z}
$$

所以

$$
X\mathrm{d}x+Y\mathrm{d}y+Z\mathrm{d}z=\frac{\partial W}{\partial x}\mathrm{d}x+\frac{\partial W}{\partial y}\mathrm{d}y+\frac{\partial W}{\partial z}\mathrm{d}z=\mathrm{d}W
\tag{3-32}
$$

根据以上积分条件，式（3-31）代入式（3-30）可简化为

$$
\mathrm{d}W-\frac{1}{\rho}\mathrm{d}p=u_x\mathrm{d}u_x+u_y\mathrm{d}u_y+u_z\mathrm{d}u_z=\frac{1}{2}\mathrm{d}(u_x^2+u_y^2+u_z^2)=\mathrm{d}\left(\frac{u^2}{2}\right)
$$

即

$$
\mathrm{d}W-\frac{1}{\rho}\mathrm{d}p-\mathrm{d}\left(\frac{u^2}{2}\right)=0
\tag{3-33}
$$

④ 不可压缩均质流体，$\rho=$ 常数。式（3-33）可写为

$$
\mathrm{d}\left(W-\frac{p}{\rho}-\frac{u^2}{2}\right)=0
$$

积分得

$$
W-\frac{p}{\rho}-\frac{u^2}{2}=C
\tag{3-34}
$$

式（3-33）为理想流体运动微分方程沿流线的伯努利积分。它表明，对于不可压缩的理想流体，在有势的质量力作用下作恒定流动时，在同一流线上 $W-\frac{p}{\rho}-\frac{u^2}{2}$ 值保持不变。但对于不同的流线，伯努利积分常数一般是不相等的。

第五节　恒定流伯努利方程

伯努利方程式又称能量方程，是能量守恒和转换定律在工程流体中的具体体现，方程意义明确，形式简单，在解决实际工程问题中起着不可代替的重要作用。

一、理想流体元流的伯努利方程

由上一节可知，若流动在重力场中，作用在恒定不可压缩流体上的质量力只有重力，选取 z 轴铅垂向上，则质量力的势函数 $W = -gz$，代入伯努利积分式(3-33)，整理得

$$z + \frac{p}{\rho g} + \frac{u^2}{2g} = C \tag{3-35}$$

对同一流线上的任意两点 1、2，上式可写成

$$z_1 + \frac{p_1}{\rho g} + \frac{u_1^2}{2g} = z_2 + \frac{p_2}{\rho g} + \frac{u_2^2}{2g} \tag{3-36}$$

式(3-35)、式(3-36) 为重力场中理想流体沿流线的伯努利积分式，称为理想流体恒定元流的伯努利方程。该方程是由瑞士物理学家伯努利在 1738 年首次提出的，是流体力学中十分重要的基本方程之一。

由于元流的过流断面面积无限小，所以沿流线的伯努利方程也适用于元流。理想流体元流（流线）伯努利方程的应用条件归纳起来有：理想流体；恒定流动；不可压缩流体；质量力只有重力；沿元流（流线）积分。

二、实际流体恒定元流的伯努利方程

实际流体在流动过程中会产生能量损失，如克服黏性阻力做功，流动过程中产生响声，这都将一部分机械能将不可逆地转化为其他形式的能量，因此，单位重量流体的能量不再守恒，机械能沿程减小，总水头线不再是水平线，而是沿程下降线。根据能量守恒原理，实际流体元流的伯努利方程为

$$z_1 + \frac{p_1}{\rho g} + \frac{u_1^2}{2g} = z_2 + \frac{p_2}{\rho g} + \frac{u_2^2}{2g} + h'_l \tag{3-37}$$

式中，h'_l 为实际流体元流单位重量流体从 1—1 过流断面流到 2—2 过流断面的机械能损失，称为元流的水头损失，也具有长度的量纲。

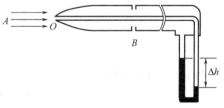

毕托测速管是用来测定管道断面上点的流速的。毕托管由粗细两根同轴的圆管组成（图3-11），细管（直径约 1.5mm）前端开孔（O 点），粗管（直径约 6mm）在距前端适当长距离处的侧壁上开了数个环形相通小孔（B 点），在孔后足够长距离处两管弯 90°成柄状。测速时管轴线应沿来流方向

图 3-11　毕托测速管

放置。毕托管粗细两管中的压强是借助于与 O 孔及 B 孔相连接的 U 形水银测压计来测定的。若 U 形管水银的液位差为 Δh，那么就可求出 A 点水流的流速 u。

毕托管正前方 A 点→进口 O 点→管侧 B 点一条流线（常称为零流线），则该流线的元流伯努利方程可写作

$$z_A + \frac{p_A}{\rho g} + \frac{u_A^2}{2g} = z_O + \frac{p_O}{\rho g} + \frac{u_O^2}{2g} = z_B + \frac{p_B}{\rho g} + \frac{u_B^2}{2g} \tag{a}$$

式中，$z_A = z_O$；$u_O = 0$；u_A 即为水流的速度 u。由于毕托管很细，它放置于流场中不

会影响水流速度即 $u_A = u_B$，且可以认为 $z_A = z_B$。

由（a）得

$$\frac{p_O}{\rho g} = \frac{p_B}{\rho g} + \frac{u^2}{2g} \tag{b}$$

由 U 形管水银液压差的读数得

$$\frac{p_O - p_B}{\rho g} = \left(\frac{\rho_{Hg}}{\rho} - 1\right)\Delta h \tag{c}$$

由（b）、（c）得

$$u = \sqrt{\left(\frac{\rho_{Hg}}{\rho} - 1\right)}\sqrt{2g\,\Delta h}$$

由于实际流体具有黏性，因此测到的流速需乘上一个修正系数 φ（称为毕托管系数），其值与毕托管的构造有关，一般作标定测量后确定，通常 $\varphi = 1$。

流场中某点流速

$$u = \varphi\sqrt{\left(\frac{\rho_{Hg}\,g}{\rho g} - 1\right)}\sqrt{2g\,\Delta h} \tag{3-38}$$

可见，毕托管就是通过内部测量 A、B 两点压强之差，通过上式换算成来流速度 u 的

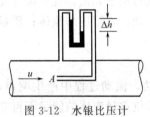

图 3-12　水银比压计
测量管中水流

一种测量某点流速的仪器。

【例 3-4】　用水银比压计测量管中水流，过流断面中点流速如图 3-12。测得 A 点的比压计读数 $\Delta h = 60\text{mmHg}$（不计损失）。

求：① 该管中的流速 u；

② 若管中流体是密度为 0.8g/cm^3 的油，Δh 仍不变，该点流速又为多少。

解：① 管中流动若不计损失，则管中流动为均匀流。现要测量过流断面上 A 点的流速，用水银比压计来测量，其原理是：由于来流在 A 点受比压计的阻滞，该处的速度为零；该处动能全部转化成势能，而水银比压计另一端点 B 在管壁，该处的流速是管中均匀流每一点的速度，也可看成 A 点前方某一点的速度。

应用理想流体伯努利方程

$$\frac{p_B}{\rho g} + \frac{u^2}{2g} = \frac{p_A}{\rho g}$$

$$\frac{u^2}{2g} = \frac{p_A - p_B}{\rho g}$$

这里的 ρg 是管中流体的重度。

$$p_A - p_B = \Delta h g(\rho_{Hg} - \rho)$$

$$u = \sqrt{2\frac{p_A - p_B}{\rho}} = \sqrt{2g\,\Delta h\left(\frac{\rho_{Hg}}{\rho} - 1\right)} = \sqrt{2 \times 9.81 \times 0.06 \times (13.6 - 1)} = 3.85\text{m/s}$$

② 若水流改为油流

$$u = \sqrt{2g\,\Delta h\left(\frac{\rho_{Hg}}{\rho} - 1\right)} = \sqrt{2 \times 9.81 \times 0.06 \times \left(\frac{133375}{800 \times 9.81} - 1\right)} = 4.34\text{m/s}$$

三、恒定总流的伯努利方程

前面已得到实际流体元流的伯努利方程，但在实际工程中，研究的是流体在整个流场中的运动，如流体在管道和渠道内的流动，所以有必要将实际流体元流的伯努利方程扩展到流

体总流的伯努利方程。

将实际流体元流伯努利方程式(3-36)两边同乘重量流量 $\rho g\,\mathrm{d}Q$，得单位时间通过元流两过流断面的能量方程

$$\left(z_1+\frac{p_1}{\rho g}+\frac{u_1^2}{2g}\right)\rho g\,\mathrm{d}Q=\left(z_2+\frac{p_2}{\rho g}+\frac{u_2^2}{2g}+h_l'\right)\rho g\,\mathrm{d}Q$$

对上式积分，可得单位时间通过总流两过流断面的能量方程

$$\int_{A_1}\left(z_1+\frac{p_1}{\rho g}+\frac{u_1^2}{2g}\right)\rho g\,\mathrm{d}Q=\int_{A_2}\left(z_2+\frac{p_2}{\rho g}\right)\rho g\,\mathrm{d}Q+\int_{A_2}\frac{u_2^2}{2g}\rho g\,\mathrm{d}Q+\int_{A_2}h_l'\rho g\,\mathrm{d}Q \quad (3-39)$$

下面分别确定上式中三种类型的积分。

(1) $\int_A\left(z+\frac{p}{\rho g}\right)\rho g\,\mathrm{d}Q$　它是单位时间内通过总流过流断面的流体势能的总和。一般来讲，总流过流断面上计算点取该断面的形状中心，由于在恒定渐变流过流断面上各点的势能满足关系式 $z+\frac{p}{\rho g}=C$，因此可理解成各点的势能是相等的，它也是过流断面上单位重量流体的平均势能。则

$$\int_A\left(z+\frac{p}{\rho g}\right)\rho g\,\mathrm{d}Q=\left(z+\frac{p}{\rho g}\right)\rho g Q \tag{a}$$

(2) $\int_A\left(\frac{u^2}{2g}\right)\rho g\,\mathrm{d}Q$　它是单位时间内通过总流过流断面的流体动能的总和。在实际工程计算中，通常用断面的平均流速 v 来表示实际动能，即

$$\int_A\left(\frac{u^2}{2g}\right)\rho g\,\mathrm{d}Q=\frac{\rho g}{2g}\int_A u^3\,\mathrm{d}A=\frac{\rho g}{2g}\alpha v^2 vA=\frac{\alpha v^2}{2g}\rho g Q \tag{b}$$

式中，α 为动能修正系数，用于修正断面平均流速代替实际流速计算动能时引起的误差，是实际动能与按断面平均流速计算的动能之比。即

$$\alpha=\frac{\displaystyle\int_A\left(\frac{u^2}{2g}\right)\rho g\,\mathrm{d}Q}{\dfrac{v^2}{2g}\rho g Q}=\frac{\displaystyle\int_A u^3\,\mathrm{d}A}{v^3 A} \tag{c}$$

α 值取决于过流断面上速度分布，在圆管流动中，当流动为层流时，$\alpha=2$，当流动为紊流时，$\alpha=1.05\sim1.1$。由于工程中绝大多数的实际管流均为紊流，因此通常取 $\alpha_1=\alpha_2=1$。

(3) $\int_A h_l'\rho g\,\mathrm{d}Q$　它是单位时间内总流 1—1 过流断面与 2—2 过流断面之间的机械能损失。根据中值定理可得

$$\int_A h_l'\rho g\,\mathrm{d}Q=h_l\rho g Q \tag{d}$$

式中，h_l 表示单位重量流体从 1—1 过流断面流到 2—2 的平均机械能损失，称为总流的水头损失。

将以上积分结果代入式(3-38)，得

$$\left(z_1+\frac{p_1}{\rho g}\right)\rho g Q_1+\frac{\alpha_1 v_1^2}{2g}\rho g Q_1=\left(z_2+\frac{p_2}{\rho g}\right)\rho g Q_2+\frac{\alpha_2 V_2^2}{2g}\rho g Q_2+h_l\rho g Q_2$$

对于恒定不可压缩流体，则 $\rho g Q=\rho g Q_1=\rho g Q_2$，故上式简化为

$$z_1+\frac{p_1}{\rho g}+\frac{\alpha_1 v_1^2}{2g}=z_2+\frac{p_2}{\rho g}+\frac{\alpha_2 v_2^2}{2g}+h_l \tag{3-40}$$

式(3-40)即为实际流体总流的伯努利方程。

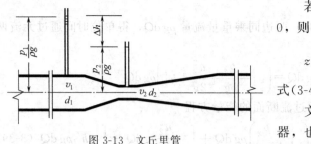

图 3-13 文丘里管

若式(3-40)中的总流的水头损失 $h_l = 0$，则

$$z_1 + \frac{p_1}{\rho g} + \frac{\alpha_1 v_1^2}{2g} = z_2 + \frac{p_2}{\rho g} + \frac{\alpha_2 v_2^2}{2g} \quad (3\text{-}41)$$

式(3-41)即为理想流体总流的伯努利方程。

文丘里管是常用的测量管道流量的仪器，也称文丘里流量计，如图 3-13 所示。它是一段先收缩后扩张的变截面直管道，将它连接在主管中，当水流通过流量计时，由于喉管断面缩小，流速增大，压强降低，在收缩段进口前断面 1—1 和喉管断面 2—2 装水银测压计，测量两断面的压强差，由伯努利方程式便可算出管道的流量。

取 1—1、2—2 两渐变流断面，列伯努利方程

$$\frac{p_1}{\rho g} + \frac{v_1^2}{2g} = \frac{p_2}{\rho g} + \frac{v_2^2}{2g}$$

$$\frac{p_1 - p_2}{\rho g} = \frac{v_2^2 - v_1^2}{2g} = \Delta h \quad (a)$$

列连续性方程

$$v_1 \frac{\pi}{4} d_1^2 = v_2 \frac{\pi}{4} d_2^2$$

$$\frac{v_2^2}{v_1^2} = \left(\frac{d_1}{d_2}\right)^4 \quad (b)$$

联立（a）、（b）解得

$$v_1 = \sqrt{\frac{2g\Delta h}{\left(\frac{d_1}{d_2}\right)^4 - 1}}$$

流量

$$Q = v_1 \frac{\pi}{4} d_1^2 = \frac{\pi}{4} d_1^2 \sqrt{\frac{2g\Delta h}{\left(\frac{d_1}{d_2}\right)^4 - 1}}$$

上式中，令

$$k = \frac{\pi}{4} d_1^2 \sqrt{\frac{2g}{\left(\frac{d_1}{d_2}\right)^4 - 1}} \quad (3\text{-}42)$$

k 称为流速系数，它由流量计的结构尺寸确定。

得

$$Q = k\sqrt{\Delta h}$$

由于实际流体两断面间有能量的消耗，因此实际测量的流量值要比理论值小，为此考虑修正系数 μ（$\mu = 0.95 \sim 0.98$），μ 也称流量修正系数。

则文丘里管的流量公式为

$$Q = \mu K\sqrt{\Delta h} \quad (3\text{-}43)$$

文丘里管的原理是沿总流的伯努利方程，由于在计算过程中，文丘里管的收缩和扩张段内的流动不符合渐变流条件，因此伯努利方程的计算截面 1—1 和 2—2 不能选择在这两段内。但这两截面之间存在急变流并不影响伯努利方程的应用。

四、伯努利方程中各项的几何意义和物理意义

1. 几何意义

实际流体总流的伯努利方程式 [式(3-39)] 每一项都表示某一个高度:

z——位置高度,表示流体质点的几何位置,又称位置水头;

$\dfrac{p}{\rho g}$——测压管高度,表示流体质点的压强高度,又称压强水头;

$\dfrac{\alpha v^2}{2g}$——流速高度,又称流速水头;

$H_P = z + \dfrac{p}{\rho g}$——测压管水头;

$H = z + \dfrac{p}{\rho g} + \dfrac{\alpha v^2}{2g}$——总水头。

伯努利方程表示理想流体恒定流动时,沿同一条流线,各点的总水头相等,式中各项都具有长度的量纲。在流体力学中,将流道各截面上相应水头高度连成水头线(图 3-14),例如两截面之间的测压管水头线 H_P,在明渠流动中它就是水面线;两截面之间总水头的连线称为总水头线 H,若不考虑黏性损失,在理论上它是一条水平线。但在实际流动中由于黏性的存在,造成能量损失,总水头线沿流程是不断降低的。总水头线与测压管水头线之差代表速度水头,它反映流速的变化。由此可见,水头线图可形象地反映流动中流速压强和总能量的变化。

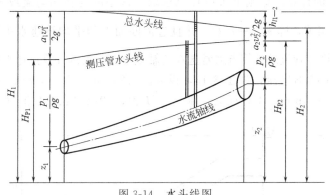

图 3-14 水头线图

2. 物理意义

式(3-39) 中每一项都表示单位重量流体具有的某种能量。

z——单位重量流体具有的位置势能(位能);

$\dfrac{p}{\rho g}$——单位重量流体具有的压强势能(压能);

$\dfrac{\alpha v^2}{2g}$——单位重量流体具有的动能;

$H_P = z + \dfrac{p}{\rho g}$——单位重量流体具有的总势能;

$H = z + \dfrac{p}{\rho g} + \dfrac{\alpha v^2}{2g}$——单位重量流体具有的总机械能。

伯努利方程表示理想流体恒定流动时,沿同一条流线,各点单位重量流体的机械能守恒,或者流体质点在运动过程中三种机械能(位置势能、压强势能和动能)沿流线的相互转换关系,因此伯努利方程是物理学能量守恒和转换定律在流体运动中的表现形式之一,具有重要的理论意义。

第六节　伯努利方程的应用

伯努利方程在实际工程问题中应用很广。输水管路系统，消防系统，泵的吸入高度、扬程和功率的计算，喷射泵以及节流式流量计的水力原理，液化传动系统，机械润滑系统都涉及伯努利方程的应用。

一、应用总流伯努利方程时必须满足的条件

① 恒定不可压缩流体的流动。

② 质量力只有重力。

③ 两过流断面间无分流或合流，且除水头损失外无其他机械能输入输出。

④ 所取过流断面为渐变流或均匀流断面，但两断面间可以存在急变流。

二、应用总流伯努利方程时的注意要点

① 过流断面除必须选取渐变流或均匀流断面外，一般应选取包含较多已知量或包含需求未知量的断面。

② 绝对压强和相对压强均可用在方程中，但同一方程中必须采用同种压强。

③ 基准面是任意选取的水平面，但一般使 z 值为正。同一方程必须用同一基准面，不同方程可采用不同的基准面。

④ 过流断面上的计算点原则上可以任意选取，这是因为在均匀流或渐变流断面上任一点的测压管水头都相等，即 $z+\dfrac{p}{\rho g}=C$，并且过流断面上的平均流速水头 $\dfrac{\alpha v^2}{2g}$ 与计算点位置无关。为了简便计算，管流的计算点通常选在管轴线上，明渠的计算点通常选在自由液面上。

【例 3-5】　水由喷嘴出流，如图 3-15，设 $d_1=125\mathrm{mm}$，$d_2=100\mathrm{mm}$，$d_3=75\mathrm{mm}$，水银测压计读数 $\Delta h=175\mathrm{mm}$，不计损失。求：①H 值；②压力表读数值（该处管径同 d_2）。

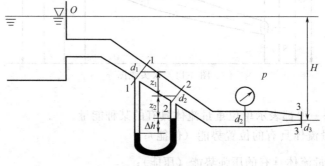

图 3-15　喷嘴出流

解：① 根据静压强分布规律，过流断面 1—1 和 2—2 处压强分布为 p_1 和 p_2，写出等压面方程

$$p_1+\rho g(z_1+z_2)+\rho g\Delta h=p_2+\rho g z_2+\rho_{\mathrm{Hg}}g\Delta h$$

$$p_1-p_2=(\rho_{\mathrm{Hg}}-\rho)g\Delta h-\rho g z_1 \tag{a}$$

列出由 1—1 到 2—2 断面的总流伯努利方程（取动能修正系数 $\alpha_1=\alpha_2=1$）

$$z_1+\frac{p_1}{\rho g}+\frac{v_1^2}{2g}=z_2+\frac{p_2}{\rho g}+\frac{v_2^2}{2g}$$

$$z_1+\frac{p_1-p_2}{\rho g}=\frac{v_2^2-v_1^2}{2g}$$

将（a）式代入上式，得

$$\left(\frac{\rho_{Hg}}{\rho}-1\right)\Delta h=\frac{v_2^2-v_1^2}{2g} \tag{b}$$

代入数值，得

$$(13.6-1)\times0.175=\frac{v_2^2-v_1^2}{2g}=2.2$$

由连续性方程

$$\frac{\pi}{4}d_1^2v_1=\frac{\pi}{4}d_2^2v_2$$

或

$$\frac{\pi}{4}\times0.125^2v_1=\frac{\pi}{4}\times0.1^2v_2$$

$$v_2=1.56v_1 \tag{c}$$

（b）、（c）联立，得

$$v_1=5.47\text{m/s}$$

$$v_2=8.53\text{m/s}$$

由连续性方程

$$\frac{\pi}{4}d_1^2v_1=\frac{\pi}{4}d_3^2v_3$$

得

$$v_3=15.19\text{m/s}$$

列出由 0—0 到 3—3 断面的伯努利方程

$$z_0+\frac{p_0}{\rho g}+\frac{v_0^2}{2g}=z_3+\frac{p_3}{\rho g}+\frac{v_3^2}{2g}$$

$$H+0+0=0+0+\frac{v_3^2}{2g}$$

$$H=\frac{v_3^2}{2g}=\frac{15.19^2}{2\times9.81^2}=11.76\text{m}$$

② 压力表处管径同 d_2，其处 $v_2=8.53\text{m/s}$

列出由 0—0 至压力表断面处得伯努利方程

$$H=\frac{v_2^2}{2g}+\frac{p}{\rho g}=11.76\text{m}$$

压力表读数为

$$p=78.96\text{kPa}$$

【例 3-6】 有一储水装置如图 3-16 所示，储水池足够大，当阀门关闭时，压强计读数为 2.8at。而当将阀门全开，水从管中流出时，压强计读数是 0.6at，试求当水管直径 $d=12\text{cm}$ 时，通过出口的体积流量（不计流动损失）。

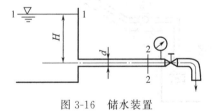

图 3-16 储水装置

解：当阀门全开时，列 1—1、2—2 截面的伯努利方程

$$H+\frac{p_a}{\rho g}+0=0+\frac{p_a+0.6p_a}{\rho g}+\frac{v_2^2}{2g}$$

当阀门关闭时，根据压强计的读数，应用流体静力学基本方程求出 H 值

$$p_a+\rho gH=p_a+2.8p_a$$

则

$$H=\frac{2.8p_a}{\rho g}=\frac{2.8\times9807}{9807}=28\text{m}$$

代入伯努利方程

$$v_2 = \sqrt{2g\left(H - \frac{0.6p_a}{\rho g}\right)} = \sqrt{2 \times 9.807 \times \left(2.8 - \frac{0.6 \times 9807}{9807}\right)} = 20.78 \text{m/s}$$

所以管内流量

$$Q = \frac{\pi}{4}d^2 v_2 = 0.785 \times 0.12^2 \times 20.78 = 0.235 \text{m}^3/\text{s}$$

三、伯努利方程应用的补充说明

伯努利方程是流体动力学应用最广的基本方程，应用时要注意方程式应用的条件，切忌不顾应用条件，随意套用公式。但又要对实际问题进行具体分析，灵活运用。下面从两种情况加以讨论。

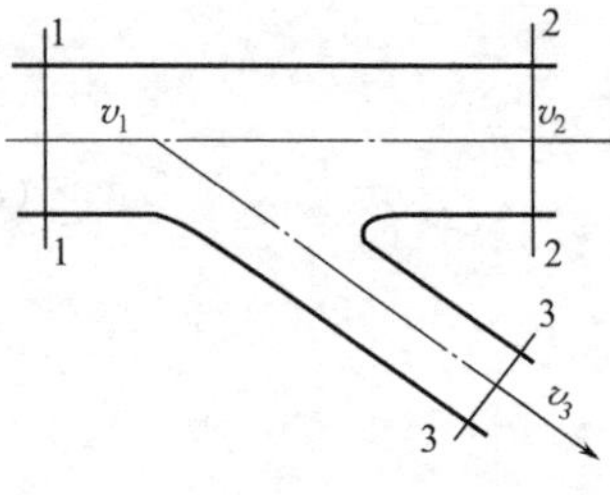

1. 两断面间有分流或合流的伯努利方程

对于两断面间有分流的流动（图 3-17），1—1 断面的来流，分流成两股，分别通过 2—2 断面和 3—3 断面，在总流的伯努利方程中，只要计入相应断面间的单位能量损失，式 (3-39) 就可用于工程计算。

图 3-17　两断面间有分流的流动

分别建立 1—1 断面与 2—2 和 3—3 断面的伯努利方程：

$$z_1 + \frac{p_1}{\rho g} + \frac{v_1^2}{2g} = z_2 + \frac{p_2}{\rho g} + \frac{v_2^2}{2g} + h_{l1-2}$$

$$z_1 + \frac{p_1}{\rho g} + \frac{v_1^2}{2g} = z_3 + \frac{p_3}{\rho g} + \frac{v_3^2}{2g} + h_{l1-3}$$

对于两过流断面间有合流的情况，也可类似地写出伯努利方程。

2. 管路中有泵（或风机）作用时总流的伯努利方程

总流伯努利方程式(3-38)是在断面 1—1 和断面 2—2 之间除水头损失之外，无其他能量输入的条件下导出的能量方程。当管路间有水泵或者在气流中有风机等流体机械时（图 3-18），此时有能量输入。

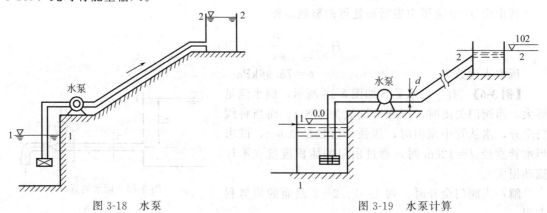

图 3-18　水泵　　　　　　　　　　　　　图 3-19　水泵计算

设单位重量液体经过泵所获得的有效能量为 H_m（称为扬程）；单位体积气体经过风机所获得的有效能量为 p_m（称为全压）。

根据能量守恒，则扩展的伯努利方程可应用在有泵和风机作用的总流中，即

$$z_1 + \frac{p_1}{\rho g} + \frac{v_1^2}{2g} + H_m = z_2 + \frac{p_2}{\rho g} + \frac{v_2^2}{2g} + h_l \tag{3-44}$$

或

$$\rho g z_1 + p_1 + \frac{\rho v_1^2}{2} + p_m = \rho g z_2 + p_2 + \frac{\rho v_2^2}{2} + \Delta p \tag{3-45}$$

【**例 3-7**】　如图 3-19 所示水泵管路系统，已知流量 $Q=101\text{m}^3/\text{h}$，管径 $d=150\text{mm}$，管路的总水头损失 $h_{l1-2}=25.4\text{m}$，水泵效率 $\eta=75.5\%$，试求：

① 水泵的扬程 H_m；

② 水泵的功率 P_m。

解：① 计算 H_m

以吸水池面为基准，列 1—1、2—2 断面的伯努利方程

$$z_1+\frac{p_1}{\rho g}+\frac{v_1}{2g}+H_m=z_2+\frac{p_2}{\rho g}+\frac{v_2^2}{2g}+h_{l1-2}$$

即
$$H_m=102+h_{l1-2}=(102+25.4)=127.5\text{m}$$

② 计算 P_m

$$P_m=\frac{\rho g Q H_m}{\eta}=\frac{1000\times9.8\times101\times127.5}{3600\times0.775}=46.4\times10^3\,\text{W}$$

四、空泡和空蚀现象

在一个大气压下，水在 100℃时沸腾，水分子由液态转化为气态，整个水体内部不断涌现大量气泡逸出水面。但是如果在常温下（20℃），若使压强降低到水的饱和蒸气压强 2.4kPa（绝对压强）以下时，水也会沸腾。通常将这种现象称为空化，以示和真正的沸腾相区别。此时水中的气泡称为空泡。

空泡总是在流动中压强最低的地方最先发生。例如在文丘里流量计的喉管中，水坝的泄水面、翼型的最大厚度部位以及螺旋桨的叶梢部位等。如图 3-20 所示，有一钢化玻璃管在局部处管径有突变，在 1—1 截面处突然缩小，至 2—2 截面处突然扩大。水流在过流断面 1—1 处由于流速急剧的增大，使得该处流体质点的压强显著地降低，倘若此时压强下降至该水温下的汽化压强，这时水迅速汽化，使一部分液体转化为蒸汽，即在 1—1 断面以后区域出现了许多蒸汽气泡的区域，这就是空泡现象的产生。随着液-汽二相流至 2—2 截面，由于

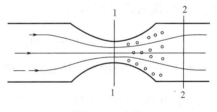

图 3-20　空泡

管径的突然扩大，流速急剧的减小，使得 2—2 断面处流体质点压强迅速增大，水流中之前生成的气泡进入压强较高的区域而突然溃灭，用高速摄影方法证实空泡溃灭的时间仅是毫秒量级，空泡在溃灭时形成一般微射流，当空泡离壁面较近时，这种微射流像锤击一般连续打击壁面，造成直接损伤。另外，空泡溃灭形成冲击波同时冲击壁面，无数空泡溃灭造成的连续冲击将引起壁面材料的疲劳破坏。这两种作用对壁面造成的破坏称为空蚀。

空泡和空蚀现象普遍存在在流体工程中，它对工程设备和建筑的质量和使用寿命造成严重威胁，它已成为流体力学和工程技术具有挑战性的重大课题。

第七节　气流能量方程

气体管路的计算有时也会也现在工程问题中，如动力机械的进、排气，管道建筑通风以及隧道通风等。这些管道中气体流速不是很大，压强变化也不大，气流在运动过程中密度变化很小，故可近似地认为是不可压缩流体的流动，所以在研究气流在管道内流动时与不可压缩流体相似。但对于气体管路而言，由于非空气流的密度同外部空气的密度具有相同的数量级，在用相对压强进行计算时，需要考虑外部大气压在不同高度的差值。

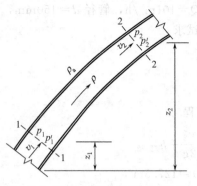

图 3-21 气流的相对压强和绝对压强

设恒定气流，如图 3-21 所示。气流的密度为 ρ，外部大气的密度为 ρ_a，过流断面 1—1、2—2 上计算点的绝对压强分别为 p_1'、p_2'。

取 $\alpha_1 = \alpha_2 = 1.0$，列 1—1、2—2 断面的伯努利方程

$$z_1 + \frac{p_1}{\rho g} + \frac{v_1^2}{2g} = z_2 + \frac{p_2}{\rho g} + \frac{v_2^2}{2g} + h_l$$

对于不可压缩气流，上式两边乘以管内气体重度，则表示成压强形式

$$\rho g z_1 + p_1 + \frac{\rho v_1^2}{2} = \rho g z_2 + p_2 + \frac{\rho v_2^2}{2} + p_{l1-2} \quad (3\text{-}46)$$

式（3-46）是以绝对压强表示的不可压缩气体的伯努利方程。其中 $p_{l1-2} = \rho g h_l$ 为两过流断面间的压强损失。

现将式（3-46）中的绝对压强改用相对压强 p_1、p_2 表示。设高程 z_1 处的大气压强为 p_{a1}，高程 z_2 处的大气压强为 p_{a2}，$p_{a1} \neq p_{a2}$。假设大气压强沿高程按静压强分布，则

$$p_{a2} = p_{a1} - \rho_a g(z_2 - z_1)$$

气流在过流断面 1—1、2—2 处的绝对压强

$$p_1' = p_1 + p_{a1}$$
$$p_2' = p_2 + p_{a2} = p_2 + [p_{a1} - \rho_a g(z_2 - z_1)]$$

将 p_1'、p_2' 代入式（3-46），得

$$p_1 + \frac{\rho v_1^2}{2} + (\rho_a - \rho)g(z_2 - z_1) = p_2 + \frac{\rho v_2^2}{2} + p_{l1-2} \quad (3\text{-}47)$$

式（3-47）是适用于气体管路以相对压强表示的伯努利方程方程。式中各项的意义类似于总流伯努利方程式（3-41）中的对应项。在工程中，习惯上称 p_1、p_2 为静压，$\frac{\rho v_1^2}{2}$、$\frac{\rho v_2^2}{2}$ 为动压，$(\rho_a - \rho)g(z_2 - z_1)$ 为 1—1 断面相对于 2—2 断面单位体积气体的位压。

当气体的密度远大于外界大气的密度时，式（3-47）中大气的密度 ρ_a 可忽略不计，简化为

$$p_1 + \frac{\rho v_1^2}{2} - \rho g(z_2 - z_1) = p_2 + \frac{\rho v_2^2}{2} + p_l$$

即

$$z_1 + \frac{p_1}{\rho g} + \frac{v_1^2}{2g} = z_2 + \frac{p_2}{\rho g} + \frac{v_2^2}{2g} + h_l \quad (3\text{-}48)$$

式（3-48）就与液体总流伯努利方程式（3-41）相同。

【例 3-8】 自然排烟系统（图 3-22），烟囱直径 $d = 1\text{m}$，通过烟气流量 $Q_m = 5\text{kg/s}$，烟气密度 $\rho = 0.7\text{kg/m}^3$，周围空气密度 $\rho_a = 1.2\text{kg/m}^3$，烟囱的压强降损失 $p_{l1-2} = 0.035 \dfrac{H}{d} \dfrac{\rho v^2}{2}$。为使烟囱底部入口处断面的负压不小于 $10\text{mm H}_2\text{O}$，试求烟囱的高度 H 至少为多少。

解： 取烟囱底部为 1—1 断面，出口处为 2—2 断面，写出方程

$$p_1 + \frac{\rho v_1^2}{2} + (\rho_a - \rho)g(z_2 - z_1) = p_2 + \frac{\rho v_2^2}{2} + p_{l1-2}$$

依题意

1—1 断面 $p_1 = -\rho_{\text{H}_2\text{O}} gh = -9807 \times 0.01 = -98.07\text{Pa}$

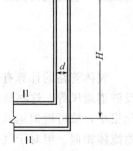

图 3-22 自然排烟系统

$$v_1 = 0, \quad z_1 = 0$$

2—2 断面 $p_2 = 0$

$$v_2 = \frac{Q_m}{\rho A} = \frac{5}{0.7 \times \frac{\pi}{4} \times 1^2} = 9.09 \text{m/s}$$

$$z_2 = H$$

代入能量方程式

$$-98.07 + 0 + (1.2 - 0.7) \times 9.81 \times H = 0 + \frac{0.7 \times 9.09^2}{2} + 0.035 \times \frac{H}{1} \times \frac{0.7 \times 9.09^2}{2}$$

解得 $$H = 32.6\text{m}$$

烟囱的高度须大于此值。由本题可见，烟囱底部为负压 $p_1 < 0$，顶部出口处 $p_2 = 0$，且 $z_1 < z_2$。烟气会向上流动，是位压 $(\rho_a - \rho)g(z_2 - z_1)$ 提供了能量。

因此，要产生位压有两个条件：

① 烟气要有一定温度，使得 $\rho_a > \rho$，以保持有效浮力；

② 由 $H = z_2 - z_1$ 知道，烟囱要有足够的高度 H，否则将不能维持自然排烟。

【例 3-9】 如图 3-23 所示，气体由相对压强为 12mm H_2O 的气罐，经直径 $d = 100$mm 的管道流入大气，管道进、出口高差 $h = 40$m，管路的压强损失 $p_l = 9 \times \frac{\rho_1 v^2}{2}$，试求：① 罐内气体为与大气密度相等的空气（$\rho_1 = \rho_a = 1.2$kg/m³）时，管内气体的速度 v 和流量 Q；② 罐内气体为密度 $\rho_1 = 0.8$kg/m³ 的煤气时，管内气体的速度 v 和流量 Q。

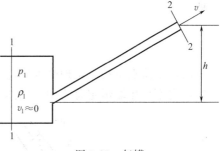

图 3-23 气罐

解：① 罐内气体为空气时，由式(3-47)列出气罐内 1—1 断面和管道出口 2—2 断面的伯努利方程

$$p_1 + \frac{\rho_1 v_1}{2} + (\rho_a - \rho_1)g(z_2 - z_1) = p_2 + \frac{\rho_1 v_2^2}{2} + p_l$$

因 $\rho_1 = \rho_a$，$p_2 = 0$，$v_1 \approx 0$，$v_2 = v$，上式简化为

$$p_1 = \frac{\rho_a v^2}{2} + 9 \times \frac{\rho_a v^2}{2} = 10 \times \frac{\rho_a v^2}{2}$$

即 $$0.012 \times 1000 \times 9.8 = 10 \times \frac{1.2 \times v^2}{2}$$

故管内气体的速度 $$v = 4.43\text{m/s}$$

管内气体的速度流量 $$Q = v \times \frac{\pi}{4}d^2 = 4.43 \times \frac{\pi}{4}0.1^2 = 0.035\text{m}^3/\text{s}$$

② 罐内气体为煤气时，$z_2 - z_1 = h$，$p_2 = 0$，$v_1 \approx 0$，$v_2 = v$。由式(3-46)列出气罐内 1—1 断面和管道出口 2—2 断面的伯努利方程

$$p_1 + (\rho_a - \rho_1)gh = \frac{\rho_1 v^2}{2} + 9 \times \frac{\rho_1 v^2}{2}$$

即 $$0.012 \times 1000 \times 9.8 + (1.2 - 0.8) \times 9.8 \times 40 = 10 \times \frac{0.8 \times v^2}{2}$$

故管内气体的速度 $$v = 8.28\text{m/s}$$

管内气体的速度流量 $\qquad Q = v \times \dfrac{\pi}{4}d^2 = 8.28 \times \dfrac{\pi}{4} \times 0.1^2 = 0.065 \text{m}^3/\text{s}$

第八节 动量方程

前面讨论了流体的连续方程式和伯努利方程式，它们在解决流体动力学问题中有重要的作用。但涉及急变流动力学问题时，能量方程就很难解决了，这时就要用到动量方程。动量方程是理论力学中的动量定理在工程流体力学中的具体体现，它反映了流体运动的动量变化与作用力之间的关系。

一、恒定不可压缩总流的动量方程

在工程问题中，常常要计算流体和固体之间的相互作用力及力的作用点问题，要解决此类问题，动量定理和动量矩定理是十分有效简便的方法之一。

质点系的动量定理指出：作用于质点系的外力的矢量和等于质点系的动量对于时间的导数，即

$$\sum \vec{F} = \frac{\mathrm{d}\vec{K}}{\mathrm{d}t}$$

下面，由质点系动量定理来推导总流的动量方程式。

在恒定不可压缩恒定总流中，如图 3-24 所示，任取 1—1、2—2 两渐变流过流断面，面积分别为 A_1、A_2，以两过流断面间的总流流束为控制体。

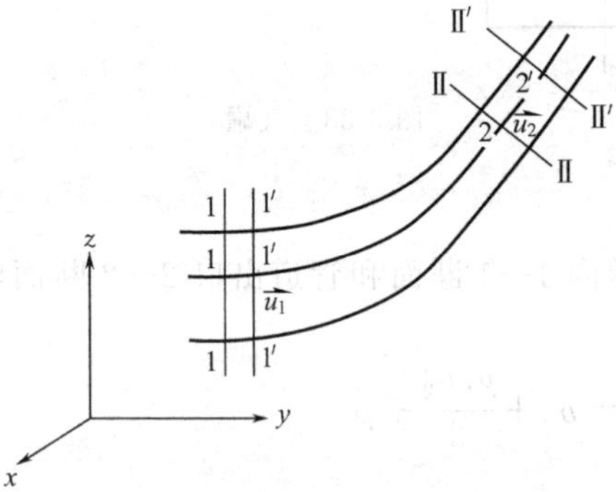

若控制体内的流体经时段 $\mathrm{d}t$ 后，由 1—2 位置运动到 1′—2′ 位置，则产生生动量变化 $\mathrm{d}K$ 应等于 1′—2′ 与 1—2 流段内流体的动量 $K_{1′-2′}$ 和 K_{1-2} 之差

$$\mathrm{d}\vec{K} = \vec{K}_{1′-2′} - \vec{K}_{1-2}$$

对于恒定流动，1′—2 流段流体的质量、几何形状和流速都不随时间的变化而变化，因此 $\vec{K}_{1′-2}$ 也不随时间变化，即

$$(\vec{K}_{1′-2})_{t+\mathrm{d}t} = (\vec{K}_{1′-2})_t$$

则

$$\mathrm{d}\vec{K} = \vec{K}_{2-2′} - \vec{K}_{1-1′}$$

图 3-24　总流的动量方程推导

我们可以通过分析上述总流内任一元流，来确定动量 $K_{2-2′}$ 和 $K_{1-1′}$。令过流断面 1—1 上元流的面积为 $\mathrm{d}A_1$，密度为 ρ_1，流速为 u_1，则元流 1—1′ 流段内流体的动量的大小为 $\rho_1 u_1 \mathrm{d}t \mathrm{d}A_1 u_1$。因过流断面是渐变流断面，各点的速度是平行的，按平行向量和法则，可对断面 A_1 直接进行积分，得总流 1—1′ 流段内流体的动量为

$$\vec{K}_{1-1′} = \int_{A_1} \rho_1 u_1 \mathrm{d}t \mathrm{d}A_1 u_1$$

同理

$$\vec{K}_{2-2′} = \int_{A_2} \rho_2 u_2 \mathrm{d}t \mathrm{d}A_2 u_2$$

则

$$\mathrm{d}\vec{K} = \vec{K}_{2-2′} - \vec{K}_{1-1′} = \int_{A_2} \rho_2 u_2 \mathrm{d}t \mathrm{d}A_2 \vec{u}_1 - \int_{A_1} \rho_1 u_1 \mathrm{d}t \mathrm{d}A_1 \vec{u}_1$$

对于不可压缩流体 ρ 为常数，即 $\rho_1=\rho_2=\rho$，则有

$$\mathrm{d}\vec{K} = \rho\mathrm{d}t\left(\int_{A_2} u_2\vec{u}_2\mathrm{d}A_2 - \int_{A_1} u_1\vec{u}_1\mathrm{d}A_1\right) = \rho\mathrm{d}t(\beta_2 v_2 A_2\vec{v}_2 - \beta_1 v_1 A_1\vec{v}_1) = \rho Q\mathrm{d}t(\beta_2\vec{v}_2 - \beta_1\vec{v}_1)$$

式中，β 为动量修正系数，用来修正以断面平均流速代替实际流速计算动量时引起的误差，即

$$\beta = \frac{\int_A v^2\mathrm{d}A}{v^2 A}$$

β 值的大小与过流断面上速度的分布情况有关，一般流动的 $\beta=1.02\sim1.05$，但有时可达 1.33 或更大，在工程计算中通常取 $\beta=1.0$。

由质点系动量定理可得

$$\sum\vec{F} = \frac{\mathrm{d}\vec{K}}{\mathrm{d}t} = \frac{\rho Q\mathrm{d}t(\beta_2\vec{v}_2 - \beta_1\vec{v}_2)}{\mathrm{d}t}$$

即
$$\sum\vec{F} = \rho Q(\beta_2\vec{v}_2 - \beta_1\vec{v}_1) \tag{3-49}$$

式(3-49) 即为恒定不可压缩总流的动量方程。该方程是一个矢量方程，为了方便计算，常将它投影到三维的坐标轴上，即

$$\left.\begin{aligned}\sum F_x &= \rho Q(\beta_2 v_{2x} - \beta_1 v_{1x})\\ \sum F_y &= \rho Q(\beta_2 v_{2y} - \beta_1 v_{1y})\\ \sum F_z &= \rho Q(\beta_2 v_{2z} - \beta_1 v_{1z})\end{aligned}\right\} \tag{3-50}$$

式中，v_{1x}、v_{1y}、v_{1z} 和 v_{2x}、v_{2y}、v_{2z} 分别为 1—1、2—2 断面的平均流速在 x、y、z 轴方向的分量；$\sum F_x$、$\sum F_y$、$\sum F_z$ 为作用在控制体内流体上的合外力在三个坐标方向的投影。

二、总流动量方程的应用条件和注意事项

1. 应用总流动量方程时必须满足的条件

① 流体的流动为恒定流动。

② 流体为不可压缩流体。

③ 所取过流断面为渐变流或均匀流断面。

2. 应用总流动量方程时的注意事项

与前面的连续方程式和伯努利方程式不同，动量方程式是一个矢量方程式，在应用总流动量方程时还需注意以下各点。

① 在理想流体和实际流体中总流动量方程均适用。

② 总流动量方程式中的动量差是指流出控制体的动量减去流入控制体的动量，两者不能颠倒。

③ 由于动量方程是矢量方程，方程中流速的作用力都是有方向的，宜采用投影式进行计算。应特别注意外力和流速的投影正负，若外力和流速的投影方向与选定的坐标轴方向相同则为正，否则为负。可根据实际情况选择坐标轴。

④ 合理选取控制体，认真分析作用在控制体内流体上的外力。特别注意控制体外的流体通过两过流断面时对控制体内流体的作用力，此力的大小为断面上相对压强与过流断面面积的乘积。

⑤ 流体对固体边壁的作用力 F 与固体边壁对流体的作用力 F' 是一对作用力和反作用力。应用动量方程可先求出 F'，再根据 $F=-F'$，求得 F。

三、恒定不可压缩总流动量方程应用举例

动量定理对于求解流体与边界面之间物体的相互作用力是十分简便的。解题步骤如下。

① 根据问题的要求，选取合适的控制体。

② 建立合适的直角坐标系。

③ 在应用动量定理的同时要注意连续性方程和伯努利方程的应用。

④ 确定公式中 v 的正、负，以流出控制面 A 的法向速度投影为正，反之为负。

⑤ $\sum F$ 中的力包括作用于控制面 A 内流体上所有的外力。

【例 3-10】 如图 3-25 水平放置的变截面 U 形管，流量为 $Q=0.01\text{m}^3/\text{s}$，1—1 截面面积为 $A_1=50\text{cm}^2$，出口处 2—2 断面面积为 $A_2=10\text{cm}^2$（外为大气压），进口管和出口管相互平行。求：水流对 U 形管的作用力。

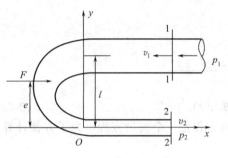

图 3-25　变截面 U 形管

解：取过流断面 1—1 和 2—2 及 U 形管侧面所围成的面为封闭控制面。

选定平面直角坐标系（如图 3-25），其中 x 轴为出口管轴中心线方向。对于控制体中的流体，其动量仅在 x 方向有变化，在 y 方向的动量变化为零，因此作用在控制体流体上所有的外力在 y 轴上的投影为零，由于对于水平放置 U 形管可不考虑重力，且控制体外流体其表面力仅为 x 方向，所以 U 形管对水流作用力也仅为 x 方向，现假设为 F，作用点距 x 轴距离为 e。

按连续性方程

$$v_1=\frac{Q}{A_1}=\frac{0.01}{0.005}=2\text{m/s}$$

$$v_2=\frac{Q}{A_2}=\frac{0.01}{0.001}=10\text{m/s}$$

列断面 1—1 至断面 2—2 的伯努利方程

$$\frac{p_1}{\rho g}+\frac{v_1^2}{2g}=\frac{p_2}{\rho g}+\frac{v_2^2}{2g}$$

$$p_1=p_2+\frac{\rho}{2}(v_2^2-v_1^2)=0+\frac{1000}{2}(10^2-2^2)=48\text{kPa}$$

列控制体在 x 方向的动量方程投影式

$$F-p_1A_1=-\rho Q(-v_1)+\rho Qv_2$$

$$F=-1000\times0.01\times(-2)+1000\times0.01\times10+48000\times0.005=360\text{N}$$

水流对 U 形管的作用力大小为 360N，方向与 F 相反。

【例 3-11】 如图 3-26 所示，夹角呈 $60°$ 的三通管水流射入大气，干管及管的轴线处于同一水平面上。已知 $v_2=v_3=10\text{m/s}$，$d_1=200\text{mm}$，$d_2=120\text{mm}$，$d_3=100\text{mm}$，忽略水头损失，试求水流对三通管的作用力分量 F_x、F_y。

解：取过流断面 1—1、2—2、3—3 及管壁所围成的空间为控制体。

分析作用在控制体内流体上的力，包括过流

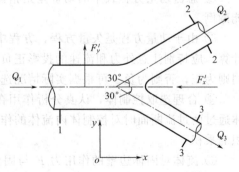

图 3-26　水流对三通管的作用力

断面 1—1 上的压力 p_1；过流断面 2—2 和 3—3 上的压力 $p_2 = p_3 = 0$；分岔管对水流的作用力 F'_x、F'_y；选直角坐标系 xoy，重力在 xoy 水平面上无分量。

令 $\beta_1 = \beta_2 = 1$，列总流动量方程 x，y 轴方向的投影式

$$p_1 - F'_x = (\rho Q_2 v_2 \cos 30° + \rho Q_3 v_3 \cos 30°) - \rho Q_1 v_1$$

$$F'_y = \rho Q_2 v_2 \sin 30° + (-\rho Q_3 v_3 \sin 30°) - 0$$

其中
$$Q_2 = \frac{1}{4}\pi d_2^2 v_2 = 0.113 \mathrm{m}^3/\mathrm{s}$$

$$Q_3 = \frac{1}{4}\pi d_3^2 v_3 = 0.079 \mathrm{m}^3/\mathrm{s}$$

$$Q_1 = Q_2 + Q_3 = 0.192 \mathrm{m}^3/\mathrm{s}$$

$$v_1 = \frac{Q_1}{\frac{1}{4}\pi d_1^2} = 6.115 \mathrm{m}/\mathrm{s}$$

以三通管轴心线为基准线，列 1—1、2—2 断面伯努利方程

$$0 + \frac{p_1}{\rho g} + \frac{v_1^2}{2g} = 0 + 0 + \frac{v_2^2}{2g}$$

$$p_1 = \rho\frac{v_2^2 - v_1^2}{2} = 31.303 \mathrm{kPa}$$

将各量代入动量方程，得弯管对水流的作用力

$$F'_x = 0.49 \mathrm{kN}$$

$$F'_y = 0.17 \mathrm{kN}$$

水流对三通管的作用力

$F_x = 0.49 \mathrm{kN}$，方向与 ox 轴方向相同。

$F_y = 0.17 \mathrm{kN}$，方向与 oy 轴方向相反。

【例 3-12】 图 3-27 为矩形断面平坡渠道中水流越过一平顶障碍物。已知渠宽 $b = 1.5\mathrm{m}$，上游断面水深 $h_1 = 2.0\mathrm{m}$，障碍物顶中部 2—2 断面水深 $h_2 = 0.5\mathrm{m}$，已测得 $v_1 = 0.5\mathrm{m}/\mathrm{s}$，试求水流对障碍物迎水面的冲击力 F。

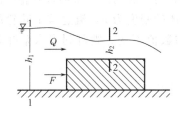
图 3-27 水流对平顶障碍物的冲击力

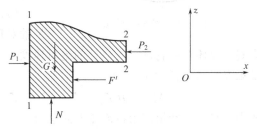
图 3-28 平顶障碍物控制体受力分析

解： 利用恒定总流的动量方程计算水流对平顶障碍物迎水面的冲击力。取渐变流过流断面 1—1 和 2—2 以及液流边界所包围的封闭曲面为控制体，如图 3-28 所示。则作用在控制体上的表面力有两个过水断面上的动压力 P_1 和 P_2，障碍物迎水面对流体的作用力 F' 以及渠底支承反力 N，质量力有重力 G。

如图 3-28 所示取 x 方向，则在 x 方向建立恒定总流的动量方程，有

$$P_1 - P_2 - F' = \rho Q(\beta_2 v_2 - \beta_1 v_1)$$

式中
$$P_1 = \frac{1}{2}\rho g b h_1^2 = \frac{1}{2} \times 9800 \times 1.5 \times 2.0^2 = 29400 \mathrm{N}$$

$$P_2 = \frac{1}{2}\rho g b h_2^2 = \frac{1}{2} \times 9800 \times 1.5 \times 0.5^2 = 1837.5\text{N}$$

根据恒定总流的连续方程 $v_1 A_1 = v_2 A_2 = Q$，可得

$$Q = v_1 A_1 = v_1 b h_1 = 0.5 \times 1.5 \times 2.0 = 1.5 \text{m}^3/\text{s}$$

$$v_2 = \frac{Q}{A_2} = \frac{Q}{b h_2} = \frac{1.5}{1.5 \times 0.5} = 2.0 \text{m/s}$$

取 $\beta_1 = \beta_2 = 1.0$，则

$$F' = P_1 - P_2 - \rho Q(v_2 - v_1) = 29400 - 1837.5 - 1000 \times 1.5 \times (2.0 - 0.5) = 25312.5\text{N} = 25.31\text{kN}$$

水流对平顶障碍物迎水面的冲击力 F 和 F' 大小相等，方向相反。

第九节　动量矩方程

　　运用动量方程可以求出运动流体与边界之间作用力的大小，但不能确定作用力的位置。质点系动量矩定理指出：质点系对于任一固定点的动量矩对时间的导数，等于作用于质点系所有外力对于同一点的矩的矢量和。与其相似，在确定运动流体与边界之间作用力位置时，需要用到动量矩方程。

　　动量矩方程可直接由动量方程导出。令恒定总流动量方程式(3-49) 中的 $\beta_1 = \beta_2 = 1$，并

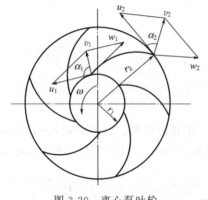

将方程两边对流场中某固定点取矩，得

$$\vec{M} = \sum \vec{r} \times \vec{F} = \rho Q(\vec{r}_2 \times \vec{v}_2 - \vec{r}_1 \times \vec{v}_1) \quad (3\text{-}51)$$

式(3-51) 即为恒定总流的动量矩方程。表示单位时间内流出、流进控制面的流体对某固定点的动量矩之差，等于作用在流体上的所有外力对同一点力矩的矢量和。

　　现将动量矩方程应用于旋转叶轮机械在叶轮通道内的流体上，以离心泵叶轮为例。如图 3-29 所示，流体从叶轮的内圈入口流入，经叶轮流道于外圈出口流出。进出口半径分别为 r_1、r_2，叶轮以一定角速度 ω 旋转。

　　假设流体是理想的，流动是定常的，叶轮内的流动

图 3-29　离心泵叶轮

是轴对称的，且流体的密度为 ρ，流过整个叶轮的流量为 Q，流体在叶轮进、出口处的绝对速度 v_1、v_2 沿周向数值不变。则可列出水泵叶轮的动量矩方程（令 $\beta_2 = \beta_1 = 1$）

$$M = \rho Q(\vec{r}_2 \times \vec{v}_2 - \vec{r}_1 \times \vec{v}_1) = \rho Q(r_2 v_2 \cos\alpha_2 - r_1 v_1 \cos\alpha_1) \quad (3\text{-}52)$$

式中　M——叶轮作用在流体上的总力矩；

　　α_1，α_2——进、出口绝对速度与牵连速度之间的夹角。

　　单位时间叶轮作用给流体的功，即叶轮对流体所作的功率为

$$N = M\omega = \rho Q(r_2 \omega v_2 \cos\alpha_2 - r_1 \omega v_1 \cos\alpha_1) = \rho Q(u_2 v_{u_2} - u_1 v_{u_1}) \quad (3\text{-}53)$$

式中　u_2，u_1——叶轮出口与入口处的牵连速度；

　　v_{u_2}，v_{u_1}——叶轮出口与入口处绝对速度在圆周切线方向的投影速度。

　　式(3-53) 两边同除以 $\rho g Q$，得单位重量流体的能量增量为

$$H_T = \frac{1}{g}(u_2 v_{u_2} - u_1 v_{u_1}) \quad (3\text{-}54)$$

这是旋转涡轮机械的基本方程式。理论扬程 H_T 仅与流体在叶轮进、出口处的运动速度

有关，而与流动过程无关，它的大小反映出涡轮机械的基本性能。

【例 3-13】　如图 3-30 所示，离心风机叶轮的转速 $n = 1725 \text{r/min}$，叶轮进口直径 $d_1 = 125 \text{mm}$，进口气流角 $\alpha_1 = 90°$，出口直径 $d_2 = 300 \text{mm}$，出口安放角 $\beta_2 = 30°$，叶轮流道宽度 $b_1 = b_2 = b = 25 \text{mm}$，体积流量 $Q = 372 \text{m}^3/\text{h}$，试求：①叶轮进口处空气的绝对速度 v_1 与进口安放角 β_1；②叶轮出口处的绝对速度 v_2 与出口气流角 α_2；③单位重量空气通过叶轮所获得的能量 H_T。

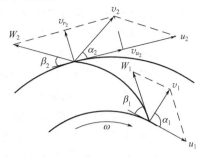

图 3-30　例题图

解　① 叶轮进口牵连速度（假定 w_2 与叶片出口方向一致）

$$u_1 = \omega r_1 = \frac{\pi d_1 n}{60} = \frac{3.14 \times 0.125 \times 1725}{60} \text{m/s} = 11.28 \text{m/s}$$

叶轮进口绝对速度

$$v_1 = \frac{Q}{\pi d_1 b} = \frac{372}{3600 \times 3.14 \times 0.125 \times 0.025} \text{m/s} = 10.53 \text{m/s}$$

叶片进口安放角

$$\beta_1 = \arctan \frac{v_1}{u_1} = \arctan \frac{10.53}{11.28} = 43.03°$$

② 叶轮出口绝对速度

因为

$$u_2 = \omega r_2 = \frac{\pi d n}{60} = \frac{3.14 \times 0.3 \times 1725}{60} \text{m/s} = 27.08 \text{m/s}$$

$$v_{r_2} = \frac{Q}{\pi d_2 b} = \frac{372}{3600 \times 3.14 \times 0.3 \times 0.025} \text{m/s} = 4.39 \text{m/s}$$

故

$$v_{u_2} = u_2 - v_{r_2} \cos\beta_2 = (27.08 - 4.39 \times \cot 30°) \text{m/s} = 19.48 \text{m/s}$$

$$v_2 = \sqrt{v_{r_2}^2 + v_{u_2}^2} = \sqrt{4.39^2 + 19.48^2} \text{m/s} = 19.97 \text{m/s}$$

$$\alpha_2 = \arccos \frac{v_{u_2}}{v_2} = \arccos \frac{19.48}{19.97} = 12.72°$$

③ 单位重量空气通过叶轮所获得的能量

由式（3-54）得单位重量空气通过叶轮所获得的能量

$$H_T = \frac{1}{g} (v_{u_2} u_1 - v_{u_2} u_2) = \frac{1}{9.8} \times (19.48 \times 27.08 - 0) = 53.83 \text{m}$$

思　考　题

1. 简述表达流体运动的两种方法。

2. "恒定流与非恒定流""均匀流与非均匀流""渐变流与急变流"等概念是如何定义的？它们之间有什么联系？渐变流具有什么重要的性质？

3. 何谓是一元流动、二元流动及三元流动？

4. 平面流动具有流函数的条件是什么？

5. 恒定流动中，流体质点的加速度是否随时间而变化？为什么？

6. 流线与迹线能否重合，若能则是在怎样的情况下重合？

7. 简述"总水头线与测压管水头线""水力坡度与测压管坡度"等概念，试确定均匀流测压管水头线与总水头线的关系。

8. 流线与流线，在通常情况下能否相切，如果能则是在怎么样的情况下相切？

9. 连续性方程反映了流体运动的什么规律？

10. 运动微分方程反映了流体运动的什么规律？

11. 变直径管，直径 $d_1 = 320$mm，$d_2 = 160$mm，流速 $v_1 = 1.5$m/s。v_2 为多少？

12. 一元流动中，"截面积大处速度小，截面积小处速度大"成立的必要条件是什么？

13. 简述伯努利方程中各项的几何意义和能量意义。

14. 何谓液流的动量方程？它可以解决哪些问题？

15. 何谓液流的动量矩方程？有何用处？

习　题

3-1　已知流体流动的速度分布为 $u_x = x^2 - y^2$，$u_y = -2xy$，求通过 $x = 1$，$y = 1$ 的一条流线。

3-2　设 $u_x = x + t$，$u_y = -y + t$，$u_z = 0$，求通过 $x = -1$，$y = -1$ 的流线及 $t = 0$ 时通过 $x = -1$，$y = -1$ 的轨迹方程。

3-3　已知流体的速度分布为

$$\begin{cases} u_x = -\omega y = -\varepsilon_0 ty \\ u_y = \omega x = \varepsilon_0 tx \quad (\omega > 0, \varepsilon_0 > 0) \end{cases}$$

试求流线方程，并画流线图。

3-4　已知不可压缩流体的速度场 $u_x = ax^2 + by^2 + cz^2$，$u_y = -dxy - eyz - fzx$，其中 a、b、c、d、e、f 为常数，试求速度分量 u_z。

3-5　如图所示，以平均速度 $v = 1.5$m/s 流入直径为 $D = 2$cm 的排孔管中的液体，全部经 8 个直径 $d = 1$mm 的排孔流出，假定每孔出流速度依次降低 2%，试求第一孔与第八孔的出流速度各为多少？

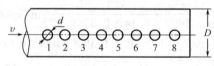

题 3-5 图

3-6　如图所示，油从铅直圆管向下流出。管直径 $d_1 = 10$cm，管口处的速度为 $v_1 = 1.4$m/s，试求管口处下方 $H = 1.5$m 处的速度和油柱直径。

3-7　设计输水量为 29421kg/h 的给水管道，流速限制在 0.9～1.4m/s 之间。试确定管道直径，根据所选直径求流速，直径规定为 50mm 的倍数。

3-8　利用毕托管原理测量输水管的流量如图示。已知输水管直径 $d = 200$mm，测得水银差压计读数 $h_p = 60$mm，若此时断面平均流速 $v = 0.84u_{max}$，这里 u_{max} 为毕托管前管轴上未受扰动水流的流速。问输水管中的流量 Q 为多大？

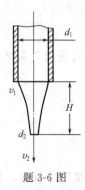

题 3-6 图

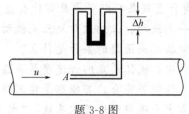

题 3-8 图

3-9 如图所示，水管直径 50mm，末端阀门关闭时，压力表读值为 21kPa。阀门打开后读值降至 5.5kPa，如不计水头损失，求通过的流量。

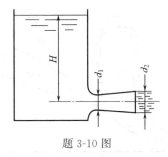

题 3-9 图　　　　　　　　　　　　　题 3-10 图

3-10 如图所示，水箱中的水从一扩散短管流到大气中，直径 $d_1 = 100$mm，该处绝对压强 $p_1 = 0.5$ 大气压，直径 $d_2 = 150$mm，求水头 H，水头损失忽略不计。

3-11 如图所示，同一水箱上、下两孔口出流，求证：在射流交点处，$h_1 y_1 = h_2 y_2$。

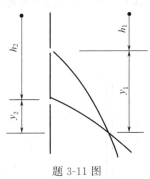

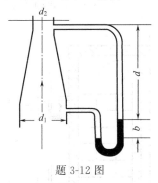

题 3-11 图　　　　　　　　　　　　　题 3-12 图

3-12 如图所示，水自下而上流动，已知 $d_1 = 30$cm、$d_2 = 15$cm，U 形管中装有水银，$d = 80$cm、$b = 10$cm，试求流量。

3-13 如图所示，离心式通风机用集流器 A 从大气中吸入空气，直径 $d = 200$mm 处接一根细玻璃管，已知管中的水上升 $H = 150$mm，求进气流量（空气的密度 $\rho = 1.29$kg/m³）。

3-14 如图所示，由喷嘴射出速度 $v = 7$m/s 的自由射流，欲达到 $H = 2$m，试问喷嘴轴线的倾斜角 θ 是多少？

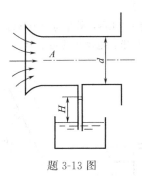

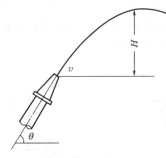

题 3-13 图　　　　　　　　　　　　　题 3-14 图

3-15 如图所示，倾斜水管上的文丘里流量计 $d_1 = 30$cm，$d_2 = 15$cm，倒 U 形差压计中装有相对密度为 0.6 的轻质不混于水的液体，其读数为 $h = 30$cm，收缩管中的水头损失为 d_1 管中速度水头的 20%，试求喉部速度 v_2 与管中流量 Q。

3-16 如图所示，高层楼房煤气立管 B、C 两个供煤气点各供应 $Q = 0.02$m³/s 的煤气量。假设煤气的密度为 0.6kg/m³，管径 50mm，压强损失 AB 段用 $3\rho \dfrac{v_1^2}{2}$ 计算，BC 段用 $4\rho \dfrac{v_2^2}{2}$，假定 C 点要求保持余压为

300Pa，求 A 点酒精（$\rho_{酒}=806\mathrm{kg/m^3}$）液面应有的高差（空气密度为 1.2kg/m³）。

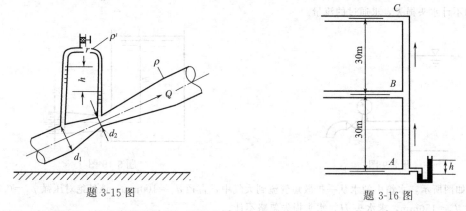

题 3-15 图   题 3-16 图

3-17 如图所示，锅炉省煤器的进口处测得烟气负压 $h_1=10.5\mathrm{mm\ H_2O}$，出口负压 $h_2=20\mathrm{mm\ H_2O}$。如炉外空气 $\rho=1.2\mathrm{kg/m^3}$，烟气的平均 $\rho'=0.6\mathrm{kg/m^3}$，两测压断面高差 $H=5\mathrm{m}$，试求烟气通过省煤器的压强损失。

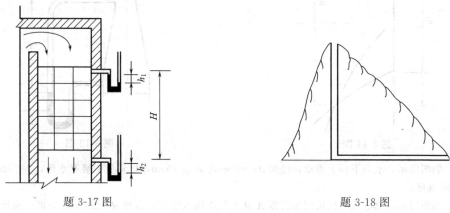

题 3-17 图   题 3-18 图

3-18 图为矿井竖井和横向坑道相连，竖井高为 200m，坑道长为 300m，坑道和竖洞内气温保持恒定 $t=15℃$，密度 $\rho=1.18\mathrm{kg/m^3}$，坑外气温在清晨为 5℃，$\rho_0=1.29\mathrm{kg/m^3}$，中午为 20℃，$\rho_0=1.16\mathrm{kg/m^3}$，问早、午空气的气流流向及气流速度 v 的大小。假定总的损失为 $9\dfrac{\rho v^2}{2}$。

3-19 如图所示，已知离心泵的提水高度 $z=20\mathrm{m}$，抽水流量 $Q=35\mathrm{L/s}$，效率 $\eta_1=0.82$。若吸水管路和压水管路总水头损失 $h_1=1.5\mathrm{m\ H_2O}$，电动机的效率 $\eta_2=0.95$，试求：电动机的功率 P。

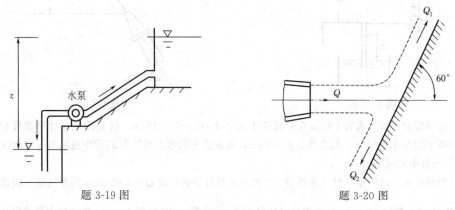

题 3-19 图   题 3-20 图

3-20 如图（俯视图）所示，水自喷嘴射向一与其交角成 60°的光滑平板上。若喷嘴出口直径 $d=$

25mm，喷射流量 $Q=33.4$L/s。试求射流沿平板向两侧的分流流量 Q_1 与 Q_2（喷嘴轴线水平）以及射流对平板的作用力 F。假定水头损失忽略不计。

3-21　如图所示，将一平板放在自由射流之中，并垂直于射流轴线，该平板截去射流流量的一部分 Q_1，并引起射流的剩余部分偏转一角度 θ。已知 $v=30$m/s，$Q=36$L/s，$Q_1=12$L/s，试求射流对平板的作用力 F 以及射流偏转角 θ，不计摩擦力与液体重量的影响。

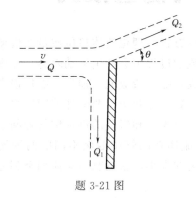

题 3-21 图

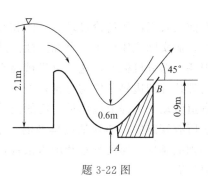

题 3-22 图

3-22　如图所示，求水流对 1m 宽的挑流坎 AB 作用的水平分力和铅直分力。假定 A、B 两断面间水重为 2.69kN，而且断面 B 流出的流动可以认为是自由射流。

3-23　如图所示，水流垂直于底面的宽度为 1.2m，求它对建筑物的水平作用力。

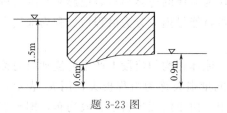

题 3-23 图

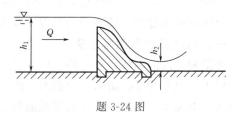

题 3-24 图

3-24　如图所示在矩形渠道重修筑一大坝。已知单位宽度流量为 $q=14$m³/(s·m)，上游水深 $h_1=5$m，求下游水深 h_2 及水流作用在单位宽度坝上的水平力 F。假定摩擦阻力与水头损失可忽略不计。

3-25　如图所示，已知，一个水平放置的 90°弯管输送水 $d_1=150$mm，$d_2=75$mm，$p_1=2.06\times10^5$Pa，$Q=0.02$m³/s。求：水流对弯管的作用力大小和方向（不计水头损失）。

3-26　如图所示，旋转式喷水器由三个均布在水平平面上的旋转喷嘴组成；总供水量为 Q，喷嘴出口截面积为 A，旋臂长为 R，喷嘴出口速度方向与旋臂的夹角为 θ。

① 不计一切摩擦，试求旋臂的旋转角速度 ω；

② 如果使已经有 ω 角速度的旋臂停止，需要施加多大的外力矩 M？

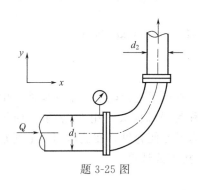

题 3-25 图

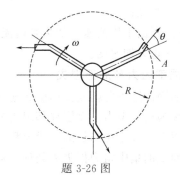

题 3-26 图

第四章　流动阻力与能量损失

在前面我们已经讨论过理想流体和实际流体的能量方程。理想流体单位质量的机械能保持守恒，而实际流体由于具有黏滞性。因此，流体在流动过程中会产生流动阻力，克服阻力就要损耗一部分机械能，这部分机械能不可逆的转化成热能，造成能量损失。能量损失与流体的物理特性和边界条件均有密切关系，能量损失的计算是专业中重要的计算问题之一。

管道流动是工程上应用最广泛的流动。城市中输送自来水和煤气的供水供气管网纵横交叉，在所有管路中，圆管是最典型的。本章主要叙述流体在圆管中截然不同的两种流动状态、判别的条件、速度分布和阻力系数，决定能量损失的大小，根据黏性流体伯努利方程进行管路计算。

第一节　流动阻力与能量损失概述

能量损失是流体与固壁相互作用的结果。固壁作为流体的边界会显著地影响系统的机械能与热能的转化过程。按固壁沿流程的变化不同，可将能量损失分为沿程损失和局部损失。

一、沿程阻力与沿程损失

当限制流动的固体边界，使流体作均匀流动时，流体在均匀流段上产生的流动阻力称为沿程阻力，也称为摩擦阻力。克服沿程阻力引起的能量损失称为沿程损失，用 h_f 表示，沿程损失一般发生在工程中常用的等截面管道和渠道中。由于沿程损失沿管段均布，即与管段的长度成正比，所以也称长度损失。

直径为 d 的等径圆管中，单位重量液体流过 l 距离所损失的机械能即沿程损失 h_f，可以用达西公式表示

$$h_f = \lambda \frac{l}{d} \times \frac{v^2}{2g} \tag{4-1}$$

式中　λ——沿程阻力系数，与管中平均速度、液体黏性及管子内壁粗糙度等一系列因素有关，其确定方法是本章讨论的重点；

　　l——管长；

　　d——管径；

　　v——断面平均流速，如果管内流量为 Q，那么 $v = Q/(\pi d^2/4)$；

　　g——重力加速度。

二、局部阻力与局部损失

流体因固体边界急剧改变而引起速度重新分布，质点间进行剧烈动量交换而产生的阻力流动阻力称为局部阻力。克服局部阻力的能量损失称为局部损失，用 h_m 表示。局部损失是在一段流程上，甚至相当长的一段流程上完成的，为了方便起见，在流体力学上通常把它作为一个断面上的集中阻力损失来处理。局部损失 h_m 按下式计算

$$h_m = \zeta \frac{v^2}{2g} \tag{4-2}$$

式中 ζ——局部损失系数，与引起损失的流道局部几何特性有关，一般以实验方法确定。

三、能量损失

能量损失以热能形式耗散，不可能转化成其他形式的机械能。若管路由不同边界的流段组成，有多处局部损失，整个管路的能量损失等于各管段的沿程损失和各局部损失的总和，用水头损失 h_l 表示，即

$$h_l = \sum h_f + \sum h_m \tag{4-3}$$

式中 $\sum h_f$——管路中各管段的沿程损失的总和；

$\sum h_m$——管路中各管段的局部损失的总和。

第二节 实际流动的两种流态

通过长期实验研究和工程实践，人们注意到流体运动有两种结构不同的流动状态，能量损失的规律与流态密切相关。19 世纪初，科学工作者就已经发现圆管中的流体流动，在不同流动状态下，水头损失与流速之间具有不同的函数关系。直到 1883 年英国科学家雷诺经过实验研究发现，在黏性流体中存在着两种截然不同的流态，并给出了判定层流和紊流两种流态的准则。

一、雷诺实验

雷诺实验装置如图 4-1。实验时，溢水箱 A 内水位保持稳定，保证了流动为恒定流，阀门 C 用于调节流量，容器 D 内盛有密度与水相近的颜色水，经细管 E 流入玻璃管 B，阀门 F 用于控制颜色水流量。

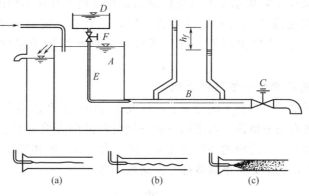

图 4-1 雷诺实验装置

试验时缓慢打开阀门 C，液体自玻璃管 B 流出，然后打开颜色水容器阀门 F，就可以看到在玻璃管中流体的流态。当管 B 中流速较小时，流动中呈现一条细直而鲜明的带色流束，这一流束与周围清水互不混合，如图 4-1(a) 所示。这表明各液层间互不相混，流体质点的轨迹线光滑而稳定。这种分层有规律的流动状态称为层流。当阀门 C 逐渐开大，流速增加到某一临界流速 v'_k 时，颜色水出现弯曲、扭动，如图 4-1(b) 所示。阀门 C 继续开大，随着玻璃管内液体流速继续增大，颜色水与周围清水混合，使整个圆管都带有颜色，如图 4-1(c) 所示。表明此时流体质点的运动轨迹极不规则，各流层质点相互掺混，彼此进行着激烈的动量变换，故称这种流动状态为紊流。从层流到紊流的转变阶段称为过渡流，一般将它作为紊流的初级阶段。

若实验时将阀门 C 关小，流速由大变小，则上述观察到的流动现象以相反程序重演，

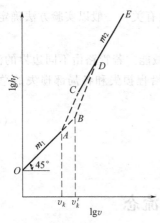

图 4-2　沿程水头损失与断面
平均流速的关系曲线

但由紊流转变为层流的临界流速 v_k 小于由层流转变为紊流的临界流速 v_k'。v_k' 称为上临界流速，v_k 为下临界流速。

实验进一步表明：对于特定的流动装置上临界流速 v_k' 是不固定的，在实际工程中，扰动普遍存在，随着流动的起始条件和实验条件的扰动程度不同，v_k' 值可以有很大的差异；但是下临界流速 v_k 却是不变的，不受起始扰动的影响。在管 B 的断面 1、2 处接两根测压管，根据能量方程，测压管的液面差即是 1、2 断面间的沿程水头损失。用阀门 C 调节管内流量，通过流量测量就可以得到沿程水头损失与断面平均流速的关系曲线，如图 4-2 所示。

实验曲线 $OABDE$ 在流速由小变大时获得；而流速由大变小时的实验曲线是 $EDCAO$。其中，AD 部分不重合。图中 B 点对应的流速即是上临界流速，A 点对应的是下临界流速。以后所指的临界流速即是下临界流速 v_k。AC 段和 BD 段试验点分布比较散乱，是流态不稳定的过渡区域。

从图 4-2 可分析得

$$h_f = Kv^m$$

流速小时即 OA 段，$m=1$，$h_f = Kv^{1.0}$，沿程损失和流速一次方成正比。流速大时即 CDE 段，$m=1.75 \sim 2.0$，$h_f = Kv^{1.75 \sim 2.0}$。线段 AC 或 BD 段的斜率均大于 2。

雷诺实验的意义在于它揭示了所有流体流动都存在两种性质不同的形态——层流和紊流。层流和紊流不仅是流体质点的运动轨迹不同，而且整个流动的结构也完全不同，因而反映水头损失和扩散的规律都不一样。所以在分析实际流动问题时，必须首先区分流态。

二、流态的判别准则——临界雷诺数

在雷诺实验中观察到了两种不同的流态，以及在管中管径和流动介质——清水不变的条件下得到流态与流速有关的结论。雷诺用各种不同管径的圆管重复了上述实验。结果发现，流动由层流到紊流的转变与管内的平均流速 v、圆管直径 d、流体密度 ρ 以及流体的黏度 μ 组成的无量纲数有关，这个无量纲数就称为雷诺数。即

$$Re = \frac{v\rho d}{\mu} = \frac{vd}{\nu} \tag{4-4}$$

式中　ν——运动黏度。

实验证明，尽管当管径或流动介质不同时，临界流速不同，但对于任何管径和任何流顿流体，判别流态的临界雷诺数 Re_k 却是相同的。Re 在 $2000 \sim 4000$ 是由层流向紊流转变的过渡区，相当于图 4-2 上的 AC 段。在工程实际计算中，由于管路的环境较实验室复杂，判别圆管流态的临界雷诺数数值约为 2000，即

$$Re_k = \frac{vd}{\nu} = 2000 \tag{4-5}$$

用式(4-5)来判断流态是十分简便的，只要计算出圆管中流动的雷诺数 Re，将 Re 值与 $Re_k = 2000$ 比较，便可确定流态：当 $Re < 2000$ 时，圆管中流动是层流；$Re > 2000$ 时，圆管中的流动是紊流。

【例 4-1】 用一等径内径 $d=50\mathrm{mm}$ 圆管输送温度为 30℃的空气，如管中的流速 $v=1.0\mathrm{m/s}$。求：

① 试判别管中空气的流态；

② 管内保持层流状态的最大流速为多少？

解： ① 30℃时空气运动黏度 $\nu=16.6\times10^{-6}\mathrm{m^2/s}$，代入式(4-4)

$$Re=\frac{vd}{\nu}=\frac{1.0\times0.05}{16.6\times10^{-6}}=3012>2000$$

故管中空气的流态为紊流。

② 设管内保持层流状态的最大流速为 v_k，由 $Re=\dfrac{vd}{\nu}$，得

$$v_k=\frac{\nu Re}{d}=\frac{16.6\times10^{-6}\times2000}{0.05}=0.66\mathrm{m/s}$$

此即为圆管中能保持层流状态的最大流速为 0.66m/s。

【例 4-2】 汽轮机的凝汽器中有 2500 根铜的冷却水管，冷却水在管中流动，汽轮机的排汽在铜管外被冷却，为使冷却效果好，要求管中水的流动雷诺数 $Re\geqslant4\times10^4$ 呈紊流状态。若 $\nu=0.9\times10^{-6}\mathrm{m^2/s}$，铜管直径 $d=20\mathrm{mm}$，求冷却水的最小流量。

解： 为使冷却效果好，一是冷却水管内流态确保为紊流，二是冷却水管内流速为最小，以增加热交换的时间。据此取管中的雷诺数 $Re=4\times10^4$，即

$$Re=\frac{v_{\min}d}{\nu}=4\times10^4$$

求得最小流速为

$$v_{\min}=\frac{4\times10^4\times0.9\times10^{-6}}{0.02}=1.8\mathrm{m/s}$$

则冷却水的最小流量

$$Q_{\min}=\frac{\pi}{4}d^2v\times2500=\frac{\pi}{4}\times0.02^2\times1.8\times2500=1.413\mathrm{m^3/s}$$

三、流态分析

从雷诺实验可以知道，层流和紊流的根本区别在于：层流中各流层间互不掺混，只存在由于黏性所引起的各层流间的摩擦阻力；紊流中则有大量大小不等，旋转角速度也不同的涡体不断产生，这些涡体活动于各流层间，除了黏性阻力，还存在着由于质点间相互掺混，相互碰撞所造成的惯性阻力。所以，紊流阻力比层流阻力大得多。

层流到紊流的转变是与涡体的产生过程联系在一起的，涡体的产生过程见图 4-3。

设流体作直线运动，由于某种原因（如阀门开度加大）的干扰，速度改变，层流发生波动 [图 4-3(a)]。按照伯努利方程分析，波峰一侧流道截面变窄，流速增大，压强降低；在波谷一侧由于流道截面变大，流速减小，压强增大。因此，流层受到 [图 4-3(b)] 中箭头所示的压差作用，使波峰进一步隆起，同理波谷进一步凹陷 [图 4-3(c)]，终于发展成脉动涡体。涡体形成后，其一侧的旋转切线速度与流动方向相同，流速增大，压强减小；另一侧旋转切线速度与流动方向相反，流速减小，压强增大。于是在两侧压强差的作用下，将由一层转到另一层中去 [图 4-3(d)]，这就是紊流中质点间相互掺混，相互碰撞的主要原因。

层流受扰动后，当黏性的稳定作用占上风时，扰动受到黏性的阻滞而逐渐衰减下来，层流就是稳定的。当涡体的惯性作用起主导作用时，黏性的稳定作用无法使扰动衰减下来，流

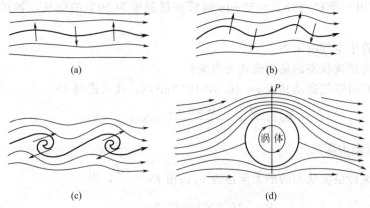

图 4-3　涡体的产生过程

动便继续发展为紊流。总之，流动呈什么流态，取决于圆管内流体扰动的惯性作用和黏性的稳定作用相互斗争的最终结果。

雷诺数 Re 反映了惯性力与黏性力的比值关系。因此，Re 可用来判别流态，其量纲分析可以解释这个问题。

$$\mathrm{dim}(惯性力)=\mathrm{dim}(m)\mathrm{dim}(a)=\mathrm{dim}\rho(\mathrm{dim}L)^3\frac{\mathrm{dim}L}{(\mathrm{dim}T)^2}=\frac{\mathrm{dim}\rho(\mathrm{dim}L)^3(\mathrm{dim}v)^2}{\mathrm{dim}L}$$

$$\mathrm{dim}(黏性力)=\mathrm{dim}\mu\,\mathrm{dim}A\,\mathrm{dim}\left(\frac{\mathrm{d}u}{\mathrm{d}n}\right)=\mathrm{dim}\mu(\mathrm{dim}L)^2\mathrm{dim}v/\mathrm{dim}L$$

$$\frac{\mathrm{dim}(惯性力)}{\mathrm{dim}(黏性力)}=\frac{\mathrm{dim}\rho\,\mathrm{dim}v\,\mathrm{dim}L}{\mathrm{dim}\mu}=\mathrm{dim}Re$$

若取 $L=d$，则雷诺数 Re 就和式（4-4）一致了。

大量实验表明，当 $Re=1225$ 左右时，圆管流动流动的核心部分就已出现层状的波动和弯曲。随着 Re 的增大，液体波动的范围和强度也逐渐增大，可是此时的黏性仍起主导作用，层流仍是稳定的。Re 在 2000 左右时，流动的核心部分惯性力增大，将会克服黏性力的阻滞作用而开始产生涡体，相互掺混现象也就出现了。当 $Re>2000$ 后，涡体越来越多，掺混也越来越强烈。直到 $Re=3000\sim4000$ 时，除了靠近管壁附近的极小区域外，均已发展为紊流。在靠近管壁附近的极小区域内存在着很薄的一层流体，流速较小，仍为层流流动。在这一层流层中，在与固体壁面垂直方向上的流速从零在很短距离上变化到层流边界处的速度，明显的速度变化率决定了层流底层中切应力值非常高。又由于壁面限制了质点的横向掺混，越接近壁面，脉动速度和附加切应力越小，趋于消失。因此将这一以黏性切应力起主导作用的薄层，称为层流底层。管中心部分称为紊流核心。在紊流核心与层流底层之间还存在一个由层流到紊流的过渡层，如图 4-4 所示。层流底层的厚度随着 Re 数的不断增加而变得越来越薄，层流底层虽然很薄，但它的存在对紊流的流速分布和流动阻力重大的影响。

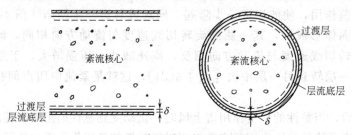

图 4-4　紊流核心与层流底层

第三节　圆管层流流动

一、均匀流动方程式

层流常见于很细的管道流动，或者低速、高黏性流体的管道流动，如阻尼管、润滑油管内的流动。研究层流不仅有工程实用意义，而且通过比较，加深对紊流的认识。

前面已分析过均匀流的特点，均匀流只能发生在长直的管道或渠道等断面形状和大小都不变的流动中，因此只有沿程损失，而无局部损失。沿程阻力（均匀流内部流层间的切应力）是造成沿程损失的主要原因。我们首先建立沿程损失和沿程阻力之间的关系，再找出切应力的变化规律，就能解决沿程损失的计算问题。

图 4-5 所示为一圆管层流的均匀流段，任选的两个断面 1—1 和 2—2 列能量方程

$$z_1 + \frac{p_1}{\rho g} + \frac{\alpha_1 v_1^2}{2g} = z_2 + \frac{p_2}{\rho g} + \frac{\alpha_2 v_2^2}{2g} + h_{l1-2} \tag{4-6}$$

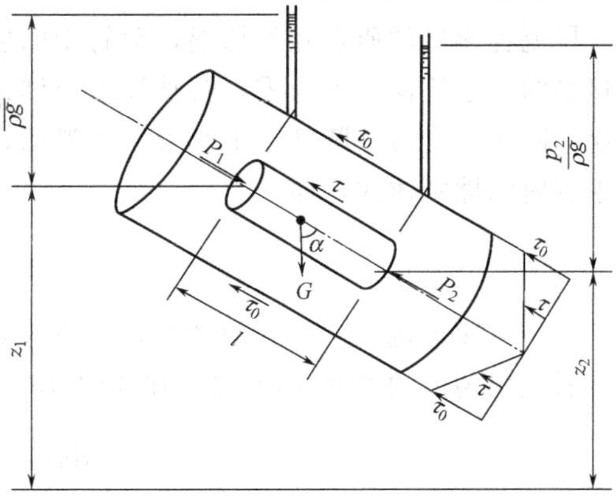

由均匀流的性质有

$$\frac{\alpha_1 v_1^2}{2g} = \frac{\alpha_2 v_2^2}{2g}, \quad h_l = h_f \tag{4-7}$$

代入上式得

$$h_f = \left(\frac{p_1}{\rho g} + z_1 \right) - \left(\frac{p_2}{\rho g} + z_2 \right) \tag{4-8}$$

图 4-5　圆管均匀流动

考虑所取流段在流向上的受力平衡条件。设两段间的距离为 l，过流断面面积 $A_1 = A_2 = A$，在流向上，该管段所受的作用力有

重力分量	$\rho g A l \cos\alpha$
端面压力	$p_1 A$，$p_2 A$
管壁切力	$\tau_0 l \times 2\pi r_0$

式中　τ_0——管壁切应力；

r_0——圆管半径。

在均匀流中，流体质点作等速运动，加速度为零，因此，以上各力的合力为零。考虑到各力的作用方向，得

$$p_1 A - p_2 A + \rho g A l \cos\alpha - \tau_0 l 2\pi r_0 = 0 \tag{4-9}$$

将 $l\cos\alpha = z_1 - z_2$ 代入上式整理得

$$\left(z_1 + \frac{p_1}{\rho g} \right) - \left(z_2 + \frac{p_2}{\rho g} \right) = \frac{2\tau_0 l}{\rho g r_0} \tag{4-10}$$

比较式(4-8) 和式(4-10)，得

$$h_f = \frac{2\tau_0 l}{\rho g r_0} \tag{4-11}$$

式中，h_f/l 为单位长度的沿程损失，称为水力坡度，以 J 表示，即

$$J = h_f/l \tag{4-12}$$

代入式(4-11)，改写成

$$\tau_0 = \rho g \frac{r_0}{2} J \tag{4-13}$$

式(4-11) 或式(4-13) 就是均匀流动方程式。

如取半径为 r 的同轴圆柱形流体来讨论，可类似地求得管内任一点轴向切应力 τ 与沿程水头损失 J 之间的关系为

$$\tau = \rho g \frac{r}{2} J \tag{4-14}$$

比较式(4-13) 和式(4-14)，得

$$\tau/\tau_0 = r/r_0 \tag{4-15}$$

此式表明圆管均匀流中，切应力与半径成正比，在断面上按直线规律分布，轴线上为零，在管壁上达到最大值 τ_0，如图 4-5 所示。可见，内部切应力包括边界处切应力共同做功产生了沿程损失，不能理解为只有边界切应力才造成能量损失。

二、沿程阻力系数的计算

层流各流层的质点互不掺混，圆管中的层流各层质点沿平行管轴线方向运动。其中与管壁接触的一层流体速度为零，管轴线上流体速度最大，其他各层流速介于这两者之间，整个管流如同无数个薄壁圆管一个套着一个滑动，各流层间互不掺混。在层流中，切应力大小服从牛顿内摩擦定律式，即

$$\tau = -\mu \frac{\mathrm{d}u}{\mathrm{d}r} \tag{4-16}$$

由于流速 u 随 r 的增大而减小，所以等式右边加负号，以保证 τ 为正。

联立均匀流动方程式(4-14) 和式(4-16)，整理得

$$\mathrm{d}u = -\frac{\rho g J}{2\mu} r \, \mathrm{d}r$$

在均匀流中，J 值不随 r 而变。积分上式，并代入管壁处边界条件 $r = r_0$ 时，$u = 0$，得

$$u = \frac{\rho g J}{4\mu}(r_0^2 - r^2) \tag{4-17}$$

可见，圆管层流过流断面上流速分布是旋转抛物面分布（图 4-6），这是层流的重要特征之一。

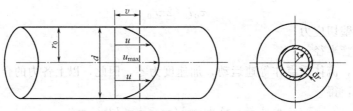

图 4-6　圆管中层流的流速分布

由图 4-6 可知，圆管层流中的最大流速发生在管轴上，由 $r = 0$，得

$$u_{\max} = \frac{\rho g J}{4\mu} r_0^2 = \frac{\rho g J}{16\mu} d^2 \tag{4-18}$$

将式(4-17) 代入断面平均流速定义式

$$v = \frac{Q}{A} = \frac{\int u \, \mathrm{d}A}{A}$$

得平均流速为

$$v = \frac{\rho g J}{8\mu} r_0^2 = \frac{\rho g J}{32\mu} d^2 \tag{4-19}$$

比较式(4-18) 和式(4-19)，得

$$v = \frac{1}{2}u_{\max} \tag{4-20}$$

即平均流速等于最大流速的一半。

根据式(4-19)，得

$$h_f = Jl = \frac{32\mu vl}{\rho g d^2} \tag{4-21}$$

此式从理论上证明了层流沿程损失与平均流速一次方成正比。

将式(4-21) 写成达西公式的一般形式，得

$$h_f = \lambda \frac{l}{d} \times \frac{v^2}{2g} = \frac{32\mu vl}{\rho g d^2} = \frac{64}{Re} \times \frac{l}{d} \times \frac{v^2}{2g} \tag{4-22}$$

比较等式两边的系数，可得圆管层流时沿程阻力系数的计算式

$$\lambda = \frac{64}{Re} \tag{4-23}$$

它表明，圆管层流的沿程阻力系数仅与雷诺数 Re 有关，且成反比。

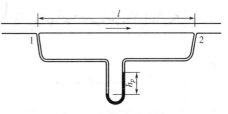

图 4-7　细管式黏度计

【例 4-3】 应用细管式黏度计测定油的黏度，已知细管直径 $d = 6\mathrm{mm}$，测量段长 $l = 2\mathrm{m}$（图4-7），实测油的流量 $Q = 77\mathrm{cm}^3/\mathrm{s}$，水银压差计的读数值 $h_p = 30\mathrm{cm}$，油的密度 $\rho = 900\mathrm{kg/m}^3$，求油的黏度 μ。

解：列 1—1 至 2—2 过流断面的伯努利方程

$$h_f = \frac{p_1 - p_2}{\rho g} = \frac{(\rho_{\mathrm{Hg}} - \rho)h_p}{\rho} = \frac{(13595 - 900) \times 0.3}{900} = 4.23\mathrm{m}$$

假设管中为层流，则细管中平均流速

$$v = \frac{Q}{A} = \frac{77 \times 10^{-6}}{\frac{\pi}{4} \times 0.006^2} = 2.72\mathrm{m/s}$$

由达西公式(4-21)

$$h_f = \lambda \frac{l}{d} \times \frac{v^2}{2g} = \frac{32\mu vl}{\rho g d^2} = \frac{64}{Re} \times \frac{l}{d} \times \frac{v^2}{2g}$$

故

$$\nu = h_f \frac{2g d^2}{64lv} = 4.23 \times \frac{2 \times 9.807 \times 0.006^2}{64 \times 2 \times 2.72} = 8.58 \times 10^{-6} \mathrm{m}^2/\mathrm{s}$$

$$\mu = \rho\nu = 900 \times 8.58 \times 10^{-6} = 7.72 \times 10^{-3} \mathrm{Pa \cdot s}$$

再进行验证原来的假设是否成立。由于

$$Re = \frac{vd}{\nu} = \frac{2.72 \times 0.006}{8.58 \times 10^{-6}} = 1902 < 2000 \text{ 层流}$$

故假设成立。

第四节　紊流流动沿程损失分析

一、紊流运动的特征

当管中的流动雷诺数大于 2000 时，流态呈紊流。在自然界和工程中，绝大多数流动都

是紊流，如流体的管道输送、燃烧过程、掺混过程、传热和冷却等，迄今为止，还很难对紊流下一个确切和全面的定义。应用现代显示技术，对紊流的认识是，紊流运动是由各种大小和不同涡量的涡旋叠加而形成的流动，紊流运动的规律性同它的偶然性是相伴存在的。由于这些原因使紊流呈现出以下几个特性。

① 紊流除了流体质点在时间和空间上作随机运动的流动外，还有流体质点间的掺混性和流场的旋涡性。因而产生的惯性阻力远远大于黏性阻力。所以紊流时的阻力要比层流时的阻力大得多。

② 紊流运动的复杂性给数学表达造成困难，但在工程上感兴趣的是紊流在有限时间段

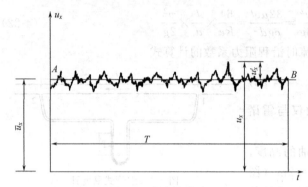

图 4-8　紊流的脉动

和有限空间域上的平均效应。因此，如同研究分子运动取统计平均值一样，流体质点运动要素往往对有限时间段取平均值，称为时均法。

紊流运动的时均法是流体力学中处理紊流脉动的方法。图 4-8 是某紊流流动在一个空间点上测得的沿流动方向 x 的瞬时速度分量 u_x 随时间 t 变化曲线。很显然，u_x 随时间 t 作随机性变化，并在某一平均值上下脉动。

设在某一时段 T 内 u_x 的平均值为

$$\overline{u}_x = \frac{1}{T}\int_0^T u_x \, \mathrm{d}t \tag{4-24}$$

若所取时段 T 比脉动周期长许多倍，则 $\overline{u}_x$ 值与 T 无关，在图形中 $\overline{u}_x$ 是 T 时段内与时间轴平行直线 AB 的纵坐标值，故称 $\overline{u}_x$ 是该空间点上 x 方向的时均速度。

从图 4-8 中可看到

$$u_x = \overline{u}_x + u'_x \tag{4-25}$$

式中　u_x —— t 时刻的瞬时速度；

u'_x —— t 时刻的脉动速度，也是随机量，但脉动量的时均值为零，即

$$\overline{u'_x} = \frac{1}{T}\int_0^T u'_x \, \mathrm{d}t = 0 \tag{4-26}$$

紊流速度在流动方向 x 上存在脉动，在横向 y、z 也存在横向脉动，且

$$u_y = u_z$$

同样，紊流中有瞬时压强 p、时均压强 $\overline{p}$、脉动压强 p'，且

$$p = \overline{p} + p' \tag{4-27}$$

$$\overline{p} = \frac{1}{T}\int_0^T p \, \mathrm{d}t \tag{4-28}$$

$$\overline{p'} = \frac{1}{T}\int_0^T p' \, \mathrm{d}t = 0 \tag{4-29}$$

引入时均值的概念后，紊流运动可以看作是一个时间平均流动和一个脉动流动的叠加，可分别加以研究。因此，紊流流动的沿程损失 h_f 仍然使用达西公式即式(4-22)计算。式中平均速度 v 易于实测获得，因而问题的重点归结到寻求公式中的沿程阻力系数 λ。

二、尼古拉兹实验

由于紊流的机理相当复杂，很难像层流那样，严格地从理论上推导出来。工程上有两种

途径确定 λ 值：一种是以紊流的半经验理论为基础，结合实验结果，整理成 λ 的半理论半经验公式；另一种是根据实验结果，综合成 λ 的经验公式。

由于紊流运动的复杂性，紊流的阻力系数 λ 不可能像层流那样严格地从理论上推导出来。尼古拉兹分析了达西的圆管沿程阻力实验数据后，发现壁面粗糙度对沿程阻力系数的影响很大。尼古拉兹认为，沿程阻力系数 λ 有两个影响因素，即

$$\lambda = f(Re, K/d)$$

为了研究它们之间的定量关系，尼古拉兹用人工粗糙度方法实现了对粗糙度的控制。将砂粒经筛选后分类均匀粘贴在管内壁上，做成所谓的人工粗糙管（图 4-9），并用粗糙的突起高度 K（砂粒直径）来表示壁面的粗糙程度，K 称为绝对粗糙度。K 和管直径之比 $\dfrac{K}{d}$ 称为相对粗糙度。相对粗糙度 $\dfrac{K}{d}$ 从 0.000985～0.0333 分成 6 种，在类似于图 4-1 的装置中，进行了不同管径、砂径和流量下的大量流动实验。实验中，测出圆管中平均流速 v、管段的水头损失 h_f 和流体温度，并以此推算出雷诺数 Re 及沿程阻力系数 λ，实验结果反映在图 4-10 中。

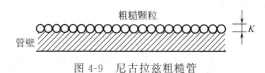

图 4-9　尼古拉兹粗糙管

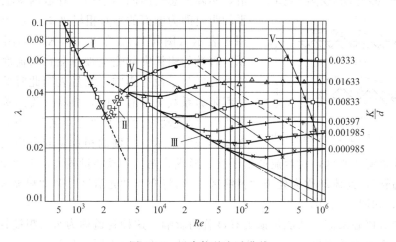

图 4-10　尼古拉兹实验曲线

图 4-10 中，横坐标为流动雷诺数 Re，纵坐标为沿程阻力系数 λ，对应每一相对粗糙度 $\dfrac{K}{d}$ 有一条反映 λ 与 Re 关系的曲线，根据 λ 变化的特征，图中曲线可分为五个区域来说明，在图上以 Ⅰ、Ⅱ、Ⅲ、Ⅳ、Ⅴ 表示。下面分析各个区域 λ 随 Re 和 $\dfrac{K}{d}$ 变化的函数规律。

第Ⅰ区——层流区。这时不同相对粗糙度的 λ-Re 曲线重合为一直线 Ⅰ，表明 λ 只是 Re 的函数而与相对粗糙度 $\dfrac{K}{d}$ 无关。这一直线反映的函数关系为 $\lambda = 64/Re$，即实验结果证实了圆管层流水头损失公式的正确性。

第Ⅱ区——层流紊流过渡区。这时不同相对粗糙度的实验曲线重合于曲线 Ⅱ，表明 λ 也

只是 Re 的函数而与 $\dfrac{K}{d}$ 无关。工程管道中的雷诺数落入这个区间的可能性较小，对这一区间研究也不充分。在计算涉及这一区间时，λ 值可按下面的紊流光滑区结论作近似计算。

第Ⅲ区——紊流光滑。此区中不同相对粗糙度的实验点开始都落在曲线Ⅲ上。随着 Re 的加大，相对粗糙度较大的管道，其试验点在较低的 Re 时就偏离曲线Ⅲ，而相对粗糙度较大的管道，其试验点要在较大的 Re 时才偏离光滑区，表明 λ 只与 Re 有关而与 $\dfrac{K}{d}$ 无关。

第Ⅳ区——紊流过渡区。在这个区域内，试验点已偏离光滑区曲线Ⅲ而过渡进入水力粗糙区Ⅳ。不同相对粗糙度的试验点各自分散成一条条波状的曲线。这一区域中层流底层变薄，管壁粗糙度对流动开始发生影响，因而 λ 与 Re 和 $\dfrac{K}{d}$ 两者均有关。

第Ⅴ区——紊流粗糙区（阻力平方区）。在图 4-10 中，在区域Ⅴ内，不同相对粗糙度的试验点分别落在一些与横坐标平行的直线上，管壁粗糙度凸起对流动损失有决定的影响，因而 λ 只与相对粗糙度 $\dfrac{K}{d}$ 有关而与 Re 无关。由式 $h_f = \lambda \dfrac{l}{d} \dfrac{v^2}{2g}$，沿程阻力损失与流速的平方成正比，故紊流粗糙区又称为阻力平方区。

以上实验表明了紊流中 λ 确实是由 Re 和 $\dfrac{K}{d}$ 这两个因素决定的，究其原因是层流底层存

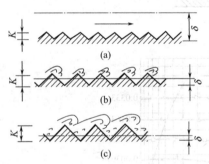

图 4-11　层流底层与管壁粗糙的作用

在的缘故。因为固体的过流表面，不论看上去多光滑，实际上总是凸凹不平的。管道内壁上峰谷之间的平均距离即为壁面的绝对粗糙度 K，层流底层的厚度用 δ 表示（图 4-11）。如果 $\delta > K$，如图 4-11(a) 所示，管壁的粗糙突起完全被淹盖在层流底层内，对紊流核心区几乎没有影响，测量表明此时壁面粗糙度对沿程阻力系数 λ 没有影响，故将此管道称为"水力光滑管"，此流动称为处于"光滑区"。当 $\delta < K$ 时，如图 4-11(c) 所示，管壁的粗糙突起高出层流底层，暴露于过渡区或紊流核心区，对紊流产生干扰，形成旋涡，造成能量损失，工程上将此管道称为"水力粗糙管"，此流动称为处于"粗糙区"。而将介于"光滑区"和"粗糙区"之间的称为"过渡区"，如图 4-11(b)。

管壁粗糙对核心紊流流动能量损失有显著的影响，这种管道称为水力粗糙管。由于紊流流动在两种管道中流动边界不同，达西表达式中的系数 λ 有不同的计算方法。

综上所述，沿程阻力系数 λ 的变化规律可归纳如下

Ⅰ——层流区　　　　　$\lambda = f_1(Re)$

Ⅱ——临界过渡区　　　$\lambda = f_2(Re)$

Ⅲ——紊流光滑区　　　$\lambda = f_3(Re)$

Ⅳ——紊流过渡区　　　$\lambda = f_4(Re, K/d)$

Ⅴ——紊流粗糙区　　　$\lambda = f_5(K/d)$

尼古拉兹实验的意义在于，它全面揭示了不同流态下沿程阻力系数 λ 与雷诺数及相对粗糙度的关系，指出了影响 λ 变化的主要因素，从而为确定 λ 的各种经验公式和半经验公式提供了可靠的依据。

值得注意的是，工程中不少流动问题，比如流体机械中的过流部件内的流动都在紊流水

力粗糙区，因而提高这些过流部件表面质量对降低水力损失、提高机组效率有十分重要的意义。

第五节　紊流沿程阻力系数的计算

一、工业常用管道的当量粗糙度

尼古拉兹实验是对人工均匀粗糙管进行的，而工业管道中的粗糙度不会像尼古拉兹实验管道内壁人工方法形成的凸凹那样均匀。在工程中计算 λ 值时，要使用管道的当量粗糙度，当量粗糙度是指和工业管道粗糙区 λ 值相等的同直径尼古拉兹粗糙管的突起高度。当量粗糙度仍以 K 表示，其值由实验方法确定。几种工业常用管道的当量粗糙度见表 4-1。

表 4-1　工业常用管道的当量粗糙度

管道材料	K/mm	管道材料	K/mm
钢板制风管	0.15(引自全国通用通风管道计算表)	竹风道	0.8~1.2
塑料板制风管	0.01(引自全国通用通风管道计算表)	铅管、铜管、玻璃管	0.01 光滑
矿渣石膏板风管	1.0(以下引自采暖通风设计手册)		(以下引自莫迪当量粗糙图)
表面光滑砖风道	4.0	镀锌钢管	0.15
矿渣混凝土板风道	1.5	钢管	0.046
铁丝网抹灰风道	10~15	涂沥青铸铁管	0.12
胶合板风道	1.0	铸铁管	0.25
地面沿墙砌造风道	3~6	混凝土管	0.3~3.0
墙内砌砖风道	5~10	木条拼合圆管	0.18~0.9

二、沿程阻力系数的计算公式

1. 紊流光滑区沿程阻力系数 λ 的经验公式

尼古拉兹公式为

$$\frac{1}{\sqrt{\lambda}} = 2\lg(Re\sqrt{\lambda}) - 0.8 \tag{4-30}$$

布拉修斯公式为

$$\lambda = \frac{0.3164}{Re^{0.25}} \tag{4-31}$$

以上两式再次表明，在紊流水力光滑区中 λ 只是 Re 的函数而与相对粗糙度 $\dfrac{K}{d}$ 无关。

2. 紊流粗糙区沿程阻力系数 λ 的经验公式

尼古拉兹式为

$$\frac{1}{\sqrt{\lambda}} = 2\lg\frac{3.7d}{K} \tag{4-32}$$

希弗林松式为

$$\lambda = 0.11\left(\frac{K}{d}\right)^{0.25} \tag{4-33}$$

紊流过渡区和粗糙区的舍维列夫公式

当 $v<1.2\mathrm{m/s}$——过渡区 $\qquad \lambda = \dfrac{0.0179}{d^{0.3}}\left(1 + \dfrac{0.867}{v}\right)^{0.3}$ $\tag{4-34}$

当 $v\geqslant1.2\mathrm{m/s}$——粗糙区 $\qquad \lambda = \dfrac{0.0210}{d^{0.3}}$ $\tag{4-35}$

式(4-34)及式(4-35)中的管径 d 均以 m 计，速度 v 以 m/s 计。舍维列夫公式是在水温为 10℃、运动黏度 $\nu = 1.3 \times 10^{-6} \, \mathrm{m^2/s}$ 条件下导出的，适用于钢管和铸铁管。

3. 紊流过渡区沿程阻力系数 λ 的经验公式

柯列勃洛克式为

$$\frac{1}{\sqrt{\lambda}} = -2\lg\left(\frac{K}{3.7d} + \frac{2.51}{Re\sqrt{\lambda}}\right) \tag{4-36}$$

由于柯氏公式适用于紊流三个阻力区，它所代表的曲线以尼古拉兹光滑区斜直线和粗糙区水平线为渐进线，因此，我国汪兴华教授建议：以柯氏公式与尼古拉兹分区公式的误差不大于 2% 为界来确立紊流三个阻力区的判别标准。根据这一思想，汪兴华导得紊流三个阻力区的判别标准。

紊流光滑区：$2000 < Re \leqslant 0.32\left(\dfrac{d}{K}\right)^{1.28}$

紊流过渡区：$0.32\left(\dfrac{d}{K}\right)^{1.28} < Re \leqslant 1000\left(\dfrac{d}{K}\right)$

紊流粗糙区：$Re > 1000\left(\dfrac{d}{K}\right)$

在实际工程上遇到的问题，有时是已知水头损失或已知水力坡度，而求流速的大小。为此，变换式(4-1)的形式如下

$$v = \sqrt{\frac{8g}{\lambda}}\sqrt{R\,\frac{h_f}{l}} = C\sqrt{RJ} \tag{4-37}$$

式(4-37)为著名的谢才公式。谢才系数 $C = (8g/\lambda)^{1/2} \, (\mathrm{m^{1/2}/s})$，表明 C 和 λ 一样是反映沿程阻力变化规律的系数，通常直接由经验公式计算。目前应用较广的计算 C 的经验公式有以下两个。

曼宁公式：
$$C = \frac{1}{n}R^{1/6} \tag{4-38}$$

式中　R——水力半径，m；

n——综合反映壁面对流动阻滞作用的粗糙系数，各种粗糙面的粗糙系数列于表 11-1 中。

曼宁公式适用范围为　　　$n < 0.020, R < 0.5\mathrm{m}$。

巴甫洛夫斯基公式：
$$C = \frac{1}{n}R^y \tag{4-39}$$

式中　指数 y——个变数，其值按下式确定

$$y = 2.5\sqrt{n} - 0.13 - 0.75\sqrt{R}(\sqrt{n} - 0.1) \tag{4-40}$$

巴甫洛夫斯基公式适用范围为 $0.1\mathrm{m} \leqslant R \leqslant 3.0\mathrm{m}$，$0.011 \leqslant n \leqslant 0.04$。

应该指出，就谢才公式本身而言，它适用于有压或无压均匀流动的各阻力区。但由于计算谢才公式 C 的经验公式只包括 n 和 R，不包括流速 v 和运动黏度 ν，也就是与雷诺数 Re 无关，因此，如直接由经验公式计算谢才系数 C，谢才公式就仅适用紊流粗糙区。

4. 莫迪图

为了简化计算，莫迪以柯氏公式为基础绘制出反映 Re、K/d 和 λ 对应关系的莫迪图（图 4-12），在图上可根据 Re 和 K/d 直接查出 λ。

【例 4-4】 内径 $d = 0.2\mathrm{m}$ 的钢管输送水的流量 $Q = 0.05\mathrm{m^3/s}$，水温为 10℃，求长为 500m 管道上的沿程损失 h_f。

解： 由表 4-1，钢管内壁的绝对粗糙度 $K = 0.04\mathrm{mm}$，10℃水的运动黏度为 $1.31 \times 10^{-6}\mathrm{m^2/s}$。

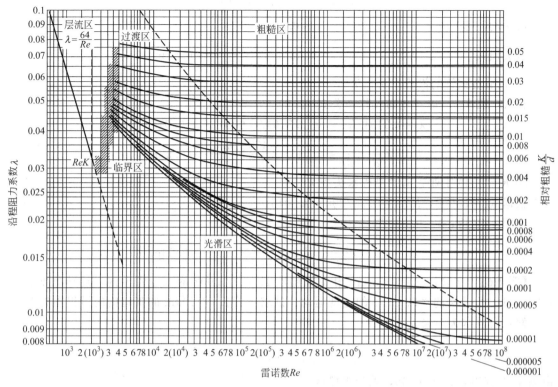

图 4-12 莫迪图

首先确定管流的 Re。

$$v = Q/A = 0.05/(\pi \times 0.1^2) = 1.59\text{m/s}$$

$$Re = \frac{vd}{\nu} = \frac{1.59 \times 0.2}{1.31 \times 10^{-6}} = 242748$$

由于 $Re > 2000$，流动是紊流。

且

$$\frac{K}{d} = 0.0002$$

根据 Re 和 K/d 查莫迪图（图 4-12），得 $\lambda = 0.018$

单位重量的水流经 500m 管道的沿程水力损失为

$$h_f = \lambda \frac{l}{d} \times \frac{v^2}{2g} = 0.018 \times \frac{500}{0.2} \times \frac{1.59^2}{2 \times 9.807} = 5.8\text{m}$$

【例 4-5】 在管径 $d = 200\text{mm}$，管长 $l = 400\text{m}$ 的圆管中，流动着 $t = 10℃$ 的水，其 $Re = 80000$，试分别求下列三种情况的水头损失。

① 管内壁为 $K = 0.30\text{mm}$ 的均匀砂粒的人工粗糙管；

② 光滑铜管（即流动处于紊流光滑区）；

③ 工业管道，其当量粗糙度 $K = 0.30\text{mm}$。

解：① $K = 0.30\text{mm}$ 的人工粗糙管的水头损失

根据 $Re = 8000$，$K/d = 0.30/200 = 0.0015$

查图 4-12 得，$\lambda = 0.02$

$t = 10℃$ 时，$\nu = 1.3 \times 10^{-6}\text{m}^2/\text{s}$

由 $Re = \dfrac{vd}{\nu}$ 代入数据得

$$80000 = v \times 0.2/(1.3 \times 10^{-6})$$

得平均流速 $\qquad\qquad v = 0.52 \text{m/s}$

水头损失 $\qquad h_f = \lambda \dfrac{l}{d} \times \dfrac{v^2}{2g} = 0.02 \times \dfrac{400}{0.2} \times \dfrac{0.52^2}{2g} = 0.55 \text{m}$

② 光滑黄铜管的沿程水头损失

在 $Re < 100000$ 时可用布拉修斯公式

$$\lambda = 0.3164/Re^{0.25} = 0.3164/(8000)^{0.25} = 0.0188$$

$$h_f = \lambda \frac{l}{d} \times \frac{v^2}{2g} = 0.0188 \times \frac{400}{0.2} \times \frac{0.52^2}{2g} = 0.52 \text{m}$$

③ $K = 0.30$ 工业管道的沿程水头损失

根据 $Re = 80000$，$K/d = 0.30/200 = 0.0015$

查图 4-12 得，$\lambda = 0.024$。

$$h_f = \lambda \frac{l}{d} \times \frac{v^2}{2g} = 0.024 \times \frac{400}{0.2} \times \frac{0.52^2}{2g} = 0.66 \text{m}$$

【例 4-6】 在管径 $d = 300 \text{mm}$，相对粗糙度 $K/d = 0.002$ 的工业管道内，运动黏度 $\nu = 1.308 \times 10^{-6} \text{m}^2/\text{s}$ 的水以 4m/s 的速度运动。试求：管长 $l = 200 \text{m}$ 的管道内的沿程损失 h_f。

解：沿程水头损失 h_f

$$Re = \frac{vd}{\nu} = \frac{4 \times 0.3}{1.308 \times 10^{-6}} = 9.17 \times 10^5$$

由图 4-12 查得，$\lambda = 0.0238$，处于粗糙区。

由尼古拉兹式

$$\frac{1}{\sqrt{\lambda}} = 2\lg \frac{3.7d}{k} = 2\lg \frac{3.7}{0.002}$$

得 $\qquad\qquad\qquad\qquad \lambda = 0.0235$

可见查图和计算得出的结果很接近。

$$h_f = \lambda \frac{l}{d} \times \frac{v^2}{2g} = 0.0238 \times 200 \times 4^2/(0.3 \times 2 \times 9.807) = 12.94 \text{m}$$

第六节　非圆管的沿程损失

　　圆管是最常用的断面形式，但在工程上也常用到非圆管的形式。如通风系统的风道，有很多场合使用矩形断面。如果设法把非圆管折合成圆管来计算，前述根据圆管制定的公式和图表，也就可以用于非圆管。这要通过在阻力相当的条件下，把非圆管折算成圆管的几何特征量，以水力半径为基础，通过建立非圆管的当量直径来实现。

　　水力半径 R：过流断面面积 A 与湿周 χ 的比值。

$$R = \frac{A}{\chi} \qquad\qquad\qquad (4-41)$$

　　湿周 χ：过流断面上流体和固体壁面接触的周界。

　　χ 和 A 是过流断面中影响沿程损失的两个主要因素。在紊流中，由于断面上的流速变化主要集中在邻近管壁的流层内，机械能转化为热能的沿程损失主要集中在这里。因此，流体所接触的壁面大小，也即湿周 χ 的大小，是影响能量损失的主要外因条件。A 值越大，通过流体的数量就越多，因而受单位重力作用的流体的能量损失就越小。所以，沿程损失 h_f 和水力半径 R 成反比，

水力半径 R 是一个能反映出过流断面大小、形状对沿程损失综合影响的物理量。

圆管的水力半径

$$R = \frac{A}{\chi} = \frac{d}{4}$$

边长为 a 和 b 的矩形断面水力半径

$$R = \frac{A}{\chi} = \frac{ab}{2(a+b)}$$

边长为 a 的正方形断面水力半径

$$R = \frac{A}{\chi} = \frac{a}{4}$$

令非圆管水力半径与圆管的水力半径相等，即 $R = \frac{d}{4}$，得非圆管当量直径的计算公式

$$d_e = 4R \tag{4-42}$$

即非圆管当量直径为圆管水力半径的 4 倍。

因此，矩形管的当量直径为

$$d_e = \frac{2ab}{(a+b)} \tag{4-43}$$

方形管的当量直径为

$$d_e = a \tag{4-44}$$

计算出当量直径过后，用 d_e 代替，即可以计算出非圆管的沿程损失。即

$$h_f = \lambda \frac{l}{d} \times \frac{v^2}{2g} = \lambda \frac{l}{4R} \times \frac{v^2}{2g}$$

在计算 λ 时可以用当量相对粗糙度 K/d_e 代入沿程阻力系数 λ 公式中求得。在计算非圆管的 Re 时，同样可以用当量直径 d_e 代替式中的 d。即

$$Re = \frac{v(4R)}{\nu} \tag{4-45}$$

这个 Re 也可以近似地用来判别非圆管中的流态，其临界值 $Re_k = 2000$。

值得注意的是，应用当量直径计算非圆管的能量损失，并不适用于所有的情况。这表现在以下两方面。

① 图 4-13 为非圆管和圆管 $\lambda\text{-}Re$ 的对比试验。试验表明，对矩形、方形、三角形断面，使用当量直径原理，所获得的试验数据结果和圆管是很接近的，但长缝隙和星形断面差别较大。

② 由于层流的流速分布不同于紊流，沿程损失不像紊流那样集中在管壁附近。因此在用当量直径计算时，误差较大，如图 4-13 所示。

【**例 4-7**】　断面为 $A = 0.25\text{m}^2$ 的正方形管道，宽为高的 3 倍的矩形管道和圆形管道。求：

① 它们的湿周和水力半径；

② 正方形和矩形管道的当量直径。

解：① 湿周和水力半径

对于正方形管道：

边长　　　　　　　　　　　　　　$a = \sqrt{A} = 0.5\text{m}$

湿周　　　　　　　　　　　　　　$\chi = 4a = 2\text{m}$

水力半径　　　　　　　　　$R = \frac{A}{\chi} = \frac{0.25}{2} = 0.125\text{m}$

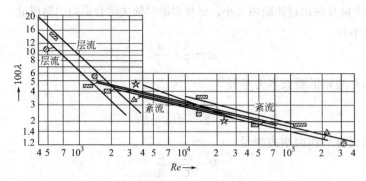

图 4-13 非圆管和圆管 λ-Re 的对比试验曲线

对于矩形管道：

边长
$$ab = a \times 3a = A = 0.25 \text{m}^2$$

得
$$a = 0.29 \text{m}$$
$$b = 3a = 0.81 \text{m}$$

湿周
$$\chi = 2(a+b) = 2(0.29+0.81) = 2.2 \text{m}$$

水力半径
$$R = \frac{A}{\chi} = 0.25/2.2 = 0.114 \text{m}$$

对于圆形管道：

管径
$$\frac{\pi d^2}{4} = A = 0.25 \text{m}^2$$

得
$$d = 0.56 \text{m}$$

湿周
$$\chi = \pi d = 3.14 \times 0.56 = 1.76 \text{m}$$

水力半径
$$R = \frac{A}{\chi} = 0.25/1.76 = 1.42 \text{m}$$

② 正方形管道和矩形管道的当量直径

正方形管道：
$$d_e = a = 0.5 \text{m}$$

矩形管道：
$$d_e = \frac{2ab}{(a+b)} = 0.427 \text{m}$$

【例 4-8】 某钢板制风道，断面尺寸为 $600 \text{mm} \times 300 \text{mm}$，管长 100m，管内平均流速 $v = 10\text{m/s}$。空气温度 $t = 20℃$。求压强损失 p_f。

解：① 当量直径
$$d_e = \frac{2ab}{(a+b)} = \frac{2 \times 600 \times 300}{(600+300)} = 400 \text{mm} = 0.4 \text{m}$$

② 求 Re。查表 1-5，$t = 20℃$ 时，$\nu = 15.7 \times 10^{-6} \text{m}^2/\text{s}$
$$Re = \frac{v d_e}{\nu} = \frac{10 \times 0.4}{15.7 \times 10^{-6}} = 2.54 \times 10^5$$

③ 求 $\dfrac{K}{d}$。钢板制风道，$K = 0.15\text{mm}$
$$\frac{K}{d_e} = \frac{0.15}{400} = 3.75 \times 10^{-4}$$

查图 4-12 得 $\lambda = 0.0195$

④ 计算压强损失

$$p_f = \lambda \frac{l}{d_e} \times \frac{\rho v^2}{2} = 0.0195 \times \frac{100}{0.4} \times \frac{1.2 \times 10^2}{2} = 292.5\text{Pa}$$

第七节　局部水头损失

在流动的局部范围内，几何边界的急剧改变（如阀门弯管突扩或突缩等局部管件），使流体流速的大小和方向产生剧烈的变化由此产生了额外的能量损失，这就是局部阻力引起的局部损失。局部损失的大小与局部阻力的类型有关，除少数情况下可用理论分析求得外，大多数情况下只能由实验测定。

与沿程损失一样，局部损失也与流动状态有关，但是即使在很小的雷诺数下，由于几何边界的急剧改变，使其流动状态仍然保持紊流，并处于流动的阻力平方区，因此实际上局部损失的计算都是针对紊流的粗糙区而言的。各种工业管道中，往往设有一些阀门、弯头、三通等配件，目的是控制和调节管内的流动。当流体流经这类配件时，由于均匀流动受到破坏，流速的大小、方向或分布发生变化，由此产生的流量损失称为管道流动的局部水头损失。工程中有许多管路系统如水泵吸水管，在进口处往往要安装拦污格栅等部件或其他设备，局部能量损失占了很大比重。因此，了解局部水头损失的分析方法和计算方法有重要的意义。

一、局部损失的一般分析

局部损失可以用流速水头的倍数来表示，它的计算公式为

$$h_m = \zeta \frac{v^2}{2g} \tag{4-46}$$

式中，ζ 为局部阻力系数。局部阻力系数 ζ 理论上应与局部阻碍处的雷诺数 Re 和边界条件有关。但是，因受局部阻碍的强烈扰动，流动在较小的雷诺数时，就已充分紊动，雷诺数的变化对紊动的实际影响很小。故一般情况下，局部损失只取决于局部阻碍的形状，而与 Re 无关。

$$\zeta = \zeta（局部阻碍的形状） \tag{4-47}$$

引起局部损失的原因有以下几方面。

（1）旋涡损失　流体在其本身的惯性作用下运动时，流线并不随边界条件的急剧变化而突然改变方向（即流线不能折角转弯），流体作回转运动，它与主流的运动方向并不一致。由于旋涡的产生和运动都消耗了来自主流的能量，所以由此引起的能量损失称旋涡损失或回转损失。

（2）碰撞损失　流体运动的边界条件的突然变化使主流受到压缩或扩散，引起流速分布的改变，致使黏性阻力和惯性阻力都有显著增大，由此引起的能量损失称为碰撞损失。

局部损失的种类虽多，如分析其流动的特征，主要是主流断面的扩大或收缩，流动方向的改变，流量的合入与分出等几种基本形式，以及这几种基本形式的相互组合（图4-14）。

以突扩管为例［图4-14(a)］，沿程为减速增压，紧贴壁面的低速质点受反向压差的作用，速度减少至零，以至于出现所谓的"死角"，即局部产生倒流现象并形成旋涡区。质点旋涡运动的集中耗能是局部水头损失产生的主要原因。同时，旋涡运动的质点被主流带向下游，在一定范围内加剧了主流的紊流程度，从而加大了能量损失。

综上所述，由于主流脱离管壁，旋涡区的形成是局部水头损失产生的主要原因，倘若在

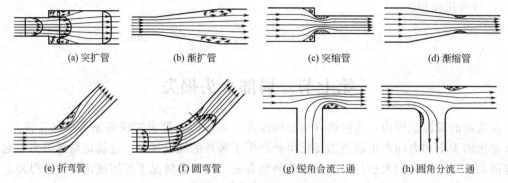

(a) 突扩管　　　(b) 渐扩管　　　(c) 突缩管　　　(d) 渐缩管

(e) 折弯管　　　(f) 圆弯管　　　(g) 锐角合流三通　　　(h) 圆角分流三通

图 4-14　局部阻碍的基本形式

局部阻碍处旋涡区越大，旋涡强度越大，那么局部水头损失也越大。由于大多数部件的内部流场都十分复杂，难以对局部损失作理论分析，ζ 值的计算公式除突然扩大管可由理论分析得到外，其他类型一般均由实验测定。

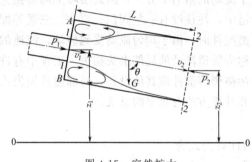

图 4-15　突然扩大

二、变管径的局部损失

变管径的水头损失，是一种典型的局部损失。

1. 突然扩大管

图 4-15 为圆管突然扩大处的流动。取流股将扩未扩的 1—1 断面和扩大后流速分布与紊流脉动已接近均匀正常状态的 2—2 断面列能量方程。两断面间的沿程水头损失不计，则

$$h_m = \left(z_1 + \frac{p_1}{\rho g} + \frac{\alpha_1 v_1^2}{2g}\right) - \left(z_2 + \frac{p_2}{\rho g} + \frac{\alpha_2 v_2^2}{2g}\right)$$

1—1、2—2 两断面与管壁所包围的流动空间沿流动方向的动量方程为

$$\sum F = \rho Q(v_2 - v_1)$$

$\sum F$ 为作用在所取流体上的全部轴向外力之和，包括以下几个力。

① 作用于 1—1 断面上的总压力 P_1

$$P_1 = p_1 A_2$$

② 作用在 2—2 断面上的总压力 P_2

$$P_2 = p_2 A_2$$

③ 重力在管轴上的投影

$$G\cos\theta = \rho g A_2 l \frac{z_1 - z_2}{l} = \rho g A_2 (z_1 - z_2)$$

边界上的摩擦阻力忽略不计，得到

$$p_1 A_2 - p_2 A_2 + \rho g A_2 (z_1 - z_2) = \rho Q(v_2 - v_1)$$

将 $Q = v_2 A_2$ 代入，化简得

$$\left(z_1 + \frac{p_1}{\rho g}\right) - \left(z_2 + \frac{p_2}{\rho g}\right) = \frac{v_2}{g}(v_2 - v_1)$$

代入能量方程式

$$h_m = \frac{(v_1 - v_2)^2}{2g} \tag{4-48}$$

将 $v_2 = v_1 \dfrac{A_1}{A_2}$ 或 $v_1 = v_2 \dfrac{A_2}{A_1}$ 代入上式，得

$$h_m = \left(1 - \frac{A_1}{A_2}\right)^2 \frac{v_1^2}{2g} = \zeta_1 \frac{v_1^2}{2g} \tag{4-49}$$

或

$$h_m = \left(\frac{A_2}{A_1} - 1\right)^2 \frac{v_2^2}{2g} = \zeta_2 \frac{v_2^2}{2g} \tag{4-50}$$

应用式(4-48)式(4-49)时，需注意使选用的阻力系数和流速水头相对应。若查阻力系数 ζ 时，表中无特指，流速水头均为 v_2。

当液体从管道流入断面很大的容器中或气体流入大气中时，$\dfrac{A_1}{A_2} \approx 0$，$\zeta_1 = 1$，即突然扩大的特殊情况，$\zeta_1 = 1$ 称为出口阻力系数。

2. 突然缩小管

如图 4-16，由主流断面 1—1，经收缩断面 C—C，扩大至断面 2—2，突然缩小的水头损失大部分发生在收缩断面 C—C 后面的流段上，主要是收缩断面附近的旋涡区造成的。突然缩小的阻力系数 ζ 取决于收缩面积比 $\dfrac{A_2}{A_1}$，对应流速水头为 $\dfrac{v_2^2}{2g}$。

突然缩小的阻力系数

$$\zeta = 0.5\left(1 - \frac{A_2}{A_1}\right) \tag{4-51}$$

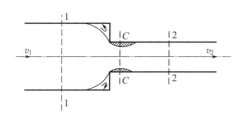

图 4-16　突然缩小

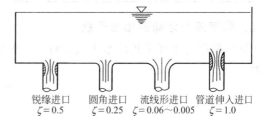

锐缘进口　圆角进口　流线形进口　管道伸入进口
$\zeta = 0.5$　$\zeta = 0.25$　$\zeta = 0.06 \sim 0.005$　$\zeta = 1.0$

图 4-17　管道进口

3. 管道进口

管道进口也是一种断面收缩。不同边缘的进口阻力系数如图 4-17。

三、管路配件

管路配件局部阻力系数见表 4-2。

表 4-2　管路配件局部阻力系数

名　称	图　式		ζ	名　称	图　式	ζ
截止阀		全开	4.3~6.1			0.1
蝶阀		全开	0.1~0.3	等径三通		3.0
闸门		全开	0.12			1.5

四、明渠

明渠局部阻力系数见表 4-3。

表 4-3　明渠局部阻力系数

名称	图示			ζ				
平板门槽				0.05～0.20				
明渠突缩		A_2/A_1	0.1	0.2	0.4	0.6	0.8	
		ζ	1.49	1.36	1.14	0.84	0.46	
明渠突扩		A_2/A_1	0.01	0.1	0.2	0.4	0.6	0.8
		ζ	0.98	0.81	0.64	0.36	0.16	0.04
渠道入口	直角			0.40				
	曲面			0.10				
格栅		$\zeta = k\left(\dfrac{b}{b+s}\right)^{1.6}\left(2.3\dfrac{l}{s}+8+2.9\dfrac{s}{l}\right)\sin\alpha$ 式中　k——格栅杆条横断面形状系数， 　　　矩形 $k=0.504$， 　　　圆弧形 $k=0.318$， 　　　流线形 $k=0.182$； 　　α——水流与栅杆的夹角。						

五、局部阻力之间的相互干扰

计算局部阻力相互干扰的水头损失时，一般用干扰修正系数 c 来估算它的影响。它的定义式为

$$c_{1.2} = \frac{\zeta_{1.2}}{\zeta_1 + \zeta_2} \tag{4-52}$$

式中　$\zeta_{1.2}$——两个相互干扰的局部阻碍的总阻力系数；

　　　$\zeta_1 + \zeta_2$——未受干扰时该两局部阻碍的阻力系数之和。

c 不仅取决于局部阻碍，还与局部阻碍之间的相对距离 l_s/d 有关，不同的 l_s/d 时，c 值的变化幅度如表 4-4。

表 4-4　干扰修正系数 c

用管径倍数表示的相对间距 l_s/d	0	1	2	3	4	10
c 的下限	0.5	0.5	0.5	0.5	0.5	0.7
c 的上限	3	2	1.3	1.2	1.1	1.0

注：选自 D. S. Miller 著《Intemal Flow》43 页。

由此可见，局部阻碍直接连接时，水头损失常出现大幅度的变化，可能增大，也可能减小，视前一个局部阻碍出口断面上的流速分布是否会大大增加后一个的局部损失而定。

思　考　题

1. 根据造成液体能量损失的流道几何边界的差异，可以将液体机械能的损失分为哪两大类？各自的定义是什么？发生在哪里？

2. 黏性流体的两种流动状态是什么？其各自的定义是什么？

3. 黏性流体测压管水头线沿程的变化规律是什么？

4. 流态的判断标准是什么？

5. 一等径圆管内径 $d=100\mathrm{mm}$，流体运动黏度 $\nu=1.306\times10^{-6}\mathrm{m^2/s}$ 的水，求管中保持层流流态的最大流量 Q。

6. 用等直径直管输送液体，如果流量、管长、液体黏性均不变，将管道直径减小一半，求在层流状态下压强损失比原来增大多少倍。

7. 何谓时均流速？为什么引用这个概念来分析紊流问题？

8. 在紊流圆管水力损失计算时，可将紊流流动分为哪几个区？各区的 λ 与相对粗糙度及雷诺数关系如何？

9. 在紊流流动中，单位重量的水在局部障碍处损失的机械能与断面平均速度的关系是什么？

10. 局部水头损失产生的原因是什么？

11. 减少水击压力的措施是什么？

习　　题

4-1　水流经变径断面管道，已知小管直径为 d_1，大管直径为 d_2，$d_1/d_2=2$。试问哪个断面的雷诺数大？两断面的雷诺数 Re_1/Re_2 比值是多少？

4-2　如图所示，管径 $d=5\mathrm{cm}$、管长 $L=6\mathrm{m}$ 的水平管中有相对密度为 0.9 油液流动，水银差压计读数为 $h=14.2\mathrm{cm}$，3min 内流出的油液重量为 5000N。管中作层流流动，求油液的运动黏度 ν。

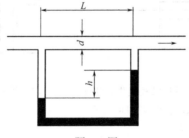

题 4-2 图

4-3　输油管管径 $d=150\mathrm{mm}$，输送油量 $Q=15.5\mathrm{t/h}$，求油管管轴上的流速 $u_{\max}$ 和 1km 长的沿程水头损失。已知油的重度和黏度 $\rho=860\mathrm{kg/m^3}$，$\nu=0.2\mathrm{cm^2/s}$。

4-4　为了确定圆管内径，在管内通过 $\nu=0.013\mathrm{cm^2/s}$ 的水，实测流量为 $35\mathrm{cm^3/s}$，长 15m 管段上的水头损失为 2cm 水柱。试求此圆管的内径。

4-5　通风管道直径为 250mm，输送的空气温度为 20℃，试求保持层流的最大流量；若输送空气的质量流量为 200kg/h，其流态是层流还是紊流？

4-6　相对密度 0.85，$\nu=0.125\times10^{-4}\mathrm{m^2/s}$ 的油在粗糙度 $K=0.04\mathrm{mm}$ 的无缝钢管中流动，管径 $d=30\mathrm{cm}$，流量 $Q=0.1\mathrm{m^3/s}$，求沿程阻力系数 λ。

4-7　油管直径 $d=250\mathrm{mm}$，$L=8000\mathrm{m}$，$\rho=850\mathrm{kg/m^3}$，运动黏度 $\nu=0.2\mathrm{cm^2/s}$，其流量 $Q=0.5\times10^{-3}\mathrm{m^3/s}$，试求：

①过流断面上最大的点流速；②管壁处的切应力。

4-8　输油管的直径 $d=150\mathrm{mm}$，流量 $Q=16.3\mathrm{m^3/h}$，油的运动黏度 $\nu=0.2\mathrm{cm^2/s}$，试求每公里长的沿程水头损失。

4-9　铸铁管长 600m，直径 300mm，通过流量 60m³/h，水温为 20℃，试用莫迪图计算沿程水头损失。

4-10　长度 $L=1000\mathrm{m}$，内经 $d=200\mathrm{mm}$ 的普通镀锌钢管，用来输送运动黏度 $\nu=0.355\times10^{-4}\mathrm{m^2/s}$ 的

重油，已经测得其流量 $Q=0.038\text{m}^3/\text{s}$。求沿程损失为多少？

4-11 一输水管长 $l=1000\text{m}$，内径 $d=300\text{mm}$，管壁当量粗糙度 $K=1.2\text{mm}$，运动黏度 $\nu=0.0131\text{cm}^2/\text{s}$，试求当水头损失 $h_f=7.05\text{m}$ 时所通过的流量。

4-12 混凝土排水管的水力半径 $R=0.5\text{m}$，水均匀流动 1km 的水头损失为 1m，粗糙系数 $n=0.014$，试计算管中流速。

4-13 水箱内液面距管嘴中心高度 $H=2.0\text{m}$，已知出口流量为 1.61L/s，管嘴 $d=20\text{mm}$，求管嘴的流量系数 μ_n？（设水面不变）

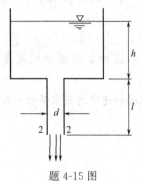

4-14 输水管道长度为 l，沿程阻力系数 λ 一定，试求：当流量保持不变，直径减小 1% 时，会引起两端压差增加百分之几？

4-15 水管中的水通过直径为 d，长度为 l，沿程阻力系数为 λ 的铅直管向大气中泄水（如图）。求 h 为多大时，流量 Q 与 l 无关。

4-16 如题 4-15 图，水从直径 d，长 l 的铅垂管路流入大气中，水箱中液面高度为 h，管路局部阻力可忽略，沿程阻力系数为 λ。求：

① 管路起始断面 A 处压强；

② h 等于多少时，可使 A 点的压强等于大气压。

题 4-15 图

4-17 一输水管直径 $d=250\text{mm}$，管长 $l=200\text{m}$，管壁的切应力 $\tau=46\text{Pa}$，求在 200mm 长管上的水头损失及在圆管中心和 $r=100\text{mm}$ 处的切应力。

4-18 如图所示，从相对压强 $p_0=5.49\times10^5\text{Pa}$ 的水管处接出一个橡皮管，长 $l=18\text{m}$，直径 $d=1.2\text{cm}$，橡皮管的沿程阻力系数 $\lambda=0.024$，在橡皮管靠始端接一阀门，阀门的局部阻力系数 $\zeta=7.5$，求出口速度。

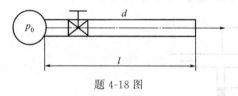
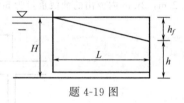

题 4-18 图　　　　　　　　题 4-19 图

4-19 如图所示，长管输送液体只计沿程损失，当 H、L 一定，沿程损失为 $H/3$ 时，管路输送功率为最大，已知 $H=127.4\text{m}$，$L=500\text{m}$，管路末端可用水头 $h=2H/3$，管路末端可用功率为 1000kW，$\lambda=0.024$，求管路的输送流量与管路直径。

4-20 如图所示，水从封闭容器 A 沿直径 $d=25\text{mm}$，长度 $l=10\text{m}$ 的管道流入容器 B，若容器 A 水面的相对压强 p_1 为 2at，$H_1=1\text{m}$，$H_2=5\text{m}$，局部阻力系数 $\zeta_\text{进}=0.5$，$\zeta_\text{阀}=4.0$，$\zeta_\text{弯}=0.30$，沿程阻力系数 $\lambda=0.025$，求流量 Q。

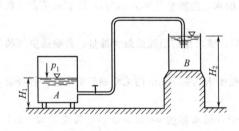
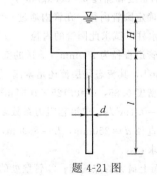

题 4-20 图　　　　　　　　题 4-21 图

4-21 如图所示，水箱中的水通过等直径的垂直管道向大气流出。如水箱的水深 H，管道直径 d，管道长 l，沿程摩阻系数 λ，局部水头损失系数 ζ，试问在什么条件下，流量随管长的增加而减小？

4-22 一条输水管，长 $l=1000\text{m}$，管径 $d=0.3\text{m}$，设计流量 $Q=84.8\text{L/s}$。水的运动黏度为 $\nu=0.0131\text{cm}^2/\text{s}$，如果要求此管段的沿程水头损失为 $h_f=7.05\text{m}$，试问应选择相对粗糙度 K/d 为多少的

管道。

4-23　如图所示，水管直径为 50mm，1、2 两断面相距 15m，高差 3m，通过流量 $Q=6\text{L/s}$，水银压差计读值为 250mm，试求管道的沿程阻力系数。

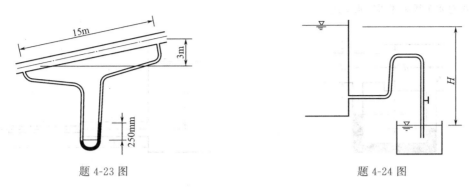

题 4-23 图　　　　　　　　　　　　题 4-24 图

4-24　如图所示，两水池水位恒定，已知管道直径 $d=10\text{cm}$，管长 $l=20\text{m}$，沿程阻力系数 $\lambda-0.042$，局部水头损失系数 $\zeta_{弯}=0.8$，$\zeta_{阀}=0.26$，通过流量 $Q=65\text{L/s}$。试求水池水面高差 H。

4-25　自水池中引出一根具有三段不同直径的水管如图所示。已知 $d=50\text{mm}$，$D=200\text{mm}$，$l=100\text{m}$，$H=12\text{m}$，局部阻力系数 $\zeta_{进}=0.5$，$\zeta_{阀}=5.0$，设沿程阻力系数 $\lambda=0.03$，求管中通过的流量并绘出总水头线与测压管水头线。

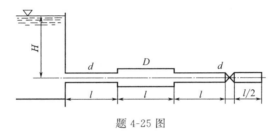

题 4-25 图

4-26　圆管和正方形管的断面面积、长度、沿程阻力系数 λ 都相等，且沿程水头损失也相等，试分析两种形状管道的流量之比 $Q_{圆}/Q_{方}$。

4-27　如图所示，水平管路直径由 $d_1=24\text{cm}$ 突然扩大为 $d_2=48\text{cm}$，在突然扩大的前后各安装一测压管，读得局部阻力后的测压管比局部阻力前的测压管水柱高出 $h=1\text{cm}$。求管中的流量 Q。

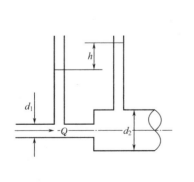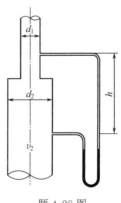

题 4-27 图　　　　　　　　　　　　题 4-28 图

4-28　如图所示，直立的突然扩大管路，已知 $d_1=150\text{mm}$，$d_2=300\text{mm}$，$h=1.5\text{m}$，$v_2=3\text{m/s}$，试确定水银比压计中的水银液面哪一侧较高，差值为多少？

4-29　如图所示，水平突然缩小管路的 $d_1=15\text{cm}$，$d_2=10\text{cm}$，水的流量 $Q=2\text{m}^3/\text{min}$。用水银测压

计测得 $h=8$cm。求突然缩小的水头损失。

4-30 如图所示，水箱侧壁接出一根由两段不同管径所组成的管道。已知直径 $d_1=150$mm，$d_2=75$mm，$l=50$m，管道的当量粗糙度 $K=0.6$mm，水温为 20℃。若管道出口流速 $v_2=2$m/s，求：①水位 H；②绘出总水头线和测压管水头线。

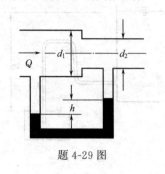 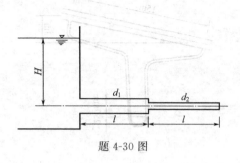

题 4-29 图   题 4-30 图

第五章 孔口、管嘴出流和有压管流

前面几章阐述了液体运动的基本规律。从本章开始，将应用这些基本规律，分类研究工程实际中出现的各种液流现象。本章主要研究孔口、管嘴和有压管流。

研究流体经容器壁上孔口或管嘴出流，以及流体沿管道的流动，是给水排水、环境、供热通风、燃气、水利等许多工程领域中经常遇到的问题，如自然通风中空气通过门窗的流量，工程上各种管道系统的计算，都需要掌握这方面的理论和计算方法。

第一节 薄壁孔口的恒定出流

一、孔口的分类

在容器壁上开个孔，液流经孔口流出的水力现象称为孔口出流。在实际中，孔口的形状是多样的，可将孔口分为圆形孔口和非圆形孔口（如方形、矩形、三角形等）。在相同面积的孔口中，圆形孔口的周长最小，所以在相同条件下，圆形孔口出流阻力最小。

按照孔口的壁厚，可将孔口分为薄壁孔口和非薄壁孔口。薄壁孔口的边缘是尖锐的，孔壁与液流呈线接触，孔口的壁厚对孔口出流不产生影响，如图 5-1 所示，反之，若孔壁与液流呈面接触，孔口壁厚对孔口出流有影响，就是非薄壁孔口。

如图 5-1，由于孔口在竖直方向上各点的作用水头有所不同，孔口在竖直方向各点的出流情况也不同。但当孔径（或孔高）d 与孔口形心处的作用水头 H_0 相比较小时，就可以近似地认为断面上各点的作用水头是相等的，而忽略其出流情况的不同。因此，根据 d 与 H_0 的比值，可将孔口分为大孔口和小孔口两类。

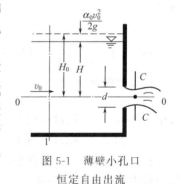

图 5-1 薄壁小孔口
恒定自由出流

$d/H_0 \leqslant 1/10$ 的称为小孔口。小孔口断面上各点的作用水头可近似认为与其形心处的作用水头 H_0 相等，可忽略孔口在竖直方向各点出流情况的不同。

$d/H_0 > 1/10$ 的称为大孔口。大孔口不能忽略孔口断面在竖直方向各点出流情况的不同。

孔口出流时，根据出流的受流介质不同，可将孔口出流分为自由出流和淹没出流。如果孔口是由液体直接流入大气的出流，称为自由出流；反之，如果是在液面下由液体流入液体的出流，则称淹没出流。

另外，根据孔口在出流过程中，其作用水头是否随时间而变化，又可将孔口了出流分为恒定出流和非恒定出流。作用水头不随时间变化的称为恒定出流，反之称为非恒定出流。

二、薄壁小孔口的恒定自由出流

如图 5-1 所示，给出一恒定自由出流的薄壁小孔口，由于惯性，流线在孔口处不能作直角转弯，而是逐渐弯曲的，这使得水流经过孔口后继续收缩。实验证明，在距孔口内壁约

$d/2$ 的 C—C 断面处收缩完毕，流线趋于平行，断面收缩达到最小，成为渐变流断面，该断面称为孔口流的收缩断面。收缩断面的面积 A_C 与孔口断面面积 A 的比值称为孔口出流的收缩系数，以 ε 表示，即

$$\varepsilon = \frac{A_C}{A} \tag{5-1}$$

ε 的大小表征了水流经孔口后的收缩程度，其数值可由实验确定。

现应用伯努利方程讨论该孔口出流的流速和流量公式。在图 5-1 中，选取通过孔口形心的水平面基准面，建立符合条件的 1—1 和 C—C 断面的伯努利方程

$$H + \frac{\alpha_0 v_0^2}{2g} = \frac{\alpha_C v_C^2}{2g} + h_m$$

式中　v_0——1—1 断面的平均流速，又称其为孔口上游的行近流速；

　　　v_C——收缩断面 C—C 的平均流速；

　　　h_m——两计算断面间的水头损失，其主要为水流经过孔口的局部水头损失，令 $h_m = \zeta \dfrac{v_C^2}{2g}$，其中，$\zeta$ 为孔口的局部阻力系数。

若令 $H_0 = H + \dfrac{\alpha_0 v_0^2}{2g}$ 并取 $\alpha_C = 1.0$，则上述伯努利方程式可表示为

$$H_0 = (1 + \zeta)\frac{v_C^2}{2g}$$

所以

$$v_C = \frac{1}{\sqrt{1+\zeta}}\sqrt{2gH_0} = \varphi\sqrt{2gH_0} \tag{5-2}$$

式中，$\varphi = \dfrac{1}{\sqrt{1+\zeta}}$ 称为孔口流速系数，可由实验确定。

孔口出流流量为

$$Q = v_C A_C = \varepsilon A \varphi\sqrt{2gH_0} = \mu A\sqrt{2gH_0} \tag{5-3}$$

式中　$\mu = \varepsilon\varphi$——孔口流量系数，可由实验确定；

　　　H_0——孔口上游 1—1 断面的总水头，称为孔口自由出流的作用水头。

行近流速 v_0 一般都很小，若忽略行近流速水头，则 $H_0 \approx H$，式(5-3) 就是薄壁小孔口恒定自由出流的基本公式。

三、薄壁小孔口的恒定淹没出流

如图 5-2 所示，上、下游敞口水箱内水位保持恒定，水自上游水箱恒定淹没出流至下游水箱。水流经孔口时，由于惯性作用，流线先形成收缩然后扩大。

取通过孔口形心的水平面为基准面，建立符合渐变流条件的 1—1 和 2—2 断面的伯努利方程

$$H_1 + \frac{\alpha_1 v_1^2}{2g} = H_2 + \frac{\alpha_2 v_2^2}{2g} + (\zeta_1 + \zeta_2)\frac{v_C^2}{2g}$$

或

$$\left(H_1 + \frac{\alpha_1 v_1^2}{2g}\right) - \left(H_2 + \frac{\alpha_2 v_2^2}{2g}\right) = H + \frac{\alpha_1 v_1^2}{2g} - \frac{\alpha_1 v_2^2}{2g} =$$

$$(\zeta_1 + \zeta_2)\frac{v_C^2}{2g}$$

式中　$H = H_1 - H_2$——上、下游水箱液面的高差；

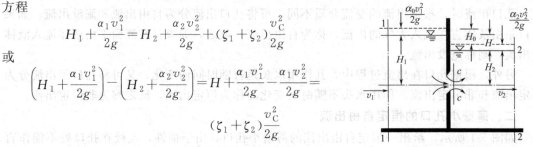

图 5-2　薄壁小孔口恒定淹没出流

ζ_1——孔口淹没出流的局部阻力系数；

ζ_2——相当于管道淹没出口的局部阻力系数，$\zeta_2 = 1.0$。

若令
$$H_0 = \left(H_1 + \frac{\alpha_1 v_1^2}{2g}\right) - \left(H_2 + \frac{\alpha_2 v_2^2}{2g}\right) = H + \frac{\alpha_1 v_1^2}{2g} - \frac{\alpha_1 v_2^2}{2g}$$

则上述伯努利方程可表示为

$$H_0 = (\zeta_1 + 1.0)\frac{v_C^2}{2g}$$

故
$$v_C = \frac{1}{\sqrt{1+\zeta_1}}\sqrt{2gH_0} = \varphi\sqrt{2gH_0} \tag{5-4}$$

所以，孔口出流流量为
$$Q = v_C A_C = \varphi\varepsilon A\sqrt{2gH_0} = \mu A\sqrt{2gH_0} \tag{5-5}$$

式中，φ、μ 的含义与孔口中的相同。

H_0——孔口上、下游 1—1 和 2—2 断面的总水头之差，称为孔口淹没出流的作用水头。

一般情况下，水箱中的流速 v_1 和 v_2 很小，若忽略这两项流速产生的水头，则式(5-5)中的 $H_0 = H$。

由此可知，孔口自由出流的流速和流量公式(5-2) 和式(5-3) 与淹没流的流速和流量公式(5-4) 和式(5-5) 在形式上完全相同，式中的流速系数和流量系数也相同。两者的区别是：自由出流时，孔口出流的作用水头为上游断面的总水头，它与孔口在壁面上的位置高低有关；而淹没出流时，孔口出流的作用水头为上、下游断面的总水头之差，它与孔口在壁面上的位置无关。

气体出流一般为淹没出流，流量计算公式中，用压强差代替水头差即 $H_0 = \dfrac{\Delta p}{\rho g}$，则为

$$Q = \mu A\sqrt{\frac{2\Delta p}{\rho}} \tag{5-6}$$

式中　ρ——气体的密度，kg/m^3。

四、孔口的流量系数

经以上分析可知，孔口的流量系数 μ 取决于流速系数 φ 和收缩系数 ε。由实验可知，φ 和 ε 在自由出流和淹没出流的条件下，可以认为是相同的。影响 φ 和 ε 的主要因素就是孔口的形状、孔口的边缘情况和孔口距容器边界的距离。

1. 孔口的形状

不同形状的孔口，其出流时的局部阻力和断面收缩情况有所不同，从而影响 μ 的大小。但对于小孔口，实验表明，孔口的形状对流量系数 μ 的影响不大，实用中一般可近似认为 μ 与孔口的形状无关。

2. 孔口的边缘情况

孔口的边缘情况对孔口出流的收缩将产生较明显的影响。薄壁孔口出流收缩相对较强烈，收缩系数 ε 相对较小 [如图 5-3(a)]，因此，其流量系数 μ 也相对较小。而圆边形孔口出流收缩相对不明显，收缩系数 ε 相对较大，甚至接近于 1 [如图 5-3(b)]，因此其流量系数 μ 也相对较大。

3. 孔口离容器边界的距离

当孔口的全部周界都离开容器边界时，

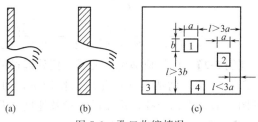

图 5-3　孔口收缩情况

出流在孔口四周都发生收缩，这种孔口称为全部收缩孔口，[如图 5-3(c)中 1、2 孔口]，否则称为部分收缩孔口 [如图 5-3(c)中 3、4 孔口]。全部收缩孔口又可分为完善收缩和不完善收缩孔口：当孔口边缘离容器边界的距离大于同方向孔口尺寸的 3 倍时，孔口出流的收缩不受容器边界的影响，称为完善收缩孔口 [如图 5-3(c)中 1 孔口]，否则称为不完善收缩孔口 [如图 5-3(c)中 2 孔口]。显然，薄壁全部完善收缩孔口的收缩系数 ε 相对最小，所以流量系数 μ 也相对最小。

根据实验结果，薄壁全部完善收缩小孔口的各项系数如表 5-1 所示，其他条件下孔口的各项系数可由实验方法测定。

表 5-1　薄壁小孔口各项系数

收缩系数 ε	流速系数 φ	阻力系数 ζ	流量系数 μ
0.64	0.97	0.06	0.62

【例 5-1】 为了使水流均匀地进入平流式沉淀池，通常在平流式沉淀池进口处造一道穿孔墙（如图 5-4 所示）。已知某沉淀池需要

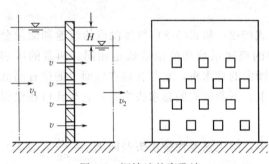

图 5-4　沉淀池的穿孔墙

通过穿孔墙的总流量 $Q = 125 \text{L/s}$，穿孔墙上设若干面积 $A = 15\text{cm} \times 15\text{cm}$ 的孔口，为防止絮凝体破碎，限制通过孔口面积 A 的平均流速 $v \leqslant 0.4\text{m/s}$。若按薄壁小孔口计算，试确定：

① 穿孔墙上应设孔口的总数 n；

② 穿孔墙上、下游的恒定水位差 H。

解：① 求单个孔口的总面积为

$$A_z = \frac{Q}{v} = \frac{125 \times 10^{-3}}{0.4} = 0.3125 \text{m}^2$$

$$n = \frac{A_z}{A} = \frac{0.3125 \times 10^4}{15 \times 15} = 13.9 \approx 14$$

孔口的实际流速为：

$$v' = \frac{Q_z}{nA} = \frac{125 \times 10^{-3}}{14 \times 15 \times 15 \times 10^{-4}} = 0.397 \text{m/s} < 0.4 \text{m/s}$$

所以符合要求。

② 求 H

因为孔口是淹没出流，作用水头与孔口在穿孔墙上的位置无关，即 14 个孔口的作用水头是相等的。又因为穿孔墙上下游过水断面很大 $\frac{\alpha_1 v_1^2}{2g} \approx \frac{\alpha_1 v_2^2}{2g} \approx 0$，所以 14 个孔口的作用水头均为 $H_0 = H$。采用 $\mu = 0.62$，由式(5-5) 得

$$H = \frac{Q^2}{2g\mu^2 A^2} = \frac{\left(\dfrac{Q_z}{n}\right)^2}{2g\mu^2 A^2} = \frac{(125 \times 10^{-3}/14)^2}{2 \times 9.8 \times 0.62^2 \times (15 \times 15 \times 10^{-4})} = 0.021\text{m} = 2.1\text{cm}$$

【例 5-2】 房间顶部设置夹层，把处理过的清洁空气用风机送入夹层中，并使层中保持 300Pa 的压强。清洁空气在此压强作用下，通过孔板的孔口向房间流出，这就是孔板送风（见图 5-5）。求每个孔口出流的流量及速度。孔的直径为 1cm。

解：孔口流量公式采用

$$Q = \mu A \sqrt{2 \frac{\Delta p}{\rho}}$$

流量系数取 $\mu = 0.6$，速度系数 $\varphi = 0.97$（设计手册中查得），空气的密度取 $\rho = 1.2 \text{kg/m}^3$，则孔口的面积

$$A = \frac{\pi}{4} d^2 = 0.785 \times 0.01^2 = 0.785 \times 10^{-4} \, \text{m}^2$$

则

$$Q = 0.6 \times 0.785 \times 10^{-4} \sqrt{\frac{2 \times 300}{1.2}}$$

$$= 0.6 \times 0.785 \times 10^{-4} \times 22.4$$

$$= 10.5 \times 10^{-4} \, \text{m}^3 / \text{s}$$

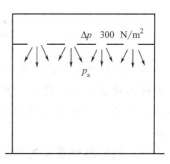

图 5-5 房顶孔板送风

出口速度为

$$v_C = \varphi \sqrt{2 \frac{\Delta p}{\rho}} = 0.97 \times \sqrt{\frac{2 \times 300}{1.2}} = 21.73 \text{m/s}$$

五、薄壁大孔口恒定出流

如图 5-6 所示，大孔口是孔高 a 与孔口形心处的作用水头 H_0 之比 $a/H_0 > 1/10$ 的孔口。孔口淹没出流时与孔口大小无关。故无论大小孔口，淹没出流的流量计算公式应是一样的。

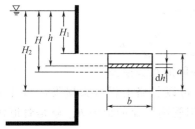

图 5-6 大孔口恒定出流

大孔口自由出流时，则应考虑孔口在竖直方向上各点作用水头的不同对孔口出流的影响。这时，可以将大孔口分解为许多作用水头不等的微元小孔口，应用小孔口公式计算各微元小孔口流量，然后将其求和得大孔口流量公式。

如图 5-6 为一宽 b、高 a 的矩形薄壁大孔口，在恒定出流和忽略孔口行近流速水头的条件下，孔口上、下缘和形心处的作用水头分别为 H_1、H_2 和 H。

在孔口中任取一高度为 $\mathrm{d}h$ 的微分单元小孔口，其作用水头为 h，由式（5-3）可得该微元小孔口的流量为：

$$\mathrm{d}Q = \mu b \sqrt{2gh} \, \mathrm{d}h$$

则通过整个大孔口的流量应为

$$Q = \mu b \sqrt{2g} \int_{H_1}^{H_2} \sqrt{h} \, \mathrm{d}h = \frac{2}{3} \mu b \sqrt{2g} \left(H_2^{3/2} - H_1^{3/2} \right) \tag{5-7}$$

实践表明，大孔口的出流，也可以大孔口形心处的作用水头作为出流的平均作用水头，按小孔口的公式近似计算出流量，即

$$Q = \mu A \sqrt{2gH} = \mu ab \sqrt{2gH} \tag{5-8}$$

给水排水工程中的取水口以及闸孔出流，一般均按大孔口计算，并以小孔口的计算公式作为流量计算公式。因为大孔口一般为非完善收缩孔口，收缩系数较大，所以流量系数也较大。大孔口的流量系数可由实验确定，实用中也可参考表 5-2 选用。

表 5-2 大孔口流量系数 μ

水流收缩情况	μ	水流收缩情况	μ
全部不完善收缩	0.7	底部无收缩、侧向收缩中等	0.70～0.75
底部无收缩、侧向收缩较大	0.65～0.70	底部无收缩、侧向收缩较小	0.80～0.90

第二节 管嘴的恒定出流

当在孔口处接一段短管或圆孔壁厚时，液体经此短管并在出口断面满管流出的水力现象称为管嘴出流，此短管称为管嘴。按所接小短管的方式和形状不同，可将管嘴分为不同的类型，本节主要以圆柱形外管嘴恒定出流作为典型介绍，讨论管嘴出流的一般规律性。

一、圆柱形外管嘴的恒定出流

1. 圆柱形外管嘴的流速、流量公式

如图 5-7 所示，在孔口断面外侧接一长度 $l=(3\sim4)d$ 的同直径圆柱形短管，形成圆柱

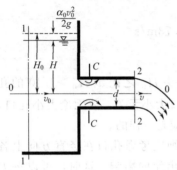

图 5-7 管嘴的恒定出流

形管嘴。管嘴出流时，同样形成收缩，在收缩断面 C—C 处水流与管壁分离，形成旋涡区，然后又逐渐扩大至满管，形成管嘴的满管出流。

设水箱敞口，水由管嘴恒定自由出流，取通过管嘴断面形心的水平面为基准面，建立符合渐变流条件的 1—1 和管嘴出口 2—2 断面的伯努利方程

$$H+\frac{\alpha_0 v_0^2}{2g}=\frac{\alpha v^2}{2g}+h_m$$

式中 h_m——两计算断面间的水头损失。

由于管嘴长度很短，可以忽略沿程水头损失，而且管嘴中的水流经收缩后在出口断面处已扩大为满管出流，所以管嘴出流的损失 h_m 就是管道锐缘进口的局部水头损失，即 $h_m=\zeta\frac{v^2}{2g}=0.5\frac{v^2}{2g}$ 若令 $H_0=H+\frac{\alpha_0 v_0^2}{2g}$，并取 $\alpha_0=1.0$，则上述伯努利方程可表示为

$$H_0=(1+0.5)\frac{\alpha v^2}{2g}$$

所以管嘴出口流速为

$$v=\frac{1}{\sqrt{1+0.5}}\sqrt{2gH_0}=\varphi\sqrt{2gH_0} \tag{5-9}$$

管嘴出流流量为

$$Q=vA=\varphi A\sqrt{2gH_0}=\mu A\sqrt{2gH_0} \tag{5-10}$$

式中 $\varphi=\dfrac{1}{\sqrt{1+0.5}}=0.82$；

$\mu=\varphi=0.82$；

H_0——管嘴上游 1—1 断面的总水头，称为管嘴出流作用水头。当忽略行近流速水头时，$H_0=H$。

当管嘴是恒定淹没出流时，则孔口情况一样，由伯努利方程可以推得与恒定自由出流公式形式完全相同的流量计算公式，区别只是作用水头的含义与自由出流时不同。

比较管嘴出流和孔口出流的计算公式，两式形式完全相同，然而，管嘴出流的流量系数是孔口出流流量系数的 1.32 倍。可见，在相同作用水头条件下，同样断面面积管嘴的过流能力是孔口过流能力的 1.32 倍。因此，管嘴常用作泄流的出口。

2. 圆柱形外管嘴的真空现象

在孔口外面加上管嘴后，加大了液流过流阻力，但流量不减小反而增加，这是由于管嘴出流收缩断面处存在真空现象。现分析说明如下。

在管嘴出流的情况下，因为 $A_C < A$，使 $v_C > v$，故由能量方程可知，管嘴收缩断面 C—C 处的压强必小于出口断面处的大气压，即 C—C 断面处于真空状态，其真空压强的大小推求如下。

建立 1—1 和 C—C 断面的伯努利方程

$$H + \frac{\alpha_0 v_0^2}{2g} = \frac{p_C}{\rho g} + \frac{\alpha_C v_C^2}{2g} + \zeta \frac{v_C^2}{2g}$$

式中 $H + \dfrac{\alpha_0 v_0^2}{2g} = H_0$，取 $\alpha_C = 1.0$，可得 $\dfrac{p_C}{\rho g} = H_0 - (1 + \zeta)\dfrac{v_C^2}{2g}$

由连续方程式和断面收缩系数定义可得

$$v_C = v\frac{A}{A_C} = \frac{1}{\varepsilon}v = \frac{1}{\varepsilon}\varphi\sqrt{2gH_0}$$

代入上式得

$$\frac{p_C}{\rho g} = H_0 - (1 + \zeta)\frac{\varphi^2}{\varepsilon^2}H_0$$

因为 $\varphi = 0.82$，$\varepsilon = 0.64$，$\zeta = 0.06$，代入上式得

$$\frac{p_C}{\rho g} = H_0 - 1.74H_0 = -0.74H_0 < 0$$

上式表明，管嘴收缩断面处于真空状态，其真空度为

$$\frac{p_{Cv}}{\rho g} = -\frac{p_C}{\rho g} = 0.74H_0 \tag{5-11}$$

为了区别，设管嘴出流量用 Q_z、孔口出流用 Q_k 表示，将式代入前式并整理得

$$H_0 - \frac{p_C}{\rho g} = 1.74H_0 = (1 + \zeta)\frac{v_C^2}{2g}$$

故

$$v_C = \frac{1}{\sqrt{1 + \zeta}}\sqrt{2g(1.74H_0)} = \varphi\sqrt{2g(1.74H_0)}$$

所以

$$Q_z = v_C A_C = \varphi\varepsilon A\sqrt{2g(1.74H_0)} = 1.32\mu A\sqrt{2gH_0} = 1.32Q_k$$

上式表明，由于管嘴收缩断面 C—C 处的真空现象，在相同条件下，管嘴出流的作用水头较孔口出流时增大了 74%，即管嘴出流的作用水头是孔口出流作用水头的 1.74 倍，故管嘴的流量也相应增加至孔口流量的 1.32 倍。

3. 圆柱形外管嘴的正常工作条件

管嘴的正常工作是有条件的，由 $\dfrac{p_{Cv}}{\rho g} = -\dfrac{p_C}{\rho g} = 0.74H_0$ 可知，作用水头 H_0 愈大，则收缩断面的真空度也愈大，当真空值达到 $7 \sim 8 \mathrm{mH_2O}$ 时，常温下的水发生汽化而不断产生气泡，破坏了连续流动。同时，空气在较大的压差作用下，甚至会造成空气被吸入管嘴而破坏真空的现象。工程上一般限制管嘴的真空度小于等于 $7 \mathrm{mH_2O}$，相应的作用水头应限制为等于 $9 \mathrm{mH_2O}$。

其次，管嘴的长度也应有一定的限制。管嘴过长，沿程阻力不能忽略，使流量减小。管嘴过短，流束收缩后来不及扩大到满管出流，无法形成真空区，仍属于孔口出流。实验表明，管嘴长度 $l = (3 \sim 4)d$ 是恰当的。

根据以上讨论，圆柱形外管嘴的正常工作条件是：

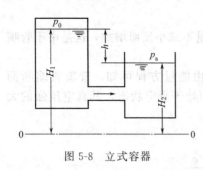

图 5-8　立式容器

① 作用水头 $H_0 \leqslant 9 \mathrm{mH_2O}$；

② 管嘴长度 $l = (3 \sim 4)d$。

【**例 5-3**】　液体从封闭的立式容器中经管嘴流入开口水池（恒定流），如图 5-8 所示。管嘴直径 $d = 80\mathrm{mm}$，两液面高差 $h = 3\mathrm{m}$，要求流量 $Q = 0.05\mathrm{m^3/s}$。试求作用于密闭容器内液面上的压强。

解：由管嘴出流量公式，求得作用水头

$$H_0 = \frac{Q^2}{2g\mu^2 A^2} = \frac{0.05^2}{2 \times 9.8 \times 0.82^2 \times (\pi \times 0.08^2/4)^2} = 7.5\mathrm{m}$$

因为恒定流，水面流速近似取零，则

$$H_0 = \frac{p_0}{\rho g} + (H_1 - H_2) = \frac{p_0}{\rho g} + h$$

$$p_0 = \rho g(H_0 - h) = 1000 \times 9.8 \times (7.5 - 3) = 44.1\mathrm{kPa}$$

二、其他形式

对于其他类型的管嘴出流，出流量公式与圆柱形外管嘴的出流量公式完全相同，根据各自的水力特点，只是流速系数和流量系数不同。工程中，可以通过改变管嘴的结构，改变管嘴的泄流能力和泄流速度。实际应用中常见的管嘴形式如图 5-9 所示。

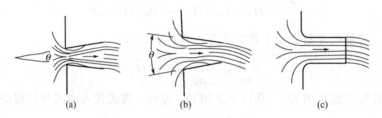

图 5-9　常见管嘴的形式

（1）圆锥形扩张管嘴 ［如图 5-9(a)］　它在收缩断面处的真空度随圆角 θ 的增大而加大，因此，能形成较大的真空度，并具有较大的过流能力和较低的出口速度。它适用于要求形成较大的出口流量较小的出口流速的情况，如水轮机尾水管和人工降雨设备。

（2）圆锥形收缩管嘴 ［如图 5-9(b)］　它具有较大的出口流速，适用于消防水枪、水力挖土机、射流泵等机械设备的喷嘴。据实验得，当圆锥角 $\theta = 13°24'$ 时，流量系数达到最大值。

（3）流线形管嘴 ［如图 5-9(c)］　它的阻力最小，流量系数最大，水流在管嘴内无收缩和扩大，消除收缩断面及由此产生的真空，因此无作用水头的限制，常用于泄水出口。

常用管嘴的各项系数见表 5-3。

表 5-3　常用管嘴各项系数

管嘴的种类 \ 相应的系数	阻力系数	收缩系数	流速系数	流量系数
圆柱形外管嘴	0.5	1.0	0.82	0.82
圆柱形扩张管嘴（$\theta = 5° \sim 7°$）	3.0 ~ 4.0	1.0	0.45 ~ 0.50	0.45 ~ 0.50
圆柱形收缩管嘴（$\theta = 13°24'$）	0.09	0.98	0.96	0.94
流线形管嘴	0.04	1.0	0.98	0.98

注：表中所列系数，均系对管嘴出口断面而言。

第三节 孔口、管嘴的非恒定出流

孔口、管嘴非恒定出流时，由于其作用水头随时间而变化，其流量也随时间而变化。容器经孔口或管嘴的泄流及充液时间、蓄水库的流量调节等问题的计算方法，均是非恒定出流水力计算的典型例子。

在孔口或管嘴的非恒定出流过程中，当出流的作用水头随时间变化较缓慢时，若将整个出流过程划分为若干微小时段，则在每一微小时段内，仍可近似按恒定流规律计算，从而可使非恒定流问题转化为恒定流问题来处理。如图 5-10 所示，当圆柱形容器的截面积 Ω 相对很大时，放水过程［图 5-10(a)］容器中的水位下降和充水过程［图 5-10(b)］容器中的水位上升是很缓慢的。现以图 5-10(a) 为例，讨论容器经孔口或管嘴的放、冲水时间的计算方法。

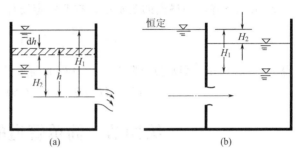

图 5-10 孔口、管嘴的非恒定出流

图 5-10(a) 为容器无流量补充的孔口非恒定出流。若忽略容器中的流速水头，并设孔口在某时刻 t 的作用水头为 h，dt 时段内，经孔口泄出的水体积为

$$Q\mathrm{d}t = \mu A \sqrt{2gh}\,\mathrm{d}t$$

在同一时段 dt 内，容器内因水位下降 dh 所减少的水体积为

$$\mathrm{d}V = -\Omega\,\mathrm{d}h$$

式中负号表示 h 随时间变化而减小。

根据连续性原理，同一时段内，经孔口出流的水体积和容器内减少的水体积应相等，即

$$\mu A \sqrt{2gh}\,\mathrm{d}t = -\Omega\,\mathrm{d}h$$

于是

$$\mathrm{d}t = -\frac{\Omega\,\mathrm{d}h}{\mu A \sqrt{2gh}}$$

则孔口出流的作用水头从 H_1 降到 H_2 所需的时间为

$$t = \int_{H_1}^{H_2} -\frac{\Omega}{\mu A \sqrt{2g}} \times \frac{\mathrm{d}h}{\sqrt{h}} = \frac{2\Omega}{\mu A \sqrt{2g}}(\sqrt{H_1} - \sqrt{H_2}) \tag{5-12}$$

当 $H_2 = 0$ 时，得容器放空（水面降至孔口处）所需的时间为

$$t = \frac{2\Omega \sqrt{H_1}}{\mu A \sqrt{2g}} = \frac{2\Omega H_1}{\mu A \sqrt{2gH_1}} \tag{5-13}$$

根据图 5-10(b) 同样可以推得，容器在充水过程中（左侧容器中水位恒定），因右侧容器中水位的不断升高，使孔口非恒定淹没出流的作用水头从 H_1 降至 H_2 和容器完全充满 $H_2 = 0$，所需的冲水时间同样分别用上述两式计算。

上述分析表明，孔口或管嘴非恒定出流时，容器放空或充满所需的时间，等于以起始作用水头作恒定出流时，放出或充入容器同体积水量所需时间的两倍。

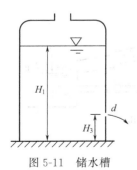

图 5-11 储水槽

【例 5-4】 如图 5-11，储水槽底面积 3m×2m，储水深 $H_1 =$

4m，由于锈蚀，距槽底 0.2m 处形成一个直径 $d=5$mm 的孔洞，试求：

① 水位恒定，一昼夜的漏水量；

② 因漏水水位下降，一昼夜的漏水量。

解：① 水位恒定，一昼夜的漏水量，按薄壁小孔口恒定自由出流计算

$$Q=\mu A\sqrt{2gH_0}=0.62\times\frac{\pi}{4}\times0.005^2\times\sqrt{2\times9.8\times(4-0.2)}=1.05\times10^{-4}\,\mathrm{m^3/s}$$

此时，一昼夜的漏水量为

$$V=Qt=1.05\times10^{-4}\times3600\times24=9.07\,\mathrm{m^3}$$

② 水位下降，一昼夜的漏水量，按非恒定流计算

$$t=\frac{2\Omega}{\mu A\sqrt{2g}}(\sqrt{H_1}-\sqrt{H_2})$$

解得 $H_2=2.64$m，则水位下降时，一昼夜的漏水量为

$$V=(H_1-H_2)\Omega=(4-2.64)\times3\times2=8.16\,\mathrm{m^3}$$

第四节　简单管道的水力计算

根据管道的布置方式，管道可分为简单管道和复杂管道，管径、管壁粗糙状况和流量沿流程不变的无分支管道称为简单管道；由两条或两条以上的简单管道组成的串联管道、并联管道和管网等管道系统称为复杂管道。管道流动的水力计算中，为了简化水力计算，根据恒定有压流中沿程水头损失、局部水头损失和流速水头所占比重的不同，可将有压管道分为长管和短管两种情况。

长管是指管流的水头损失以沿程水头损失为主，而局部水头损失和流速水头之和所占比重很小（一般不超过沿程水头损失的 5%），在水力计算中将其忽略不计仍能满足工程要求的管道。

短管则是指局部水头损失与流速水头之和所占比重较大（如大于沿程水头损失的 5%），在水力计算中不能忽略的管道。在工程实际中，为了计算方便，也常将短管的局部水头损失和流速水头按沿程水头的某一百分数估算，从而使短管简化为长管（如室内给水管道的水力计算）。

一、短管的水力计算

与孔口、管嘴出流一样，短管出流也可分为自由出流和淹没出流。由图 5-12(a)、(b)，建立 1—1、2—2 断面的伯努利方程，可以很容易推得类似于孔口、管嘴出流的流速和流量计算公式，现介绍如下。

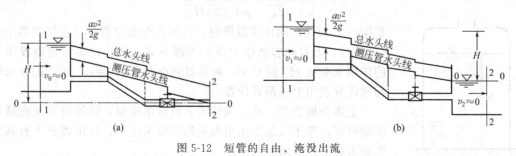

图 5-12　短管的自由、淹没出流

自由出流时：

管中流速

$$v = \frac{1}{\sqrt{\alpha + \lambda \dfrac{l}{d} + \Sigma \zeta}} \sqrt{2gH_0} \tag{5-14}$$

管中流量

$$Q = vA = \frac{1}{\sqrt{\alpha + \lambda \dfrac{l}{d} + \Sigma \zeta}} A \sqrt{2gH_0} = \mu A \sqrt{2gH_0} \tag{5-15}$$

式中 μ——自由出流管道系统流量系数，$\mu = \dfrac{1}{\sqrt{\alpha + \lambda \dfrac{l}{d} + \Sigma \zeta}}$；

H_0——1—1 断面的总水头，称为短管自由出流的作用水头，$H_0 = H + \dfrac{\alpha_0 v_0^2}{2g} \approx H$。

淹没出流时：

管中流速

$$v = \frac{1}{\sqrt{\lambda \dfrac{l}{d} + \Sigma \zeta}} \sqrt{2gH_0} \tag{5-16}$$

管中流量

$$Q = vA = \frac{1}{\sqrt{\lambda \dfrac{l}{d} + \Sigma \zeta}} A \sqrt{2gH_0} = \mu A \sqrt{2gH_0} \tag{5-17}$$

式中 μ——淹没出流管道系统流量系数，$\mu = \dfrac{1}{\sqrt{\lambda \dfrac{l}{d} + \Sigma \zeta}}$；

H_0——1—1 断面的总水头，称为短管淹没出流的作用水头，$H_0 = H + \dfrac{\alpha_1 v_1^2}{2g} - \dfrac{\alpha_2 v_2^2}{2g} \approx H$。

管自由出流和淹没出流的水力计算公式中，流量系数在形式上有所不同，但实质是一样的。因为自由出流时，出口有流速水头无局部损失，而淹没出流时出口无流速水头但有局部损失（管道出口），两者数值相同，均为 1.0。两公式的区别在于作用水头 H_0 的含义，当忽略容器内的流速水头时，自由出流的作用水头是上游自由水面与管道出口断面形心的高差，而淹没出流则是上、下游水面的高差。

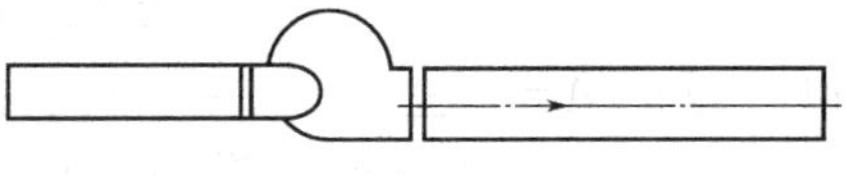

图 5-13 风机带动的气体管道

对于图 5-13 中风机带动的气体管道，若管内外气体密度相差很小，或两过流断面的高差很小，淹没出流的出流量公式常采用压强差的形式表示。

$$Q = vA = \frac{A}{\sqrt{\lambda \dfrac{l}{d} + \Sigma \zeta}} \sqrt{\frac{2\Delta p}{\rho}} \tag{5-18}$$

式中 ρ——短管内气体的密度。

简单短管的水力计算实际上是根据一些已知条件（即管材、管长、局部构件的组成等确定时），来求解另一些变量，主要包括四类基本问题。

① 已知作用水头 H、管道长度 l、直径 d、管材（管壁粗糙情况）、局部构件的组成，求流量 Q 和流速 v。这类问题多属校核性质，如过流能力的计算等，可直接用前述公式计算。

② 已知流量 Q、管长 l、直径 d、管材，求作用水头 H。

③ 已知流量 Q、作用水头 H、管长 l，求直径 d。该类问题直接用前述公式计算难以直接求解，因为管道直径的确定最后都化简为解高次代数方程，可用试算法、图解法、迭代法求解，或进行编程电算。求得管径后，按已有管径规格选择相接近的标准管径。在实际的设计计算中，常根据流量和经济流速求出管径，并据此选择相近的标准管径，然后作复核计算。

④ 分析计算沿管流各过流断面的压强。对于位置固定的管道，绘出其测压管水头线，便可知道沿程各处压强。因为在供水、消防等工程中，常需知沿途各处压强是否满足工作需要。还要了解是否会出现过大的真空，产生汽蚀现象影响管道的正常工作，甚至破坏管道。有时为了防止汽蚀、汽化现象，还要计算某些短管最高点的位置高度。

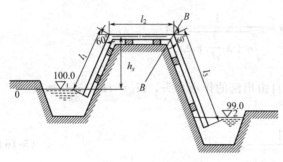

图 5-14　虹吸管

【例 5-5】　如图 5-14 所示，利用一根管管径是 1m 的混凝土虹吸管将河水引入供水渠道。已知上游河道与下游渠道的恒定水位高差 $H=1.0$m，虹吸管长度 $l_1=$ 8m，$l_2=12$m，$l_3=15$m，管道两个弯头局部阻力系数均为 $\zeta_1=\zeta_2=0.365$，管道进口和淹没出口的局部阻力系数分别为 $\zeta_3=0.5$，$\zeta_4=1.0$，沿程阻力系数 $\lambda=0.024$。试确定：

① 虹吸管的输水量；

② 当虹吸管中的最大允许真空值为 7m 时，问虹吸管的最高安装高度是多少？

解： ① 确定输水量 Q

虹吸管属于淹没出流，忽略上游河道和下游渠道的流速水头

$$Q=vA=\frac{1}{\sqrt{\lambda\dfrac{l}{d}+\Sigma\zeta}}A\sqrt{2gH_0}=\mu A\sqrt{2gH_0}$$

式中

$$l=l_1+l_2+l_3=8+12+15=35\text{m}$$

所以

$$Q=vA=\frac{\dfrac{3.14}{4}\times1^2}{\sqrt{0.024\times\dfrac{35}{1.0}+0.5+2\times0.365+1.0}}\times\sqrt{2\times9.8\times1.0}=1.985\text{m}^3/\text{s}$$

② 确定最高安装高度

虹吸管中最大真空度发生在图 5-14 中沿流向第二个弯头之后的 $B—B$ 断面处。以上游水面 0—0 为基准面，建立 0—0 和 $B—B$ 断面伯努利方程

$$0=h_s+\frac{p_B}{\rho g}+\frac{v^2}{2g}+h_{l0-3}$$

$$h_s=-\frac{p_B}{\rho g}-\frac{v^2}{2g}-h_{l0-3}=\frac{p_v}{\rho g}-\frac{v^2}{2g}-h_{l0-3}=h_v-\frac{v^2}{2g}-\left(\lambda\frac{l_1+l_2}{d}+\zeta_3+2\zeta_1\right)\frac{v^2}{2g}$$

$$h_s=7-\left(1+0.024\times\frac{8+12}{1}+0.5+2\times0.365\right)\times\frac{1.985^2}{2\times9.8\left(\dfrac{3.14\times1^2}{4}\right)^2}=6.12\text{m}$$

【例 5-6】　某离心泵装置如图 5-15 所示。已知泵的抽水量 $Q=30\text{m}^3/\text{h}$，提水高度（称净扬程）$H'=15$m，吸水管、压水管直径和长度分别为 $d_1=100$m，$d_2=80$m，$l_1=8$m，$l_2=$

20m，吸水管和压水管的沿程阻力系数均为 $\lambda = 0.044$，局部阻力系数分别为：吸水滤网 $\zeta_1 = 8.5$、弯头 $\zeta_2 = 0.17$、阀门 $\zeta_3 = 0.15$。若水泵最大允许真空度 $[h_v] = 5.3\text{mH}_2\text{O}$，试确定：

① 水泵的安装高度 h_s；

② 水泵的扬程 H；

③ 定性绘制水泵管道系统的总水头线和测压管水头线。

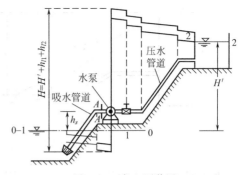

图 5-15　离心泵装置

解：① 确定水泵安装高度

以水源水面 1—1 为基准面，忽略水源水池中的流速水头，建立 1—1 和 A—A 断面的伯努利方程得（取 $\alpha = 1$）

$$0 = h_s + \frac{p_A}{\rho g} + \frac{v_A^2}{2g} + h_{l1}$$

$$h_s = -\frac{p_A}{\rho g} - \frac{v_A^2}{2g} - h_{l1} = \frac{p_{Av}}{\rho g} - \left(\frac{v_A^2}{2g} - h_{l1} \right)$$

在本例中，可取 $\dfrac{p_{Av}}{\rho g} = [h_v] = 5.3\text{mH}_2\text{O}$；

另外，$v = \dfrac{4Q}{\pi d_1^2} = \dfrac{4 \times 30}{3600 \times 3.14 \times 0.1^2} = 1.06\text{m/s}$

$$h_{l1} = \left(\lambda \frac{l_1}{d} + \zeta_1 + \zeta_2 \right) \frac{v_1^2}{2g} = \left(0.044 \times \frac{8}{0.1} + 8.5 + 0.17 \right) \times \frac{1.06^2}{2 \times 9.8} = 0.70\text{mH}_2\text{O}$$

所以，水泵最大安装高度

$$h_s = 5.3 - \frac{1.06^2}{2 \times 9.8} - 0.70 = 4.54\text{m}$$

即当水泵的安装高度 $h_s \leqslant 4.54\text{m}$ 时，水泵就能够正常工作。

② 确定水泵的扬程 H

以水源水面 1—1 为基准面，忽略水源水池和高位水箱中的流速水头，设水泵输送给单位重量液体的能量（即水泵的扬程）为 H，则建立两水面 1—1 和 2—2 的伯努利方程

$$H = H' + h_{l1} + h_{l2}$$

可见，水泵的扬程 H 等于静扬程 h 与吸、水管水头损失之和。

$$v_2 = \frac{4Q}{\pi d_2^2} = \frac{4 \times 30}{3600 \times 3.14 \times 0.08^2} = 1.66\text{m/s}$$

$$h_{l2} = \left(\lambda \frac{l_2}{d_2} + \zeta_3 + \zeta_2 + \zeta_4 \right) \frac{v_2^2}{2g} = \left(0.044 \times \frac{20}{0.08} + 0.15 + 0.17 + 1.0 \right) \frac{1.66^2}{2 \times 9.8} = 1.73\text{mH}_2\text{O}$$

所以，水泵的扬程

$$H = 15 + 0.7 + 1.73 = 17.43\text{m}$$

③ 水泵管道系统的总水头线和测压管水头线如图 5-15 所示。

二、长管的水力计算

前已述及，长管是不计流速水头和局部水头损失，使水力计算大为简化。

在图 5-16 中，自由出流和淹没出流中，取基准面 0—0 如图所示，当忽略局部水头损失和流速水头时，建立 1—1 和 2—2 断面的伯努利方程。

$$H = h_f = \lambda \frac{l}{d} \times \frac{v^2}{2g} \tag{5-19}$$

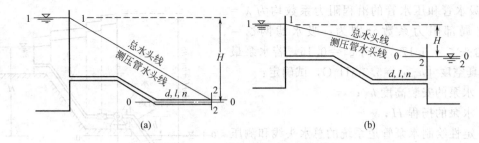

图 5-16　长管的自由、淹没出流

上式即为简单长管的基本公式。它表明：无论是自由出流还是淹没出流，简单长管的作用水头完全消耗于沿程水头损失；只要作用水头恒定，无论管道如何布置，其总水头线都是与测压管水头线重合并且坡度沿流程不变的直线。

对于气体管道，可导出如下公式

$$p_m = \lambda \frac{l}{d} \times \frac{\rho v^2}{2} \tag{5-20}$$

在具体的水力计算中，常将上述基本方程按下列方式计算。

1. 按比阻法计算

$$H = h_f = \frac{8\lambda}{g\pi^2 d^5} l Q^2 = al Q^2 \tag{5-21}$$

式中　$a = \dfrac{8\lambda}{g\pi^2 d^5}$——管道的比阻。

比阻是指单位流量通过单位长度管道所需求的水头 $a = f(\lambda, d)$，它取决于沿程阻力系数 λ 和管径 d。λ 的比阻计算公式有多种，但在给水排水和环境工程中，常采用如下两种。

（1）专用公式　将用于旧钢管和旧铸铁管中计算 λ 的舍维列夫公式分别代入公式中，并整理得

$$v \geqslant 1.2\text{m/s}\quad（紊流粗糙区）\qquad a = \frac{0.001763}{d^{5.3}} \tag{5-22}$$

$$v < 1.2\text{m/s}\quad（紊流过渡区）\quad a' = 0.852 \times \left(1 + \frac{0.867}{v}\right)^{0.3} \times \left(\frac{0.001736}{d^{5.3}}\right) = ka \tag{5-23}$$

式中　k——修正系数，$k = 0.852\left(1 + \dfrac{0.867}{v}\right)^{0.3}$。

上式表明，紊流过渡区的比阻 a' 可用紊流粗糙区的比阻 a 乘上修正系数来计算。当水温为 10℃ 时，与不同流速对应的 k 值见表 5-4。

表 5-4　旧钢管、旧铸铁管 a 值的修正系数 k

v/(m/s)	0.20	0.25	0.30	0.35	0.40	0.45	0.50	0.55	0.60
k	1.41	1.33	1.28	1.24	1.20	1.175	1.15	1.13	1.115
v/(m/s)	0.65	0.70	0.75	0.80	0.85	0.90	1.00	1.10	$\geqslant 1.20$
k	1.1	1.085	1.07	1.06	1.05	1.04	1.03	1.015	1.00

为了计算方便，表 5-5 中列出了与不同管径对应的旧钢管和旧铸铁管的比阻 a 值。注意，虽然表 5-5 中列出的是与钢管和铸铁管的公称直径 DN 对应的比阻 a 值，但这些值实际上是根据钢管和铸铁管的计算内径计算得到的。计算内径是考虑到管道使用后的锈蚀和结垢

表 5-5　钢管、铸铁管在紊流粗糙区的比阻 *a* 值（部分）

钢　管				铸　铁　管			
公称直径 DN /mm	a /(s²/m⁶)	公称直径 DN /mm	a /(s²/m⁶)	公称直径 DN /mm	a /(s²/m⁶)	公称直径 DN /mm	a /(s²/m⁶)
125	106.2	600	0.0238	50	15190	400	0.2232
150	44.95	700	0.01150	75	1709	450	0.1195
200	9.273	800	0.00566	100	365.3	500	0.06839
250	2.583	900	0.003034	125	110.8	600	0.02602
300	0.9392	1000	0.001736	150	41.85	700	0.01150
350	0.4078	1200	0.0006605	200	9.029	800	0.005665
400	0.2062	1300	0.0004322	250	2.752	900	0.003034
450	0.1089	1400	0.0002918	300	1.025	1000	0.001736
500	0.06222			350	0.4529		

影响而采用的内径，它一般略小于新管的内径。因为相同公称直径的钢管与铸铁管的计算内径一般不相等，所以虽然钢管和铸铁管比阻值的计算公式都是一个公式，但其计算表是分列的。

钢管和铸铁管的公称直径与计算直径相差不大，而且公称直径是人们在管道的生产和使用中习惯使用的一种标准直径，所以在进行其他水力要素计算（如流量 Q、流速 v 等）时，一般直接用公称直径 DN 代替计算内径 d，或将这两种直径不加以区分。

（2）通用公式　对于处于紊流粗糙区的一般管流，工程上通常选用满宁公式计算比阻，整理得

$$a = \frac{10.3 n^2}{d^{5.33}} \tag{5-24}$$

由上式，根据管道的粗糙系数 n 和管径 d 就可求得相应紊流粗糙区的比阻。按上式同样可编制比阻计算表，表 5-6 列出了几种常用管道的粗糙系数 n 与管径 d 对应的比阻 a 值。

表 5-6　管道在紊流粗糙区的比阻 *a* 值 $\left(C = \frac{1}{n} R^{1/6}\right)$

直径 d/mm	a/(s²/m⁶)			直径 d/mm	a/(s²/m⁶)		
	$n=0.012$	$n=0.013$	$n=0.014$		$n=0.012$	$n=0.013$	$n=0.014$
75	1480	1740	2010	450	0.105	0.123	0.143
100	319	375	434	500	0.0598	0.0702	0.0815
150	36.7	43.0	49.9	600	0.0226	0.0265	0.0307
200	7.92	9.30	10.8	700	0.00993	0.0117	0.0135
250	2.41	2.83	3.28	800	0.00487	0.00573	0.00663
300	0.911	1.07	1.24	900	0.00260	0.00305	0.00354
350	0.401	0.471	0.545	1000	0.00148	0.00174	0.00201
400	0.196	0.230	0.267				

在比阻法计算中，对于以下公式

$$H = h_f = \frac{8\lambda}{g \pi^2 d^5} l Q^2 = a l Q^2$$

令 $S = al$，S 称为管道的阻抗，则

$$H = S Q^2$$

2. 按水力坡度计算

由达西公式得

$$J=\frac{H}{l}=\frac{h_f}{l}=\lambda\ \frac{1}{d}\times\frac{v^2}{2g} \tag{5-25}$$

同理，对气体管道由达西公式可导出

$$P_m=\frac{p_f}{l}=\lambda\ \frac{1}{d}\times\frac{\rho v^2}{2} \tag{5-26}$$

上述两式中 J、P_m 分别为单位长度的水头损失和压强损失。工程上按有关规范选取阻力系数的计算公式，代入上述公式进行运算，编制成各种直径的管道通过不同流量时的计算表（见表 5-7，表 5-8），使计算工作大为简化。

对于给水管道，用于旧钢管和旧铸铁管时：

$v\geqslant 1.2$m/s 时，
$$J=0.00107\ \frac{v^2}{d^{1.3}} \tag{5-27}$$

$v<1.2$m/s 时
$$J=0.000912\ \frac{v^2}{d^{1.3}}\left(1+\frac{0.867}{v}\right)^{0.3} \tag{5-28}$$

表 5-7 为部分铸铁管的 $1000J$ 和 v 值

表 5-7　铸铁管的 1000*J* 和 *v* 值（部分）

Q		*d*/mm									
		300		350		400		450		500	
m³/h	L/s	*v*/(m/s)	1000*J*	*v*/(m/s)	1000*J*	*v*/(m/s)	1000*J*	*v*/(m/s)	1000*J*	*v*(m/s)	1000*J*
439.2	122	1.73	15.3	1.27	6.74	0.97	3.43	0.77	1.90	0.62	1.13
446.4	124	1.75	15.8	1.29	6.96	0.99	3.53	0.78	1.96	0.63	1.16
453.6	126	1.78	16.3	1.31	7.19	1.00	3.64	0.79	2.02	0.64	1.20
460.8	128	1.81	16.8	1.33	7.42	1.02	3.75	0.80	2.09	0.65	1.23
468.0	130	1.84	17.3	1.35	7.65	1.03	3.85	0.82	2.15	0.66	1.27
511.2	142	2.01	20.7	1.48	9.13	1.13	4.55	0.89	2.53	0.72	1.49
518.4	144	2.04	21.3	1.50	9.39	1.15	4.67	0.91	2.59	0.73	1.53
525.6	146	2.07	21.8	1.52	9.65	1.16	4.79	0.92	2.66	0.74	1.57
532.8	148	2.09	22.5	1.54	9.92	1.18	4.92	0.93	2.73	0.75	1.61
540.0	150	2.12	23.1	1.56	10.2	1.19	5.04	0.94	2.80	0.76	1.65
547.2	152	2.15	23.7	1.58	10.5	1.21	5.16	0.96	2.87	0.77	1.69
554.4	154	2.18	24.3	1.60	10.7	1.23	5.29	0.97	2.94	0.78	1.73
563.6	156	2.21	24.9	1.62	11.0	1.24	5.43	0.98	3.01	0.79	1.77
568.8	158	2.24	25.6	1.64	11.3	1.26	5.57	0.99	3.08	0.80	1.81
576.0	160	2.26	26.2	1.66	11.6	1.27	5.71	1.01	3.14	0.81	1.85

表 5-8　钢板圆形通风管道的计算（部分）

100mm		140mm		200mm		220mm	
Q/(m³/h)	P_m/(Pa/m)	*Q*/(m³/h)	P_m/(Pa/m)	*Q*/(m³/h)	P_m/(Pa/m)	*Q*/(m³/h)	P_m/(Pa/m)
524	50.869	508	8.524	481	1.280	472	0.779
527	51.392	514	8.699	493	1.366	486	0.820
529	51.917	519	8.816	504	1.393	499	0.863
532	52.445	524	9.055	515	1.451	513	0.906
535	52.976	530	9.235	526	1.510	526	0.951
538	53.509	535	9.417	537	1.571	540	0.997
540	54.045	541	9.601	549	1.632	553	1.043
543	54.584	546	9.786	560	1.695	567	1.091

注：本表用于钢板圆形通风管道，当量粗糙度 $K=0.15$mm，标准状态空气，沿程阻力系数按 $\frac{1}{\sqrt{\lambda}}=-2\lg\left(\frac{K}{3.7d}+\frac{2.51}{Re\sqrt{\lambda}}\right)$ 计算制表。

由于长管只是短管的一种近似简化计算模式，在管道布置一定的情况下，与短管类似，长管的水力计算主要分为以下三类：

① 已知管径 d、作用水头 H，确定流量 Q；

② 已知流量 Q、管径 d，确定作用水头 H；

③ 已知流量 Q、作用水头 H，确定管径 d；或直接由已知的流量 Q 确定管径 d 和所需的作用水头 H。

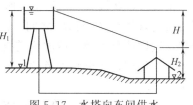

图 5-17　水塔向车间供水

下面举例说明简单长管的计算问题。

【例 5-7】 由水塔向车间供水采用铸铁管，如图 5-17 所示，管长 2500m，管径 $d=400$mm，水塔地面标高（$\nabla_1=61$m），水塔水面距地面的高度 $H_1=18$m，车间地面标高（$\nabla_2=45$m），供水点需要的自由水头 $H_2=25$m，求供水量。

解：首先计算作用水头
$$H=(\nabla_1+H_1)-(\nabla_2+H_2)=(61+18)-(45+25)=9\text{m}$$
查表 5-5 得，$d=400$mm 的铸铁管，比阻 $a=0.2232\text{s}^2/\text{m}^6$，代入，得
$$Q=\sqrt{\frac{H}{al}}=\sqrt{\frac{9}{0.2232\times2500}}=0.127\text{m}^3/\text{s}$$
验算阻力区 $v=\dfrac{4Q}{\pi d^2}=\dfrac{4\times0.127}{3.14\times0.4^2}=1.01\text{m/s}<1.2\text{m/s}$

属于过渡区，比阻需要修正，由表 5-4 查得 $v=1$m/s 时，$k=1.03$。修正后流量为
$$Q=\sqrt{\frac{H}{kal}}=\sqrt{\frac{9}{1.03\times0.2232\times2500}}=0.125\text{m}^3/\text{s}$$
此题按水力坡度计算更为简便
$$J=\frac{H}{l}=\frac{9}{2500}=0.0036$$
由表 5-7、表 5-8 查得 $d=400$mm、$J=0.00364$ 时，$Q=0.126\text{m}^3/\text{s}$ 内插 $J=0.0036$ 时的 Q 值为
$$Q=126-2\times\frac{0.04}{0.11}=125\text{L/s}=0.125\text{m}^3/\text{s}$$
与按比阻计算结果一致。

【例 5-8】 上题中，如车间需水量 $Q=0.152\text{m}^3/\text{s}$，管线布置、地面标高及供水点需要的自由水头都不变，试设计水塔高度。

解：按比阻法计算，首先验算阻力区
$$v=\frac{4Q}{\pi d^2}=\frac{4\times0.152}{3.14\times0.4^2}=1.21\text{m/s}$$
$v>1.2$m/s 比阻不需修正，则由表 5-5 查得，$a=0.2232\text{s}^2/\text{m}^6$，代入计算式中，得
$$H=h_f=alQ^2=0.2232\times2500\times(0.152)^2=12.89\text{m}$$
按水力坡度进行校核，由表 5-7 查得
$$H=Jl=0.00516\times2500=12.9\text{m}$$
即水塔高度 $H_1=21.9$m。

【例 5-9】 由水塔向车间供水，如图 5-17 所示，采用铸铁管，管长 $l=2500$m，水塔地面标高 $\nabla_1=61$m，水塔水面距地面的高度 $H_1=18$m，车间地面标高 $\nabla_2=45$m，供水点需要的自由水头 $H_2=25$m，要求供水量 $Q=0.152\text{m}^3/\text{s}$，计算所需管径。

解：首先计算作用水头

$$H=(\nabla_1-H_1)-(\nabla_2-H_2)=(61+18)-(45+25)=9\text{m}$$

代入公式，得比阻

$$a=\frac{H}{lQ^2}=\frac{9}{2500\times(0.152)^2}=0.1558\text{s}^2/\text{m}^6$$

由表 5-5 查得 $d_1=450\text{mm}$ 时，$a=0.1195\text{s}^2/\text{m}^6$；$d_2=400\text{mm}$ 时，$a=0.2232\text{s}^2/\text{m}^6$，可见所需管径在 d_1 与 d_2 之间。由于无此规格的产品，为保证供水，只能采用较大的管径。显然，这样选取管径会造成管道投资的浪费和作用水头的过剩。合理的办法是用两种直径的管道串联使用，使串联管道的等效比阻正好相等，详见下节内容。

第五节 复杂管道的水力计算

复杂管道是由简单管道经串联、并联或其他形式的管道组合而成。复杂管道通常情况按长管进行水力计算。

一、串联管道

由两条或两条以上不同管径或不同粗糙状况的管道依次首尾相接组成的管道系统称为串

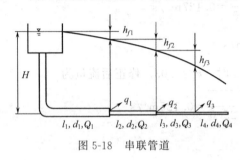

图 5-18 串联管道

联管道。串联管道通常用于沿程向几处输水或送气，经过一段距离便有流量分出，随着沿程流量减少，要求管径相应减小的情况。有时供水点虽只有一处，但为节省管材，充分利用作用水头，也采用串联管道。

如图 5-18 所示，设串联管道各管段的长度分别为 l_1、l_2、l_3，直径为 d_1、d_2、d_3，通过流量为 Q_1、Q_2、Q_3，节点分出流量为 q_1、q_2。

串联管道中，两管段的连接点称为节点。根据质量守恒定律，不可压缩流体流向节点的流量等于流出节点的流量，即满足节点流量平衡

$$Q_1=q_1+Q_2 \qquad Q_2=q_2+Q_3$$

一般形式

$$Q_i=q_i+Q_{i+1} \tag{5-29}$$

又每一管段均为简单管道，水头损失仍按简单管道计算

$$h_{fi}=a_il_iQ_i^2=S_iQ_i^2$$

串联管道总水头损失等于各管段水头损失的总和

$$H=\sum_{i=1}^n h_{fi}=\sum_{i=1}^n a_il_iQ_i^2=\sum_{i=1}^n S_iQ_i^2 \tag{5-30}$$

同理，由风机带动的串联管道，风机的压强

$$p=\sum_{i=1}^n p_{fi}=\sum_{i=1}^n S_{pi}Q_i^2 \tag{5-31}$$

如节点无流量分出，通过各管段的流量相等，总管路的阻抗等于各管段的阻抗叠加，即

$$Q_1=Q_2=Q_3=Q$$
$$H=SQ^2=Q^2\sum a_il_i \tag{5-32}$$

由此得出结论，串联管道若中途无分流或合流，则各管段流量相等，阻力叠加，总管路的阻抗等于各管段的阻抗叠加，这就是串联管道的计算原则。

【例 5-10】 在例 5-9 中，为了充分利用水头和节省管材，采用 450mm 和 400mm 两种

直径管段串联，求每段的长度。

解：设 $d_1=450\text{mm}$ 的管长 l_1，$d_2=400\text{mm}$ 的管段长 l_2，由表 5-5 查得 $d_1=450\text{mm}$，$a_1=0.1195$，$v_1=0.96\text{m/s}<1.2\text{m/s}$ 比阻 $a_1=0.1195\text{s}^2/\text{m}^6$，应进行修正。

$$a'=ka_1=1.034\times0.1195=0.1237\text{s}^2/\text{m}^6$$

$d_2=400\text{mm}$，$a_2=0.2232\text{s}^2/\text{m}^6$，$v_2=1.21\text{m/s}$，比阻不需要修正，根据公式

$$H=alQ^2=(a'l_1+a_2l_2)Q^2$$
$$al=a'_1l_1+a_2l_2$$
$$0.1558\times2500=0.1237l_1+0.2232l_2$$

注意到
$$l_1+l_2=2500$$

联立求解上两式得
$$l_1=1693.5\text{m} \quad l_2=2500-1693.5=806.5\text{m}$$

二、并联管道

由两条或两条以上的管段在同一节点处分出，又在另一节点处汇合的管道系统称为并联管道。并联管道通常用于要求提高输送流体可靠性的情况。如图 5-19 所示，A、B 之间就是三条并接的并联管道。

分析并联各管段水头损失关系，因为各管段的起点 A 和终点 B 是共同的，A、B 两断面间的总水头差只有一个，所以单位重量流体由 A 点经 AB 间任一管段至 B 点，水头损失均等于 A、B 两断面间的总水头差，即并联各管段的水头损失相等。

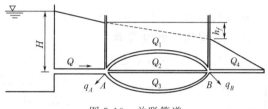

图 5-19　并联管道

$$h_{f1}=h_{f2}=h_{f3}=h_f$$

或
$$a_1l_1Q_1^2=a_2l_2Q_2^2=a_3l_3Q_3^2 \tag{5-33}$$
$$S_1Q_1^2=S_2Q_2^2=S_3Q_3^2$$

各并联支管的流量一般不同，但它们应满足节点流量平衡条件。对于节点 A、B 应有

$$Q_1+Q_2+Q_3=Q$$

其中
$$Q_1=\sqrt{\frac{h_f}{S_1}},\ Q_2=\sqrt{\frac{h_f}{S_2}},\ Q_3=\sqrt{\frac{h_f}{S_3}}$$

代入上式得

$$Q=\sqrt{\frac{h_f}{S_1}}+\sqrt{\frac{h_f}{S_2}}+\sqrt{\frac{h_f}{S_3}}=\left(\frac{1}{\sqrt{S_1}}+\frac{1}{\sqrt{S_2}}+\frac{1}{\sqrt{S_3}}\right)\sqrt{h_f} \tag{5-34}$$

令
$$\sqrt{\frac{1}{S}}=\sqrt{\frac{1}{S_1}}+\sqrt{\frac{1}{S_2}}+\sqrt{\frac{1}{S_3}}$$

S 称为并联管段总阻抗。

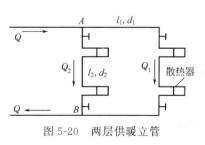

图 5-20　两层供暖立管

并联管道各管段的流量分配为

$$Q_1:Q_2:Q_3=\frac{1}{\sqrt{S_1}}:\frac{1}{\sqrt{S_2}}:\frac{1}{\sqrt{S_3}}$$

【例 5-11】 两层供暖立管，如图 5-20 所示，管段 1 的直径为 20mm，总长度为 20m，管段 2 的直径 20mm，总长度为 10m，管道的沿程阻力系数 $\lambda=0.025$，局部阻力系数 $\sum\zeta_1=\sum\zeta_2=15$，干管中的流量 $Q=0.001\text{m}^3/\text{s}$，

热水的密度 $\rho=980\text{kg/m}^3$，试求立管的流量 Q_1 和 Q_2。

解：管段 1、2 为节点 A、B 之间的并联管段，由 $S_1 Q_1^2 = S_2 Q_2^2$

即

$$\frac{Q_1}{Q_2} = \sqrt{\frac{S_2}{S_1}}$$

其中

$$S_1 = \left(\lambda \frac{l_1}{d} + \sum \zeta_1\right)\frac{8\rho}{\pi^2 d^4} = \left(0.025 \times \frac{20}{0.02} + 15\right) \times \frac{8 \times 980}{3.14^2 \times 0.02^4} = 1.988 \times 10^{11}\,\text{s}^2/\text{m}^6$$

同理

$$S_2 = 1.367 \times 10^{11}\,\text{s}^2/\text{m}^6$$

$$\frac{Q_1}{Q_2} = 0.828$$

$$Q = Q_1 + Q_2 = 1.828 Q_2$$

$$Q_2 = 0.55\text{L/s}$$

$$Q_1 = 0.45\text{L/s}$$

由计算可见，阻抗 $S_1 > S_2$，流量 $Q_1 < Q_2$，如要求 $Q_1 = Q_2$，则要进行阻力平衡，调整管径 d 及局部阻力 $\sum \zeta$，达到 $S_1 = S_2$。

三、沿程均匀泄流管道

工程实际中，有时会遇到除了沿管道向下游有流量（称转输流量）通过外，同时沿管长从侧面还连续有流量泄出（称为途泄流量）的管道出流情况，这种泄流现象在市政、供热通风、灌溉工程中，有着广泛的应用。其中最简单的情况是沿程均匀泄流管道，即单位长度管道泄流出的流量相等。

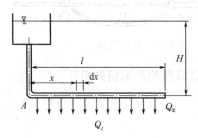

图 5-21　沿程均匀泄流管道

沿程均匀泄流管道是把实际上通过每隔一定间距的小孔泄流过程，看作是沿管长连续均匀进行的，以简化分析。

图 5-21 为一沿程均匀泄流管道，其总长为 l，管径为 d，单位长度上的途泄流量为 q，管道末端的出流量（即转输流量）为 Q_z。则在距离管道末端 x 处的断面，流量为

$$Q_M = Q_z + qx$$

在断面处 M 取一微小管段 $\text{d}x$，由于 $\text{d}x$ 无限小，可以认为通过的流量保持不变，其水头损失可按均匀计算，即

$$\text{d}h_f = a Q_M^2 \text{d}x = a(Q_z + qx)^2 \text{d}x$$

将上述表达式沿管长积分，即得整个管道的水头损失

$$h_f = \int_0^l \text{d}h_f = \int_0^l a(Q_z + qx)^2 \text{d}x$$

若管道的粗糙情况和管径沿流程不变，且水流处于紊流粗糙区，则上式中比阻 a 为常数。这时，上式积分结果为

$$h_f = al\left(Q_z^2 + Q_z ql + \frac{1}{3}q^2 l^2\right)$$

$$h_f = al\left(Q_z^2 + Q_z Q_t + \frac{1}{3}Q_t^2\right) \tag{5-35}$$

式中　$Q_t = ql$ ——总途泄流量。

由于

$$Q_z^2 + Q_z ql + \frac{1}{3}q^2 l^2 \approx (Q_z + 0.55 ql)^2$$

则式（5-35）可近似表示为

$$h_f = al(Q_z + 0.55ql)^2$$
$$h_f = al(Q_z + 0.55Q_t)^2 \tag{5-36}$$

在实际计算时，常引用计算流量

$$Q_c = Q_z + 0.55Q_t \tag{5-37}$$

则式（5-36）可表示为

$$h_f = alQ_c^2 \tag{5-38}$$

该式表明，引进了计算流量后，沿程均匀泄流管道就可按流量不变的简单管道进行计算。

在转输流量 $Q_z = 0$ 的特殊情况下，式（5-35）则成为

$$h_f = \frac{1}{3}alQ_t^2 \tag{5-39}$$

该式表明，若沿程均匀泄流管道无转输流量 Q_z，而只有途泄流量 Q_t 时，其水头损失仅为简单管道在通过流量为时水头损失的 1/3。

【例 5-12】 如图 5-22 所示，水塔供水的输水管道，由三段铸铁管串联而成，BC 为沿程均匀泄流管段，其中 $l_1 = 300\text{m}$，$d_1 = 200\text{mm}$，$l_2 = 150\text{m}$，$d_2 = 150\text{mm}$，$l_3 = 200\text{m}$，$d_3 = 100\text{mm}$。节点 B 分出流量 $q = 0.01\text{m}^3/\text{s}$，通过流量 $Q_z = 0.02\text{m}^3/\text{s}$，途泄流量 $Q_t = 0.015\text{m}^3/\text{s}$，试求需要的作用水头。

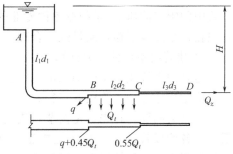

图 5-22 沿程均匀泄流管道

解：首先将 BC 段途泄流量折算成通过流量，按式（5-37），把 $0.55Q_t$ 加在节点 C，其余 $0.45Q_t$ 加在节点 B，则各管段流量为

$$Q_1 = q + Q_t + Q_z = 0.045\text{m}^3/\text{s}$$
$$Q_2 = 0.55Q_t + Q_z = 0.028\text{m}^3/\text{s}$$
$$Q_3 = Q_z = 0.02\text{m}^3/\text{s}$$

整个管道由三段串联而成，作用水头等于各管段水头损失之和

$$H = a_1l_1Q_1^2 + a_2l_2Q_2^2 + a_3l_3Q_3^2$$

各管段的比阻由表 5-5 查得，代入上式

$$H = 9.30 \times 300 \times 0.045^2 + 43.0 \times 150 \times 0.028^2 + 375 \times 200 \times 0.02^2 = 40.71\text{m}$$

第六节 管网水力计算基础

为了满足向更多的用户供水、供煤气，以及送风、排风的需要，往往将管道组合成管网。管网按其布置图形可分为枝状和环状两种。

一、枝状管网

枝状管网的管道在某节点分出后，不再汇合到一起，管线总长度较短，造价较低，常用于通风工程的管网（见图 5-23）和较小区域的供水管网（见图 5-24）。

枝状管网的水力计算，分为新建管网系统和扩建已有的管网系统两种情况。

1. 新建管网系统的水力计算

新建管网系统通常是已知管道沿线地形、各管段长度、用户的所需流量和自由水头，要求确定各管段管径和水塔高度（或水泵扬程）。

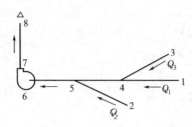

图 5-23 枝状管网（排风）

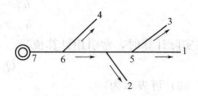

图 5-24 枝状管网（供水）

计算这类问题，首先按节点流量平衡，由末梢节点向风机或水泵逐段计算各管段流量 Q_i，其次，计算各管段管径 d，由 $Q_i = v_e \dfrac{\pi d_i^2}{4}$ 得到

$$d = \sqrt{\frac{4Q}{\pi v_e}} = 1.13\sqrt{\frac{Q}{v_e}}$$

式中的限定流速 v_e 是根据不同专业的技术经济比较所规定的设计流速，涉及的因素很多，但在这个速度下输送流量经济合理。

2. 扩建管网系统的水力计算

扩建管网系统通常是已知水塔高度、管道沿线地形、管道长度、用水点的需水量和自由水头，确定扩建部分各管段的直径。

对于这类问题，首先也是按节点流量平衡，由末梢节点向水泵逐段计算各管段流量 Q_i，然后计算各管段管径 d_i。由于是扩建已有的管网系统，按原设计流速计算管径，不能保证技术经济要求。这种情况下，应按 $H - h_c$ 求得单位长度上允许损失的水头 J，作为主干线的控制标准

$$J = \frac{H - h_c}{l + l_{zh}} \tag{5-40}$$

式中，l_{zh} 为局部损失的折算长度，可按 $l_{zh} = \dfrac{d}{\lambda}\zeta$ 计算。引入 l_{zh} 后，计算总水头损失 h_l 较为方便

$$h_l = \lambda \frac{l + l_{zh}}{d} \times \frac{v^2}{2g}$$

在管径 d 尚未知的情况下，l_{zh} 难以确切得出，可在专业手册中查到各种局部阻碍的当量长度 l_{zh} 的估算值，再代入。在由式（5-40）求出 J 之后，根据此控制标准将水头损失均匀分配，计算主干线各管段直径

$$J = \frac{\lambda}{d} \times \frac{v^2}{2g} = \frac{l}{d} \times \frac{1}{2g}\left(\frac{4Q}{\pi d^2}\right)^2$$

$$d_i = \left(\frac{8\lambda Q_i^2}{\pi^2 g J}\right)^{1/5}$$

实际选用时，可取部分主干线管段水力坡度大于计算值，使得这些管段的最终组合正好满足作用压头。求出主干线各管段的直径后，还可定出局部阻碍形式及尺寸，进行校核计算，计算出总阻力与已知水头核对。最后根据确定的主干线各管段直径，算出各节点压头，并作为已知条件，继续计算各支线管段的直径。

二、环状管网

环状管网的特点是管段在某一共同的节点分支，然后又在另一共同点汇合。环状管网由

很多个并联管道组合而成，遵循串并联管道的计算原则。由于环状管网管道连成闭合环路，所以不会因管网内某一处故障而中断该点以后用户所需流量，从而提高了管网工作的可靠性。一般城镇配水管网、燃气管网多采用环状管网，如图 5-25 所示，就是二环和三环管网。

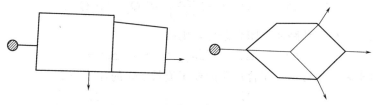

图 5-25　环状管网（二环、三环）

计算环状管网时，通常是已确定了管网的管线布置和各管段的长度，并且已知管网各用户所需流量 q_i（节点流量）和末端压头。因此，环状管网水力计算的目的是决定各管段的通过流量 Q_i 和管径 d，求出各管段的水头损失 h_{li}（以后写作 h_i)，并进而确定管网所需压头 p。

研究任一形状的环状管网，可知管段数目 n_g 和环数 n_k 及节点数目 n_p 存在下列关系

$$n_g = n_k + n_p - 1$$

如上所述，管网中的每一管段均有两个未知数 Q 和 d。因此，环状管网水力计算的未知数的总数为 $2n_g = 2(n_k + n_p - 1)$。环状管网的水流特点，为求解上述未知量提供两个水力条件。

① 根据连续性条件，任一节点流入和流出的流量相等。如以流入节点的流量为正值，流出节点的流量为负值，则二者的总各应等于零。

$$\sum Q_i = 0$$

② 对任一闭合环路，如规定顺时针方向流动的水头损失为正，反之为负值，则该环路上各管段水头损失的代数和必等于零。

$$\sum h_i = 0$$

根据式 $\sum Q_i = 0$ 可以列出 $(n_p - 1)$ 个独立方程式（即不包括最后一个节点），根据式 $\sum h_i = 0$ 可以列出 n_k 个方程式，因此对环状管网可列出 $(n_k + n_p - 1)$ 个方程式。但未知数却有个 $2(n_k + n_p - 1)$，说明问题将有任意解。

实际计算时，往往是用限定流速确定各管段直径，从而使未知数减半，满足未知量与方程式数目一致，代数方程组有确定解。因此，环状管网水力计算就是求方程和的数值解。然而，这样求解非常繁杂，工程上多采用逐步渐近法。首先按各节点用户所需流量，初拟各管段的流向，并根据第一次分配流量 Q_i，按所分配流量，用 v_e 算出管径 d_i，再计算各管段的水头损失，进而验算每一环的 h_i 是否满足式 $\sum h_i = 0$，如不满足，需对所分配的流量进行调整。重复以上步骤，依次逼近，直至各环同时满足第二个水力条件，或闭合差小于规定值。

工程上环状管网的计算方法有多种，应用较广的有哈代-克罗斯（Hardy-Cross）法，介绍如下。

首先，根据节点流量平衡条件 $\sum Q_i = 0$，分配各管段流量 Q_i，根据分配的流量计算水头损失，并按式计算各环路闭合差

$$\Delta h_i = \sum h_i$$

当最初分配的流量不满足闭合条件时，在各环路加入校正流量 ΔQ，各管段相应得到水头损失增量 Δh_i，即

$$h_i + \Delta h_i = S_i(Q_i + \Delta Q)^2 = S_i Q_i^2 \left(1 + \frac{\Delta Q}{Q_i}\right)^2$$

上式按二项展开式，取前两项得

$$h_i + \Delta h_i = S_i Q_i^2 \left(1 + 2\frac{\Delta Q}{Q_i}\right) = S_i Q_i^2 + 2 S_i Q_i \Delta Q$$

如加入校正流量后，环路满足闭合条件，则有

$$\sum(h_i + \Delta h_i) = \sum h_i + 2\sum S_i Q_i \Delta Q = 0$$

根据上式就求解，便得出了闭合环路的校正流量 ΔQ 的计算公式

$$\Delta Q = -\frac{\sum h_i}{2\sum S_i Q_i} = -\frac{\sum h_i}{2\sum \frac{S_i Q_i^2}{Q_i}} = -\frac{\sum h_i}{2\sum \frac{h_i}{Q_i}}$$

将 ΔQ 与各管段第一次分配流量相加得第二次分配流量，并以同样步骤逐次计算，直到满足所要求的精度。

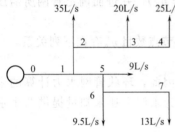

图 5-26　枝状管网计算图

近年来，对实际管网的水力计算都是应用计算机进行，特别是对于多环管网的计算，更具迅速、准确的优越性。

【**例 5-13**】　一枝状管网从水塔 0 沿 0—1 干线输水，各节点要求供水量如图 5-26 所示，每段管路长度为已知，见表 5-9。此外水塔处的地面标高和点 4、点 7 的地形标高相同，点 4 和点 7 要求的自由水头同为 $H_z = 12\text{m}$。求：各管段的直径、水头损失及水塔应有的高度。

表 5-9　枝状管网计算

管　　段		已 知 数 值		计 算 所 得 数 值				
		管段长度 l/m	管段中的流量 $q/(\text{L/s})$	管道直径 d/mm	流速 $v/(\text{m/s})$	比阻 $a/(\text{s}^2/\text{m}^6)$	修正系数	水头损失
左侧支线	3—4	350	25	200	0.80	9.029	1.06	2.09
	2—3	350	45	250	0.92	2.752	1.04	2.03
	1—2	200	80	300	1.13	1.015	1.01	1.31
右侧支线	6—7	500	13	150	0.74	41.85	1.07	3.78
	5—6	200	22.5	200	0.72	9.029	1.08	0.99
	1—5	300	31.5	250	0.64	2.752	1.10	0.90
水塔至分叉点	0—1	400	111.5	350	1.16	0.4529	1.01	2.27

解：首先根据经济流速选择各管段的直径，对于 3—4 管段 $Q = 25\text{L/s}$，采用经济流速 $v_e = 1\text{m/s}$，则管径

$$d = \sqrt{\frac{4Q}{\pi v_e}} = \sqrt{\frac{0.025 \times 4}{3.14 \times 1}} = 0.178\text{m}$$

采用 $d = 200\text{mm}$，则管中实际流速

$$v = \frac{4Q}{\pi d^2} = \frac{4 \times 0.025}{3.14 \times 0.2^2} = 0.80\text{m/s}$$

此时，在经济流速范围内。

若管道采用铸铁管（用旧管的舍维列夫公式计算 λ），查表得比阻 $a = 9.029\text{m}^2/\text{s}^6$。因为平均流速 $v = 0.8\text{m/s} < 1.2\text{m/s}$，在过渡区范围，$a$ 值的大小需要加以修正。当 $v = 0.80\text{m/s}$，

查表 5-4 得修正系数 $k=1.06$，则管段 3—4 的水头损失。
$$h_{f3-4}=kalQ^2=1.06\times9.029\times350\times0.025^2=2.09\text{m}$$

从水塔至最远的用水点和的沿程水头损失分别为：

沿 4—3—2—1—0 线 $\sum h_f=2.09+2.03+1.31+2.27=7.70\text{m}$

沿 7—6—5—1—0 线 $\sum h_f=3.78+0.99+0.90+2.27=7.94\text{m}$

采用主干线 $\sum h_f=7.94\text{m}$ 及自由水头面 $H_z=12\text{m}$，因点 0、4 和点 7 地形标高相同，则点 0 处水塔的高度为

$$H_t=\sum h_f+H_z=7.94+12=19.94\text{m}$$

水塔高度采用 $H_t=20\text{m}$。各管段的直径和水头损失计算结果见表 5-9。

【例 5-14】 如图 5-27 所示，两个闭合环路的管网，各管段的 l、Q、d、λ 已标在图上，忽略局部损失，试求第一次校正后的流量。

解：① 按节点分配各管段的流量，列在表 5-10 中，假定流量栏内

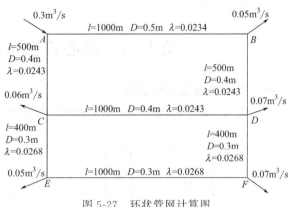

图 5-27 环状管网计算图

表 5-10 环状管网计算

环 路	管段	假定流量	S_i	h_i	h_i/Q_i	ΔQ	管段校正流量	校正后流量 Q_i	备注
I	AB	$+0.15$	59.76	1.3346	8.897	-0.0014	-0.0014	0.1486	
	BD	$+0.10$	98.21	0.9821	9.821		-0.0014	0.0986	
	DC	-0.01	196.42	-0.0196	1.960		-0.0014 -0.0175	-0.0289	
	CA	-0.15	98.21	-2.2097	14.731		-0.0014	-0.1514	
	共计			0.0874	35.410				
II	CD	$+0.01$	196.42	$+0.0196$	1.960	0.0175	$+0.0175$ $+0.0014$	0.0289	
	DF	$+0.04$	364.42	$+0.5830$	14.575		$+0.0175$	0.0575	
	FE	-0.03	911.05	-0.8199	27.33		$+0.0175$	-0.0125	
	EC	-0.08	364.42	-2.3323	29.154		$+0.0175$	-0.0625	
	共计			-2.5496	73.09				

② 计算各管段水头损失 h_i

$$h_i=\lambda_i\frac{l_i}{d_i}\times\frac{v_i^2}{2g}=S_iQ_i^2$$

$$S_i=\frac{8\lambda_il_i}{\pi^2d_i^5g}$$

先算出 S_i 填入表中 S_i 栏，再计算出 h_i 填入相应栏内。列出各管段 h_i/Q_i 之比值，并计算 $\sum h_i$、$\sum(h_i/Q_i)$。

③ 按校正流量 ΔQ，计算出环路中的校正流量 ΔQ

$$\Delta Q = -\frac{\sum h_i}{2\sum \frac{h_i}{Q_I}}$$

④ 将求得的 ΔQ 加到原假定流量上，便得出第一次校正后的流量。

注意：在两环路的共同管段上，相邻环路的 ΔQ 符号应反号再加上去，参看表 5-10 中 CD、DC 管段的校正流量。

第七节　离心式水泵及其水力计算

一、离心式水泵工作原理

离心式水泵是一种把原动机的机械能转换成水的能量的机械（图 5-28）。它主要由工作叶轮 1、叶片 2、机壳 3、吸水管 4、压水管 5 以及泵轴 6 等零部件构成。

离心泵启动之前，先要灌泵，使泵体和吸水管内充满水，目的是排除泵和吸水管内空气。当叶轮开始旋转时，由于空气的重度比液体小得多，它就会聚集在叶轮的中心，不能形成足够的真空，这就破坏了泵的吸入过程，以致离心泵不能正常工作。充水的方式可根据水泵安装情况分为泵顶部注水漏斗加注、真空泵抽吸以及压水管回流等方式。泵启动后，叶轮高速转动，充满叶轮内的水在叶轮的带动下获得离心力，水由叶片通道流入机壳。同时在泵的叶轮入口处形

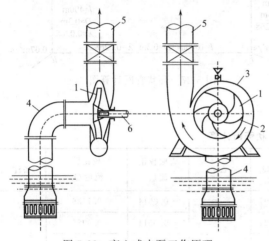

图 5-28　离心式水泵工作原理

成真空，吸水池的水在大气压强的作用下沿吸水管上升流入叶轮吸水口，进入叶片通道内。由于水泵叶轮连续旋转，压水和吸水过程便连续进行。

当水通过叶轮时，叶片与液体的相互作用将水泵机械能传给液体，从而使液体在随叶轮高速旋转时增加了动能和压能。水由叶轮流出后进入机壳，机壳汇集由叶轮甩出的水，将它平稳地引向压水管，并使水通过机壳时流速降低，压强增大，达到将一部分动能转变为压能的目的。因此，离心泵将电动机高速旋转的机械能，通过泵的叶片传递并转化为被抽升水的压能和动能。

二、离心泵性能参数

水泵铭牌上标注的性能参数是水泵使用中的基本工作参数，主要有以下几个。

① 流量（Q）　单位时间内泵所输送的流体量。单位为 m^3/s 或 m^3/h。

② 扬程（H）　泵所输送的单位重量流量的流体从进口至出口的能量增值，即单位重量流量的流体通过泵所获得的有效能量。常用单位为 mH_2O。

③功率（N）　水泵功率分轴功率 N_x 和有效功率 N_e。

轴功率（N）　电动机传递给泵轴的功率，也即输入功率，常用单位为 W 或 kW。

有效功率（N_e）　单位时间内液体从水泵实际得到的能量

$$N_e = \rho g Q H / 1000 \tag{5-41}$$

式中　ρ——液体密度，kg/m^3；

　　Q——水泵流量，m^3/s；

　　H——水泵扬程，m。

④ 效率（η）　有效功率与轴功率之比，即

$$\eta = \frac{N_e}{N} \tag{5-42}$$

⑤ 转速（n）　水泵工作叶轮每分钟的转数。一般情况下转速固定，常用转速 1450r/min、2900r/min。

⑥ 允许吸水真空度［h_v］　水泵的吸水真空度，是控制水泵运行时不发生气蚀而正常工作的关键。水泵进口的允许真空高度由实验确定，可用来确定水泵的安装高度，其单位为 mH_2O。

三、水力计算

工程中有关水泵的大力计算问题常有：①水泵安装高度计算；②水泵扬程计算以及水泵轴功率的确定；③水泵工况分析。

1. 水泵工作扬程

水泵工作扬程可由伯努利方程分析得到。图 5-29 表示水泵管道系统，以吸水池水面作为基准面，在吸水池面 1—1 与上水池水面 2—2 间建立伯努利方程

$$z_1 + \frac{p_1}{\rho g} + \frac{v_1^2}{2g} + H = z_2 + \frac{p_2}{\rho g} + \frac{v_2^2}{2g} + h_l$$

上式为 1—1、2—2 两断面间有系统外能量 H 输入的伯努利方程。

当 $v_1 \approx v_2 \approx 0$，$p_1 = p_2 = p_a$，上式可写成

$$H = z_2 - z_1 + h_l = H_g + h_l \tag{5-43}$$

式中，$H_g = z_2 - z_1$，称为几何给水高度。

上式表明，在管路系统中，水泵的扬程 H 用于使水提升几何给水高度和克服管路中的水头损失。

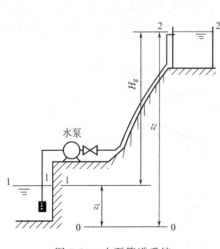

图 5-29　水泵管道系统

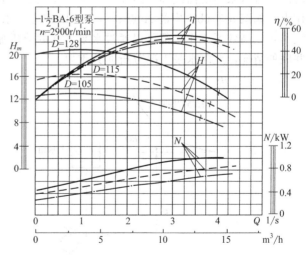

图 5-30　水泵特性曲线

水泵扬程计算完以后，可根据水泵特性曲线（图 5-30）求得水泵抽水量 Q 和效率 η，则水泵有效功率 N_e 可由式(5-42)求得，轴功率 $N_x = N_e/\eta$。

2. 水泵工况分析

为能使水泵工作在最佳状态，在选用水泵或是水泵工作中需要分析水泵的工况，即确定水泵工作点。水泵工作点是水泵特性曲线与管路特性曲线的交点。下面先介绍水泵性能曲线和管路特性曲线。

（1）水泵性能曲线　在转速 n 一定的情况下，水泵的扬程 H、轴功率 N、效率 η 与流量 Q 的关系曲线称为泵的性能曲线。水泵性能曲线由实验确定，如图 5-30 所示。水泵铭牌上所列的 Q、H 值，是指最高效率时的流量和扬程值。通常，水泵生产厂对每台水泵规定许可的工作范围，在水泵产品手册上写出范围。水泵在这个范围工作，才能保持较高效率。一般水泵生产厂家产品手册上还将同一类型、不同容量水泵的性能曲线绘在一张图上，以供用户选用。图 5-30 绘出了型号为 $1\frac{1}{2}$BA-6 水泵的性能曲线。此图是在 $n = 2900\text{r/min}$ 的条件下得出的。该泵的标准叶轮直径为 128mm，生产厂家还可提供两种经过切削的较小直径的叶轮，直径分别为 115mm 和 105mm。经过切削叶轮的泵的 1/2 性能曲线也绘在同一张图上。

（2）管路特性曲线　将式（5-43）改写为

$$H = H_g + h_l = H_g + \sum \lambda \frac{l}{d} \times \frac{v^2}{2g} + \sum \zeta \frac{v^2}{2g} = H_g + \left[\left(\sum \lambda \frac{l}{d} + \sum \zeta \right) \frac{1}{2gA^2} \right] Q^2 = H_g + RQ^2$$

$$(5\text{-}44)$$

式中，$R = \left(\sum \lambda \dfrac{l}{d} + \sum \zeta \right) \dfrac{1}{2gA^2}$，称为管路系统的总阻抗，$\text{s}^2/\text{m}^5$。

根据式（5-44），以 Q 为自变量，绘出 $H\text{-}Q$ 关系曲线，即为管路特性曲线，如图 5-31（a）所示。

（3）水泵工况分析即水泵性能曲线和管路曲线的工作点分析　水泵的性能曲线 $H\text{-}Q$ 表示，水泵在通过流量为 Q 时，泵对单位重量液体提供的能量为 H。管路特性曲线表示使流量 Q 通过管路系统，单位重量液体所需要的能量。水泵实际工作点就应是提供与需要相等的点。将水泵性能曲线和管路曲线按同一比例绘在同一张图上，两条曲线交点即为水泵的工作点，如图 5-31（b）中的 A 点。由此可以知道，水泵与管路配合后能否正常工作，水泵系统是否在高效区工作，都可以通过水泵工况的分析加以确定。大型水泵站常有水泵的串联或并联的情况，此时水泵工况分析尤其重要。

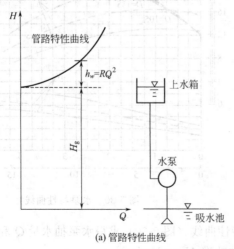
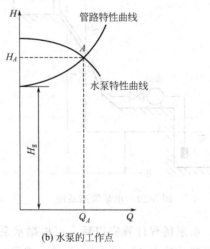

(a) 管路特性曲线　　　　　　(b) 水泵的工作点

图 5-31　水泵工况分析

第八节　有压管道中的水击

前面各章节中所研究的水流运动，没有也不需要考虑液体的压缩性，但对液体在有压管中所发生的水击现象，则必须考虑液体的可压缩性，同时，还要考虑管壁材料的弹性。另外，前面讨论的有压管道都是恒定流，这一节有压管道中的水击问题属于非恒定流问题。

一、水击现象

在液体有压管道中，由于某种原因（如阀门突然启闭、换向阀突然变换工作，水泵机组突然停车），使液体速度发生突然变化，同时引起压强大幅度波动的现象称为水击（或水锤）。由水击产生的瞬时压强称为水击压强，可达管道正常工作压强的几十倍甚至数百倍。这种压强大幅度的波动，有很大的破坏性，可导致管道系统强烈振动、噪声、造成阀门破坏，管道接头断开，甚至管道爆炸等重大事故。

1. 水击发生的原因

现以简单管道阀门突然关闭为例说明水击发生的原因。

设简单管道长度为 l，直径为 d，阀门关闭前管道中为恒定流动，流速为 v_0（图 5-32）。当阀门突然关闭，使紧靠阀门的一层液体突然停止流动，流速由 v_0 突变为零，根据动量原理，物体动量的变化等于作用在该物体上外力的冲量，这里外力就是阀门对液体的压强突然升至 $p_0 + \Delta p$，Δp 即水击压强。

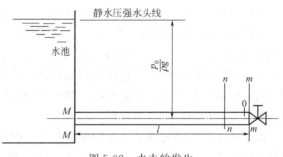

图 5-32　水击的发生

很大的水击压强使 m—n 段发生液体压缩和管壁膨胀两种变形。由于这两种变形，紧靠阀门的液层停止流动后，与之相接的第二层及其后续各层液体逐层地停止流动，同时压强逐层升高。由此可见，阀门突然关闭，管道中液体不是在同一时刻全部停止流动，压强也不是在同时刻同时升高，而是以波的形式由阀门迅速传向管道进口。从以上分析不难看出，引起管道流流速突然变化的因素（如阀门突然关闭）是发生水击的条件，液体本身具有惯性和压缩性则是发生水击的内在原因。

2. 水击的传播过程

水击以波的形式传播，称为水击波。典型传播过程如图 5-33 所示。

第一阶段 [图 5-33(a)]：升压波从阀门向管道进口传播阶段。设阀门在时间 $t=0$ 瞬时关闭，紧靠阀门的流层，流速由原流速 v_0 变为零，相应压强升高 Δp，液体被压缩，并以波的形式向管道进口传播。如以 c 表示水击波的传播速度，则 $0<t<l/c$ 在时段，水击波传播到的距离内，液体停止流动，压强升至 $p_0 + \Delta p$；水击波没有传播到的部分，流速仍为 v_0，压强为 p_0，在时刻 $t=l/c$，水击波传至管道进口，全管处于被压缩状态。

第二阶段 [图 5-33(b)]：降压波从管道进口向阀门传播阶段。时间 $t=l/c$（第一阶段末，第二阶段开始），管内压强 $p_0 + \Delta p$ 大于进口外侧静压强，在压强差 Δp 作用下，管道内液体以和 Δp 相应的流速值 $-v_0$ 向水池倒流，随即进口处压强恢复为 p_0，于是又与相邻的流层出现压强差，这样液体自管道进口逐层向水池倒流，这个过程相当于第一阶段的反射波。在时刻 $t=l/c$，反射波传至阀门断面，全管压强恢复为原来状态。

第三阶段 [图 5-33(c)]：降压波从阀门向管道进口传播阶段。在时刻 $t=2l/c$，由于惯

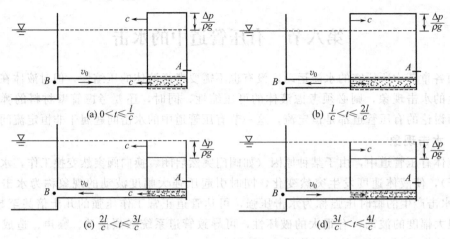

(a) $0 < t \leqslant \dfrac{l}{c}$ (b) $\dfrac{l}{c} < t \leqslant \dfrac{2l}{c}$

(c) $\dfrac{2l}{c} < t \leqslant \dfrac{3l}{c}$ (d) $\dfrac{3l}{c} < t \leqslant \dfrac{4l}{c}$

图 5-33　水击波传播过程

性作用，液体仍要以流速 $-v_0$ 向水池倒流，而阀门处无液体补充，因此紧靠阀门的流层首先停止流动，流速由 $-v_0$ 变为零，相应压强降低 Δp，这个降压波向阀门由管道进口传播。在 $t = 3l/c$ 时刻传至管道进口，全管处于降压状态。

第四阶段 ［图 5-33(d)］：升压波从管道进口向阀门传播阶段。在 $t = 3l/c$ 时刻，因管道进口外侧压强 p_0 大于管内压强 $p_0 - \Delta p$，在压强差 Δp 作用下，液体以和 Δp 相应的流速值 v_0 向管道内流动，自进口压强逐层恢复为 p_0，液体由降压状态复原。在 $t = 4l/c$ 时刻，这个升压波传至阀门断面，全管恢复到起始状态。由于惯性作用，液体仍要以 v_0 流动，但阀门关闭，流动受阻停止，于是和第一阶段开始阀门突然关闭的情况相同，又发生升压波自阀门向管道进口传播，重复上述四个阶段。

以上水击的传播完成了一个周期，在一个周期内，水击波由阀门传到进口，再由进口至阀门共往返两次，往返一次所需时间 $T = 2l/c$ 称为相或相长。实际上水击波传播速度很快，前述各阶段是极短时间内连续完成的。

在水击的传播过程中，管道各断面的流速和压强皆随时间变化，所以水击过程是非恒定流。图 5-34 是阀门断面压强随时间的变化图，阀门在 $t = 0$ 时刻瞬时关闭，压强由 p_0 升至 $p_0 + \Delta p$，该值保持到 $t = 2l/c$ 时刻，即水击波往返一次的时间。在 $t = 2l/c$ 时刻，压强由 $p_0 + \Delta p$ 突然降至 $p_0 - \Delta p$，该值保持到 $t = 4l/c$ 时刻。在 $t = 4l/c$ 时刻，压强由 $p_0 - \Delta p$ 升至 p_0，然后周期性变化。

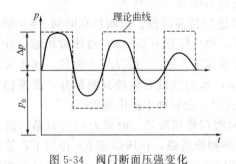

图 5-34　阀门断面压强变化   图 5-35　实测阀门断面水击压强变化

如果水击传播过程中没有能量损失，它将一直周期性的传播下去。但实际上液体在流动过程中，能量不断损失，因而水击压强迅速衰减。阀门断面实测的水击压强随时间变化如图 5-35 所示。

二、水击压强计算

前面讨论了水击发生的原因及传播过程。在此基础上，进行水击压强 Δp 的计算，为设计有压管道及控制运行提供依据。

1. 直接水击

在前面的讨论中，认为阀门是瞬时关闭的，实际上阀门关闭总有一个过程。如关闭时间小于一个相长 （$T_z < 2l/c$），那么最早发出的水击波的反射波回到阀门以前，阀门已全关闭，这时阀门处的压强和阀门在瞬时关闭相同，这种水击称为直接水击。

直接水击压强的计算可用动量方程导出，推导的方法有两种：其一是用非恒定流动量方程式推导；另一种方法是取动控制体，把非恒定流转化为恒定流问题来解。这里采用后一种方法。

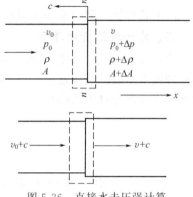

有压管流因突然关小阀门造成水击，如水击波现传播到 $n-n$ 断面（见图 5-36），其速度为 c。在水击波到达前，管内流速为 v_0，压强为 p_0，液体密度为 ρ，过流断面为 A，波峰过后，流速降至 v，压强、密度和过流断面分别增大到 $p_0 + \Delta p$、$\rho + \Delta \rho$ 和 $A + \Delta A$。取固结在波峰上的动坐标系，它随波峰做匀速直线运动，因而仍为惯性坐标系。于波峰前后微小距离处取两过流断面构成控制体（图 5-36 中虚线所示）。液体分别以相对速度 $v_0 + c$ 和 $v + c$ 流入和流出。

图 5-36　直接水击压强计算

该控制体，它们都不随时间而变。这样，对这个动坐标系来说，流动就是恒定的。令 x 轴方向与流速方向一致，列恒定总流的动量方程，作用于控制体的外力为

$$\sum F_x = p_0 A - (p_0 + \Delta p)(A + \Delta A)$$

发生直接水击的管壁材料的弹性模量都很大，因而

$$\Delta A \ll A, \quad A + \Delta A \approx A, \quad 故 \sum F_x = -\Delta p A$$

于是，总流的动量方程为

$$-\Delta p A = -(p_0 + \Delta p)(A + \Delta A)(v + c)^2 - \rho A(v_0 + c)^2$$

将总流连续方程

$(p + \Delta p)(A + \Delta A)(v + c) = \rho A(v_0 + c)$ 代入上式，得

$$-\Delta p A = \rho A(v_0 + c)(v - v_0)$$

水击波的传播速度 c 一般远大于管内流速 v_0，$v_0 + c = c$，因此

$$\Delta p = \rho c(v_0 - v)$$

如阀门瞬时完全关闭，$v = 0$，得水击压强最大值的计算公式

$$\frac{\Delta p}{\rho g} = \frac{c v_0}{g} \tag{5-45}$$

直接水击压强的计算式是俄国流体力学专家儒柯夫斯基最早导出的，故上式又称为儒柯夫斯基公式。

2. 间接水击

如阀门关闭时间 $T_z > 2l/c$，则开始关闭时发出的水击波的反射波，在阀门尚未完全关闭前，已返回阀门断面，随即变为负的水击波向管道进口传播。由于负水击压强和阀门继续关闭所产生的正水击压强相叠加，使阀门处最大水击压强小于直接水击压强，这种情况的水击称为间接水击。

间接水击由于正水击波与反射波相互作用，计算更为复杂，一般情况下，间接水击压强可近似由下式计算

$$\Delta p = \rho c v_0 \frac{T}{T_z}$$

或

$$\frac{\Delta p}{\rho g} = \frac{c v_0}{g} \times \frac{T}{T_z} = \frac{v_0}{g} \times \frac{2l}{T_z} \qquad (5\text{-}46)$$

式中　v_0——水击前管道中平均流速；

　　　T——水击波相长；

　　　T_z——阀门关闭时间。

由上式可见，间接水击压强与水击波传播速度无关。

三、水击波的传播速度

式(5-42)表明，直接水击压强与水击波的传播速度成正比，因此，计算直接水击压强，需要知道水击波的传播速度 c。考虑到水的压缩性和管壁的弹性变形，可得水管中水击波的传播速度（推导过程从略）

$$c = \frac{a_0}{\sqrt{1 + \frac{E_0}{E} \times \frac{d}{\delta}}} \qquad (5\text{-}47)$$

式中　a_0——水中声波的传播速度，水温 10℃ 左右，压强为 1～25 大气压时，$a_0 = 1435\text{m/s}$；

　　　E_0——水的弹性模量，$E_0 = 2.04 \times 10^5 \text{Pa}$；

　　　E——管壁材料的弹性模量；

　　　d——管道直径；

　　　δ——管壁厚度。

对于一般钢管 $(d/\delta) \approx 100$，$(E/E_0) \approx 0.01$，代入式(5-43)得 $a_0 \approx 1000\text{m/s}$，如阀门关闭前流速 $v_0 = 1\text{m/s}$，阀门突然关闭引起的直接水击由式(5-41)算得 $\Delta p/(\rho g) \approx 100\text{m}$，可见直接水击压强是很大的。

四、停泵水击

因水泵突然停机而引起的水击称为停泵水击。离心泵正常运行时均匀供水，需要停泵之前，按操作规程先关闭出水阀门，这样离心泵正常运行和正常停泵，系统中都不会发生水击。但是，如突然断电或机组突然发生机械故障，水泵机组突然停车，往往会引起停泵水击，成为造成输水系统事故的重要原因。

在水泵突然停机的最初时间，压水管内的水流由于惯性作用，继续以逐渐减小的速度流动，而此时水泵已失去动力，转速突降，供水量骤减，于是压水管在靠近水泵处压强降低或

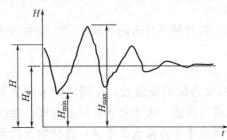

图 5-37　停泵水击

出现真空。当压水管中水流速度减至零，由于压差和重力作用，水自压水池向水泵倒流，并冲动止回阀突然关闭，导致压强升高发生水击。这种情况对于几何给水高度很大的压水管尤为严重。突然停泵后，首先出现压强降低，然后因止回阀突然关闭引起压强升高是停泵水击的特点。停泵水击实测压强随时间的变化曲线绕几何给水高度摆动，如图 5-37。

五、防止水击危害的措施

水击能够引起管道变形甚至爆裂，造成严重危害。通过研究水击发生的原因及影响因素，可找到防止水击危害的措施。

① 限制管道中流速。减小管道中流速 v_0，水击压强 Δp 呈线性降低，因此，一般给水管网中，流速不大于 3m/s。

② 控制阀门关闭工开启时间。控制阀门的关闭或开启时间，以避免直接水击，也可降低间接水击压强。

③ 减小管道长度和增加管道的弹性。减小管道长度，使水击波的相长减小，有利于使直接水击变为间接水击。增大管道的弹性，弹性模量 E 减小，将使水击波传播速度减小，水击压强降低。

④ 设置安全阀，进行过载保护。

思 考 题

1. 薄壁小孔口的自由出流和淹没出流的流量系数和流速系数有何异同？
2. 孔口出流与管嘴出流有什么不同？为什么在条件相同的情况下管嘴比孔口的过流能力强？
3. 圆柱形外管嘴的正常工作条件是什么？该类管嘴为什么要受到这样工作条件的限制？
4. 什么是有压流？它的主要特点是什么？
5. 在管道的水力计算中，长管和短管是如何区分的？
6. 并联管路中各支管的流量分配遵循什么原理？如果要使各支管的流量相等，该如何设计管路？
7. 什么叫枝状管网和环状管网？试比较这两种管网的优缺点。
8. 什么是水击？引起水击的外界条件和内在原因是什么？
9. 为什么直接水击的水击压强比间接水击的水击压强要大？
10. 水击将会产生哪些危害？工程上一般采取哪些措施预防水击的危害？

习 题

5-1 有一薄壁圆形孔口，直径 $d = 10\text{mm}$，水头 H 为 2m。现测得射流收缩断面的直径 d_c 为 8mm，在 32.8s 时间内，经孔口流出的水量为 0.01m^3，试求该孔口的收缩系数 ε，流量系数 μ，流速系数 φ 及孔口局部损失系数 ζ。

5-2 如图所示，薄壁孔口出流，直径 $d = 2\text{cm}$，水箱水位恒定 $H = 2\text{m}$，试求：①孔口流量 Q；②此孔口外接圆柱形管嘴的流量 Q_n；③管嘴收缩断面的真空高度。

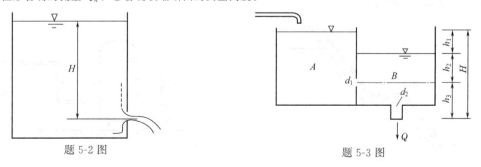

题 5-2 图   题 5-3 图

5-3 如图所示，水箱用隔板分为 A、B 两室，隔板上开一孔口，其直径 $d_1 = 4\text{cm}$，在 B 室底部装有圆柱形外管嘴，其直径 $d_2 = 3\text{cm}$。已知 $H = 3\text{m}$，$h_3 = 0.5\text{m}$。试求：①h_1，h_2；②流出水箱的流量 Q。

5-4 如图所示，有一平底空船，其船底面积 Ω 为 8m^2，船舷高 h 为 0.5m，船自重 G 为 9.8kN。现船

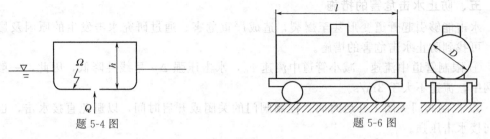

题 5-4 图　　　　　　　　　　　　题 5-6 图

底破一直径 10cm 的圆孔，水自圆孔漏入船中，试问经过多少时间后船将沉没。

5-5　游泳池长 25m，宽 10m，水深 1.5m，池底设有直径 10cm 的放水孔直通排水地沟，试求放净池水所需的时间。

5-6　如图所示，油槽车的油槽长度为 l，直径为 D，油槽底部设有卸油孔，孔口面积为 A，流量系数为 μ，试求该车充满油后所需卸空时间。

5-7　如图所示，直径 $D=0.8$m 的圆柱形水箱，水箱壁上沿铅直方向开有两个直径 $d=10$mm 的圆形薄壁孔口，两孔口上下相距 $a=0.5$m，下部孔口形心的淹没深度 $H=1.5$m。试求当两孔口同时打开时，容器放空所经历的时间 t。

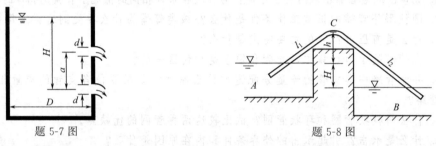

题 5-7 图　　　　　　　　　　　　题 5-8 图

5-8　如图所示，虹吸管将 A 池中的水输入 B 池，已知长度 $l_1=3$m，$l_2=5$m，直径 $d=75$mm，两池水面高差 $H=2$m，最大超高 $h=1.8$m，沿程阻力系数 $\lambda=0.02$，局部损失系数：进口 $\zeta_a=0.5$，转弯 $\zeta_b=0.2$，出口 $\zeta_c=1.0$，试求流量及管道最大超高断面的真空管度。

5-9　如图所示，用水泵自吸水井向高位水箱供水。已知吸水井水面高程为 155.0m，水泵轴线的高程为 159.6m，高位水箱水面高程为 179.5m，水泵的设计流量为 0.034m³/s。水泵吸、压水管均采用铸铁管，其长度分别为 8m 和 50m，吸水管进口带底阀滤网的局部阻力系数 $\zeta_1=5.2$，管路中三个弯头的局部阻力系数均为 $\zeta_2=0.2$，水泵出口断面逆止阀和闸阀的局部阻力系数分别为 $\zeta_3=6.5$ 和 $\zeta_4=0.1$，水泵进口断面的允许真空 $[h_v]=6.0$mH₂O。试确定：①水泵吸、压水管直径 $d_吸$ 和 $d_压$；②校核水泵进口断面的真空度是否满足允许值；③若该水泵能够正常工作，其扬程 H 为多少？④绘制水泵管路系统的测压管水头线和总水头线（$v_吸=2.0$m/s，$v_压=1.2$m/s）。

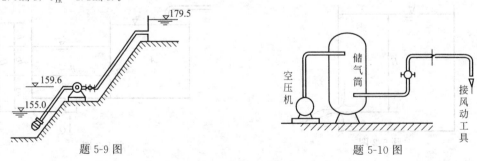

题 5-9 图　　　　　　　　　　　　题 5-10 图

5-10　如图所示，风动工具的送风系统由空气压缩机、储气筒、管道等组成，已知管道总长 $l=100$m，直径 $d=75$mm，沿程阻力系数 $\lambda=0.045$，各项局部水头损失系数之和 $\sum\zeta=4.4$，压缩空气密度 $\rho=7.86$kg/m³，风动工具要风压 650kPa，风量 0.088m³/s，试求储气筒的工作压强。

5-11　抽水量各为 $50m^3/h$ 的两台水泵，同时在吸水井抽水，该吸水井与河道间有一根自流管连通，如图所示，已知自流管管径 $d=200mm$，长 $l=60m$，管道沿程损失系数 $\lambda=0.0258$，在管道的入口装有过滤网，其阻力系数 $\zeta=5$，另一端装有闸阀，其阻力系数 $\zeta_V=0.5$，试求河水与吸水井中的水位差 ΔH。

5-12　如图所示，由水塔向水车供水，水车由一直径 $d=150mm$，长 $l=80m$ 的管道供水，该管道中共有两个闸阀和 4 个 90°弯头（$\lambda=0.03$，闸阀全开 $\zeta_a=0.12$，弯头 $\zeta_b=0.48$）。已知水车的有效容积 V 为 $25m^3$，水塔具有水头 $H=18m$，试求水车充满水所需的最短时间。

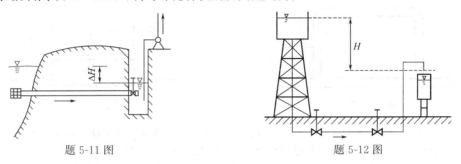

题 5-11 图　　　　　　　　　　题 5-12 图

5-13　如图所示，自闭容器经两段串联管道输水，已知压力表读值 $p_M=1at$，水头 $H=2m$，管长 $l_1=10m$，$l_2=20m$，直径 $d_1=100mm$，$d_2=200mm$，沿程阻力系数 $\lambda_1=\lambda_2=0.03$，试求流量并绘总水头线和测压管水头线。

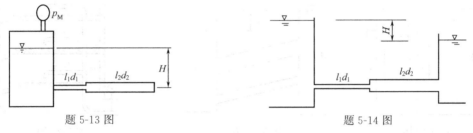

题 5-13 图　　　　　　　　　　题 5-14 图

5-14　如图所示，两水池水位高差恒定，$H=3.82m$，用直径 $d_1=100mm$，$d_2=200mm$，长度 $l_1=6m$，$l_2=10m$ 的串联管道相连接，沿程阻力系数 $\lambda_1=\lambda_2=0.02$。试求：①流量并绘出总水头线和测压管水头线；②若直径改为 $d_1=d_2=200mm$，λ 不变，流量增大多少倍？

5-15　如图所示，储气箱中的煤气经管道 ABC 流入大气中，已知测压管读值 Δh 为 $10mmH_2O$，断面标高 $z_A=0$，$z_B=10m$，$z_C=5m$，管道直径 $d=100mm$，长度 $l_{AB}=20m$，$l_{BC}=10m$，沿程阻力系数 $\lambda=0.03$，管道进口 $\zeta_e=0.6$ 和转弯的局部阻力系数 $\zeta_b=0.4$ 煤气密度 $\rho=0.6kg/m^3$，空气密度 $\rho=1.2kg/m^3$，试求流量。

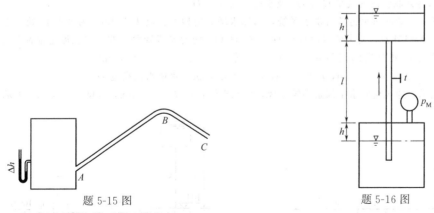

题 5-15 图　　　　　　　　　　题 5-16 图

5-16　如图所示，水从密闭水箱沿垂直管道送入高位水池中，已知管道直径 $d=25mm$，管长 $l=3m$，水深 $h=0.5m$，流量 $Q=1.5L/s$，沿程阻力系数 $\lambda=0.033$，阀门的局部阻力系数 $\zeta_V=9.3$，试求密闭容器上压力表读值 p_M，并绘总水头线和测压管水头线。

5-17 如图所示，并联管道，总流量 $Q=25$L/s，其中一根管长 $l_1=50$m，直径 $d_1=100$mm，沿程阻力系数 $\lambda=0.03$，阀门的局部阻力系数 $\zeta=3$，另一根管长 $l_2=30$m，直径 $d_2=50$mm，沿程阻力系数 $\lambda=0.04$，试求各管段的流量及并联管道的水头损失。

5-18 如图所示，在长为 $2l$，直径为 d 的管道上，并联一根直径相同，长为 l 的支管，若水头 H 不变，不计局部损失，试求并联支管前后的流量比。

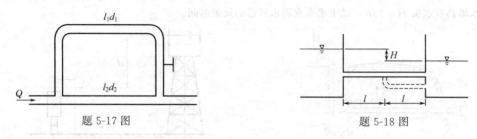

题 5-17 图　　　　　　　　　题 5-18 图

5-19 如图所示，有一泵循环管道，各支管阀门全开时，支管流量分别为 Q_1、Q_2，若将阀门 A 开度关小，其他条件不变，试论证主管流量 Q 怎样变化，支管流量 Q_1、Q_2 怎样变化。

5-20 如图所示，应用长度为 l 的两根管道，从水池 A 向水池 B 输水，其中粗管直径为细管直径的两倍 $d_1=2d_2$，两管的沿程阻力系数相同，局部阻力不计。试求两管中流量比。

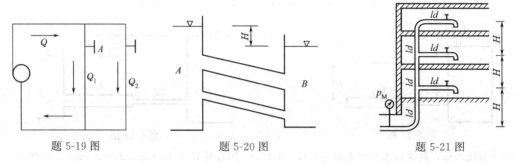

题 5-19 图　　　　　　题 5-20 图　　　　　　题 5-21 图

5-21 如图所示，三层楼的自来水管道，已知各楼层管长 $l=4$m，直径 $d=60$mm，各层供水口高差 $H=3.5$m，沿程阻力系数 $\lambda=0.03$，水龙头全开时的局部阻力系数 $\zeta=3$，不计其他局部水头损失。试求当水龙头全开时，供给每层用户的流量不少于 3L/s，进户压强 p_M 应为多少？

5-22 如图所示，水塔经串、并联管道供水，已知供水量 0.1m^3/s，各段直径 $d_1=d_4=200$mm，$d_2=d_3=150$mm，各段管长 $l_1=l_4=100$m，$l_2=50$m，$l_3=200$m 各管段的沿程阻力系数均为 $\lambda=0.02$，局部水头损失不计。试求各并联管段的流量 Q_2、Q_3 及水塔水面高度 H。

5-23 如图所示，如图所示铸铁管供水系统，已知水塔处的地面标高为 104m，用水点 D 处的地面标高为 100m，流量 $Q=15$L/s，要求的自由水头 $H_z=8$mH_2O，均匀泄流管段 4 的单位长度途泄流量 $q_{CD}=0.1$L/(s·m)，节点 B 处分出的流量 $q_B=40$L/s，各管段直径 $d_1=d_2=150$mm，$d_3=300$mm，$d_4=200$mm，管长 $l_1=350$m，$l_2=700$m，$l_3=500$m，$l_4=300$m，试求水塔水面高度 H_0。

5-24 如图所示，通风机向水平风道系统送风，已知干管直径 $d_1=300$mm，长度 $l_1=30$m，末端接两

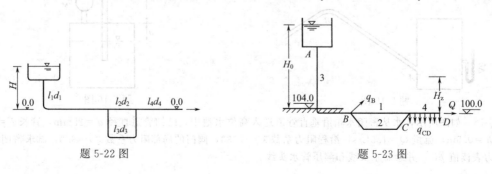

题 5-22 图　　　　　　　　　题 5-23 图

支管，其中一直径 $d_2=150\text{mm}$，长度 $l_2=20\text{m}$；另一支管是截面为 $0.15\text{m}\times 0.2\text{m}$ 的矩形管，长度 $l_3=15\text{m}$，通风机送风量 $Q=0.5\text{m}^3/\text{s}$，各管段沿程阻力系数均为 $\lambda=0.04$，空气密度 $\rho=1.29\text{kg/m}^3$，忽略局部阻力，试求通风机的风压。

5-25　如图所示，工厂供水系统，由水泵向 A、B、C 三处供水，管道均为铸铁管，已知流量 $Q_C=10\text{L/s}$，$q_B=5\text{L/s}$，$q_A=10\text{L/s}$，各管段长 $l_1=350\text{m}$，$l_2=450\text{m}$，$l_3=100\text{m}$，各段直径 $d_1=200\text{mm}$，$d_2=150\text{mm}$，$d_3=100\text{mm}$，整个场地水平，试求水泵出口压强。

题 5-24 图　　　　　　　　　　　　　题 5-25 图

5-26　电厂引水钢管直径 $d=180\text{mm}$，壁厚 $\delta=10\text{mm}$，流速 $v=2\text{m/s}$，阀门前压强为 10bar，试求当阀门突然关闭时，管壁中的应力比原来增加多少倍？

5-27　输水钢管直径 $d=100\text{mm}$，壁厚 $\delta=7\text{mm}$，流速 $v=1.2\text{m/s}$，试求阀门突然完全关闭时的水击压强，又如该管道改用铸铁管水击压强有何变化？

第六章 量纲分析与相似原理

通过前面几章的学习可以看出，由于流体运动的复杂性，流体力学中的许多问题都是采用理论分析与实验相结合的方法进行研究的。许多与流体运动有关的工程实际问题，由于边界条件复杂、影响因素众多，多数情况也不可能用单纯的数学解析法求得解答。它们的设计方案往往都是在初步设计的基础上，先通过模型试验研究，对其进行不断地修正后才得以完善的。

量纲分析和相似原理，为科学地组织实验及整理实验成果提供理论指导。对于复杂的流动问题，还可借助量纲分析和相似原理来建立物理量之间的联系。因此，量纲分析与相似原理是发展流体力学理论，解决实际工程问题的有力工具。

第一节 量纲及量纲和谐原理

一、量纲

在流体力学中涉及各种不同的物理量，如长度、时间、质量、力、速度、加速度、黏滞系数等，所有这些物理量都是由自身的物理属性（或类别）和为量度物理属性而规定的量度标准（或称量度单位）两个因素构成的，例如长度，它的物理属性是线性几何量，量度单位则有米、厘米、英尺、光年等不同量度标准。物理量的一般构成因素为：

$$\text{物理量} \, q \begin{cases} \text{属性} \, [q] \\ \text{量度单位} \end{cases}$$

我们把物理量的物理属性（类别）称为量纲或因次。显然，量纲是物理量的实质，不含有人为的影响。通常在物理量外加方括号，表示该物理量的量纲。对力学中经常遇到的物理量，习惯上用代表长度的量纲，代表质量的量纲，代表时间的量纲，代表力的量纲。不具有量纲的量称为无量纲量，就是纯数，如圆周率 π＝圆周长/直径＝3.14159…，角度 α＝弧长/曲率半径，都是无量纲量。

单位是人为规定的量度标准，例如现行的长度单位米，最初是由 1791 年法国国民议会通过的，规定为经过巴黎地球子午线长的 4000 万分之一，1960 年第 11 届国际计量大会重新规定为氪同位素（K^{86}）原子辐射波的 1650763.73 个波长。因为有量纲量要由量纲和单位两个因素来决定，因此含有人的意志影响。

二、基本量纲和导出量纲

一个力学过程所涉及的各物理量，量纲之间是有联系的。例如速度的量纲就是同长度的量纲和时间的量纲相联系的 $[v]=[L]/[T]$。根据物理量量纲之间的关系，把没有任何联系的、独立的量纲作为基本量纲，可以由基本量纲导出的量纲就是导出量纲。从原则上说，基本量纲的选取带有任意性，例如，取长度 $[L]$ 和时间 $[T]$ 作为基本量纲，则速度 $[v]$ 是导出量纲；若取长度和速度作为基本量纲，那么时间就是导出量纲 $[T]=[L]/[v]$。为了应用方便，一般多采用 $M\text{-}L\text{-}T\text{-}(H)$ 基本量纲系，即选取质量 $[M]$、长度 $[L]$、时间 $[T]$、温度 $[(H)]$ 为基本量纲。对于不可压缩流体运动，一般取质量 $[M]$、长度 $[L]$、

时间 $[T]$ 为基本量纲，其他物理量纲均为导出量纲。例如：

速度 $[v]=[LT^{-1}]$

加速度 $[a]=[LT^{-2}]$

力 $[F]=[MLT^{-2}]$

动力黏滞系数 $[\mu]=[ML^{-1}T^{-1}]$

综合以上各量纲工，不难得出，某一物理量 q 的量纲 $[q]$ 都可用 3 个基本量纲的指数乘积形式表示

$$[q]=[L^{\alpha}T^{\beta}M^{\gamma}] \tag{6-1}$$

式(6-1) 称为量纲公式，物理量 q 的性质由量纲指数 α、β、γ 决定：当 $\alpha\neq0$、$\beta=0$、$\gamma=0$，q 为几何量，当 $\alpha\neq0$、$\beta\neq0$、$\gamma=0$，q 为运动学量；当 $\alpha\neq0$、$\beta\neq0$、$\gamma\neq0$，q 为动力学量。

三、无量纲量

当量纲公式式(6-1) 中，各量纲指数零，即 $\alpha=\beta=\gamma=0$，则 $[q]=[L^0][T^0][M^0]=[1]$，物理量 q 是无量纲量，也就是纯数。无量纲数可由两个具有相同量纲的物理量相比得到，如线应变 $\varepsilon=\Delta l/l$，$[\varepsilon]=[L/L]=[1]$。无纲量也可由几个有量纲量相除组合，使组合量的量纲指数为零。例如对有压管流，由断面平均速度 v、管道直径 d、流体的运动黏滞系数 ν 乘除组合

$$Re=\frac{vd}{\nu}$$

量纲 $$[Re]=\left[\frac{vd}{\nu}\right]=\frac{[LT^{-1}][L]}{[L^2T^{-1}]}=[1]$$

是由三个有量纲量乘除组合得到的无量纲数，称为雷诺数。

依据无量纲的定义和构成，可归纳出无量纲具有以下特点。

（1）客观性 正如上文指出，凡有量纲的物理量，都有单位，同一个物理量，因选取的量度单位不同，数值也不同。如果用有量纲量作运动的自变量，计算出的因变量数值就随自变量选取单位的不同而不同。因此，要使描述运动规律的方程式的计算结果，不受人主观选用单位的影响，就需要将方程中各项物理量组合成无量纲项，从这个意义上说，真正客观的方程式应是由无量纲项组成的方程式。

（2）不受运动规模影响 既然无量纲量是纯数，数值大小与量度单位无关，不受运动规模的影响，规模大小不同的流动，如两者是相似的流动，则相应的无量纲数相同。在模型实验中，常用同一个无量纲数，作为模型和原型流动相似的判据。

（3）可进行超越函数运算 由于有量纲量只能作简单的代数运算，作对数、指数、三角函数运算是没有意义的，只有无量纲化才能进行超越函数运算，如气体等温压缩功计算式

$$W=p_1V_1\ln\left(\frac{V_2}{V_1}\right)$$

其中，压缩后与压缩前的体积比 V_2/V_1 组成无量纲项，进行对数计算。

四、量纲和谐原理

量纲和谐原理是量纲分析的基础。量纲和谐原理是指，凡正确反映客观规律的物理方程，其各项的量纲一定是一致的。这是被无数事实证实了的客观原理。例如在前面章节中导出的不可压缩流体恒定总流的能量方程式

$$z_1+\frac{p_1}{\rho g}+\frac{\alpha_1 v_1^2}{2g}=z_2+\frac{p_2}{\rho g}+\frac{\alpha_2 v_2^2}{2g}+h_l$$

式中各项的量纲一致，都是线性几何量。

但在工程上至今还有一些由实验和观测资料整理成的经验公式，不满足量纲和谐振原理。这种情况表明，人们对这一部分流动的认识尚不充分，这样的公式将逐步被修正或被正确完整的公式所代替。

由量纲和谐原理可引申出以下两点。

① 凡正确反映客观规律的物理方程，一定能表示成由无量纲项组成的无量纲方程。因为方程中各项的量纲相同，只需用其中的一项去遍除各项，便得到一由无量纲项组成的无量纲式，仍保持原方程的性质。

② 量纲和谐原理规定了一个物理过程中有关物理量之间的关系。因为一个正确完整的物理方程中，各物理量量纲之间的联系是确定的，按照物理量量纲之间的这一确定性，就可建立该物理过程各物理量的关系式。量纲分析法就是根据这一原理发展起来的，它是 20 世纪初在力学上的重要发现之一。

第二节　量纲分析法

在量纲和谐原理基础上发起来的量纲分析法有两种。一种称瑞利（Rayleigh）法，适用于比较简单的问题。另一种称 π 定理或布金汉（Buckignham）原理，是一种具有普遍性的方法。

一、瑞利法

瑞利法的基本概念是某一物理过程同几个物理量有关

$$f(q_1 q_2 \cdots q_n) = 0$$

其中的一个物理量可表示为其他物理量的指数乘积的形式

$$q_i = K q_1^a q_2^b \cdots q_{n-1}^p \tag{6-2}$$

写出量纲式

$$[q_i] = K[q_1]^a [q_2]^b \cdots [q_{n-1}]^p$$

将以上量纲式中各物理量的量纲按照式(6-2) 表示为基本量纲的指数乘积形式，并根据量纲和谐关系，确定指数 a、$b \cdots p$，就可得出表达该物理过程的方程式。下面通过例题说明瑞利法的应用步骤。

【例 6-1】 求水泵输出功率表达式。

解：水泵输出功率指单位时间内水泵输出的能量。

① 找出影响水泵输出功率的各物理量，包括单位体积水的重量 ρg、流量 Q、扬程 H，即

$$f(N, \rho g, Q, H)$$

② 写出指数乘积关系式

$$N = K(\rho g)^a Q^b H^c$$

③ 写出量纲式为

$$[N] = [\rho g]^a [Q]^b [H]^c$$

④ 按上式，以基本量纲（M、L、T）表示各物理量量纲

$$[ML^2 T^{-3}] = [ML^{-2} T^{-2}]^a [L^3 T^{-1}]^b [L]^c$$

⑤ 根据量和谐原理求量纲指数

M：$1 = a$

L：$2 = -2a + 3b + c$

T：$-3=-2a-b$

得 $a=1$，$b=1$，$c=1$

⑥ 整理方程式得

$$N=K\rho gQH$$

其中 K 为由实验确定的系数。

【例 6-2】 求圆管层流的流量关系式。

解：① 找出影响圆管层流流量 Q 的各物理量，包括管段两端的压强差 Δp，管段长 l，管道半径 r_0，流体的动力黏滞系数 μ。根据经验和已有资料的分析，得知流量 Q 与两端压强差 Δp 成正比，与管段长 l 成反比。因此，可将 Δp、l 归并为一项，即

$$f(Q、\Delta p/l、r_0、\mu)$$

② 写出指数乘积关系式

$$Q=K\left(\frac{\Delta p}{l}\right)^a r_0^b \mu^c$$

③ 写出量纲式

$$[Q]=\left[\frac{\Delta p}{l}\right]^a [r_0]^b [\mu]^c$$

④ 以基本量纲（M、L、T）表示各物理量量纲

$$[L^3 T^{-1}]=[ML^{-2}T^{-2}]^a [L]^b [ML^{-1}T^{-1}]^c$$

⑤ 根据量纲和谐求量纲指数

M：$0=a+c$

L：$3=-2a+b-c$

T：$-1=-2a-c$

得 $a=1$，$b=4$，$c=-1$

⑥ 整理方程式

$$Q=K\left(\frac{\Delta p}{l}\right)r_0^4 \mu^{-1}=K\frac{\Delta p r_0^4}{l\mu}$$

K 由实验确定的系数

$$K=\frac{\pi}{8}$$

则

$$Q=\frac{\pi}{8}\times\frac{\Delta p r_0^4}{l\mu}$$

或

$$v=\frac{\rho g J}{8\mu}r_0^2$$

$$J=\frac{\Delta p}{\rho g l}$$

由以上上例题可以看出，用瑞利法求物理过程方程式，有关物理量不超过四个，需要确定的量纲指数不超过三个时，可直接根据量纲和谐，求出待求的量纲指数，建立方程如。当过程物理量超过四个时，则需要归并有关量或选项待定系数如例 6-2。

二、π 定理

π 定理又称布金汉定理，是量纲分析更为普遍的原理。定理指出：若某一物理过程包含 n 个物理量，即

$$f(q_1 q_2 \cdots q_n)=0$$

其中，有 m 个基本量（量纲独立，不能相互导出的物理量），则该物理过程可由 n 个物

理量构成（$n-m$）的个无量纲所表达的关系式来描述。即

$$F(\pi_1 \cdots \pi_{N-M}) = 0 \tag{6-3}$$

由于无量纲项用 π 来表示，这个定理又称 π 定理。π 定理可用数学方法证明，这里从略。

π 定理的应用步骤如下。

① 找出对物理过程有影响的物理量

$$f(q_1 q_2 \cdots q_n) = 0$$

② 从 n 个物理量中选取个 m 量纲相互独立的基本量，对于不可压缩流体运动，一般 $m = 3$。设 q_1、q_2、q_3 为所选基本量，由量纲公式

$$[q_1] = [L_1^\alpha T_1^\beta M_1^\gamma]$$
$$[q_2] = [L_2^\alpha T_2^\beta M_2^\gamma]$$
$$[q_3] = [L_3^\alpha T_3^\beta M_3^\gamma]$$

满足 $q_1 q_2 q_3$ 量纲独立的条件是量纲式中的指数行列式不等于零，即

$$\begin{vmatrix} \alpha_1 & \beta_1 & \gamma_1 \\ \alpha_2 & \beta_2 & \gamma_2 \\ \alpha_3 & \beta_3 & \gamma_3 \end{vmatrix} \neq 0$$

对于不可压缩流体运动，通常选取速度 $v(q_1)$、密度 $\rho(q_2)$、特征长度 $l(q_3)$ 为基本量。

③ 基本量依次与其余量组成 π 项

$$\pi_1 = \frac{q_4}{q_1^{a_1} q_2^{b_1} q_3^{c_1}}$$

$$\pi_2 = \frac{q_5}{q_1^{a_2} q_2^{b_2} q_3^{c_2}}$$

$$\cdots$$

$$\pi_{n-3} = \frac{q_n}{q_1^{a_{n-3}} q_2^{b_{n-3}} q_3^{c_{n-3}}}$$

④ 满足 π 为无量纲，按量纲和谐条件决定各 π 项指数 a、b、c。

⑤ 整理方程式。

【例6-3】 求有压管流压强损失表达式。

解：找出有关物理量，由经验和对已有资料的分析可知，管流的压强损失 Δp 与流体的性质（密度 ρ、运动黏滞系数 ν）管道条件（管长 l、直径 d、壁面粗糙度 Δ）以及流动情况（流速 v）有关，有关物理量个数 $n = 7$。

① $f(\Delta p$、ρ、ν、l、d、Δ、$v) = 0$。

② 选基本量在有关量中选 v、d、ρ 为基本量，基本量数 $m = 3$。

③ 组成 π 项，π 数为 $n - m = 4$。

$$\pi_1 = \frac{\Delta p}{v^{a_1} d^{b_1} \rho^{c_1}}$$

$$\pi_2 = \frac{v}{v^{a_2} d^{b_2} \rho^{c_2}}$$

$$\pi_3 = \frac{l}{v^{a_3} d^{b_3} \rho^{c_3}}$$

$$\pi_4 = \frac{\Delta}{v^{a_4} d^{b_4} \rho^{c_4}}$$

④ 决定各 π 项基本量指数

π_1:
$$[\Delta p]=[v]^{a_1}[d]^{b_1}[\rho]^{c_1}$$
$$ML^{-1}T^{-2}=(LT^{-1})^{a_1}(L)^{b_1}(ML^{-3})^{c_1}$$

M：$1=c_1$

L：$-1=a_1+b_1-3c_1$

T：$-2=-a_1$

得 $a_1=2$，$b_1=0$，$c_1=1$　　$\pi_1=\Delta p/(v^2\rho)$

π_2:
$$[\nu]=[v]^{a_2}[d]^{b_2}[\rho]^{c_2}$$
$$L^2T^{-1}=(LT^{-1})^{a_2}(L)^{b_2}(ML^{-3})^{c_2}$$

M：$1=c_2$

L：$2=a_2+b_2-3c_2$

T：$-1=-a_2$

得 $a_2=1$，$b_2=1$，$c_2=0$　　$\pi_2=\nu/(vd)$

不需要对基本量纲逐个分析，π_3 和 π_4 可直接由无量纲条件得出

$a_3=0$，$b_3=1$，$c_3=0$　　$\pi_3=l/d$

$a_4=0$，$b_4=1$，$c_4=0$　　$\pi_4=k_s/d$

⑤ 整理方程式

$$f_1=\left(\frac{\Delta p}{v^2\rho},\frac{\nu}{vd},\frac{l}{d},\frac{k_s}{d}\right)=0$$

$$f_2=\left(\frac{\Delta p}{v^2\rho},\frac{vd}{\nu},\frac{l}{d},\frac{k_s}{d}\right)=0$$

对 $\dfrac{\Delta p}{v^2\rho}$ 求解得　　$\dfrac{\Delta p}{v^2\rho}=f_3\left(\dfrac{vd}{\nu},\dfrac{l}{d},\dfrac{k_s}{d}\right)=f_3\left(Re,\dfrac{l}{d},\dfrac{k_s}{d}\right)$

Δp 与管长 l 成比例，将 l/d 提至函数式外面得

$$\frac{\Delta p}{v^2\rho}=f_4\left(Re,\frac{k_s}{d}\right)\frac{l}{d}$$

$$\frac{\Delta p}{\rho g}=f_5\left(Re,\frac{k_s}{d}\right)\frac{l}{d}\times\frac{v^2}{2g}=\lambda\,\frac{l}{d}\times\frac{v^2}{2g}$$

上式就是管道压强损失的计算公式，称为达西公式。式中 λ 称为沿程阻力系数，$\lambda=f_5$ $\left(Re,\dfrac{k_s}{d}\right)$ 一般情况下是雷诺数 Re 和壁面相对粗糙 k_s/d 的函数。

三、量纲分析方法的讨论

以上简要介绍了量纲分析方法，下面再作几点讨论。

① 量纲分析方法的理论基础是量纲和谐原理，即凡正确反映客观规律的物理方程，量纲一定是和谐的。

② 量纲和谐原理是判别经验公式是否完善的基础。19 世纪，量纲分析原理未被发现之前，流体力学中积累了不少纯经验公式，每一个经验公式都有一定的实验根据，都可用于一定条件下流动现象的描述，这些公式孰是孰非，人们无所适从。量纲分析方法可以利用量纲理论作出判别和权衡，使其中的一些公式从纯经验的范畴内解脱出来。

③ 应用量纲分析方法得到的物理方程式，是否符合客观规律，和所选用的物理量是否正确有关。而量纲分析方法本身对有关物理量的选取却不能提供任何指导和启示，可能由于遗漏某一个具有决定意义的物理量，导致建立的方程式失误；也可能因选取了没有决定性意义的物理量，造成方程中出现累赘的无量纲量。这种局限性是方法本身决定的。研究量纲分

析方法的前驱者之———瑞利，在分析流体通过恒温固体的热传导问题时，就曾遗漏了流体黏滞系数的影响，而导出一个不全面的物理方程式。弥补量纲分析方法的局限性，需要已有的理论分析和实验成果，要依靠研究者的经验和对流动现象的观察认识能力。

④ 由上述例题可以看出，量纲分析为组织实施实验研究，以及整理实验数据提供了科学的方法，可以说量纲分析方法是沟通流体力学理论和实验之间的桥梁。

第三节　相似理论基础

前面讨论了量纲理论及其应用，后面几节将讨论模型试验的基本原理。现代许多工程问题，由于流动情况十分复杂，无法直接应用基本方程式求解，而有赖于实验研究。大多数工程实验是在模型上进行的。所谓模型通常是指与原型（工程实物）有同样的运动规律，各运动参数存在固定比例关系的缩小物。通过模型试验，把研究结果换算为原型流动，进而预测在原型流动中将要发生的现象。怎样才能保证模型和原型有同样的运动规律呢？关键要使模型和原型有相似的流动，只有这样的模型才是有效的模型，实验才有意义。相似原理就是研究相似现象之间的联系的理论，是模型试验的理论基础。

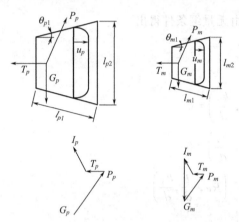

图 6-1　原型与模型的流动

一、相似概念

流动相似概念原理是几何相似概念的扩展。两个几何图形，如果对应边成比例、对应角相等，两者就是几何相似的图形。对于两个几何相似图形，把其中一个图形的某一几何长度，乘以比例常数，就得到另一图形的相应长度。同流体运动有关的物理量，除了几何量（长度、面积、体积）之外，还有运动量（速度、加速度）和力。由此，流体力学相似扩展为以下四个方面内容。

（1）几何相似　几何相似指两个流动（原型和模型）流场的几何形状相似，即对应的线段长度成比例、夹角相等。原型和模型流动如图 6-1 所示。以脚标 p 表示原型，m 表示模型，则有

$$\frac{l_{p1}}{l_{m1}}=\frac{l_{p2}}{l_{m2}}=\cdots\cdots=\frac{l_p}{l_m}, \quad \theta_{p1}=\theta_{m1}, \quad \theta_{p2}=\theta_{m2} \qquad (6\text{-}4)$$

式中，λ_l 称为长度比尺。由长度比尺可推得相应的面积比尺和体积比尺。

面积比尺
$$\lambda_A=\frac{A_p}{A_m}=\frac{l_p^2}{l_m^2}=\lambda_l^2$$

体积比尺
$$\lambda_V=\frac{V_p}{V_m}=\frac{l_p^3}{l_m^3}=\lambda_l^3$$

可见，几何相似是通过长度比尺 λ_l 来表征的，只要各相应长度都保持固定的比例关系 λ_l，便保证了两个流动几何相似。

（2）运动相似　运动相似指两个流动对应点速度方向相同，大小成比例

$$\lambda_u=\frac{u_p}{u_m}$$

式中，λ_u 称为速度比尺。由于各对应点速度成比例，故对应断面的平均速度必然成比例。

$$\lambda_u = \frac{u_p}{u_m} = \frac{v_p}{v_m} = \lambda_v \tag{6-5}$$

将 $v = l/t$ 的关系代入上式

$$\lambda_v = \frac{l_p/t_p}{l_m/t_m} = \frac{l_p t_m}{l_m t_p} = \frac{\lambda_l}{\lambda_t}$$

$\lambda_t = t_p/t_m$ 称为时间比尺，则满足运动相似应有固定的长度比尺和时间比尺。同时，速度相似就意味着加速度相似，加速度比尺为

$$\lambda_a = \frac{a_p}{a_m} = \frac{v_p/t_p}{v_m/t_m} = \frac{v_p t_m}{v_m t_p} = \frac{\lambda_v}{\lambda_t} = \frac{\lambda_l}{\lambda_t^2}$$

（3）动力相似　动力相似指两个流动对应点处流体质点受同名力作用，力的方向相同，大小成比例。根据达朗贝伯原理，对于运动的质点，设想加上该质点的惯性力，则惯性力与质点所受作用力平衡，形式上构成封闭力多边形。从这个意义上说，动力相似又可表述为对应点上的力多边形相似，对应边（即同名力）成比例。

影响流体运动的作用力主要是黏滞力 T、重力 G、压力 P 和惯性力 I，有时还考虑弹性力 F_E 和表面张力 T_W，则有

$$\left.\begin{array}{c} \vec{T} + \vec{G} + \vec{P} + \vec{F}_E + \vec{T} + \cdots + \vec{I} = 0 \\[2mm] \dfrac{T_p}{T_m} = \dfrac{G_p}{G_m} = \dfrac{P_p}{P_m} = \dfrac{F_{Ep}}{F_{Em}} = \dfrac{T_{Wp}}{T_{Wm}} = \cdots = \dfrac{I_p}{I_m} \end{array}\right\} \tag{6-6}$$

或

$$\lambda_T = \lambda_G = \lambda_P = \lambda_{FE} = \lambda_{TW} \cdots = \lambda$$

（4）边界条件和初始条件相似　边界条件相似指两个流动对应边界性质相同，如原型中的固体壁面，模型中相应部分也应是固体壁面；原型中的自由液面，模型的相应部分也应是自由液面。对于非恒定流动，还要满足初始条件相似。边界条件和初始条件相似是保证流动相似的充分条件。

有人将边界条件相似也归于几何相似，对于恒定流动又无需初始条件相似，这样流体力学相似的含义就简述为几何相似、运动相似和动力相似三方面。

二、相似准则

以上说明了流动相似的含义，它是力学相似的结果，问题是如何来实现原型和模型流动的力学相似。

首先要满足几何相似，否则两个流动不存在对应点，当然也就无相似可言，可以说几何相似是流动相似的前提条件；其次是实现动力相似，以保证运动相似。要使两个流动动力相似，前面定义的各项比尺须符合一定的约束关系，这种约束关系称为相似准则。

动力相似的流动，根据对应点上的力多边形相似，对应边（即同名力）成比例，可以推导出各单项力的相似准则。

（1）雷诺准则　考虑原型与模型之间黏滞力与惯性力的关系，由式知

$$\frac{T_p}{T_m} = \frac{I_p}{I_m} \tag{a}$$

鉴于上式表示两个流动相应点上惯性力与单项作用力（如黏滞力）的对比关系，而不是计算力的绝对量，所以式中的力可用运动的特征量表示，则

黏滞力 $$T = \mu A \frac{\mathrm{d}u}{\mathrm{d}y} = \mu l v \tag{b}$$

惯性力 $\qquad I=ma=\rho l^3\dfrac{l}{t^2}=\rho l^2 v^2$ $\hfill$ (c)

将式（b）和式（c）代入式（a）整理，得

$$\frac{v_p l_p}{\nu_p}=\frac{v_m l_m}{\nu_m}$$

或 $\qquad (Re)_p=(Re)_m$

由此可见，雷诺数 $Re=\dfrac{vd}{\nu}$ 表示惯性力与黏滞力之比，两流动对应的雷诺数相等，黏滞力相似。

（2）佛汝德数准则　考虑原型与模型之间重力与惯性力的关系，由式

$$\frac{G_p}{G_m}=\frac{I_p}{I_m}$$

式中，重力 $G=\rho g l^3$，惯性力 $I=\rho l^2 v^2$，代入上式整理，得

$$\frac{v_p^2}{g_p l_p}=\frac{v_m^2}{g_m l_m}$$

或 $\qquad (Fr)_p=(Fr)_m$

无量纲数 $Fr=\dfrac{v^2}{gl}$ 称为佛汝德数（Frude number）。佛汝德数表征惯性力与重力之比，两流动对应的佛汝德数相等，重力相似。

（3）欧拉准则　考虑原型与模型之间压力与惯性力的关系，由式

$$\frac{P_p}{P_m}=\frac{I_p}{I_m}$$

式中，压力 $P=p l^2$，惯性力 $I=\rho l^2 v^2$，代入上式整理，得

$$\frac{p_p}{\rho_p v_p^2}=\frac{p_m}{\rho_m v_m^2}$$

或 $\qquad (Eu)_p=(Eu)_m$

无量纲数 $Eu=\dfrac{p}{\rho v^2}$ 称为欧拉数（Euler number）。欧拉数表征压力与惯性力之比，两流动对应的欧拉数相等，压力相似。

在多数流动中，对流动起作用的是压强差 Δp，而不是压强的绝对值，因此，欧拉数中常以对应点的压强差 Δp 代替压强 p，于是欧拉数又可表示为

$$Eu=\frac{\Delta p}{\rho v^2}$$

（4）韦伯准则　当流动受表面张力影响时，由式

$$\frac{T_{Wp}}{T_{Wm}}=\frac{I_p}{I_m}$$

式中，表面张力 $T_W=\sigma l$，σ 为表面张力系数，惯性力 $I=\rho l^2 v^2$。代入上式整理，得

$$\frac{\rho_p l_p v_p^2}{\sigma_p}=\frac{\rho_m l_m v_m^2}{\sigma_m}$$

或 $\qquad (We)_p=(We)_m$

无量纲数 $We=\dfrac{\rho l v^2}{\sigma}$ 称为韦伯数（Weber number）。韦伯数表征惯性力与表面张力之比，两流动对应的韦伯数相等，表面张力相似。

（5）柯西准则　当流动受到弹性力作用时，由式

$$\frac{F_{Ep}}{F_{Em}}=\frac{I_p}{I_m}$$

式中，弹性力 $F_E=Kl^2$，K 为流体的体积模量，惯性力 $I=\rho l^2 v^2$，代入式整理得

$$\frac{\rho_p v_p^2}{K_p}=\frac{\rho_m v_m^2}{K_m}$$
$$(Ca)_p=(Ca)_m$$

无量纲数 $Ca=\dfrac{\rho v^2}{K}$ 称为柯西数（Cauchy number）。柯西数表征惯性力与弹性力之比，两流动对应的柯西数相等，弹性力相似。柯西准则可用于水击现象的研究。

将声音在流体中的传播速度（声速）$a=\sqrt{K/\rho}$ 平方，代入柯西数得

$$\frac{v_p}{a_p}=\frac{v_m}{a_m}$$

或

$$M_p=M_m$$

无量纲数 $M=\dfrac{v}{a}$ 称为马赫数（Mach number）。在高速气流中，如可压缩气流流速接近或超过声速时，弹性力成为影响流动的主要因素，实现流动相似需要对应的马赫数相等。

如图 6-1 所示，两个相似流动对应点上的封闭力多边形是相似形，若决定流动的作用力是黏滞力、重力和压力，则只要其中两个同名作用力和惯性力成比例，另一个对应的同名力也将成比例。由于压力通常是待求量，这样只要黏滞力、重力相似，压力将自行相似。换言之，当雷诺准则和佛汝德准则成立时，欧拉准则可自行成立。所以，又将雷诺准则、佛汝德准则称为独立准则，欧拉准则称为导出准则。

流体的运动是由边界条件和作用力决定的，当两个流动一旦实现了几何相似和动力相似，就必然以相同的规律运动。由此得出结论：几何相似与独立准则成立是实现流体力学相似的充分与必要条件。

第四节　模　型　实　验

模型试验依据相似准则，制成和原型相似的小尺度模型进行实验研究，并以试验的结果预测出原型将会发生的流动现象。进行模型试验需要解决下面两个问题。

一、模型律的选择

为了使模型和原型流动完全相似，除了要几何相似外，各独立的相似准则应同时满足。但实际上要同时满足各准则很困难，甚至是不可能的。比如按雷诺准则

$$(Re)_p=(Re)_m$$

原型与模型的速度比

$$\frac{v_p}{v_m}=\frac{\nu_p l_m}{\nu_m l_p}$$

即

$$\lambda_v=\frac{\lambda_\nu}{\lambda_l} \tag{6-7}$$

雷诺数相等，表示黏滞力相似。原型与模型流动雷诺数相等的这个条件相似，称为雷诺模型律。按照上述比尺关系调整原型流动和模型流动的流速比尺和长度比尺，就是根据雷诺模型律进行设计的。

按佛汝德准则　$(Fr)_p=(Fr)_m$，$g_p=g_m$

原型与模型的速度比

$$\frac{v_p}{v_m} = \sqrt{\frac{l_p}{l_m}}$$

即

$$\lambda_v = \sqrt{\lambda_l} \tag{6-8}$$

佛汝德数相等，表示重力相似。原型与模型流动佛汝德数相等的这个条件，称为佛汝德模型律。按照上述比尺关系调整原型流动和模型流动的流速比尺和长度比尺，就是根据佛汝德模型律进行设计的。

要同时满足雷诺准则和佛汝德准则，就要同时满足式(6-7) 和式(6-8)。

当原型和模型为同种流体时，运动黏滞系数 $\nu_p = \nu_m$，则式(6-8) 变为

$$\frac{l_m}{l_p} = \sqrt{\frac{l_p}{l_m}} \tag{6-9}$$

可见只有 $l_p = l_m$，即 $\lambda_l = 1$ 时，上式才能成立。这在大多数情况下，已失去了模型试验的价值。

由以上分析可见，模型试验做到完全相似是困难的，一般只能达到近似相似，就是保证对流动起主要作用的力相似，这就是模型律的选择问题。如研究管道中的流动，黏滞力起主要作用，应按雷诺准则设计模型；在大多数明渠流动中，重力起主要作用，应按佛汝德准则设计模型。

在流动阻力实验分析中得知，当雷诺数 Re 超过某一数值后，阻力系数不随变化，此时流动阻力（黏滞力）的大小与 Re 无关，这个流动范围称为自动模型区。若原型和模型都处于自动模型区，只要保持几何相似，不需要 Re 相等，就自动实现阻力相似。工程上许多明渠水流处于自模区，按佛汝德准则设计的模型，只要求模型中的流动进入自模区，便同时满足阻力相似。自动模型区又称为阻力平方区。

二、模型设计

在模型设计中，通常是先根据实验场地、模型制作和量测条件定出长度比尺 λ_l，再以选定的比尺 λ_l 缩小原型的几何尺，得出模型流动的几何边界；根据对流动受力情况的分析，满足对流动起主要作用的力相似，选择模型律；最后按所选用的相似准则，确定流速比尺及模型的流量。例如：

雷诺准则

$$\frac{v_p l_p}{\nu_p} = \frac{v_m l_m}{\nu_m}$$

若 $\nu_p = \nu_m$

$$\frac{v_p}{v_m} = \frac{l_m}{l_p} = \lambda_l^{-1} \tag{6-10}$$

佛汝德准则

$$\frac{v_p^2}{g_p l_p} = \frac{v_m^2}{g_m l_m}$$

若 $g_p = g_m$

$$\frac{v_p}{v_m} = \left(\frac{l_p}{l_m}\right)^{0.5} = \lambda_l^{0.5} \tag{6-11}$$

流量比

$$\frac{Q_p}{Q_m} = \frac{v_p A_p}{v_m A_m} = \lambda_v \lambda_l^2$$

$$Q_m = \frac{Q_p}{\lambda_v \lambda_l^2}$$

分别将式(6-10)、式(6-11) 代入上式，得模型流量

雷诺准则模型

$$Q_m = \frac{Q_p}{\lambda_l^{-1} \lambda_l^2} = \frac{Q_p}{\lambda_l}$$

佛汝德准则模型 $$Q_m = \frac{Q_p}{\lambda_l^{0.5}\lambda_l^2} = \frac{Q_p}{\lambda_l^{2.5}}$$

按雷诺准则和佛汝德准则导出的各运动量比尺如表 6-1。

表 6-1 模型比尺

名　　称	比　尺			名　　称	比　尺		
	雷诺准则		弗劳德准则		雷诺准则		弗劳德准则
	$\lambda_\nu=1$	$\lambda_\nu\neq1$			$\lambda_\nu=1$	$\lambda_\nu\neq1$	
长度比尺 λ_l	λ_l	λ_l	λ_l	力的比尺 λ_F	λ_ρ	$\lambda_\nu^2\lambda_\rho$	$\lambda_l^3\lambda_\rho$
流速比尺 λ_ν	λ_l^{-1}	$\lambda_\nu\lambda_l^{-1}$	$\lambda_l^{1/2}$	压强比尺 λ_p	$\lambda_l^{-2}\lambda_\rho$	$\lambda_\nu^2\lambda_l^{-2}\lambda_\rho$	$\lambda_l\lambda_\rho$
加速度比尺 λ_a	λ_l^{-3}	$\lambda_\nu^2\lambda_l^{-3}$	λ_l^0	功能比尺	$\lambda_l\lambda_\rho$	$\lambda_\nu^2\lambda_l\lambda_\rho$	$\lambda_l^4\lambda_\rho$
流量比尺 λ_Q	λ_l	$\lambda_\nu\lambda_l$	$\lambda_l^{5/2}$	功率比尺	$\lambda_l^{-1}\lambda_\rho$	$\lambda_\nu^3\lambda_l^{-1}\lambda_\rho$	$\lambda_l^{7/2}\lambda_\rho$
时间比尺 λ_t	λ_l^2	$\lambda_\nu^{-1}\lambda_l^2$	$\lambda_l^{1/2}$				

【例 6-4】 热风炉中烟气的温度为 $600℃$，流速 8m/s，烟气热风炉产生的压降 Δp 为 120Pa，现在应用长度比尺为 10 的水流模型进行实验研究。试问：

① 为保证流动相似，模型中水的流速应为多少？

② 模型中产生的压降是多少？

$600℃$ 烟气的密度为 $0.4kg/m^3$，运动黏滞系数为 $0.9cm^2/s$，$10℃$ 水的密度为 $1000kg/m^3$，运动黏滞系数为 $0.0131cm^2/s$。

解：① 对这一流动起主要作用的力是黏滞力，应满足雷诺准则。

由 $$(Re)_p = (Re)_m$$

$$v_m = v_p \frac{\nu_m}{\nu_p} \times \frac{l_p}{l_m} = 8 \times \frac{0.0131}{0.9} \times 10 = 1.16 \text{m/s}$$

② 两流动的压降满足欧拉准则

由 $$(Eu)_p = (Eu)_m$$

$$\Delta p_m = \Delta p_p \frac{\rho_m v_m^2}{\rho_p v_p^2} = 120 \times \frac{1000}{0.4} \times \frac{1.16^2}{8^2} = 6307.5 \text{Pa}$$

【例 6-5】 如图 6-2 所示，一桥墩长为 24m，墩宽为 4.3m，水深为 8.2m，平均流速为 2.3m/s，两桥台的距离为 90m，现选用长度比尺为 50 的模型实验，要求设计模型。

解：① 模型的几何尺寸，由给定比尺 $\lambda_l = 50$ 直接计算。

桥墩长 $$l_m = \frac{l_p}{\lambda_l} = \frac{24}{50} = 0.48 \text{m}$$

桥墩宽 $$b_m = \frac{b_p}{\lambda_l} = \frac{4.3}{50} = 0.083 \text{m}$$

墩台距 $$B_m = \frac{B_p}{\lambda_l} = \frac{90}{50} = 1.8 \text{m}$$

水深 $$h_m = \frac{h_p}{\lambda_l} = \frac{8.2}{50} = 0.164 \text{m}$$

② 对这一流动起主要作用的力是重力，流速、流量受佛汝德准则控制。

流速 $$v_m = \frac{v_p}{\lambda_l^{0.5}} = \frac{2.3}{\sqrt{50}} = 0.325 \text{m/s}$$

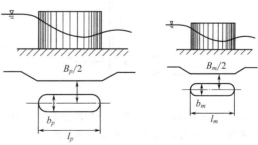

图 6-2 桥孔过流模型

流量　$Q_p = v_p(B_p - b_p)h_p = 2.3 \times (90 - 4.3) \times 8.2 = 1.620 \text{m}^3/\text{s}$

$$Q_m = \frac{Q_p}{\lambda_l^{2.5}} = \frac{1.620}{50^{2.5}} = 0.0915 \text{m}^3/\text{s}$$

思　考　题

1. 什么叫物理量的量纲和单位？

2. 试述两种量纲分析法的主要特点和分析方法。

3. 用量纲分析法建立的物理方程是否一定就是正确的？应用量纲分析法建立正确物理方程的前提是什么？

4. 如何理解对物理方程进行量纲分析，可使进一步的试验研究大为简化。

5. 何谓运动相似？何谓动力相似？

6. 分别叙述液流的牛顿数、雷诺数、佛汝德数和欧拉数的物理意义。

7. 何谓相似准则？如何选择相似准则？

8. 为什么同时满足两个或多个作用力相似是很难达到的？

9. 对于明渠流和有压流，一般可采用何种力的相似准则设计模型？

习　　题

6-1　假设自由落体的下落距离 s 与落体的质量 m，重力加速度 g 及下落时间 t 有关，试用瑞利法导出自由落体下落距离的关系式。

6-2　水泵的轴功率与泵轴的转矩 M、角速度 ω 有关，试用瑞利法导出轴功率表达式。

6-3　已知文丘里流量计喉管流速 v 与流量计压强差 Δp，主管直径 d_1，喉管直径 d_2，以及流体的密度 ρ 和运动黏滞系数 ν 有关，试用 π 定理确定流速关系式。

$$v = \sqrt{\frac{\Delta p}{\rho}} \varphi(Re, d_2/d_1)$$

6-4　球形固体颗粒在流体中的自由沉降速度 v_t 与颗粒的直径 d、密度 ρ_s 以及流体的密度 ρ、动力黏滞系数 μ，重力加速度 g 有关，试用 π 定理证明自由沉降速度关系式。

$$v_t = f\left(\frac{\rho_s}{\rho}, \frac{\rho v_t d}{\mu}\right)\sqrt{gd}$$

6-5　作用在高速飞行炮弹上的阻力 D 与弹体的飞行速度 v、直径 d，空气的密度 ρ 和动力黏滞系数 μ，以及音速 a 有关，试用 π 定理确定阻力的关系式。

$$D = \varphi(Re, M) v^2 d^2 \rho$$

6-6　如图所示，圆形孔口出流速度 v 与作用水头 H，孔口直径 d，水的密度 ρ 和动力黏滞系数 μ，重力加速度 g 有关，试用 π 定理推导孔口流量公式。

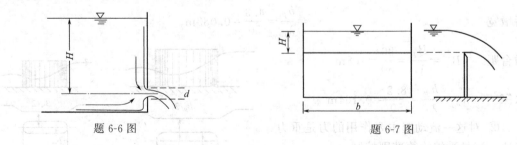

題 6-6 图　　　　　　　　　　　題 6-7 图

6-7　如图所示，已知矩形薄壁堰的溢流量 Q 与堰上水头 H，堰宽 b，水的密度 ρ 和动力黏滞系数 μ，重力加速度 g 有关，试用 π 定理推导流量公式。

6-8　加热炉回热装置冷态模型试验，模型长度比尺 $\lambda_l = 5$，已知回热装置中烟气的运动黏滞系数为

$\nu=0.7\times10^{-4}\,\mathrm{m^2/s}$，流速为 $v=2.5\mathrm{m/s}$，试求 20℃空气在模型中的流速为多大时，流动才能相似。

6-9　用水管模拟输油管道，已知输油管直径 500mm，管长 100m，输油量为 $0.1\mathrm{m^3/s}$，油的运动黏滞系数为 $\nu=150\times10^{-6}\,\mathrm{m^2/s}$，水管直径 25mm，水的运动黏滞系数为 $\nu=1.01\times10^{-6}\,\mathrm{m^2/s}$，试求：

① 模型管道的长度和模型的流量；

② 如模型上测得的压力差 $(\Delta p/\gamma)=2.35\mathrm{cmH_2O}$，输油管的压差 $(\Delta p/\gamma)$ 是多少？

6-10　为研究输水管道上直径 600mm 阀门的阻力特性，采用直径 300mm，几何相似的阀门用气流做模型实验，已知输水管道的流量为 $0.283\mathrm{m^3/s}$，水的运动黏滞系数 $\nu=1\times10^{-6}\,\mathrm{m^6/s}$，空气的运动黏滞系数 $\nu=1.6\times10^{-5}\,\mathrm{m^2/s}$，试求模型的气流量。

6-11　如图所示，为研究汽车的动力特性，在风洞中进行模型实验。已知汽车高 1.5m，行车速度 108km/h，风洞风速 45m/s，测得模型车的阻力 $P_m=14\mathrm{kN}$，试求模型车的高度及汽车受到的阻力。

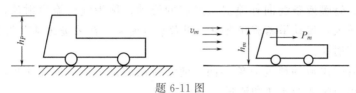

题 6-11 图

6-12　为研究风对高层建筑物的影响，在风洞中进行模型实验，当风速为 9m/s 时，测得迎风面压强为 42Pa，背风面压强为 $-20\mathrm{Pa}$，试求温度不变，风速增至 12m/s 时，迎风面和背风面的压强。

6-13　储水池放水模型实验，已知模型长度比尺为 225，开闸 10min 后水全部放空，试求放空储水池所需时间。

6-14　一个潮汐模型，按佛汝德准则设计，长度比尺 $\lambda_l=2000$，问原型中的一天，相当于模型时间是多少？

6-15　防浪堤模型实验，长度比尺为 40，测得浪压力为 130n，试求作用在原型防浪堤上的浪压力。

6-16　如图所示，溢流坝泄流模型实验，模型长度比尺为 60，溢流坝的泄流量为 $500\mathrm{m^3/s}$，试求：

① 模型的泄流量；

② 模型的堰上水头 $H_m=6\mathrm{cm}$，原型对应的堰上水头是多少？

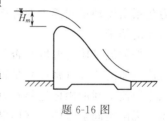

题 6-16 图

6-17　用长度比尺为 10 的模型试验炮弹的空气动力特性，已知炮弹的飞行速度为 1000m/s，空气温度为 40℃，空气的动力黏滞系数为 $\mu=19.2\times10^{-6}\,\mathrm{Pa\cdot s}$，模型空气温度为 10℃，空气的动力黏滞系数为 $\mu=17.8\times10^{-6}\,\mathrm{Pa\cdot s}$，试求满足黏滞力和弹性力相似，模型的风速和压强。

6-18　为研究吸风口附近气流的运动，用长度比尺 10 的模型试验，测得模型吸风口的流速为 10m/s，距风口 0.2m 处轴线上的流速为 0.5m/s，原型吸风口的流速为 18m/s，试求与模型相对应点的位置及该点的流速。

6-19　为研究温差射流运动的轨迹，用长度比尺为 6 的模型进行试验，已知原型风口的风速为 22m/s，温差为 15℃，模型风口的风速为 8m/s，原型和模型周围空气的温度均为 20℃，试求模型的温差应为多少？

6-20　车间长 40m，宽 20m，高 8m，由直径为 0.6m 的风口送风，送风量为 $2.3\mathrm{m^3/s}$，用长度比尺为 5 的模型试验，原型和模型的送风温度均为 20℃，试求模型尺寸及送风量。（提示：模型用铸铁送风管，最低雷诺数 60000 时进入阻力平方区。）

6-21　原型和模型流体的物理特性相同，长度比尺为 λ_l，试求在满足雷诺准则的条件下，作用在原型和模型上的力之比。

6-22　在什么条件下，模型实验可达到同时满足黏滞力相似和重力相似。

第七章 气体射流

在许多工农业部门，都会遇到大量的射流问题，在暖通空调、环境工程和给排水工程中，含有污染物质的废水经排污口射入江河湖海以及废气经烟囱射入大气均有如何射流的问题。

气体自孔口、管嘴或条缝向外喷射所形成的流动，称为气体淹没射流，简称为气体射流。当出口速度较大，流动呈紊流状态时，叫做紊流射流。在采暖通风空调工程上所应用的射流多为气体紊流射流。

射流与孔口管嘴出流的研究对象不同。前者讨论的是出流后的流速场、温度场和浓度场。后者仅讨论出口断面的流速和流量。

射流按流态可分为层流射流和紊流射流，后者也称紊动射流。

射流按断面形状可分为平面（二维）射流、圆断面（轴对称）射流和矩形断面（三维）射流。

射流按环境的性质不同可分为淹没射流和非淹没射流。

按射流的原动力可以分为动量射流（简称射流）、浮力羽流（简称羽流）和浮力射流（简称浮射流）。动量射流以出流的动量为原动力，一般等密度的射流属于这种类型。浮力羽流则以浮力为原动力，如热源上产生的烟气，形似羽毛飘浮在空中而得此名。浮射流的原动力包括出流动量和浮力两方面，如污水排入密度较大的河口、港湾等水体的污水射流就是浮射流的例子。

按射流气体的温度是否与周围气体温度相同，可将射流分为等温射流和温差射流；根据射流气体的浓度（密度）是否与周围气体浓度相同，可将射流分为等浓度射流和浓差射流；根据射流空间的固体边界对射流有没有限制作用，可将射流分为无限空间射流和有限空间射流。无限空间射流中，气体射流所射入的空间足够大，射流在完全没有限制的情况下处在自由扩张状态，故又称为自由射流。有限空间射流，又称受限射流。本章主要介绍无限空间射流，对有限空间射流仅做简单介绍。

第一节 淹没紊流射流的结构特征

现以无限空间中圆断面紊流射流为例，讨论紊流射流的形成过程。流体从一个半径为 r_0 的圆断面管嘴喷出，出口断面上的速度认为是均匀分布，都等于 v_0，且流动为紊流，射入无限空间静止流体中，形成一个轴对称的射流。

取射流轴线为 x 轴方向。射流进入空间后，由于紊流的横向脉动造成射流气体与周围静止介质之间不断发生质量、动量交换，带动周围的介质流动，从而使射流的横断面积和质量流量沿 x 轴方向不断增加，形成了向周围扩散的锥体状流动场，见图 7-1。

一、紊流射流的分区

（1）从速度分布区分

核心区：射流中心保持原出口速度 v_0 的区域，如图 7-1 中的 MOD 锥体。

边界层：射流中其他速度小于 v_0 的部分，又称为混合区。

（2）从紊流发展情况区分

起始段：从喷嘴出口至核心区的末端断面（称为过渡断面）之间的区段。

主体段：过渡断面以后的整个射流部分，为紊流充分发展的区段。主体段和起始段之间还有一过渡段，由于过渡段很短，在分析中为简化起见，一般不予考虑，将射流只分为起始段和主体段。

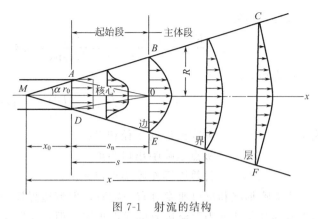

图 7-1　射流的结构

二、紊流淹没射流的基本特征

大量的实验研究表明，紊流淹没射流具有以下三个基本特征。

1. 几何特征——射流边界的线性扩展

实验结果及半经验理论都得出射流外边界是一条直线，将射流外边界延至喷嘴内交于 M 点，称为极点，$\angle AMD$ 的一半称为极角 α，又称为扩散角，可用下式计算

$$\tan\alpha = a\varphi \tag{7-1}$$

式中　a——紊流系数，是表示射流流动结构的特征系数，由实验确定；

　　　φ——喷嘴断面形状系数，由实验得知，对于平面射流，$\varphi=2.44$；对于圆断面射流，$\varphi=3.4$。

紊流系数 a 与下面两个因素有关：①与出口断面上的紊流强度有关，紊流强度越大，扩散角 α 也越大，a 值越大，被带动的周围介质越多，射流速度沿程下降越快；②与出口断面速度分布的均匀性有关，速度分布越不均匀，a 值越大。如果速度分布均匀 $u_{最大}/u_{平均}=1$，则 $a=0.066$；如果不太均匀，例如 $u_{最大}/u_{平均}=1.25$，则 $a=0.076$。各种不同形状喷嘴的扩散角 α 和紊流系数 a 的实测值列于表 7-1。从表 7-1 可以看出，凡在喷嘴上设有导风板、金属网格，必然使气流紊流强度加大，紊流系数 a 就增大，扩散角 α 也增大。

表 7-1　紊流系数

喷嘴种类	a	2α	喷嘴种类	a	2α
带有收缩口的喷嘴	0.066 0.071	25°20′ 27°10′	带金属网格的轴流风机 收缩极好的平面喷口	0.24 0.108	78°40′ 29°30′
圆柱形管	0.076 0.08	29°00′	平面壁上锐缘狭缝	0.118	32°10′
带有导风板的轴流式通风机 带导流板的直角弯管	0.12 0.20	44°30′ 68°30′	具有导叶且加工磨圆边口的风道上纵向缝	0.155	41°20′

从表 7-1 中数值亦可知，喷嘴上装置不同形式的风板栅栏，则出口截面上气流的扰动紊乱程度不同，因而紊流系数 a 也就不同。扰动的紊流系数 a 值增大，扩散角 α 也越大。

从图 7-1 可得出圆断面射流的射流半径沿射程的变化规律

$$\frac{R}{r_0} = \frac{x_o+s}{x_0} = 1+\frac{s}{r_0/\tan\alpha} = 1+3.4a\frac{s}{r_0} = 3.4\left(\frac{as}{r_0}+0.294\right) \tag{7-2}$$

又可表示为

$$\frac{R}{r_0}=\frac{x_0/r_0+s/r_0}{x_0/r_0}=\frac{\overline{x_0}+\overline{s}}{1/\tan\alpha}=3.4a(\overline{x_0}+\overline{s})=3.4a\,\overline{x} \tag{7-3}$$

用直径表示

$$\frac{D}{d_0}=6.8\left(\frac{as}{d_0}+0.147\right) \tag{7-4}$$

式中 r_0，d_0——喷嘴出口的半径和直径；

x_0——极点至喷嘴出口距离；

s——计算断面至喷嘴出口距离。

当喷嘴形状和出口速度分布一定时，射流边界按一定的扩散角 α 向前作扩散运动，即紊动射流的几何特征为射流边界的线性扩展。但在实际工作中，边界线是不规则的，如烟囱冒烟时，射流边界并不规则，我们所说的射流边界的线性扩展是从统计意义上说的。

2. 运动特征——射流各截面上纵向流速分布的相似性

射流的速度分布规律反映射流的运动特征。许多学者做了大量实验，对不同横截面上的速度分布进行了测定。结果表明，无论是在射流的起始段还是在射流的主体段，各断面的纵向流速分布具有明显的相似性，也称自模性。图 7-2 给出的是阿勃拉莫维奇在起始段的实验结果，图 7-3 给出的是特留彼尔在轴对称射流主体段的实验结果。

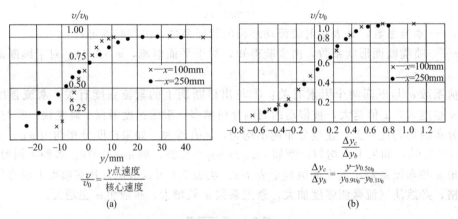

图 7-2 起始段流速分布

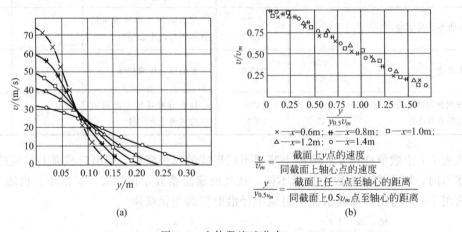

图 7-3 主体段流速分布

从图 7-2、图 7-3 中可以看出，无论起始段或主体段内，轴心速度最大，从轴心向边界层边缘，速度逐渐减小至零。同时可以看出，距喷嘴距离越远（即 x 值越大），边界层厚度越大，而轴心速度则越小，即随着 x 的增大，速度分布曲线不断地扁平化。

如果纵坐标用相对速度，或无因次速度；横坐标用相对距离，或无因次距离以代替原图中的速度 v 和横向距离 y，就得到图 7-2(b)、图 7-3(b) 的曲线。对照图 7-4(b)，主体段内无因次距离与无因次速度的取法规定

$$\frac{y}{y_{0.5v_m}}=\frac{\text{截面上任一点至轴心的距离}}{\text{同截面上 } 0.5v_m \text{ 点至轴心的距离}}$$

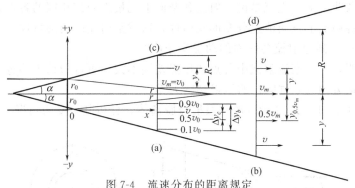

图 7-4 流速分布的距离规定

（a）起始段实验资料；（b）主体段实验资料；（c）起始段半经验公式；（d）主体段半经验公式

在上式中，$0.5v_m$ 点表示速度为轴心速度的一半之处的点。

$$\frac{v}{v_m}=\frac{\text{截面上 } y \text{ 点的速度}}{\text{同截面上轴心点的速度}}$$

整理起始段时，所用无因次量为

$$\frac{\Delta y_c}{\Delta y_b}=\frac{y-y_{0.5v_0}}{y_{0.9v_0}-y_{0.1v_0}}$$

$$\frac{v}{v_0}=\frac{y \text{ 点速度}}{\text{核心速度}}$$

式中　y——起始段任一点至 $0x$ 线的距离，$0x$ 线是以喷嘴边缘所引平行轴心线的横坐标轴；

$y_{0.5v_0}$——同一截面上 $0.5v_0$ 点至边缘轴线 $0x$ 的距离；

$y_{0.9v_0}$——同一截面上 $0.9v_0$ 点至边缘轴线 $0x$ 的距离；

$y_{0.1v_0}$——同一截面上 $0.1v_0$ 点至 $0x$ 线的距离。

阿勃拉莫奇用半经验公式表示射流各横截面上的无因次速度分布

$$\frac{v}{v_m}=\left[1-\left(\frac{y}{R}\right)^{1.5}\right]^2 \tag{7-5}$$

令

$$\frac{y}{R}=\eta$$

$$\frac{v}{v_m}=[1-\eta^{1.5}]^2 \tag{7-6}$$

式(7-5) 如用于起始段，仅考虑边界层中流速分布，参看图 7-4(c)。则式中

y——截面上任意点至核心边界的距离；

R——同截面上边界层厚度；

v——截面上边界层中 y 点的速度；

v_m——核心速度 v_0。

式(7-5) 如用于主体段，参看图 7-4(d)。则式中

y——横截面上任意点至轴心距离；

R——该截面上射流半径（半宽度）；

v——y 点上速度；

v_m——该截面轴心速度。

可以看出，无论是起始段还是主体段，原来不同断面上的速度分布曲线，经无量纲化处理，都落在同一条曲线上。也就是说，射流各断面上无量纲距离相同的各点无量纲速度是相等的，表明射流各截面上纵向流速分布的相似性，这就是射流的运动特性。

3. 动力特征——通过射流各断面的动量是守恒的

实验研究表明，自由紊流射流中各点的压强差别不大，可近似认为均等于周围静止气体的压强，即沿流动方向（x 方向）的压强梯度为零。

现取图 7-5 中 1—1、2—2 所截的一段射流脱离体，分析其上受力情况。

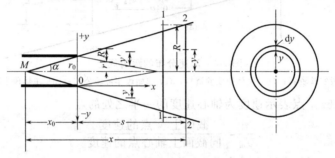

图 7-5 射流计算式的推证

以圆断面射流为例应用动量守恒原理，出口截面上动量流量为 $\rho Q_0 v_0 = \rho \pi r_0^2 v_0^2$，任意横截面上的动量流量由积分得

$$\int_0^R v\rho 2\pi y \,\mathrm{d}y v = \int_0^R 2\pi \rho v^2 y \,\mathrm{d}y \tag{7-7}$$

由射流的动力特征得

$$\pi \rho r_0^2 v_0^2 = \int_0^R 2\pi \rho v^2 y \,\mathrm{d}y \tag{7-8}$$

对于平面射流取单宽进行分析，出口截面的动量通量为 $\rho Q_0 v_0 = \rho 2 b_0 v_0^2$；对于任意截面由积分可得

$$\int_A \rho v^2 \,\mathrm{d}A = 2\int_0^B \rho v^2 \,\mathrm{d}y \tag{7-9}$$

由射流动力特征可得

$$\rho 2 b_0 v_0^2 = 2\int_0^B \rho v^2 \,\mathrm{d}y \tag{7-10}$$

第二节　圆断面射流

圆断面射流是指射流断面为圆形，射入同种性质流体内的一种轴对称射流。

对于圆断面射流，可以认为是从极点发射出来的一种流动，该极点称之为轴对称射流源。

采用圆柱坐标进行分析，取极点为坐标原点，轴向坐标为 x 轴，断面径向坐标为 y 轴（参见图7-6）。

根据紊流射流特征来研究圆断面射流的速度 v、流量 Q 沿射程 s（或 x）的变化规律。

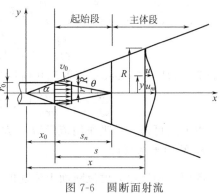

图 7-6　圆断面射流

一、主体段的速度和流量沿 x 方向的变化规律

1. 轴心速度 v_m

根据式（7-8）

$$\pi \rho r_0^2 v_0^2 = \int_0^R 2\pi \rho v^2 y \, dy$$

式中左边为喷嘴出口断面动量通量，右边为轴向坐标为 x 的断面动量通量。两边同除以 $\pi \rho R^2 v_m^2$ 得

$$\left(\frac{r_0}{R}\right)^2 \left(\frac{v_0}{v_m}\right)^2 = 2\int_0^1 \left(\frac{v}{v_m}\right)^2 \frac{y}{R} \, d\left(\frac{y}{R}\right) \tag{7-11}$$

将 $\dfrac{v}{v_m} = \left[1 - \left(\dfrac{y}{R}\right)^{1.5}\right]^2$，$\dfrac{y}{R} = \eta$ 代入，则

$$\left(\frac{r_0}{R}\right)^2 \left(\frac{v_0}{v_m}\right)^2 = 2 \int_0^1 \left[(1 - \eta^{1.5})^2\right]^2 \eta \, d\eta = 2B_2 \tag{7-12}$$

对主体段无量纲速度分布曲线分段积分，即可求得 B_2，具体数值可查表7-2。表中 $B_n = \int_0^1 \left(\dfrac{v}{v_m}\right)^n \eta \, d\eta$，$C_n = \int_0^1 \left(\dfrac{v}{v_m}\right)^n d\eta$。当 $n = 2$ 时，查得 $B_2 = 0.0464$，代入式（7-12），可得

$$\left(\frac{r_0}{R}\right)^2 \left(\frac{v_0}{v_m}\right)^2 = 2B_2 = 2 \times 0.0464 = 0.0928$$

表 7-2　B_n 和 C_n 值

n	1	1.5	2	2.5	3
B_n	0.0985	0.064	0.0464	0.0359	0.0286
C_n	0.3845	0.3065	0.2585	0.2256	0.2015

化简得

$$\frac{v_m}{v_0} = 3.28 \frac{r_0}{R}$$

再将射流半径 R 沿程变化规律式（7-2）、式（7-3）代入，得

$$\frac{v_m}{v_0} = \frac{0.965}{\dfrac{as}{r_0} + 0.294} = \frac{0.48}{\dfrac{as}{d_0} + 0.147} = \frac{0.96}{a \, \overline{x}} \tag{7-13}$$

说明了主体段内无因次轴心速度与无因次距离 $\overline{x}$ 成反比的规律。

2. 断面流量 Q

定义射流出口截面流量为 Q_0，轴心距离为 x 的任意截面流量为 Q，则无量纲流量

$$\frac{Q}{Q_0} = \frac{2\pi \int_0^R v y \, dy}{\pi r_0^2 v_0} = 2\int_0^{\frac{R}{r_0}} \left(\frac{v}{v_0}\right) \left(\frac{y}{r_0}\right) d\left(\frac{y}{r_0}\right) \tag{7-14}$$

用 $\dfrac{v}{v_0} = \dfrac{v}{v_m} \times \dfrac{v_m}{v_0}$；$\dfrac{y}{r_0} = \dfrac{y}{R} \times \dfrac{R}{r_0}$ 代换得

$$\frac{Q}{Q_0} = 2\frac{v_m}{v_0}\left(\frac{R}{r_0}\right)^2 \int_0^1 \left(\frac{v}{v_m}\right)\left(\frac{y}{R}\right) \mathrm{d}\left(\frac{y}{R}\right) \tag{7-15}$$

查表 7-2，$B_1 = 0.0985$；将射流几何特征关系式（7-2）及轴心速度关系式（7-13）代入得

$$\frac{Q}{Q_0} = 2.2\left(\frac{as}{r_0} + 0.294\right) = 4.4\left(\frac{as}{d_0} + 0.147\right) = 2.2a\,\overline{x} \tag{7-16}$$

由上式可得：卷吸作用流量沿 x 方向逐渐增加，并且无量纲流量与无量纲距离成正比。

3. 断面平均流速 v_1

断面平均流速为射流断面上流速的算术平均值，即 $v_1 = \dfrac{Q}{A}$，而出口断面 $v_0 = \dfrac{Q_0}{A_0}$，所以无量纲断面平均流速为

$$\frac{v_1}{v_0} = \frac{Q}{Q_0} \times \frac{A_0}{A} = \frac{Q}{Q_0}\left(\frac{r_0}{R}\right)^2 \tag{7-17}$$

将射流几何特征关系式（7-2）及无量纲流量式（7-16）代入上式，得

$$\frac{v_1}{v_0} = \frac{0.095}{\dfrac{as}{d_0} + 0.147} = \frac{0.19}{\dfrac{as}{r_0} + 0.294} = \frac{0.19}{a\,\overline{x}} \tag{7-18}$$

4. 质量平均流速 v_2

质量平均流速 v_2 是某截面的质量平均流速 v_2 乘以通过同一截面的质量流量 ρQ，即为单位时间通过该截面的真实动量。根据定义列出口截面与任一截面的动量守恒方程式

$$\rho Q_0 v_0 = \rho Q v_2$$

$$\frac{v_2}{v_0} = \frac{Q_0}{Q} = \frac{0.23}{\dfrac{as}{d_0} + 0.147} = \frac{0.4545}{\dfrac{as}{r_0} + 0.294} = \frac{0.4545}{a\,\overline{x}} \tag{7-19}$$

式（7-19）说明无量纲质量平均流速和无量纲距离呈反比关系。

比较式（7-13）与式（7-19）得，$v_2 = 0.47 v_m$。因此用 v_2 代表使用区的流速要比 v_1 更合适些。

上述圆断面射流主体段运动参数的变化规律，也可近似地用于矩形断面喷嘴射流，但不适用于平面射流。用于矩形断面喷嘴射流时，要把矩形断面换算成当量直径代入进行计算。

二、起始段的速度和流量沿 x 方向的变化规律

1. 核心长度 s_n 及核心收缩角 θ

起始段的核心长度 s_n 是指喷嘴出口截面至核心区末端的距离。在核心区末端 $s = s_n$，此时 $v_m = v_0$，代入式（7-13）得

$$\frac{v_m}{v_0} = 1 = \frac{0.965}{\dfrac{a s_n}{r_0} + 0.294}$$

化简得

$$s_n = 0.672\frac{r_0}{a} \tag{7-20}$$

令 $\overline{s_n} = \dfrac{s_n}{r_0}$，得

$$\overline{s_n} = 0.672\frac{1}{a} \tag{7-21}$$

核心收缩角为 θ，则

$$\tan\theta=\frac{r_0}{s_n}=1.49a \tag{7-22}$$

2. 起始段流量 Q

在起始段内，轴心速度 v_m 等于射流出口断面速度 v_0，与射程无关，因此无需讨论轴心速度的变化规律，现讨论起始段流量 Q 与射程 s 的关系。起始段流量 Q 由两部分组成：一是核心区内断面上所通过的流量 Q'，二是边界层内断面上所通过的流量 Q''，即

$$Q=Q'+Q''$$

核心区无量纲流量

$$\frac{Q'}{Q_0}=\frac{\pi r^2 v_0}{\pi r_0^2 v_0}=\left(\frac{r}{r_0}\right)^2 \tag{7-23}$$

由图 7-6 可以看出，核心区半径的几何关系

$$r=r_0-s\tan\theta=r_0-1.49as \tag{7-24}$$

上式两边同除以 r_0，得

$$\frac{r}{r_0}=1-1.49\frac{as}{r_0} \tag{7-25}$$

代入式(7-23) 得到

$$\frac{Q'}{Q_0}=1-2.98\frac{as}{r_0}+2.22\left(\frac{as}{r_0}\right)^2 \tag{7-26}$$

边界层中无量纲流量

$$\frac{Q''}{Q_0}=\frac{\int_r^{r+R} v\times 2\pi h\,\mathrm{d}h}{\pi r_0^2 v_0} \tag{7-27}$$

式中　r——核心区半径；

　　　R——边界层厚度；

　　　h——所取截面上任一点到轴心的距离，$h=r+y$；

　　　y——截面上任一点到核心边界的距离。

将 $h=r+y$ 代入式(7-27)，并展开

$$\begin{aligned}\frac{Q''}{Q_0}&=2\int_{r/r_0}^{\frac{R+r}{r_0}}\frac{v}{v_0}\times\frac{(r+y)}{r_0}\mathrm{d}\left(\frac{r+y}{r_0}\right)\\&=2\int_{r/r_0}^{\frac{R+r}{r_0}}\frac{v}{v_0}\times\frac{y}{r_0}\mathrm{d}\left(\frac{y}{r_0}\right)+2\int_{r/r_0}^{\frac{R+r}{r_0}}\frac{v}{v_0}\times\frac{r}{r_0}\mathrm{d}\left(\frac{r}{r_0}\right)\\&=2\left(\frac{R}{r_0}\right)^2\int_0^1\frac{v}{v_0}\times\frac{y}{R}\mathrm{d}\left(\frac{y}{R}\right)+2\left(\frac{r}{r_0}\right)\left(\frac{R}{r_0}\right)\int_0^1\frac{v}{v_0}\mathrm{d}\left(\frac{y}{R}\right)\\&=2\left(\frac{R}{r_0}\right)^2 B_1+2\left(\frac{r}{r_0}\right)\left(\frac{R}{r_0}\right)C_1\end{aligned} \tag{7-28}$$

式中，$B_1=\int_0^1\left(\frac{v}{v_0}\right)\left(\frac{y}{R}\right)\mathrm{d}\left(\frac{y}{R}\right)$；$C_1=\int_0^1\left(\frac{v}{v_0}\right)\mathrm{d}\left(\frac{y}{R}\right)$，查表 7-2，$B_1=0.0985$，$C_1=0.3845$。

再由图 7-6 可得

$$\left.\begin{aligned}r+R&=r_0+s\tan\alpha=r_0+3.4as\\R&=r_0+3.4as-(r_0-1.49as)=4.89as\end{aligned}\right\} \tag{7-29}$$

故

$$\frac{R}{r_0}=4.89\frac{as}{r_0} \tag{7-30}$$

查表 7-2 得 B_1、C_1，并将式(7-25)、式(7-30)，代入式(7-28) 得到

$$\frac{Q''}{Q_0} = 3.74\frac{as}{r_0} - 0.9\left(\frac{as}{r_0}\right)^2 \tag{7-31}$$

整个断面上的流量为

$$\frac{Q}{Q_0} = \frac{Q'+Q''}{Q_0} = 1 + 0.76\frac{as}{r_0} + 1.32\left(\frac{as}{r_0}\right)^2 \tag{7-32}$$

3. 断面平均流速 v_1

$$\frac{v_1}{v_0} = \frac{Q/A}{Q_0/A_0} = \frac{Q'+Q''/A}{Q_0/A_0} = \frac{Q'+Q''}{Q_0}\left(\frac{r_0}{R+r}\right)^2$$

将式(7-29)和式(7-32)代入，整理得

$$\frac{v_1}{v_0} = \left[1 + 0.76\frac{as}{r_0} + 1.32\left(\frac{as}{r_0}\right)^2\right]\left(\frac{1}{1+3.4\frac{as}{r_0}}\right)^2 = \frac{1+0.76\frac{as}{r_0}+1.32\left(\frac{as}{r_0}\right)^2}{1+6.8\frac{as}{r_0}+11.56\left(\frac{as}{r_0}\right)^2} \tag{7-33}$$

4. 质量平均流速 v_2

根据射流各截面的动量守恒原则，有

$$\rho Q_0 v_0 = \rho Q v_2$$

$$\frac{v_2}{v_0} = \frac{Q_0}{Q} = \frac{Q_0}{Q'+Q''} = \frac{1}{1+0.76\frac{as}{r_0}+1.32\left(\frac{as}{r_0}\right)^2} \tag{7-34}$$

上述的推导结果均列于表 7-3 中。

表 7-3　射流参数的计算

段名	参 数 名 称	符号	圆断面射流	平 面 射 流
主体段	扩散角	α	$\tan\alpha = 3.4a$	$\tan\alpha = 2.44a$
	射流直径或半高度	D b	$\frac{D}{d_0} = 6.8\left(\frac{as}{d_0}+0.147\right)$	$\frac{b}{b_0} = 2.44\left(\frac{as}{b_0}+0.41\right)$
	轴心速度	v_m	$\frac{v_m}{v_0} = \frac{0.48}{\frac{as}{d_0}+0.147}$	$\frac{v_m}{v_0} = \frac{1.2}{\sqrt{\frac{as}{b_0}+0.41}}$
	流量	Q	$\frac{Q}{Q_0} = 4.4\left(\frac{as}{d_0}+0.147\right)$	$\frac{Q}{Q_0} = 1.2\sqrt{\frac{as}{b_0}+0.41}$
	断面平均流速	v_1	$\frac{v_1}{v_0} = \frac{0.095}{\frac{as}{d_0}+0.147}$	$\frac{v_1}{v_0} = \frac{0.492}{\sqrt{\frac{as}{b_0}+0.41}}$
	质量平均流速	v_2	$\frac{v_2}{v_0} = \frac{0.23}{\frac{as}{d_0}+0.147}$	$\frac{v_2}{v_0} = \frac{0.833}{\sqrt{\frac{as}{b_0}+0.41}}$
起始段	流量	Q	$\frac{Q}{Q_0} = 1 + 0.76\frac{as}{r_0} + 1.32\left(\frac{as}{r_0}\right)^2$	$\frac{Q}{Q_0} = 1 + 0.43\frac{as}{b_0}$
	断面平均流速	v_1	$\frac{v_1}{v_0} = \frac{1+0.76\frac{as}{r_0}+1.32\left(\frac{as}{r_0}\right)^2}{1+6.8\frac{as}{r_0}+11.56\left(\frac{as}{r_0}\right)^2}$	$\frac{v_1}{v_0} = \frac{1+0.43\frac{as}{b_0}}{1+2.44\frac{as}{b_0}}$
	质量平均流速	v_2	$\frac{v_2}{v_0} = \frac{1}{1+0.76\frac{as}{r_0}+1.32\left(\frac{as}{r_0}\right)^2}$	$\frac{v_2}{v_0} = \frac{1}{1+0.43\frac{as}{b_0}}$
	核心长度	s_n	$s_n = 0.672\frac{r_0}{a}$	$s_n = 1.03\frac{b_0}{a}$
	喷嘴至极点距离	x_0	$x_0 = 0.294\frac{r_0}{a}$	$x_0 = 0.41\frac{b_0}{a}$
	收缩角	θ	$\tan\theta = 1.49a$	$\tan\theta = 0.97a$

【例 7-1】 用一带有金属网格的轴流风机水平送风，风机出口直径 $d_0=700\text{mm}$，出口风速 13m/s，求距出口 10m 的轴心速度和风量。

解： 由表 7-1 查得 $a=0.24$

计算起始段的核心长度 s_n，由式(7-20)

$$s_n=0.672\times\frac{r_0}{a}=0.672\times\frac{0.35}{0.24}=0.98\text{m}$$

由于 $s=10\text{m}>s_n$，计算截面位于主体段。由式(7-13)，得

$$\frac{v_m}{v_0}=\frac{0.483}{\dfrac{as}{d_0}+0.147}=\frac{0.483}{\dfrac{0.24\times10}{0.7}+0.147}=0.14$$

$$v_m=0.14v_0=0.14\times13=1.82\text{m/s}$$

由式(7 16)，得

$$\frac{Q}{Q_0}=4.4\left(\frac{as}{d_0}+0.147\right)=4.4\left(\frac{0.24\times10}{0.7}+0.147\right)=15.73$$

$$Q=15.73Q_0=15.73\times\frac{\pi}{4}d_0^2v_0=15.73\times\frac{\pi}{4}\times0.7^2\times13=78.67\text{m}^3/\text{s}$$

【例 7-2】 已知所需射流半径为 1.5m，质量平均流速 $v_2=4\text{m/s}$，圆形喷嘴直径为 0.4m。求：①喷口至工作地带的距离 s；②喷嘴流量。

解： ①由表 7-1 查得，紊流系数 $a=0.076$

由式(7-2) 知

$$\frac{R}{r_0}=3.4\left(\frac{as}{r_0}+0.294\right)$$

$$\frac{R}{r_0}=3.4\left(\frac{0.076s}{0.2}+0.294\right)$$

所以 $s=5.03\text{m}$

由式(7-20) 知，$s_n=0.671\dfrac{r_0}{a}=0.671\times\dfrac{0.2}{0.076}=1.77\text{m}$，故 $s>s_n$，所求横截面在主体段内。

② 求流量 Q_0

所需射流截面位于主体段内，应用主体段质量平均流速公式(7-19) 可得出口速度 v_0

$$\frac{v_2}{v_0}=\frac{0.4545}{\dfrac{as}{r_0}+0.294}=\frac{0.4545}{\dfrac{0.076\times5.03}{0.2}+0.294}$$

$$\frac{v_2}{v_0}=0.206$$

$$v_0=\frac{v_2}{0.206}=\frac{4}{0.206}=19.42\text{m/s}$$

$$Q_0=\frac{\pi}{4}d_0^2v_0=0.785\times(0.4)^2\times19.42=2.439\text{m}^3/\text{s}$$

第三节 平面射流

气体从一条狭长的缝隙中向外喷射运动，如果缝隙相当长，这种流动可视为平面射流。

显然，对于平面射流，气体只能在垂直于缝隙的方向上进行扩散。

平面射流喷口高度以 $2b_0$（b_0 半高度）表示，形状系数见表 7-1；φ 值为 2.44，于是 $\tan\alpha = 2.44a$。而几何、运动、动力特征完全与圆截面射流相似，所以各运动参数规律的推导基本与圆截面类似，这里不再推导。列公式于表 7-3 中。

现用 B 表示边界层的厚度，平面射流三个基本特征用公式表示如下。

几何特征

$$\frac{B}{b_0} = 2.44\left(\frac{as}{b_0} + 0.41\right) \tag{7-35}$$

运动特征

$$\frac{v}{v_m} = \left[1 - \left(\frac{y}{B}\right)^{1.5}\right]^2 \tag{7-36}$$

动力特征（取单位宽度）

$$2b_0\rho v_0^2 = 2\int_0^B \rho v^2 \, \mathrm{d}y \tag{7-37}$$

从表 7-3 中可以看出，对平面射流来说，在主体段各无量纲参数 $\left(\dfrac{B}{b_0}, \dfrac{v_m}{v_0}, \dfrac{Q}{Q_0}, \dfrac{v_1}{v_0}, \dfrac{v_2}{v_0}\right)$ 都与 $\dfrac{as}{b_0} + 0.41$ 无量纲距离有关。

和圆断面射流相比，流量沿程的增加、流速沿程的衰减都要慢些，这是因为平面射流的扩散被限定在垂直于条缝长度的平面上。

第四节　温差（浓差）射流

在采暖通风空调工程中，常采用冷风降温，热风采暖，为降低有害气体或者灰尘的浓度，向车间喷射清洁空气，这时改变环境温度就要用温差射流。将有害气体及灰尘浓度降低就要用浓差射流。所谓温差（浓差）射流就是射流本身的温度（浓度）与周围气体的温度（浓度）有差异。这两种射流中，除存在射流的速度场以外，还有温度场和浓度场。

温差（浓差）射流分析，主要是研究射流温差（浓差）分布场的规律，同时讨论由温差（浓差）引起射流弯曲的轴心轨迹。

温度场（浓度场）的形成与速度场相同，随着射流横向的动量交换，在质量交换的同时，还出现了热量的交换和浓度的变化，形成了扩散的温度场（浓度场）。但是，由于热量扩散比动量扩散要快些，因而温度场比速度场的边界发展也要快些，见图 7-7。

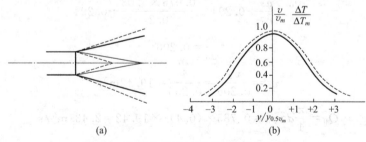

图 7-7　温度边界层与速度边界层的对比

然而在实际应用中，为了简化起见，可以认为温度场、浓度场的内外边界与速度场的内外边界相同，于是温差射流（浓差射流）运动参数的变化规律完全可以采用上两节讨论的结果。在此则只需讨论温度场（浓度场）的参数变化规律。本节仅给出轴心温差 ΔT_m，质量平均温差 ΔT_2 等沿射程 s 的变化规律。

设脚标 e、0、m 分别表示环境、出口及轴心气体的符号，则

对温差射流：

出口断面温差 $\hspace{6em} \Delta T_0 = T_0 - T_e$

轴心上温差 $\hspace{6em} \Delta T_m = T_m - T_e$

截面上任一点温差 $\hspace{5em} \Delta T = T - T_e$

对浓差射流：

出口断面浓差 $\hspace{6em} \Delta x_0 = x_0 - x_e$

轴心上浓差 $\hspace{6em} \Delta x_m = x_m - x_e$

截面上任意一点浓差 $\hspace{5em} \Delta x = x - x_e$

根据射流理论可以得出射流截面上温差分布、浓差分布与速度分布的关系如下

$$\frac{\Delta T}{\Delta T_m} = \frac{\Delta x}{\Delta x_m} = \sqrt{\frac{v}{v_m}} = 1 - \left(\frac{y}{R}\right)^{1.5} \tag{7-38}$$

将 $\dfrac{\Delta T}{\Delta T_m}$ 与 $\dfrac{v}{v_m}$ 绘在同一个无因次坐标上［如图 7-7（b）所示］，可以看出无因次温度分布曲线（虚线）比无因次速度分布曲线（实线）要宽，也证实了前面的分析。

与前述动力特征类似，据热力学可知，在等压的情况下，以周围气体的焓值作为起算点，射流各横截面上的相对焓值不变。这一特点称为热力特征。

设喷嘴断面上单位时间的相对焓值为 $\rho Q_0 c \Delta T_0$，则与射流任意横截面上单位时间通过的相对焓值 $\displaystyle\int_Q \rho c \Delta T \mathrm{d}Q$ 相等。

下面进行圆断面温差射流运动的分析。

一、轴心温差 ΔT_m

根据热力特征

$$\rho Q_0 c \Delta T_0 = \int_0^R \rho c \Delta T \times 2\pi y \mathrm{d}y \times v$$

两端除以 $\rho \pi R^2 v_m c \Delta T_m$，并将式(7-38) 代入，得出

$$\left(\frac{r_0}{R}\right)^2 \left(\frac{v_0}{v_m}\right) \left(\frac{\Delta T_0}{\Delta T_m}\right) = 2\int_0^1 \frac{v}{v_m} \times \frac{\Delta T}{\Delta T_m} \times \frac{y}{R} \mathrm{d}\left(\frac{y}{R}\right)$$

$$= 2\int_0^1 \left(\frac{v}{v_m}\right)^{1.5} \frac{y}{R} \mathrm{d}\left(\frac{y}{R}\right) = 2\int_0^1 \left(\frac{v}{v_m}\right)^{1.5} \eta \mathrm{d}\eta = 2B_{1.5} \tag{7-39}$$

查表 7-2，$B_{1.5} = 0.064$，再将主体段 $\dfrac{R}{r_0}$、$\dfrac{v_m}{v_0}$ 式代入，于是得出主体段轴心温差变化规律

$$\frac{\Delta T_m}{\Delta T_0} = \frac{0.706}{\dfrac{as}{r_0}+0.294} = \frac{0.35}{\dfrac{as}{d_0}+0.147} = \frac{0.706}{a\,\bar{x}} \tag{7-40}$$

从上式可以看出，无量纲的轴心温差和从极点算起的无量纲距离成反比。

二、主体段质量平均温差 ΔT_2

质量平均温差的定义是：某断面的质量平均温差 ΔT_2 与 $\rho Q c$ 乘积等于喷嘴出口断面的相对焓值。

列出口截面与射流任一横截面相对焓值的相等式，于是得到

$$\Delta T_2 = \frac{\rho c Q_0 \Delta T_0}{\rho Q c} = \frac{Q_0 \Delta T_0}{Q}$$

无因次质量温差与 Q_0/Q 相等，将式(7-16)代入，

$$\frac{\Delta T_2}{\Delta T_0} = \frac{Q_0}{Q} = \frac{0.455}{\dfrac{as}{r_0} + 0.294} = \frac{0.23}{\dfrac{as}{d_0} + 0.147} = \frac{0.455}{a \overline{x}} \tag{7-41}$$

从上式可以看出，主体段的无量纲质量平均温差和从极点算起的无量纲距离也是成反比的，而且 $\Delta T_2 \approx 0.64 \Delta T_m$。

三、起始段质量平均温差 ΔT_2

起始段轴心温差 ΔT_m 沿 x 轴是不变的，均等于 ΔT_0。

由热力特征同样可以求得起始段的质量平均温差

$$\frac{\Delta T_2}{\Delta T_0} = \frac{Q_0}{Q} = \frac{1}{1 + 0.76 \dfrac{as}{r_0} + 1.32 \left(\dfrac{as}{r_0} \right)^2} \tag{7-42}$$

浓差射流其规律与温差射流相同。所以，温差射流公式都适用于浓差射流。

圆截面和平面温差、浓差射流有关公式列于表7-4中。

表7-4　浓差、温差的射流参数计算公式

段名	参数名称	符号	圆断面射流	平面射流
主体段	轴心温差	ΔT_m	$\dfrac{\Delta T_m}{\Delta T_0} = \dfrac{0.353}{\dfrac{as}{d_0} + 0.147}$	$\dfrac{\Delta T_m}{\Delta T_0} = \dfrac{1.032}{\sqrt{\dfrac{as}{b_0} + 0.41}}$
	质量平均温差	ΔT_2	$\dfrac{\Delta T_2}{\Delta T_0} = \dfrac{0.23}{\dfrac{as}{d_0} + 0.147}$	$\dfrac{\Delta T_2}{\Delta T_0} = \dfrac{0.833}{\sqrt{\dfrac{as}{b_0} + 0.41}}$
	轴心浓差	Δx_m	$\dfrac{\Delta x_m}{\Delta x_0} = \dfrac{0.353}{\dfrac{as}{d_0} + 0.147}$	$\dfrac{\Delta x_m}{\Delta x_0} = \dfrac{1.032}{\sqrt{\dfrac{as}{b_0} + 0.41}}$
	质量平均浓差	Δx_2	$\dfrac{\Delta x_2}{\Delta x_0} = \dfrac{0.23}{\dfrac{as}{d_0} + 0.147}$	$\dfrac{\Delta x_2}{\Delta x_0} = \dfrac{0.833}{\sqrt{\dfrac{as}{b_0} + 0.41}}$
起始段	质量平均温差	ΔT_2	$\dfrac{\Delta T_2}{\Delta T_0} = \dfrac{1}{1 + 0.76 \dfrac{as}{r_0} + 1.32 \left(\dfrac{as}{r_0} \right)^2}$	$\dfrac{\Delta T_2}{\Delta T_0} = \dfrac{1}{1 + 0.43 \dfrac{as}{b_0}}$
	质量平均浓差	Δx_2	$\dfrac{\Delta x_2}{\Delta x_0} = \dfrac{1}{1 + 0.76 \dfrac{as}{r_0} + 1.32 \left(\dfrac{as}{r_0} \right)^2}$	$\dfrac{\Delta x_2}{\Delta x_0} = \dfrac{1}{1 + 0.43 \dfrac{as}{b_0}}$
	轴线轨迹方程		$\dfrac{y}{d_0} = \dfrac{x}{d_0} \tan\alpha + Ar \left(\dfrac{x}{d_0 \cos\alpha} \right)^2 \times \left(0.51 \dfrac{ax}{d_0 \cos\alpha} + 0.35 \right)$	$\dfrac{y}{2b_0} = \dfrac{0.226 Ar \left(\dfrac{ax}{2b_0} + 0.205 \right)^{\frac{5}{2}}}{a^2 \sqrt{T_e/T_0}}$

四、射流弯曲

温差（浓差）射流由于射流本身的密度与周围流体的温度（密度）不同，射流受到的重力和浮力不平衡，使射流轴线发生弯曲。例如，热射流的密度比周围流体的密度小，射流向

上弯曲，同理冷射流则向下弯曲。我们可以把整个射流近似的看作是对称的，只要研究射流轴线的弯曲轨迹即可。

有一热射流自直径为 d 的喷嘴喷出，射流轴线与水平线成 α 角，现分析弯曲轨迹。图7-8所给 A 点即为轴心线上单位体积射流，其上所受重力为 $\rho_m g$；浮力为 $\rho_e g_0$，则总的向上合力为 $(\rho_e - \rho_m)g$。根据牛顿定律，

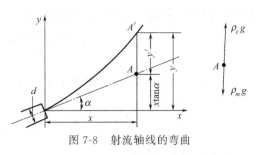

图 7-8 射流轴线的弯曲

$$F = \rho_m j \qquad (\rho_e - \rho_m)g = \rho_m j$$

$$j = \frac{\rho_e - \rho_m}{\rho_m}g$$

式中，j 为垂直向上的加速度。图 7-8 中可得射流轴心 A 点偏离的纵向距离为 y'，则 y' 和射流的垂直分速度 u_y、垂直加速度三者之间的关系为

$$j = \frac{\mathrm{d}u_y}{\mathrm{d}t} = \frac{\mathrm{d}^2 y'}{\mathrm{d}t^2} \quad 则 \ u_y = \int j \,\mathrm{d}t,$$

$$y' = \int u_y \,\mathrm{d}t = \int \mathrm{d}t \int j \,\mathrm{d}t$$

将 j 式代入，

$$y' = \int \mathrm{d}t \int \left(\frac{\rho_e}{\rho_m} - 1\right)g \,\mathrm{d}t$$

气体在等压过程时，状态方程式 $\rho g T = $ 常数。

可得 $\dfrac{\rho_e g}{\rho_m g} = \dfrac{T_m}{T_e}$；$\dfrac{\rho_e}{\rho_m} = \dfrac{T_m}{T_e}$，代入下式得

$$\frac{\rho_e}{\rho_m} - 1 = \frac{T_m}{T_e} - 1 = \frac{T_m - T_e}{T_e} = \frac{\Delta T_m}{\Delta T_0} \times \frac{\Delta T_0}{T_e}$$

将轴心温差换为轴心速度关系，应用式(7-13) 和式(7-40)

$$\frac{\rho_e}{\rho_m} - 1 = 0.73 \left(\frac{v_m}{v_0}\right)\frac{\Delta T_0}{T_e}$$

这样，
$$y' = \int \mathrm{d}t \int 0.73 \left(\frac{v_m}{v_0}\right)\left(\frac{\Delta T_0}{T_e}\right)g \,\mathrm{d}t$$

$$= \frac{0.73g}{v_0} \times \frac{\Delta T_0}{T_e} \int \mathrm{d}t \int v_m \,\mathrm{d}t$$

再用 $v_m = \dfrac{\mathrm{d}s}{\mathrm{d}t}$ 以及 $\dfrac{v_m}{v_0}$ 关系式倒数代入，并积分得

$$y' = \frac{0.73g}{v_0^2} \times \frac{\Delta T_0}{T_e} \int \frac{\frac{as}{r_0} + 0.294}{0.965} s \,\mathrm{d}s = \frac{g\Delta T_0}{v_0^2 T_e}\left(0.51\,\frac{a}{2r_0}s^3 + 0.11s^2\right)$$

将 0.11 换成 0.35 以与实测结果更符合，则

$$y' = \frac{g\Delta T_0}{v_0^2 T_e}\left(0.51\,\frac{a}{2r_0}s^3 + 0.35s^2\right) \tag{7-43}$$

上式就是圆断面射流轴心轨迹偏离值 y' 随 s 变化的规律。如图 7-8 所示，$s = \dfrac{x}{\cos\alpha}$，且

以喷嘴直径 d_0 除之，便得出无量纲轨迹方程为

$$\frac{y}{d_0}=\frac{x}{d_0}\tan\alpha+\left(\frac{gd_0\Delta T_0}{v_0^2 T_e}\right)\left(\frac{x}{d_0\cos\alpha}\right)^2\left(0.51\frac{ax}{d_0\cos\alpha}+0.35\right)$$

式中，$\dfrac{gd_0\Delta T_0}{v_0^2 T_e}=\mathrm{Ar}$ 为阿基米德准数，于是上式变为

$$\frac{y}{d_0}=\frac{x}{d_0}\tan\alpha+\mathrm{Ar}\left(\frac{x}{d_0\cos\alpha}\right)^2\left(0.51\frac{ax}{d_0\cos\alpha}+0.35\right)$$

对于平面温差射流，

$$\frac{\overline{y}}{\mathrm{Ar}}\cdot\sqrt{\frac{T_e}{T_0}}=\frac{0.226}{a^2}(a\overline{x}+0.205)^{5/2} \tag{7-44}$$

式中，$\overline{y}=\dfrac{y}{2b_0}$；$\overline{x}=\dfrac{x}{2b_0}$。

【例 7-3】 利用带导风板的轴流风机向车间工作区送冷风，送风温度为 12℃，车间温度为 33℃。工作区要求工作面直径 $D=3.5\mathrm{m}$。质量平均风速为 4m/s，质量平均温度降到 27℃。求：①轴流风机出口直径及速度；②风机出口到工作面的距离。

解： ① 求风机出口直径及速度

查表 7-1，对于带导风板的轴流式通风机，紊流系数 $a=0.12$。

计算温差

$$\Delta T_0=12-33=-21\mathrm{K}$$
$$\Delta T_2=27-33=-6\mathrm{K}$$

设工作区位于主体段，由式(7-41)，有

$$\frac{\Delta T_2}{\Delta T_0}=\frac{0.23}{\dfrac{as}{d_0}+0.147}=\frac{-6}{-21}=0.286$$

得

$$\frac{as}{d_0}+0.147=\frac{0.23}{0.286}=0.804$$

由 $\dfrac{D}{d_0}=6.8\left(\dfrac{as}{d_0}+0.147\right)=6.8\times0.804=5.467$，求得

$$d_0=\frac{D}{5.467}=\frac{3.5}{5.467}=0.639\mathrm{m}$$

已知 $v_2=4\mathrm{m/s}$

$$\frac{v_2}{v_0}=\frac{0.23}{\dfrac{as}{d_0}+0.147}=\frac{0.23}{0.804}=0.286$$

求得 $v_0=\dfrac{v_2}{0.286}=\dfrac{4}{0.286}=13.98\mathrm{m/s}$。

② 求风机出口到工作区的距离 s

由 $\dfrac{as}{d_0}+0.147=0.804$，可得

$$s=(0.804-0.147)\times\frac{d_0}{a}=0.657\times\frac{0.639}{0.12}=3.499\mathrm{m}$$

核心长度 $s_n=0.672\dfrac{r_0}{a}=0.672\times\dfrac{0.3195}{0.12}=1.789$

由于 $s > s_n$，工作面确实位于主体段，以上计算有效。

【例 7-4】　上题若风机是水平送风，求射流在工作面的下降值 y'。

解：已知 $\Delta T_0 = -21\text{K}$，$v_0 = 13.98\text{m/s}$，$a = 0.12$，$d_0 = 0.639\text{m}$，$s = 3.499\text{m}$

周围气体温度 $T_e = 273 + 33 = 306\text{K}$

根据式(7-43)

$$y' = \frac{g \Delta T_0}{v_0^2 T_e}\left(0.51\frac{a}{d_0}s^3 + 0.35 s^2\right) = \frac{9.8 \times (-21)}{13.98^2 \times 306}\left(0.51 \times \frac{0.12}{0.639} \times 3.499^3 + 0.35 \times 3.499^2\right)$$

$$= -0.003441 \times (4.103 + 4.285) = -0.02886\text{m}$$

计算值为负值，表示射流向下弯曲。

第五节　有限空间射流

有限空间射流是指射流受到固体边壁的限制，不能充分扩散，又称为受限射流。在通风空间工程中，遇到的大部分射流都是有限空间射流，如利用射流向房间送风，房间的边墙、顶棚、地面等围护结构限制了射流的扩散，此时自由射流许多规律不再适用，但目前有限空间射流理论尚不成熟，有限空间射流的计算主要是根据实验成果整理出来的一些半经验公式。本节对此仅作简单介绍。

一、几何特征

自由射流边界层的发展不受任何限制，其几何特征是射流边界呈线性扩展。而有限空间

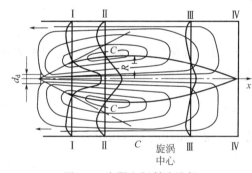

图 7-9　有限空间射流流场

射流则不一样，它的边界层的发展受到固体边壁的限制，射流半径和流量不是一直在增加，而是增大到一定程度后，反而逐渐减小，使其边界线呈橄榄形，这就是有限空间射流的几何特征。橄榄形边界的外部与固体边壁间形成与射流方向相反的回流区，流线呈闭合状，闭合流线环绕的中心，就是射流与回流共同形成的旋涡中心 C，参见图 7-9。

如图 7-9 所示：射流出口至断面 Ⅰ—Ⅰ，因为固体边壁尚未妨碍射流边界层的扩展，各运动参数所遵循的规律与自由射流一样，计算亦可用自由射流公式。称 Ⅰ—Ⅰ 断面为第一临界断面，从喷口至 Ⅰ—Ⅰ 为自由扩张段。

从 Ⅰ—Ⅰ 断面开始，射流边界层扩展受到影响，卷吸周围气体的作用减弱，因而射流半径和流量的增加速率逐渐减小，与此同时射流中心速度减小的速率也变慢。但总的趋势还是半径逐增，流量逐增。达到 Ⅱ—Ⅱ 断面（即旋涡中心所在的断面），射流各运动参数发生了根本转折，射流流线开始越出边界层产生回流。射流主体流量开始沿程减少。仅在 Ⅱ—Ⅱ 断面上主体流量为最大值，称 Ⅱ—Ⅱ 为第二临界断面，从 Ⅰ—Ⅰ 至 Ⅱ—Ⅱ 为有限扩张段。

射流在 Ⅱ—Ⅱ 断面以后，各项运动参数发生了根本转折，射流流线开始超出边界产生回流，射流主体流量开始减小，同时回流平均流速、回流流量都逐渐减小，注意射流半径则在Ⅱ—Ⅱ 断面稍后一点才达到最大值，Ⅱ—Ⅱ 至 Ⅳ—Ⅳ 段为收缩段。

有限空间射流的射流结构与喷嘴的安装位置有关，如果喷嘴安装在房间宽度和高度的正

中，射流结构上下、左右对称，射流主体呈橄榄形，四周为回流区。如果喷嘴靠近顶棚安装，高度在大于房间高度 H 的 0.7 倍以上时，射流将整个贴附在顶棚上，回流区全部集中在射流下部和地板之间，这种射流叫贴壁射流。产生这种现象的原因是由于靠近顶棚处流速大、压强小；而射流下部流速小，压强大；上、下压强差使射流紧贴于顶棚。贴壁射流可以看作是完整射流的一半，其规律相同。

二、动力特征

由实验知道，射流内部的压强是变化的，随射程的增大，压强增大，直至端头压强最大。达稳定后数值比周围大气压强要高些。因此，有限空间射流各断面动量是不相等的，而是沿程减小。第二临界断面以后，动量减少得更快，以致消失。因此，研究有限空间射流要比自由射流困难得多。

三、半经验公式

对有限空间射流的计算，目前仅有由实验研究得到的一些半经验公式。由于通风空调工程中，工作区一般设在射流的回流区内，因此，对回流区的风速有限定要求。为此，下面仅给出计算回流平均速度 v 的半经验公式

$$\frac{v}{v_0} \times \frac{\sqrt{F}}{d_0} = 0.177(10\overline{x})\,e^{10.7\overline{x} - 37x^2} = f(\overline{x}) \tag{7-45}$$

式中　v_0，d_0——喷嘴出口速度、直径；

　　　　F——垂直于射流的房间横截面积；

　　　　$\overline{x} = \dfrac{ax}{\sqrt{F}}$——射流截面至极点的无因次距离；

　　　　a——紊流系数。

在 Ⅱ—Ⅱ 截面上，回流流速为最大，以 v_1 表示。Ⅱ—Ⅱ 断面距喷嘴出口的无因次距离通过实验已得出为 $\overline{x} = 0.2$，代入式(7-45) 得出最大回流速度为

$$\frac{v_1}{v_0} \times \frac{\sqrt{F}}{d_0} = 0.69 \tag{7-46}$$

若设计计算中所需射流作用长度（即距离）为 L，则所相应的无因次距离为

$$\overline{L} = \frac{aL}{\sqrt{F}} \tag{7-47}$$

在设计要求的 L 处，射流回流平均流速为 v_2 是设计所限定的值。将 $\overline{x} = \overline{L}$ 及 v_2 代入式(7-45) 得

$$\frac{v_2}{v_0} \times \frac{\sqrt{F}}{d_0} = f(\overline{L}) \tag{7-48}$$

联立式(7-46) 与式(7-48) 可得

$$f(\overline{L}) = 0.69 \frac{v_2}{v_1} \tag{7-49}$$

由于 v_1、v_2 是由设计限定的，所以 $f(\overline{L})$ 也是可知的，故可用式(7-45) 求出 $\overline{x} = \overline{L}$。为简化计算给出表 7-5。

求出 $\overline{L}$ 后，可用式(7-47) 得出

$$L = \frac{\overline{L}\sqrt{F}}{a} \tag{7-50}$$

以上所给公式适用喷嘴高度 $h \geqslant 0.7H$ 的贴附射流。当 $h = (0.3 \sim 0.7)H$ 时，射流上下对称，向两个方向同时扩散，因此射程较贴附时短，仅是贴附射流的 70%。将式(7-50)中 $\sqrt{F}$ 以 $\sqrt{(0.3-0.7)F}$ 代替进行计算，即可得到 $h = (0.3 \sim 0.7)H$ 时的射程 L。

表 7-5　无因次距离 $\overline{L}$

$v_1/(\text{m/s})$	$v_2/(\text{m/s})$					
	0.07	0.10	0.15	0.20	0.30	0.40
0.50	0.42	0.40	0.37	0.35	0.31	0.28
0.60	0.43	0.41	0.38	0.37	0.33	0.30
0.75	0.44	0.42	0.40	0.38	0.35	0.33
1.00	0.46	0.44	0.42	0.40	0.37	0.35
1.25	0.47	0.46	0.43	0.41	0.39	0.37
1.50	0.48	0.47	0.44	0.43	0.40	0.38

【例 7-5】　车间长 70m，高 12m，宽 30m。长度方向送风，直径为 0.9m 的圆形风口设在墙高 6m 处的中央位置，紊数系数 $a = 0.08$。设计限制最大回流流速 $v_1 = 0.6\text{m/s}$，射流最小平均流速 $v_2 = 0.2\text{m/s}$，求风口送风量和射流作用的长度。

解：风口高 $h = 6\text{m}$，$H = 12\text{m}$，$h = 0.5H$，不是贴壁射流，式中 F 用 $0.5F$ 代替进行计算，$F = 30 \times 12 = 360\text{m}^2$，由式(7-48)得

$$v_0 = \frac{v_1}{d_0} \cdot \frac{\sqrt{0.5F}}{0.69} = \frac{0.6 \times \sqrt{0.5 \times 360}}{0.9 \times 0.69} = 12.96\text{m/s}$$

$$Q_0 = \frac{\pi d_0^2}{4} = \frac{\pi}{4} \times 0.9^2 \times 12.96 = 8.25\text{m}^3/\text{s}$$

由 $v_1 = 0.60\text{m/s}$，$v_2 = 0.20\text{m/s}$，查表 7-5 得 $\overline{L} = 0.37$，再根据式(7-50)得

$$L = \frac{\overline{L}\sqrt{F}}{a} = \frac{0.37 \times \sqrt{0.5 \times 360}}{0.08} = 62.05\text{m}$$

四、端涡流区

从喷嘴出口截面至收缩段终了 Ⅳ—Ⅳ 截面的射程长度 L_4，可用下列半经验公式计算。

$$\frac{L_4}{d_0} = 3.58 \frac{\sqrt{F}}{d_0} + \frac{1}{a}\left(0.147 \frac{\sqrt{F}}{d_0} - 0.133\right) \tag{7-51}$$

在房间长度大于 L_4 的情况下，实验证明在封闭末端产生涡流区，如图 7-10 所示。通风空调工程中不希望涡流区的出现，应当消除涡流区。

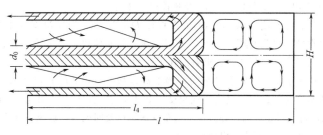

图 7-10　末端产生涡流区

思 考 题

1. 什么是射流？射流是如何分类的？

2. 紊动射流的几何特征、运动特征和动力特征是什么

3. 紊流射流是如何形成的？如何分区？

4. 什么是质量平均流速 v_2？为什么引入这一流速？

5. 为什么用无因次量研究射流运动？

6. 什么是圆断面射流？什么是平面射流？这两种射流的速度和流量沿程变化规律有何不同？

7. 什么是温差射流？什么是浓差射流？

8. 温差射流轨迹线为什么是弯曲的？如何确定其轨迹方程？

9. 温差（浓差）射流的基本特征是什么？温差射流的热力学特征是什么？

10. 温差射流中，无量纲温度分布线为什么在无量纲速度分布线的外边？

11. 有限空间射流的几何特征是什么？流速分布有何特点？各截面动量是否相等？

12. 什么是有限空间射流？有限空间射流的结构图形如何？与自由出流相比有何异同？

习 题

7-1 室外空气经过墙壁上 $H=5\text{m}$ 处的圆形孔口（$d_0=0.4\text{m}$）水平地射入室内，室外温度 $t_0=5℃$，室内温度 $t_e=35℃$，孔口处流速 $v_0=5\text{m/s}$，紊数 $a=0.1$，求距出口 6m 处质量平均温度和射流轴线垂距 y。

7-2 用一平面射流将清洁空气喷入有害气体浓度 $\text{Xe}=0.05\text{mg/L}$ 的环境中，工作地点允许轴线浓度为 0.02mg/L，并要求射流宽度不小于 1.5m，求喷口宽度及喷口至工作地点的距离，设紊流系数 $a=0.118$。

7-3 已知煤气管路的直径为 20cm，长度为 3000m，气体绝对压强 $p_1=980\text{kPa}$，$T_1=300\text{K}$，$\lambda=0.012$，煤气的 $R=490\text{J/(kg·K)}$，$K=1.3$。当出口的外界压力为 490kPa 时，求质量流量 G。

7-4 空气 $p_0=1960\text{kPa}$，温度 293K 的气罐中流出，沿长度 $l=20\text{m}$，$D=2\text{cm}$ 的管道流入 $p=293\text{kPa}$ 的介质中。设流动为等温过程，$\lambda=0.015$ 不计局部阻力，求出口流量。

7-5 岗位送风所设风口向下，距地面 4m。要求在工作区（距地 1.5m 高范围）造成直径为 1.5m 射流截面，限定轴心速度为 2m/s，求喷嘴直径及出口流量。

7-6 有一两面收缩均匀的矩形孔口，截面为 $0.05\text{m}×2\text{m}$，出口流速 $v_0=10\text{m/s}$。求距孔口 2.0m 处，射流轴心速度 v_m、质量平均速度 v_2 及流量 Q。

7-7 空气以 8m/s 的速度从圆管喷出，$d_0=0.2\text{m}$，求距出口 1.5m 处的 v_m、v_2 及 D。

7-8 温度为 40℃的空气，以 $v_0=3\text{m/s}$，从 $d_0=100\text{mm}$ 水平圆柱形喷嘴射入 $t_0=18℃$ 的空气中。求射流轨迹方程。

7-9 高出地面 5m 处设一孔口 d_0 为 0.1m，以 2m/s 速度向房间水平送风。送风温度 $t_0=-10℃$。室内温度 $t_H=27℃$，试求距出口 3m 处的 v_2、t_2 及弯曲轴心坐标。

7-10 工作地点质量平均风速要求 3m/s，工作直径 $D=2.5\text{m}$，送风温度为 15℃，车间空气温度为 30℃，要求工作地点的质量平均温度降到 25℃，采用带导叶的通风机，其紊数系数 $a=0.12$。求：①风口的直径及风速；②风口到工作面的距离；③求射流在工作面的下降值 y'。

7-11 室外空气以射流方式，由位于热车间外墙上离地板 7.0m 处的孔口送入。孔口的尺寸长 12m，高 0.35m。室外空气的温度为 $-10℃$，室内空气温度为 20℃，射流初速度为 2m/s，求地板上的温度。

7-12 车间长 70m，高 11.5m，宽 30m。在一端布置送风及回风口，送风口高为 6m，流量为 $10\text{m}^3/\text{s}$，试求：①设计送风口的尺寸；②判断有无涡流区出现。

第八章 流体动力学理论基础

在前面的章节中，我们讨论了理想流体和黏性流体的一元流动，解决了工程实际中大量的一元流动问题。由于大部分实际流体的流动都是空间流动，需要研究流速、压强等在平面或空间上的分布规律。因此本章讲述流体的二元流动和三元流动，讲解有关流体运动的基本概念和基本原理，以及描述不可压缩流体流动的基本方程和定解条件，从而确定流场中的速度分布和压力分布。

本章同时假定研究的流动是定常的，因而先后通过同一空间点的流体质点的物理量都不随时间变化，由于这些物理量，如压强，速度分量都以欧拉法表示，因此它们都是空间或平面上点的位置的坐标函数，与时间无关。

第一节 流体微团运动分析

在流体流动时，由于流体的流动性，流体的运动相对于刚体的平移和旋转两种基本运动来说比较复杂。在连续性介质模型中，流体质点是宏观上充分小，可视为只有质量而无体积的"点"，流体微团则是指由大量流体质点组成的具有线形尺度效应（如膨胀、变形、旋转等）的微小流体团。本节对流场中流体微团的运动进行分析，只要流体微团的运动清楚了，整个流场的运动也就知道了。

早在 19 世纪，斯托克斯（1845 年）对黏性流体和亥姆霍兹（1858 年）对理想流体都指出，对于像流体这样可以变形的物质的运动可以分解成三种运动：随同任意基点的平移、通过这个基点的瞬时轴的旋转运动及变形运动。而变形运动又包括线变形和角变形。

一、亥姆霍兹速度分解定理

由于流体不能承受剪应力，因此它无论在怎样小的剪应力作用下，只要有足够的时间便能产生足够大的变化，由此看出流体所承受的应力不是由变形大小决定的，而是由流体变形的变化率或流体的变形速度决定的。以下在分析流体微团的运动时以速度的变化为主要参数。

在运动流体中，在某时刻 t 任取一流体微团，如图 8-1，当选取该流体微团上的 $A(x, y, z)$ 点为参考点时，则该点的速度分量分别为 $u_x(x, y, z)$、$u_y(x, y, z)$、$u_z(x, y, z)$，它邻域内另一空间点 C 的坐标为 $x+dx$，$y+dy$，$z+dz$，C 点的速度可利用泰勒级数展开并略去二阶以上无穷小量后得

$$\left. \begin{aligned} u_{Cx} &= u_x + \frac{\partial u_x}{\partial x}dx + \frac{\partial u_x}{\partial y}dy + \frac{\partial u_x}{\partial z}dz \\ u_{Cy} &= u_y + \frac{\partial u_y}{\partial x}dx + \frac{\partial u_y}{\partial y}dy + \frac{\partial u_y}{\partial z}dz \\ u_{Cz} &= u_z + \frac{\partial u_z}{\partial x}dx + \frac{\partial u_y}{\partial y}dy + \frac{\partial u_z}{\partial z}dz \end{aligned} \right\} \quad (8\text{-}1)$$

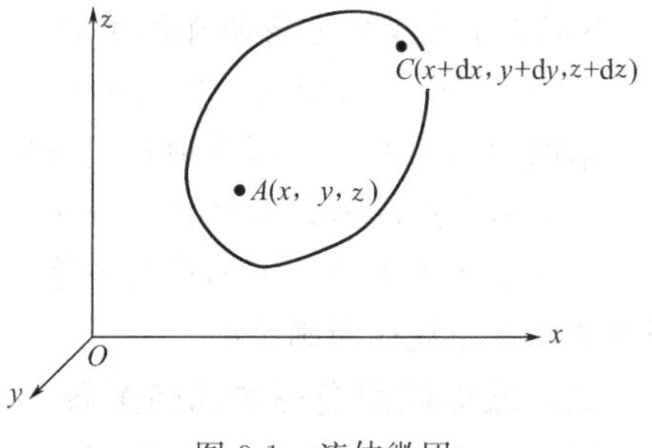

为了把流体微团的速度进行分解，并以数学形

图 8-1 流体微团

式表达出来，现将上式进行改写。在第一式右边 $\pm\dfrac{1}{2}\times\dfrac{\partial u_y}{\partial x}dy\pm\dfrac{1}{2}\times\dfrac{\partial u_z}{\partial x}dz$，在第二式右边

$\pm\dfrac{1}{2}\times\dfrac{\partial u_x}{\partial y}dx\pm\dfrac{1}{2}\times\dfrac{\partial u_z}{\partial y}dz$，在第三式右边 $\pm\dfrac{1}{2}\times\dfrac{\partial u_x}{\partial z}dx\pm\dfrac{1}{2}\times\dfrac{\partial u_y}{\partial z}dy$，重新整理后可得到

表示流体微团运动特征的速度表达式（亦称为亥姆霍兹速度分解定理）为

$$\left.\begin{array}{l} u_{Cx}=u_x-\omega_z\,dy+\omega_y\,dz+\varepsilon_{xx}\,dx+\varepsilon_{xy}\,dy+\varepsilon_{xz}\,dz \\ u_{Cy}=u_y-\omega_x\,dz+\omega_z\,dx+\varepsilon_{yy}\,dz+\varepsilon_{yz}\,dz+\varepsilon_{yx}\,dx \\ u_{Cz}=u_z-\omega_y\,dx+\omega_x\,dy+\varepsilon_{zz}\,dz+\varepsilon_{zx}\,dx+\varepsilon_{zy}\,dy \end{array}\right\} \tag{8-2}$$

其中，流体微团的线变形速度为

$$\left.\begin{array}{l} \varepsilon_{xx}=\dfrac{\partial u_x}{\partial x} \\[2mm] \varepsilon_{yy}=\dfrac{\partial u_y}{\partial y} \\[2mm] \varepsilon_{zz}=\dfrac{\partial u_z}{\partial z} \end{array}\right\} \tag{8-3}$$

旋转角速度分量为

$$\left.\begin{array}{l} \omega_x=\dfrac{1}{2}\left(\dfrac{\partial u_z}{\partial y}-\dfrac{\partial u_y}{\partial z}\right) \\[3mm] \omega_y=\dfrac{1}{2}\left(\dfrac{\partial u_x}{\partial z}-\dfrac{\partial u_z}{\partial x}\right) \\[3mm] \omega_z=\dfrac{1}{2}\left(\dfrac{\partial u_y}{\partial x}-\dfrac{\partial u_x}{\partial y}\right) \end{array}\right\} \tag{8-4}$$

旋转角速度大小为

$$\omega=\sqrt{\omega_x^2+\omega_y^2+\omega_z^2} \tag{8-5}$$

旋转角速度矢量的方向规定为沿微团的旋转方向，按右手定则确定。

　　流体微团的旋转运动与刚体旋转运动不同。刚体是整体以同一角速度旋转。流体微团中过中心点的不同流体线旋转角速度是不同的，ω 为所有这些流体线旋转角速度的平均值。

　　流体微团的角变形速度为

$$\left.\begin{array}{l} \varepsilon_{xy}=\varepsilon_{yx}=\dfrac{1}{2}\left(\dfrac{\partial u_y}{\partial x}+\dfrac{\partial u_x}{\partial y}\right) \\[3mm] \varepsilon_{xz}=\varepsilon_{zx}=\dfrac{1}{2}\left(\dfrac{\partial u_x}{\partial z}+\dfrac{\partial u_z}{\partial x}\right) \\[3mm] \varepsilon_{yz}=\varepsilon_{zy}=\dfrac{1}{2}\left(\dfrac{\partial u_z}{\partial y}+\dfrac{\partial u_y}{\partial z}\right) \end{array}\right\} \tag{8-6}$$

ε 的下标表示发生角变形所在的平面。

　　式(8-2) 中，右边第一项为平移速度，第二、三项是微团的旋转运动所产生的速度增量，第四项和第五、六项分别是线变形运动和角变形运动所引起的速度增量。由此可见，流体微团的基本运动形式有平移、旋转和变形运动。变形运动又包括线变形和角变形。

　　流体的运动不是一定都具有平移运动、旋转运动、线变形运动和角变形运动，这要视流场的速度分布规律而确定的。

二、流体微团变形的几何解释

　　流体总体运动特性是由各微团运动决定的。对式(8-2) 表示的亥姆霍兹速度分解定理的

每一项进行分析，认识公式中各非零项的物理意义，便可以了解运动的特点。

为说明简便，先分析流体微团的平面运动，然后再将其结果推广到空间运动情况。设某时刻 t 在一平面流场中，取边长分别为 dx 和 dy、各边与坐标轴平行的矩形流体微团 $ABCD$ 如图 8-2，由于流体微团各点的速度不同，经过 dt 时间后，其位置和形状都将发生变化。现分析如下。

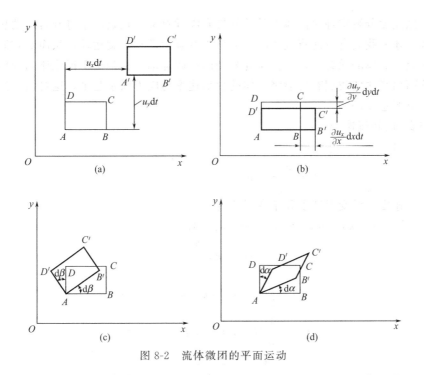

图 8-2 流体微团的平面运动

（1）平移速度 平面矩形流体微团四个顶点的坐标为 $A(x,y)$，$B(x+dx,y)$，$C(x+dx,y+dy)$，$D(x,y+dy)$。基点 A 处的流体质点速度在 x、y 轴投影分别为 u_x、u_y，流体微团作为一个整体平移到新的位置。由图 8-2(a) 可见，流体微团上各点均含与 A 点相同的分速度 u_x、u_y，微团将以共有分速度 u_x、u_y 在 dt 时间内沿 x 向移动一距离 $u_x dt$，沿 y 向移动一距离 $u_y dt$，因此，定义 A 点的速度为流体微团的平移运动速度。这表明，A 点邻域矩形流体微团中任一流体质点与 A 点处流体质点运动速度完全相等，流体微团像刚体一样在自身平面作平移运动。

（2）线变形速度 图 8-2(b) 中，过 A 点的两条正交流体线伸长或压缩，与此相应的是流体微团面积增大或缩小。

（3）旋转角速度 流体微团的旋转运动与刚体旋转运动不同。刚体是整体以同一角速度旋转。流体微团中过点 A 的不同流体线旋转角速度是不同的，习惯上把原来互相垂直的两邻边的旋转角速度平均值定义为流体微团绕某转轴的旋转角速度 ω。参见图 8-2(c)。流体微团的旋转运动对流动分析有很重要的意义。旋转角速度是一个矢量，其方向按右手定则确定。

（4）角变形速度 流体微团在运动过程中发生角变形，流体微团形状发生改变，各边的夹角有变化，但是对角线的方向保持不变。角变形速度是表征流体微团发生角变形的特征量，参见图 8-2(d)。

综上可见，平移运动只改变四边形的位置而不改变其形状、大小和方向。而后三种运动形式会使四边形的形状、大小或方向发生变化。从上面分析还可以看出，旋转角速度是描述局部流体微团旋转特征的一个物理量，若一点处旋转角速度不为零，说明这点处的流体微团是有旋流动。流动是有旋或无旋与流动的宏观流线或迹线是否弯曲无关。实际的流体运动很多是平移、旋转和变形（包括线变形和角变形）三种运动形式或两种基本运动形式组合在一起的运动。

亥姆霍兹速度分解定理对流体力学的发展有深远意义。正是由于将旋转运动从一般运动中分离出来，才使我们有可能将流体的运动分为有旋运动和无旋运动，从而对它们分别进行研究，先研究较简单的无旋运动，再研究复杂的有旋运动。正是由于把流体的变形运动从一般的运动分离出来才使我们有可能将流体的变形速率与应力联系起来，这对黏性流体运动规律的研究有重要意义。

【例 8-1】 已知流速分布：

① $u_x=-ky$，$u_y=ky$，$u_z=0$；

② $u_x=-\dfrac{y}{x^2+y^2}$，$u_y=\dfrac{x}{x^2+y^2}$，$u_z=0$。

求旋转角速度、线变形速度和角变形速度。

解： ① 当 $u_x=-ky$，$u_y=kx$，$u_z=0$ 时，有

$$\frac{\partial u_x}{\partial y}=-k，\frac{\partial u_y}{\partial x}=k$$

$$\omega_z=\frac{1}{2}(k+k)=k，\omega_y=\omega_x=0$$

$$\varepsilon_{xy}=\frac{1}{2}(k-k)=0，\varepsilon_{zx}=\varepsilon_{yz}=0$$

$$\varepsilon_{xx}=\varepsilon_{yy}=\varepsilon_{zz}=0$$

表示这种流动是以旋转角速度 k 旋转的运动。由于不存在线变形速度和角变形速度，流体像固体那样旋转。

② 当 $u_x=-\dfrac{y}{x^2+y^2}$，$u_y=\dfrac{x}{x^2+y^2}$，$u_z=0$ 时，有

$$\frac{\partial u_x}{\partial y}=\frac{y^2-x^2}{(x^2+y^2)^2}，\frac{\partial u_y}{\partial x}=\frac{y^2-x^2}{(x^2+y^2)^2}$$

$$\omega_z=\omega_y=\omega_x=0$$

$$\varepsilon_{xy}=\frac{y^2-x^2}{(x^2+y^2)^2}，\varepsilon_{zy}=\varepsilon_{zx}=0$$

$$\varepsilon_{xx}=\frac{2xy}{(x^2+y^2)^2}，\varepsilon_{yy}=-\frac{2xy}{(x^2+y^2)^2}，\varepsilon_{zz}=0$$

第二节 有旋流动

流体微团的旋转角速度在流场内不完全为零的流动称为有旋运动（三个旋转角速度至少有一个不为零）。流体的流动是有旋还是无旋，是由流体微团本身是否旋转来决定的。在实际流体中，由于黏性的作用，一般都是有旋运动。流体流动中，如果流场中有若干处流体微团具有绕通过其自身轴线的旋转运动，则为有旋流动。而在整个流场中各处的流体微团均不

绕自身轴线的旋转运动，则称为无旋流动，$\omega_x = \omega_y = \omega_z = 0$。这里需要说明的是，判断流体流动是有旋流动还是无旋流动，只是对流体微团而言，仅仅由流体微团本身是否绕自身轴线的旋转运动来决定，而与流体宏观运动是直线运动还是圆周运动无关。由于流体黏性力的存在，在自然界和工程中出现的流动大多数是有旋流动，例如大气中的龙卷风、管道中的流体运动、绕流物体表面的边界层及其尾部后面的流动都是有旋流动。我们研究旋转运动的目的，就是要掌握旋转运动的基本规律，在我们不需要它的地方，就设法防止它的发生，在需要它的地方，就千方百计地使它充分发展。

一、涡量、涡量场

涡量是流体微团旋转角速度的两倍，用 Ω 表示，即 $\Omega = 2\omega$。有涡量存在的流场称为涡量场。其中 Ω_x、Ω_y、Ω_z 和为涡量 Ω 在 x、y、z 轴上投影，由定义可知

$$\left.\begin{aligned}
\Omega_x &= \frac{\partial u_z}{\partial y} - \frac{\partial u_y}{\partial z} \\
\Omega_y &= \frac{\partial u_x}{\partial z} - \frac{\partial u_z}{\partial x} \\
\Omega_z &= \frac{\partial u_y}{\partial x} - \frac{\partial u_x}{\partial y}
\end{aligned}\right\} \tag{8-7}$$

若以速度场中的流线、流管等概念作比拟，会很容易理解涡线、涡管等概念。

二、涡线

涡线是某一瞬时有旋场中的一条曲线，见图 8-3。曲线上任意一点 P 的切线方向与该点流体微团的旋转角速度一致。有旋流动的特征是存在角速度。所以如同用流线描述流动一样，可以用涡线描述流动的旋转变化。

在给定的瞬时，涡线上每一点的角速度矢量在该点处与涡线相切。沿涡线取一微小线段 ds，由于涡线与角速度矢量的方向一致，所以，ds 沿三个坐标轴方向的分量 dx、dy、dz 必然和角速度矢量的方向的三个分量 ω_x、ω_y、ω_z 成正比，即

$$\frac{\mathrm{d}x}{\omega_x} = \frac{\mathrm{d}y}{\omega_y} = \frac{\mathrm{d}z}{\omega_z}$$

这就是涡线的微分方程。

与流线相同，涡线也是不能相交和转折的，不定常时，涡线形状随时间而变。

三、涡管

图 8-4 在涡量场中任取一封闭曲线 c，通过曲线上每一点所作的涡线，构成一管形曲面，称为涡管。如果曲线 c 构成的是微小截面，那么该涡管称为微元涡管。横断涡管并与其中所有涡线垂直的断面称为涡管断面，在微小断面上，各点的旋转角速度相同。

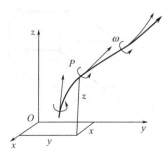

图 8-3　涡线

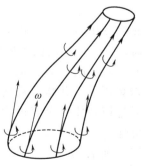

图 8-4　涡管

涡管内充满着作旋转运动的流体称为涡束，微元涡管中的涡束称为微元涡束。对于微元涡束可以近似地认为截面上各点的涡量为常数，因而得

$$\Omega_1 A_1 = \Omega_2 A_2$$
$$\omega_1 A_1 = \omega_2 A_2$$

四、涡通量

穿过任意面积上的法向涡量与面积的乘积称为微元涡管的涡通量（也称为旋涡强度）。

如图 8-5 所示，对任一微元面积 dA 而言，有

$$dJ = 2\,\vec{\omega}\,d\vec{A} = 2\omega_n dA$$

对有限面积，则通过这一面积的涡通量应为

$$J = 2 \iint_A \omega_n dA \tag{8-8}$$

五、速度环量、斯托克斯定理

某一瞬时在流场中取任意封闭曲线 c，在线上取一微元线段 ds，速度在切线上的分量沿闭曲线的线积分，即为沿该闭合曲线的速度环量（见图 8-6）。

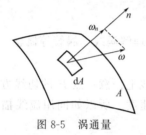

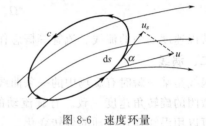

图 8-5　涡通量　　　　　　　　　图 8-6　速度环量

$$\Gamma = \oint_s \vec{u}\, d\vec{s} = \oint_s u_x dx + u_y dy + u_z dz \tag{8-9}$$

速度环量是标量，有正负号，规定沿曲线 s 逆时针绕行的方向为正方向，沿曲线顺时针绕行的方向为负方向。

速度环量是旋涡强度的量度，表征流体质点沿封闭曲线运动趋势的大小，通常用来描述漩涡场。

第三节　不可压缩流体连续性微分方程

连续性方程是质量守恒定律在流体力学中的具体表达式。三维流动连续性方程，假定流体连续地充满整个流场，从中任取出以点 O' 为中心的微元六面体（如图 8-7 所示）作为控制体。

控制体的边长为 dx、dy、dz，分别平行于直角坐标轴 x、y、z。设控制体中心点 O' 处流速的三个分量为 u_x、u_y、u_z。将各流速分量按泰勒级数展开，并略去高阶微量，可得到该时刻通过控制体六个表面中心点的流体质点的运动速度。

通过控制体前表面中心点 M 的质点在 x 方向的分速度为

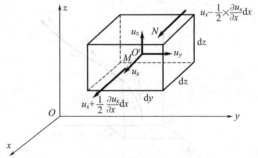

图 8-7　微元控制体的流量平衡

$$u_x + \frac{1}{2} \times \frac{\partial u_x}{\partial x} dx$$

通过控制体后表面中心点 N 的质点在 x 方向的分速度为

$$u_x - \frac{1}{2} \times \frac{\partial u_x}{\partial x} dx$$

因所取控制体无限小，故认为在其各表面上的流速均匀分布。所以时间 dt 内沿 x 轴方向流入控制体的质量为

$$\rho \left(u_x - \frac{\partial u_x}{\partial x} \times \frac{dx}{2} \right) dy\, dz\, dt$$

流出控制体的质量为

$$\rho \left(u_x + \frac{\partial u_x}{\partial x} \times \frac{dx}{2} \right) dy\, dz\, dt$$

于是，时间 dt 内在 x 方向流出与流入控制体的质量差为

$$\rho \left(u_x + \frac{\partial u_x}{\partial x} \times \frac{dx}{2} \right) dy\, dz\, dt - \rho \left(u_x - \frac{\partial u_x}{\partial x} \times \frac{dx}{2} \right) dy\, dz\, dt = \rho \frac{\partial u_x}{\partial x} dx\, dy\, dz\, dt$$

同理，可得在时间 dt 内沿 y 方向流出与流入控制体的质量差为

$$\rho \frac{\partial u_y}{\partial z} dx\, dy\, dz\, dt$$

在时间 dt 内沿 y 方向流出与流入控制体的质量差为

$$\rho \frac{\partial u_z}{\partial z} dx\, dy\, dz\, dt$$

由连续介质假设，并根据质量守恒原理知：时间 dt 内流出与流入微元控制体的净质量总和应为零。所以

$$\rho \left(\frac{\partial u_x}{\partial x} + \frac{\partial u_y}{\partial y} + \frac{\partial u_z}{\partial z} \right) dx\, dy\, dz\, dt = 0$$

因而

$$\frac{\partial u_x}{\partial x} + \frac{\partial u_y}{\partial y} + \frac{\partial u_z}{\partial z} = 0 \tag{8-10}$$

此式即为不可压缩流体连续性微分方程。这个方程对恒定流和非恒定流均适用。

对于二元流动，连续性微分方程为

$$\frac{\partial u_x}{\partial x} + \frac{\partial u_y}{\partial y} = 0 \tag{8-11}$$

对于一元不可压缩流体定常流动，如图 8-8，从总流中任取一控制容积，进、出口断面积分别为 A_1、A_2，在控制容积中任取一元流，其进、出口断面的面积和流速分别为 dA_1、u_1；dA_2、u_2。根据质量守恒原理，单位时间内从 dA_1 流进的流体质量等于从 dA_2 流出的流体质量，即

$$\rho_1 u_1 dA_1 = \rho_2 u_2 dA_2 = C$$

对于不可压缩均质流体，$\rho_1 = \rho_2 = C$。上式变为

$$u_1 dA_1 = u_2 dA_2 = dQ = C$$

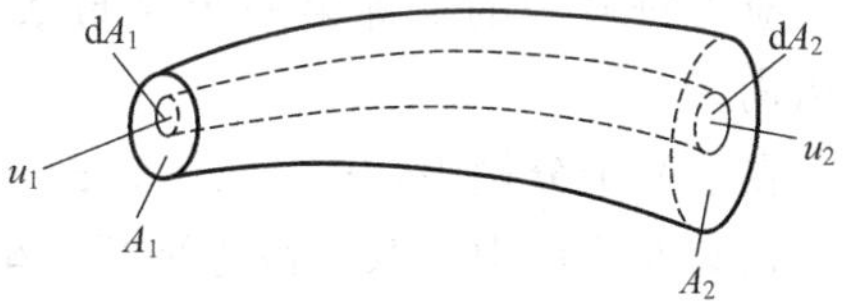

由于总流是流场中所有元流的总和，所以由上式可写出一元不可压缩流体恒定总流连续性方程

图 8-8　不可压缩流体定常流动

$$v_1 A_1 = v_2 A_2 \tag{8-12}$$

【例 8-2】 管中做均匀流动，是否满足连续性方程。

解：管中流体作均匀流动 $u_y = u_z = 0$，沿 x 方向流速不变，说明 u_x 与 x 无关，它只能是 y、z 的函数，$u_x = f(y, z)$ 则

$$\frac{\partial u_x}{\partial x}+\frac{\partial u_y}{\partial y}+\frac{\partial u_z}{\partial z}=\frac{\partial f(y,z)}{\partial x}+0+0=0$$

因此满足连续方程。即在均匀流条件下，不管断面流速如何分布，均满足连续性条件。

【例 8-3】 平面不可压缩流体速度分布为

$$u_x=4x+1;\ u_y=-4y$$

求该流动是否满足连续性方程？

解：由于 $\dfrac{\partial u_x}{\partial x}+\dfrac{\partial u_y}{\partial y}=4-4=0$，故该流动满足连续性方程。

第四节　黏性流体的表面应力

黏性流体在运动时，法向应力和切向应力都必须同时考虑，因此，黏性流体的表面力不垂直于作用面。在黏性流体中任取一点，如图 8-9，作用在平面 ABCD 的应力为法向应力 p_{xx} 和切向应力 τ_{xy} 和 τ_{xx}。该点流体微团在任一方向的作用面上的应力，都可用直角坐标系沿 x、y、z 三个坐标轴分解成 9 个应力分量，即

$$\begin{pmatrix} p_{xx} & \tau_{xy} & \tau_{xz} \\ \tau_{yx} & p_{yy} & \tau_{yz} \\ \tau_{zx} & \tau_{xy} & p_{zz} \end{pmatrix}$$

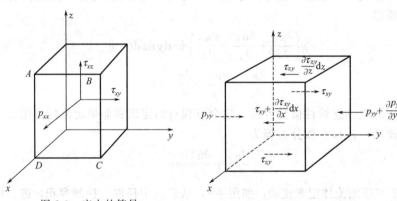

图 8-9　应力的符号

图 8-10　表面应力示意图

应力符号中的下标第一个字母表示作用面的法线方向，第二个字母表示应力作用线的指向。

在这 9 个分量中，$\tau_{xy}=\tau_{yx}$、$\tau_{xz}=\tau_{zx}$、$\tau_{yz}=\tau_{zy}$，因此只有 6 个独立分量。

在黏性流体中，取一棱边平行于坐标轴的六面体微团，其边长分别为 dx、dy、dz，表面应力在 y 轴上分量如图 8-10。要注意的是各应力的值均为代数值，正值表示应力沿相应坐标轴的正向，反之亦然。

y 轴上合力为

$$p_{yy}dx dz-\left(p_{yy}+\frac{\partial p_{yy}}{\partial y}dy\right)dx dz+\tau_{xy}dy dz-\left(\tau_{xy}+\frac{\partial \tau_{xy}}{\partial x}dx\right)dy dz+$$

$$\tau_{zy}dx dy-\left(\tau_{zy}+\frac{\partial \tau_{zy}}{\partial z}dz\right)dx dy+\rho Y dx dy dz$$

$$= -\left(\frac{\partial \tau_{xy}}{\partial x} + \frac{\partial p_{yy}}{\partial y} + \frac{\partial \tau_{zy}}{\partial z}\right) \mathrm{d}x\,\mathrm{d}y\,\mathrm{d}z + \rho Y \mathrm{d}x\,\mathrm{d}y\,\mathrm{d}z \tag{8-13}$$

流体微团质量与 y 轴加速度的乘积为

$$\rho Y \mathrm{d}x\,\mathrm{d}y\,\mathrm{d}z\,\frac{\mathrm{d}u_y}{\mathrm{d}t} \tag{8-14}$$

由牛顿第二定律，y 方向的运动微分方程经过化简可得

$$Y - \frac{1}{\rho}\left(\frac{\partial \tau_{xy}}{\partial x} + \frac{\partial p_{yy}}{\partial y} + \frac{\partial \tau_{zy}}{\partial z}\right) = \frac{\mathrm{d}u_y}{\mathrm{d}t} \tag{8-15}$$

同理得到

$$\left.\begin{array}{l} X - \dfrac{1}{\rho}\left(\dfrac{\partial p_{xx}}{\partial x} + \dfrac{\partial \tau_{yx}}{\partial y} + \dfrac{\partial \tau_{zx}}{\partial z}\right) = \dfrac{\mathrm{d}u_x}{\mathrm{d}t} \\[3mm] Y - \dfrac{1}{\rho}\left(\dfrac{\partial \tau_{xy}}{\partial x} + \dfrac{\partial p_{yy}}{\partial y} + \dfrac{\partial \tau_{zy}}{\partial z}\right) = \dfrac{\mathrm{d}u_y}{\mathrm{d}t} \\[3mm] Z - \dfrac{1}{\rho}\left(\dfrac{\partial \tau_{xz}}{\partial x} + \dfrac{\partial \tau_{yx}}{\partial y} + \dfrac{\partial p_{zz}}{\partial z}\right) = \dfrac{\mathrm{d}u_z}{\mathrm{d}t} \end{array}\right\} \tag{8-16}$$

　　式(8-16)就是以应力表示的黏性流体运动微分方程，通常 X、Y、Z 作为已知量，不可压缩流体密度 ρ 已知，方程应包含六个应力及三个速度分量，共 9 个未知数。而式(8-16)加上连续性方程也只有 4 个方程，无法求解，必须找出新的补充关系式，使方程组封闭。这些封闭条件就是连续介质力学中所谓的本构方程，即下一节所述的应力和变形速度的关系式。在实用中，测量流动流体承受的应力是困难的，因此希望将未知量中的应力用较容易测得的速度分量来代替。

第五节　应力与变形速度的关系

　　在第一章已经讨论牛顿内摩擦定律 $\tau = \mu \dfrac{\mathrm{d}u}{\mathrm{d}y}$，且 $\dfrac{\mathrm{d}u}{\mathrm{d}y} = \dfrac{\mathrm{d}\theta}{\mathrm{d}t}$。因此牛顿内摩擦定律也可写为

$$\tau = \mu \frac{\mathrm{d}\theta}{\mathrm{d}t} \tag{8-17}$$

流体微团运动时的角变形速度是纯剪切变形速度的两倍，故有

$$\frac{\mathrm{d}\theta}{\mathrm{d}t} = 2\varepsilon_{xy} = \left(\frac{\partial u_y}{\partial x} + \frac{\partial u_x}{\partial y}\right)$$

则

$$\tau_{xy} = \tau_{yx} = \mu\frac{\mathrm{d}\theta}{\mathrm{d}t} = \mu\left(\frac{\partial u_y}{\partial x} + \frac{\partial u_x}{\partial y}\right)$$

因此，三元流动的切应力分量与角变形速度的关系式写作

$$\left.\begin{array}{l} \tau_{xy} = \tau_{yx} = 2\mu\varepsilon_{xy} = \mu\left(\dfrac{\partial u_y}{\partial x} + \dfrac{\partial u_x}{\partial y}\right) \\[3mm] \tau_{yz} = \tau_{zy} = 2\mu\varepsilon_{yz} = \mu\left(\dfrac{\partial u_z}{\partial y} + \dfrac{\partial u_y}{\partial z}\right) \\[3mm] \tau_{zx} = \tau_{xz} = 2\mu\varepsilon_{zx} = \mu\left(\dfrac{\partial u_x}{\partial z} + \dfrac{\partial u_z}{\partial x}\right) \end{array}\right\} \tag{8-18}$$

　　上式即为黏性流体切应力的普遍表达式，称为广义牛顿内摩擦定律，是关于切应力的三

个补充方程，它们将黏性流体的切应力和角变形速度联系了起来。

黏性流体运动时存在切应力，所以法向应力的大小与其作用面的方位有关，三个相互垂直方向的法向应力一般是不相等的，即 $p_{xx} \neq p_{yy} \neq p_{zz}$。在实际问题中，同一点法向应力的各向差异并不很大，因此，可以用任意一点三个相互垂直方向上的法向应力的平均值 p 的负值作为黏性流体在该点的压强。即

$$p = -\frac{1}{3}(p_{xx} + p_{yy} + p_{zz}) \tag{8-19}$$

这样，黏性流体各个方向的法向应力应等于这个平均值加一个附加法向应力，即

$$\left. \begin{aligned} p_{xx} &= -p + p'_{xx} \\ p_{yy} &= -p + p'_{yy} \\ p_{zz} &= -p + p'_{zz} \end{aligned} \right\} \tag{8-20}$$

法向应力的平均值 p 指向流体表面，故取负号。附加法向应力是由于黏性所引起的，对于理想流体，$\mu = 0$，因而它们均等于 0。由于黏性的作用，流体微团除了发生角变形外，同时也发生线变形，即在流体微团的法线方向上有线变形速度 $\frac{\partial u_x}{\partial x}$、$\frac{\partial u_y}{\partial y}$、$\frac{\partial u_z}{\partial z}$，从而使法向应力的大小有所改变，产生了附加的法向应力。理论上可以证明，对于不可压缩均质流体，附加法向应力等于流体的动力黏度与两倍的线变形速度的乘积，即

$$\left. \begin{aligned} p'_{xx} &= \mu \times 2\varepsilon_{xx} = 2\mu \frac{\partial u_x}{\partial x} \\ p'_{yy} &= \mu \times 2\varepsilon_{yy} = 2\mu \frac{\partial u_y}{\partial y} \\ p'_{zz} &= \mu \times 2\varepsilon_{zz} = 2\mu \frac{\partial u_z}{\partial z} \end{aligned} \right\} \tag{8-21}$$

因此，法向应力与线变形速度的关系式为

$$\left. \begin{aligned} p_{xx} &= -p + 2\mu \frac{\partial u_x}{\partial x} \\ p_{yy} &= -p + 2\mu \frac{\partial u_y}{\partial y} \\ p_{zz} &= -p + 2\mu \frac{\partial u_z}{\partial z} \end{aligned} \right\} \tag{8-22}$$

式（8-22）是广义牛顿内摩擦定律的另一种表达式。根据以上的分析，黏性流体中任一点的应力状态可以由任意一点三个相互垂直方向上的一个法向应力的平均值 p 和三个切应力 τ_{xy}、τ_{yz}、τ_{zx} 来表示，这就是黏性流体法向应力和线变形速度的关系。

有了式（8-22），三个法向压力变换为一个压强函数 p，进一步减少了两个变量，这样式（8-16）的未知数减为四个，与方程个数相等，所以原则上已可求解。

第六节　纳维-斯托克斯方程

将方程式（8-18）、式（8-22）代入方程式（8-16），对于 x 轴方向的方程为

$$X + \frac{1}{\rho}\left\{ \frac{\partial}{\partial x}\left(-p + 2\mu\frac{\partial u_x}{\partial x}\right) - \frac{2}{3}\mu\left(\frac{\partial u_x}{\partial x} + \frac{\partial u_y}{\partial y} + \frac{\partial u_z}{\partial z}\right) + \frac{\partial}{\partial y}\left[\mu\left(\frac{\partial u_x}{\partial y} + \frac{\partial u_y}{\partial x}\right)\right] + \frac{\partial}{\partial z}\left[\mu\left(\frac{\partial u_x}{\partial z} + \frac{\partial u_z}{\partial x}\right)\right] \right\} = \frac{du_x}{dt}$$

化简 $X - \dfrac{1}{\rho} \times \dfrac{\partial p}{\partial x} + \dfrac{\mu}{\rho}\left(\dfrac{\partial^2 u_x}{\partial x^2} + \dfrac{\partial^2 u_x}{\partial y^2} + \dfrac{\partial^2 u_x}{\partial z^2}\right) + \dfrac{1}{3}\dfrac{\mu}{\rho} \times \dfrac{\partial}{\partial x}\left(\dfrac{\partial u_x}{\partial x} + \dfrac{\partial u_y}{\partial y} + \dfrac{\partial u_z}{\partial z}\right) = \dfrac{\mathrm{d}u_x}{\mathrm{d}t}$

不可压缩均质黏性流体的连续性方程为

$$\frac{\partial u_x}{\partial x} + \frac{\partial u_y}{\partial y} + \frac{\partial u_z}{\partial z} = 0$$

对方程左边第三项引入哈密尔顿算子 ∇，有

$$\nabla \times \vec{u} = \begin{vmatrix} \vec{i} & \vec{j} & \vec{k} \\ \dfrac{\partial}{\partial x} & \dfrac{\partial}{\partial y} & \dfrac{\partial}{\partial z} \\ u_x & u_y & u_z \end{vmatrix}$$

又

$$\nabla^2 = \frac{\partial^2}{\partial x^2} + \frac{\partial^2}{\partial y^2} + \frac{\partial^2}{\partial z^2}$$

则

$$\left.\begin{aligned} X - \frac{1}{\rho} \times \frac{\partial p}{\partial x} + \frac{\mu}{\rho}\nabla^2 u_x &= \frac{\mathrm{d}u_x}{\mathrm{d}t} \\ Y - \frac{1}{\rho} \times \frac{\partial p}{\partial y} + \frac{\mu}{\rho}\nabla^2 u_y &= \frac{\mathrm{d}u_y}{\mathrm{d}t} \\ Z - \frac{1}{\rho} \times \frac{\partial p}{\partial z} + \frac{\mu}{\rho}\nabla^2 u_z &= \frac{\mathrm{d}u_z}{\mathrm{d}t} \end{aligned}\right\} \tag{8-23}$$

式(8-23)是不可压缩流体的纳维-斯托克斯方程，简称 N-S 方程。该方程是一个二阶非线性偏微分方程组，目前尚无普遍解，但对于一些简单流动可化成线性方程求解。

将连续方程和拉普拉斯算符代入上式，并将加速度项展开，得

$$\left.\begin{aligned} X - \frac{1}{\rho} \times \frac{\partial p}{\partial x} + \nu\,\nabla^2 u_x &= \frac{\partial u_x}{\partial t} + u_x\frac{\partial u_x}{\partial x} + u_y\frac{\partial u_x}{\partial y} + u_z\frac{\partial u_x}{\partial z} \\ X - \frac{1}{\rho} \times \frac{\partial p}{\partial y} + \nu\,\nabla^2 u_y &= \frac{\partial u_y}{\partial t} + u_x\frac{\partial u_y}{\partial x} + u_y\frac{\partial u_y}{\partial y} + u_z\frac{\partial u_y}{\partial z} \\ X - \frac{1}{\rho} \times \frac{\partial p}{\partial z} + \nu\,\nabla^2 u_z &= \frac{\partial u_z}{\partial t} + u_x\frac{\partial u_z}{\partial x} + u_y\frac{\partial u_z}{\partial y} + u_z\frac{\partial u_z}{\partial z} \end{aligned}\right\} \tag{8-24}$$

上式即为不可压缩均质黏性流体的运动微分方程，即 N-S 方程的另一种表达形式。如果流体是理想流体，上式则成为理想流体的运动微分方程；如果流体为静止流体，上式则成为欧拉平衡微分方程。所以，N-S 方程是不可压缩均质流体的普遍方程。

N-S 方程中未知量有 p、u_x、u_y、u_z 四个，加上连续性方程共有四个方程式，从理论上讲，任何不可压缩均质流体的 N-S 方程，在一定的初始和边界条件下，是可以求解的。但是，N-S 方程是二阶非线性偏微分方程组，要进行求解是很困难的，只有在某些简单的或特殊的情况下，才能求得精确解。目前一般采用数值计算方法利用计算机求解，得到近似解，这部分内容可参阅有关计算流体力学的教材或参考书。

N-S 方程的精确解，虽然为数不多，但能揭示黏性流体的一些本质特征，其中有些还有重要的实用意义。它可以作为检验和校核其他近似方法的依据，探讨复杂问题和新的理论问题的参照点和出发点。

【例 8-4】 设黏性流体在两无限长的水平平板间作恒定层流流动，上板移动速度为 u_1，下板移动速度为 u_2，如图 8-11 所示。已知两板间距为 $2h$，质量力可忽略不计，

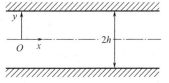

图 8-11　两平板间的速度分布计算

试求两平板间的速度分布。

解：由题意知，两平板间的流动特点如下：任一点处速度 u 只有 x 轴方向分量，$u_y = u_z = 0$；由于平板很大，速度与坐标 x、z 无关，即 $u_x = u_x(y)$；另外，由于在 y、z 轴方向无流动，压强 p 与 y、z 无关，$p = p(x)$。

流体的 N-S 方程方程简化为

$$-\frac{1}{\rho} \times \frac{\mathrm{d}p}{\mathrm{d}x} + \nu \frac{\mathrm{d}^2 u_x}{\mathrm{d}y^2} = 0 \text{ 或 } \frac{\mathrm{d}^2 u_x}{\mathrm{d}y^2} - \frac{1}{\mu} \times \frac{\mathrm{d}p}{\mathrm{d}x} = 0$$

因为 $\dfrac{\mathrm{d}p}{\mathrm{d}x}$ 是 x 的函数，与 y 无关，上式积分两次得

$$u_x(y) = \frac{1}{\mu} \times \frac{\mathrm{d}p}{\mathrm{d}x}\left(\frac{y^2}{2} + C_1 y + C_2\right)$$

边界条件为 $y = h$ 时，$u_x = u_1$；$y = -h$ 时，$u_x = u_2$

得到积分常数 $C_1 = \dfrac{u_1 - u_2}{2}$，$C_2 = \dfrac{u_1 + u_2}{2} - \dfrac{1}{2\mu} \times \dfrac{\mathrm{d}p}{\mathrm{d}x} h^2$

最后，得到速度分布式

$$u_x = -\frac{h^2}{2\mu} \times \frac{\mathrm{d}p}{\mathrm{d}x}\left[1 - \left(\frac{y}{h}\right)^2\right] + \frac{u_1 - u_2}{2}\left(\frac{y}{h}\right) + \frac{u_1 + u_2}{2}$$

如果两平板固定不动，$u_x = -\dfrac{h^2}{2\mu} \times \dfrac{\mathrm{d}p}{\mathrm{d}x}\left[1 - \left(\dfrac{y}{h}\right)^2\right]$，这种流动称为二维泊肃叶流动。

第七节　理想流体运动微分方程

理想流体是没有黏性的流体，作用在流体上的表面与平衡流体一样，只有法向压力。但流体运动时，一般情况下表面力不能平衡质量力，根据牛顿第二运动定律可知，流体将产生加速度。当流体处于静止状态，则

$$\left.\begin{array}{l} X - \dfrac{1}{\rho} \times \dfrac{\partial p}{\partial x} = 0 \\[2mm] Y - \dfrac{1}{\rho} \times \dfrac{\partial p}{\partial y} = 0 \\[2mm] Z - \dfrac{1}{\rho} \times \dfrac{\partial p}{\partial z} = 0 \end{array}\right\}$$

这就是欧拉平衡方程——流体平衡微分方程式

流体为理想流体时，运动黏度，N-S 方程简化为

$$\left.\begin{array}{l} X - \dfrac{1}{\rho} \times \dfrac{\partial p}{\partial x} = \dfrac{\partial u_x}{\partial t} + u_x \dfrac{\partial u_x}{\partial x} + u_y \dfrac{\partial u_x}{\partial y} + u_z \dfrac{\partial u_x}{\partial z} \\[2mm] Y - \dfrac{1}{\rho} \times \dfrac{\partial p}{\partial y} = \dfrac{\partial u_y}{\partial t} + u_x \dfrac{\partial u_y}{\partial x} + u_y \dfrac{\partial u_y}{\partial y} + u_z \dfrac{\partial u_y}{\partial z} \\[2mm] Z - \dfrac{1}{\rho} \times \dfrac{\partial p}{\partial z} = \dfrac{\partial u_z}{\partial t} + u_x \dfrac{\partial u_z}{\partial x} + u_y \dfrac{\partial u_z}{\partial y} + u_z \dfrac{\partial u_z}{\partial z} \end{array}\right\} \tag{8-25}$$

欧拉运动微分方程只适用于理想流体。对于实际流体，需要进一步研究切应力的作用。

下面仅介绍在工程流体力学中常见的伯努利方程积分。

① 恒定流动，有

$$u_x=0, u_y=0, u_z=0$$

因此，可得流体静压强方程式 $\quad z+\dfrac{p}{\rho g}=C$

② 沿流线积分，设流线上的微元线段矢量 $d\vec{s}=d\vec{x_i}+d\vec{y_j}+d\vec{z_k}$，将 dx、dy、dz 分别乘理想流体运动微分方程的三个分式，然后将三个分式相加得

$$(Xdx+Ydy+Zdz)-\frac{1}{\rho}\left(\frac{\partial p}{\partial x}dx+\frac{\partial p}{\partial y}dy+\frac{\partial p}{\partial z}dz\right)=\frac{du_x}{dt}dx+\frac{du_y}{dt}dy+\frac{du_z}{dt}dz \quad (8\text{-}26)$$

对于恒定流动，流线与迹线重合，所以沿流线下列关系式成立，即流线方程

$$\frac{dx}{dt}=u_x, \frac{dy}{dt}=u_y, \frac{dz}{dt}=u_z$$

③ 质量力有势，并以 $W(x,y,z)$ 表示质量力的势函数，则

$$X=\frac{\partial W}{\partial x}, Y=\frac{\partial W}{\partial y}, Z=\frac{\partial W}{\partial z}$$

所以 $\quad Xdx+Ydy+Zdz=\dfrac{\partial W}{\partial x}dx+\dfrac{\partial W}{\partial y}dy+\dfrac{\partial W}{\partial z}dz=dW$

根据以上积分条件，式(8-26) 可简化为

$$dW-\frac{1}{\rho}dp=u_xdu_x+u_ydu_y+u_zdu_z=\frac{1}{2}d(u_x^2+u_y^2+u_z^2)=d\left(\frac{u^2}{2}\right)$$

即 $\quad dW-\dfrac{1}{\rho}dp-d\left(\dfrac{u^2}{2}\right)=0 \quad (8\text{-}27)$

④ 不可压缩均质流体，$\rho=$常数。式(8-27) 可写为

$$d\left(W-\frac{p}{\rho}-\frac{u^2}{2}\right)=0$$

积分得 $\quad W-\dfrac{p}{\rho}-\dfrac{u^2}{2}=C \quad (8\text{-}28)$

若流动在重力场中，作用在流体上的质量力只有重力，所选 z 轴铅垂向上，则质量力的势函数 $W=-gz$，代入式(8-29)，整理得

$$z+\frac{p}{\rho g}+\frac{u^2}{2g}=C \quad (8\text{-}29)$$

对同一流线上的任意两点 1、2，有

$$z_1+\frac{p_1}{\rho g}+\frac{u_1^2}{2g}=z_2+\frac{p_2}{\rho g}+\frac{u_2^2}{2g} \quad (8\text{-}30)$$

式(8-28) 为理想流体运动微分方程沿流线的伯努利积分，式(8-29)、式(8-30) 为重力场中理想流体沿流线的伯努利积分式，称为伯努利方程。

由于元流的过流断面面积无限小，所以沿流线的伯努利方程也适用于元流。推导方程引入的限定条件，就是理想流体元流（流线）伯努利方程的应用条件，归纳起来有：理想流体；恒定流动；质量力只有重力；沿元流（流线）积分；不可压缩流体。

思 考 题

1. 本章所讲的亥姆霍兹速度分解定理的主要内容有哪些，它的表达式如何？

2. 按流体的运动过程可以分解为哪几种，它们的条件分别是什么？

3. 怎样的流动称为有旋流动，它包含的物理量有哪些，该怎样理解这些物理量？

4. 什么样的流动才能满足不可压缩流体的连续性方程，它有哪些特点？

5. 以一边平行于坐标轴的六面体为例，分析在黏性流体中各个面的受力情况？

6. 请简述流体微团在流动过程中受到的应力和它的变形速度之间的关系。

7. 你能写出纳维一斯托克斯方程吗？并且说说其中每个物理量的意义。

8. 理想流体的运动微分方程式是什么？它的适用范围有哪些？

习　题

8-1　已知平面流场速度分布为：$u_x = x^2 + xy$，$u_y = 2xy^2 + 5y$。求在点 $(1,-1)$ 处流体微团的线变形速度，角变形速度和旋转角速度。

8-2　已知有旋流动的速度场为 $u_x = x + y$，$u_y = y + z$，$u_z = x^2 + y^2 + z^2$，求在点 $(2,2,2)$ 处的角速度分量。

8-3　已知有旋流动的速度场为 $u_x = 2y + 3z$，$u_y = 2z + 3x$，$u_z = 2x + 3y$。试求旋转角速度、角变形速度。

8-4　已知有旋流动的速度场为：$u_x = c \sqrt{y^2 + z^2}$，$u_y = 0$，$u_z = 0$，式中 c 为常数，试求流场的涡量和涡线方程。

8-5　求沿封闭曲线 $x^2 + y^2 = b^2$，$z = 0$ 的速度环量。① $u_x = Ax$，$u_y = 0$；② $u_x = Ay$，$u_y = 0$。其中 A 为常数。

8-6　已知 $u_x = -7y$，$u_y = 9x$，试求绕圆 $x^2 + y^2 = 1$ 的速度环量。

8-7　试确定下列各流场是否满足不可压缩流体的连续性条件？

① $u_x = kx$，$u_y = -ky$，$u_z = 0$；

② $u_x = y + z$，$u_y = z + x$，$u_z = x + y$；

③ $u_x = k(x^2 + xy - y^2)$，$u_y = k(x^2 + y^2)$，$u_z = 0$；

④ $u_x = k\sin(xy)$，$u_y = -k\sin(xy)$，$u_z = 0$；

⑤ $u_x = k\ln(xy)$，$u_y = -ky/x$；

8-8　试证 $u_x = \dfrac{4x}{x^2 + y^2}$，$u_y = \dfrac{4y}{x^2 + y^2}$，$u_z = 0$ 的流动，除原点外各点均连续。

8-9　已知流场的速度分布为：$u_x = x^2 y$，$u_y = -3y$，$u_z = 2z^2$。求 $(3,1,2)$ 点上流体质点的加速度。

8-10　已知平面流场的速度分布为：$u_x = 4t - \dfrac{2y}{x^2 + y^2}$，$u_y = \dfrac{2x}{x^2 + y^2}$。求 $t = 0$ 时，在 $(1,1)$ 点上流体质点的加速度。

8-11　已知流场为 $u_x = xy^2$，$u_y = -\dfrac{1}{3}y^3$，$u_z = xy$，试求旋转角速度和点 $(1,2,3)$ 的加速度。

8-12　某速度场可表示为 $u_x = x + t$；$u_y = -y + t$；$u_z = 0$，试求：

① 加速度；

② 流线方程；

③ $t = 0$ 时通过 $x = 1$，$y = 1$ 点的流线；

④ 该速度场是否满足流体的连续方程？

8-13　如图所示，设两平板之间的距离为 $2h$，平板长宽皆为无限大，如图所示。试用黏性流体运动微分方程，求此不可压缩流体恒定流的流速分布。

8-14　如图所示，沿倾斜平面均匀地流下的薄液层，试证明：

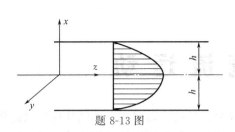

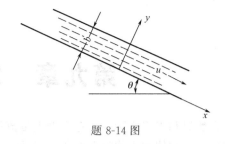

题 8-13 图　　　　　　　题 8-14 图

① 流层内的速度分布为 $u=\dfrac{g}{2v}(2by-y^2)\sin\theta$；

② 单位宽度上的流量为 $Q=\dfrac{g}{3v}b^2\sin\theta$。

第九章 绕流运动

在自然界和工程实际中,存在着大量流体绕流物体的流动问题,不同几何形状的物体沉浸在流体中,物体和流体间存在相对运动,这种情况统称为流体绕过物体的流动,简称绕流运动。例如,河水流过桥墩,晨雾中水滴在空气中下落等。从现实中我们可以看到,流体的绕流运动可以有很多种方式,或者流体绕静止的物体运动,或者物体在静止的流体中运动,或者两者兼有,但是不管是哪一种方式,我们都把坐标固定在物体上,把物体看作是静止的,而讨论流体相对于物体的运动。因此,所有的绕流运动都可以看作是同一种类型的绕流问题。

实际流体都有黏性,在大雷诺数的绕流中,由于流体惯性力远大于作用于流体的黏性力,黏性力相对于惯性力可忽略不计,将流体视为理想流体。由理想流体的流动理论求解流场中的速度分布。但在靠近物体的一薄层内(附面层),由于存在强烈的剪切流动,黏性力与惯性力处于相同的数量级,黏性的影响不能忽略。因此,可以用附面层理论来处理附面层的流动,而用理想流体运动力学理论求解附面层外流场中的流动,将两者衔接起来,便可解决整个绕流问题。这样既提出了用黏性理论解决实际问题的途径和方向,而且也肯定了势流理论及其解的适用范围。

本章主要论述理想不可压缩流体平面无旋流动的势流理论,以及与关附面层的基本概念和基本解法。

第一节 无 旋 流 动

流场中各点旋转角速度等于零的运动,称为无旋运动。无旋流动也称势流、有势流。当流动为无旋时,将使问题的求解简化,因此提出了无旋流动的模型。流体在运动中,它的微小单元只有平动或变形,但不发生旋转运动,即流体质点不绕其自身任意轴转动。

无旋运动的条件,即

$$\left.\begin{aligned}
\omega_x &= \frac{1}{2}\left(\frac{\partial u_z}{\partial y} - \frac{\partial u_y}{\partial z}\right) = 0 \\
\omega_y &= \frac{1}{2}\left(\frac{\partial u_x}{\partial z} - \frac{\partial u_z}{\partial x}\right) = 0 \\
\omega_z &= \frac{1}{2}\left(\frac{\partial u_y}{\partial x} - \frac{\partial u_x}{\partial y}\right) = 0
\end{aligned}\right\} \tag{9-1}$$

或者

$$\left.\begin{aligned}
\frac{\partial u_z}{\partial y} &= \frac{\partial u_y}{\partial z} \\
\frac{\partial u_x}{\partial z} &= \frac{\partial u_z}{\partial x} \\
\frac{\partial u_y}{\partial x} &= \frac{\partial u_x}{\partial y}
\end{aligned}\right\} \tag{9-2}$$

无旋流动一般存在于无黏性的理想流体中,但在黏性流体的层状渗流、从静止状态开始流动的起始段、远离边界无流速梯度的流动等，也可看作是无旋流动。无旋流动的前提条件是有势流动，使此微分三项式成为某函数 $\varphi(x,y,z)$ 全微分的充分和必要条件。即

$$d\varphi(x,y,z)=u_x\,dx+u_y\,dy+u_z\,dz \tag{9-3}$$

函数 φ 称为速度势函数。存在着速度势函数的流动，称为有势流动（简称为势流）。无旋流动必然是有势流动。引进势函数 φ 后，原来求解三个未知数 u_x、u_y、u_z 的问题就只要求解一个未知数 φ 就够了，使问题大大简化，这是显而易见的。

展开势函数式(9-3)的全微分：

$$d\varphi=\frac{\partial\varphi}{\partial x}dx+\frac{\partial\varphi}{\partial y}dy+\frac{\partial\varphi}{\partial z}dz \tag{9-4}$$

比较式(9-3)与式(9-4)的对应系数，得

$$\left.\begin{array}{c} u_x=\dfrac{\partial\varphi}{\partial x} \\[2mm] u_y=\dfrac{\partial\varphi}{\partial y} \\[2mm] u_z=\dfrac{\partial\varphi}{\partial z} \end{array}\right\} \tag{9-5}$$

从式(9-5)可看到，速度在三坐标轴上的投影等于速度势函数 φ 对于相对应坐标方向的偏导数。可以证明势函数的这一性质，对任何方向来说都是对的。

根据方向导数的定义，函数 φ 在任一方向 s 上（图 9-1）的方向导数为

$$\frac{\partial\varphi}{\partial s}=\frac{\partial\varphi}{\partial x}\cos(\vec{s},x)+\frac{\partial\varphi}{\partial y}\cos(\vec{s},y)\frac{\partial\varphi}{\partial z}\cos(\vec{s},z)$$

$$=u_x\cos(\vec{s},x)+u_y\cos(\vec{s},y)+u_z\cos(\vec{s},z)$$

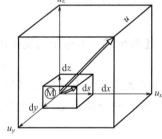

图 9-1　无旋流动的分速

上式右边是速度 $\vec{u}$ 的三个分量在 $\vec{s}$ 上的投影之和，应等于 $\vec{u}$ 在 $\vec{s}$ 上的投影 u_s，即

$$\frac{\partial\varphi}{\partial s}=u\cos(\vec{u},\vec{s})=u_s \tag{9-6}$$

存在着势函数的前提是流场内部不存在旋转角度，一般只有理想流体流场才可能存在无旋流动。而理想流体模型在实际中要根据黏滞力是否起显著作用来决定它的采用。在工程上考虑的流体主要是水和空气，它们的黏性很小，若在流动中没有受到边壁摩擦力的显著作用，就可以当作理想流体来考虑。

如将速度势函数代入不可压缩流体的连续性方程

$$\frac{\partial u_x}{\partial x}+\frac{\partial u_y}{\partial y}+\frac{\partial u_z}{\partial z}=0$$

其中

$$\frac{\partial u_x}{\partial x}=\frac{\partial}{\partial x}\times\frac{\partial\varphi}{\partial x}=\frac{\partial^2\varphi}{\partial x^2}$$

同理

$$\frac{\partial u_y}{\partial y}=\frac{\partial^2\varphi}{\partial y^2}$$

$$\frac{\partial u_z}{\partial z}=\frac{\partial^2\varphi}{\partial z^2}$$

得

$$\frac{\partial^2 \varphi}{\partial x^2}+\frac{\partial^2 \varphi}{\partial y^2}+\frac{\partial^2 \varphi}{\partial z^2}=0 \tag{9-7}$$

式(9-7) 称为拉普拉斯方程，其适用条件是恒定、不可压缩流体的有势流动。满足拉普拉斯方程的函数称为调和函数。不可压缩流体的速度势函数是调和函数，而拉普拉斯方程也是不可压缩流体无旋流动的连续性方程。

有了式(9-7)，就可以确定函数 φ，进而求出 u_x、u_y，然后用伯努利方程确定 p，这样把求解欧拉运动微分方程化为求解特定边界条件下的拉普拉斯方程的线性问题。

【例 9-1】 有一个速度大小为 v（定值），沿 x 轴方向的均匀流动，求它的速度势函数。

解：首先判断流动是否有势

$$\omega_x=\frac{1}{2}\left(\frac{\partial u_z}{\partial y}-\frac{\partial u_y}{\partial z}\right)=0,\ \omega_y=\frac{1}{2}\left(\frac{\partial u_x}{\partial z}-\frac{\partial u_z}{\partial x}\right)=0,\ \omega_z=\frac{1}{2}\left(\frac{\partial u_y}{\partial x}-\frac{\partial u_x}{\partial y}\right)=0$$

因此该流动无旋，为有势流。

由 $\mathrm{d}\varphi=u_x\mathrm{d}x+u_y\mathrm{d}y+u_z\mathrm{d}z$ 得

$$\mathrm{d}\varphi=u_x\mathrm{d}x$$

积分得
$$\varphi=u_x+C$$

因常数 C 对 φ 所代表的流场没有影响，所以令 $C=0$

最后速度势函数为

$$\varphi=u_x$$

【例 9-2】 不可压缩流体的流速分量为

$$u_x=x^2-y^2,\ y_y=-2xy,\ u_z=0$$

是否是无旋流？求速度势函数。

解：检查流动是否是无旋流动

$$\frac{\partial u_x}{\partial y}=\frac{\partial}{\partial y}(x^2-y^2)=-2y$$

$$\frac{\partial u_y}{\partial x}=-2y$$

两者相等，故为无旋流动。

求速度势函数

$$\mathrm{d}\varphi=u_x\mathrm{d}x+u_y\mathrm{d}y=(x^2-y^2)\mathrm{d}x-2xy\mathrm{d}y=x^2\mathrm{d}x-(y^2\mathrm{d}x+2xy\mathrm{d}y)=x^2\mathrm{d}x-\mathrm{d}xy^2$$

积分得

$$\varphi=\frac{1}{3}x^3-xy^2$$

第二节 平面势流理论

平面流动是指对任一时刻，流场中各点的速度都平行于某一固定平面的流动，并且流场中物理量（如温度、速度、压力、密度等）在流动平面的垂直方向上没有变化。即在流场中，某一方向（例 z 轴）流速为零，$u_z=0$，而另两方向的流速 u_x、u_y 与上述轴向坐标 z 无关的流动称为平面流动。理论上的势流只存在于理想流体中，但黏滞性对流动的作用很微小以致可以忽略时的平面流动等，也可近似作为平面势流处理。因为平面势流问题不仅有实

际意义，而且要比解空间势流问题方便，所以在流体力学
中，二元流动的研究具有重要的地位。平面势流理论主要
用于解决二元实际流动问题。

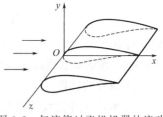

图 9-2　气流绕过飞机机翼的流动

在实际流动中，并不存在严格意义上的平面流动，而
只是一种近似平面流动。如果流动的物理量在某一个方向
的变化相对其他方向上的变化可以忽略，而且在此方向上
的速度很小时，就可简化为平面流动问题来处理。如图 9-2
所示，气流绕过飞机机翼的流动，Oxy 平面上没有沿 z 方向的速度分量，且将坐标框架沿 z
方向移动至所有平行平面上的流动状态都是一样的，则这种绕机翼的流动都可以作为平面流
动处理。

在不可压缩平面流动中，连续性方程简化为

$$\frac{\partial u_x}{\partial x} + \frac{\partial u_y}{\partial y} = 0$$

而旋转角速度只可能有 ω_z 的分量，如果 ω_z 为零，则

$$\frac{\partial u_y}{\partial x} = \frac{\partial u_x}{\partial y} \tag{9-8}$$

则为平面无旋流动。

平面无旋流动的势函数为

$$\mathrm{d}\varphi = u_x \mathrm{d}x + u_y \mathrm{d}y \tag{9-9}$$

同时满足拉普拉斯方程

$$\frac{\partial^2 \varphi}{\partial x^2} + \frac{\partial^2 \varphi}{\partial y^2} = 0 \tag{9-10}$$

不可压缩流体平面流动的连续性方程为

$$\frac{\partial u_x}{\partial x} + \frac{\partial u_y}{\partial y} = 0 \tag{9-11}$$

可以定义一个函数 Ψ，令

$$\left. \begin{array}{l} u_x = \dfrac{\partial \Psi}{\partial y} \\[2mm] u_y = -\dfrac{\partial \Psi}{\partial x} \end{array} \right\} \tag{9-12}$$

复变函数中称此两式为柯西——黎曼条件，表示速度势函数和流函数是一对共轭调和函数。
满足式(9-12) 的函数 Ψ 称为流函数。

一切恒定不可压缩流体的平面流动，无论是有旋或无旋流动都存在流函数。但是，只有
无旋流动才存在势函数。所以，对于平面流动问题，流函数具有更普遍的性质，它是研究平
面流动的一个重要工具。

在平面流动中，流线微分方程为

$$\frac{\mathrm{d}x}{u_x} = \frac{\mathrm{d}y}{u_y}$$

或

$$u_x \mathrm{d}y - u_y \mathrm{d}x = 0 \tag{9-13}$$

沿流线

$$\mathrm{d}\psi = \frac{\partial \Psi}{\partial x}\mathrm{d}x + \frac{\partial \Psi}{\partial y}\mathrm{d}y = u_x\mathrm{d}y - u_y\mathrm{d}x = 0 \qquad (9\text{-}14)$$

即 $\Psi = $ 常数。

上式表示，等流函数线即是流线。

1. 流函数的特性

① 流函数的等值线就是流线，沿同一流线流函数值为常数。

② 平面流动中通过两条流线间单位厚度的流量等于两条流线上的流函数的差值。

③ 在有势流动中流函数也是一调和函数。

势函数等值线即 $\varphi(x,y) = C$ 的曲线，给 C 以不同的值，得出不同的势函数等值线，称为等势线。速度在等势线上的投影为零，速度与等势线垂直。因此，在布满等势线的流场中，虽然没有画出流线，但可由流动方向与等势线垂直的概念想象出流动的大概情况。

由于流函数等值线（即流线）和势函数等值线（简称等势线）相互垂直，我们对 $\Psi(x,y) = C$ 的常数值 C 给以一系列等差数值：Ψ_1，$\Psi_1 + \Delta\Psi$，$\Psi_1 + 2\Delta\Psi$，…，并在流场中绘制出相应的一系列流线，再对 $\Psi(x,y) = C$ 的常数值 C 给以另一系列的等差数值：φ_1，$\varphi_1 + \Delta\varphi$，$\varphi_1 + 2\Delta\varphi$，…，并绘同一流场中，得出相应的一系列等势线。这两簇曲线构成正交曲线网格，称之为流网。

在流网中，等势线簇的势函数值沿着流线的方向增大，而流线簇的流函数则沿流线方向逆时针旋转 $90°$ 后所指的方向增加。

2. 流网的性质

① 流线与等势线正交。

② 相邻的两条流线的流函数值之差，是此两流线间的单宽流量。

为了证明性质②，在曲线 Ψ_1 和 $\Psi_1 + \Delta\Psi_1$ 上，沿着等势线向 Ψ 值增大的方向取 a、b 两点，求通过两点间的单宽流量。从图 9-3 可以看出，从 a 到 b 取 $\mathrm{d}x$、$\mathrm{d}y$，流速分速度为 u_x、u_y，则单宽流量 $\mathrm{d}q$ 应该为通过 $\mathrm{d}x$ 的单宽流量 $u_y\mathrm{d}x$ 和通过 $\mathrm{d}y$ 的单宽流量 $u_x\mathrm{d}y$ 之和。但是由 a 到 b，$\mathrm{d}x$ 为负值，所以 $u_y\mathrm{d}x$ 应该加上负号，即

$$\mathrm{d}q = u_x\mathrm{d}y - u_y\mathrm{d}x$$

与流函数的表达式(9-11) 比较，得

$$\mathrm{d}q = \mathrm{d}\Psi$$

积分上式的

$$q = \int_a^b \mathrm{d}\Psi = \Psi_b - \Psi_a$$

此式说明，任意两流线之间的流量等于两流线的流函数差值。流线簇即是按流函数差值相等绘制出来的，所以任一相邻两流线间的流量相等。根据连续性方程，两流线间的流速和流线间距离成反比。流线越密，流速越大；流线越疏，流速越小。这样，流线簇不仅能够表征流场的流速方向，也能表征流速的大小。

③ 流网中每一网格的相邻边长维持一定的比例。

如图 9-4 所示，假设 $\mathrm{d}n$ 为两等势线的网格边长，则它在 x、y 方向上的投影为

$$\mathrm{d}x = \mathrm{d}n\cos\theta$$

$$\mathrm{d}y = \mathrm{d}n\sin\theta$$

又 $\mathrm{d}n$ 是流速的方向，所以：

$$u_x = u\cos\theta$$

$$u_y = u\sin\theta$$

则 $\mathrm{d}\varphi = u_x\mathrm{d}x + u_y\mathrm{d}y = u\mathrm{d}n(\sin^2\theta + \cos^2\theta) = u\mathrm{d}n$

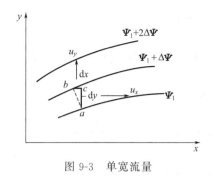

图 9-3 单宽流量

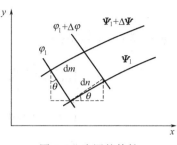

图 9-4 流网的特性

设 dm 为两流线间的网格边长，则按图 9-4，有

$$dx = -dm \sin\theta$$
$$dy = dm \cos\theta$$

由于

$$d\Psi = u_x dy - u_y dx$$

代入 u_x、u_y 式，有

$$d\Psi = u \, dm (\sin^2\theta + \cos^2\theta) = u \, dm$$

则

$$\frac{d\varphi}{d\Psi} = \frac{dn}{dm}$$

因为 $\dfrac{d\varphi}{d\Psi}$ 对任一网格都保持常数，所以 $\dfrac{dn}{dm}$ 也保持定值。如取 $\dfrac{d\varphi}{d\Psi} = 1$，则每一网格成曲线正方形。

在流场中的流网，可以利用流线和等势线相互正交，形成曲线正方网络的特性，直接在流场中绘制出来。绘制时，抓住边界条件是重要的。一般来说，固体边界都是边界流线；过水平断面或者势能相等的线，都是边界等势线（图 9-5）。对于给定流场，绘出边界等势线和边界流线，就确定了流网的范围。

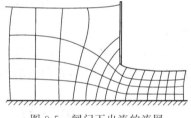

图 9-5 闸门下出流的流网

到目前为止，我们已经引进了势函数 φ 和流函数 Ψ 的概念，阐述了它们的主要性质。一个流动存在势函数的条件仅仅是流动无旋，只要无旋，那么，不管是可压缩流体还是不可压缩流体，也不论是恒定流动还是非恒定流动，是三元流还是二元流，都存在势函数。对于不可压缩流体无旋流动，势函数 φ 满足拉普拉斯方程。

流函数 Ψ 存在的条件则是不可压缩流体，以及流动是平面问题，与流动是否无旋，是否恒定和是否具有黏性无关。当流动又是无旋时，则流函数 Ψ 也满足拉普拉斯方程。

【例 9-3】 平面不可压缩流体速度分布为 $u_x = x - 4y$；$u_y = -y - 4x$ 试证：

① 该流动满足连续性方程；② 该流动是有势的，求 φ；③ 求 Ψ。

解：① 由于 $\dfrac{\partial u_x}{\partial x} + \dfrac{\partial u_y}{\partial y} = 1 - 1 = 0$，故该流动满足连续性方程，流函数 Ψ 存在。

② 由于 $\omega_x = \dfrac{1}{2}\left(\dfrac{\partial u_y}{\partial x} - \dfrac{\partial u_x}{\partial y}\right) = 0$，故流动有势，势函数 φ 存在。

③ 因 $u_x = \dfrac{\partial \varphi}{\partial x} = \dfrac{\partial \Psi}{\partial y} = x - 4y$

$$u_y = \frac{\partial \varphi}{\partial y} = -\frac{\partial \Psi}{\partial x} = -y - 4x$$

$$\mathrm{d}\varphi = \frac{\partial \varphi}{\partial x}\mathrm{d}x + \frac{\partial \varphi}{\partial y}\mathrm{d}y = u_x \mathrm{d}x + u_y \mathrm{d}y = (x - 4y)\mathrm{d}x + (-y - 4x)\mathrm{d}y$$

$$\varphi = \int \mathrm{d}\varphi = \int \frac{\partial \varphi}{\partial x}\mathrm{d}x + \frac{\partial \varphi}{\partial y}\mathrm{d}y = \int u_x \mathrm{d}x + u_y \mathrm{d}y$$

$$= \int (x - 4y)\mathrm{d}x + (-y - 4x)\mathrm{d}y = \frac{x^2 - y^2}{2} - 4xy$$

$$\mathrm{d}\Psi = \frac{\partial \Psi}{\partial x}\mathrm{d}x + \frac{\partial \Psi}{\partial y}\mathrm{d}y = -u_y \mathrm{d}x + u_x \mathrm{d}y = (y + 4x)\mathrm{d}x + (x - 4y)\mathrm{d}y$$

$$\Psi = \int \mathrm{d}\Psi = \int \frac{\partial \Psi}{\partial x}\mathrm{d}x + \frac{\partial \Psi}{\partial y}\mathrm{d}y = \int -u_y \mathrm{d}x + u_x \mathrm{d}y$$

$$= \int (y + 4x)\mathrm{d}x + (x - 4y)\mathrm{d}y = xy + 2(x^2 - y^2)$$

【例 9-4】 平面不可压缩流体速度势函数 $\varphi = ax(x^2 - 3y^2)$，$a < 0$，试确定流速及流函数，并求通过连接 $A(0,0)$ 和 $B(1,1)$ 两点的连线的直线段的流体流量。

解：
$$u_x = \frac{\partial \varphi}{\partial x} = \frac{\partial \Psi}{\partial y} = a(3x^2 - 3y^2) \qquad u_y = \frac{\partial \varphi}{\partial y} = -\frac{\partial \Psi}{\partial x} = -6axy$$

$$\mathrm{d}\Psi = \frac{\partial \Psi}{\partial x}\mathrm{d}x + \frac{\partial \Psi}{\partial y}\mathrm{d}y = -v_y \mathrm{d}x + v_x \mathrm{d}y = 6axy\mathrm{d}x + a(3x^2 - 3y^2)\mathrm{d}y$$

积分
$$\Psi = \int \mathrm{d}\Psi = \int \frac{\partial \Psi}{\partial x}\mathrm{d}x + \frac{\partial \Psi}{\partial y}\mathrm{d}y = \int -v_y \mathrm{d}x + v_x \mathrm{d}y$$

$$= \int 6axy\mathrm{d}x + a(3x^2 - 3y^2)\mathrm{d}y = 3ax^2 y - ay^3 + C$$

流函数为
$$\Psi = 3ax^2 y - ay^3$$

在点 $A(0,0)$：$\Psi_A = 0$；在点 $B(1,1)$：$\Psi_B = 2a$

过连接 $A(0,0)$ 和 $B(1,1)$ 两点的连线的直线段的流体流量为 $\Psi_A - \Psi_B = -2a$。

第三节　几种简单的平面无旋流动

在平面流动中，根据无旋条件和连续性方程，引进了势函数 φ 和流函数 Ψ，两者都能描述一个流场。因此，解平面流动问题就归结为求解 φ 或 Ψ。本节将求解一些简单平面无旋流动的 φ 或 Ψ。

一、均匀直线流动

当深度极大的流体从平面上流过时由经验知，除临近平面处的一薄层附面层外各点的速度都是大小相等方向相同的。显然这种流动的直线是平行的直线，如图 9-6 所示。

在均匀直线流动中，流速及其在 x、y 向分速保持为常数，即
$$u_x = a, \quad u_y = b$$

存在着势函数 φ
$$\mathrm{d}\varphi = u_x \mathrm{d}x + u_y \mathrm{d}y = a\mathrm{d}x + b\mathrm{d}y$$

$$\varphi = \int a\mathrm{d}x + b\mathrm{d}y = ax + by \tag{9-15}$$

流函数 Ψ 根据

$$\mathrm{d}\Psi = u_x\,\mathrm{d}y - u_y\,\mathrm{d}x = a\,\mathrm{d}y - b\,\mathrm{d}x$$

积分得

$$\Psi = ay - bx \tag{9-16}$$

当流动平行于 y 轴，$u_x = 0$，则

$$\varphi = by, \quad \Psi = -bx \tag{9-17}$$

同理，当流动平行于 x 轴时，有：

$$\varphi = ax, \quad \Psi = ay \tag{9-18}$$

二、源流和汇流

这种流动是指平面上一点，像"源泉"那样想、向周围作辐射状的直线流动，如图9-7，这种流动称为源流或者简称源。反之，若周围的流体向一点汇聚的流动，称为汇流或者简称汇。很明显，源、汇流场的流线都是由原点发出的辐射直线。

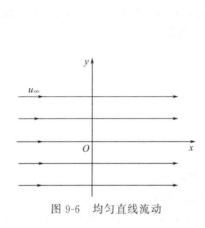

图 9-6　均匀直线流动　　　　　　　图 9-7　源流

我们引进源、汇的强度概念。O 点为源点。垂直单位长度所流出的流量为 Q，Q 称为源流强度。由于连续流动，过任一半径 r 单位厚度的圆周面上的流量 Q 是相等的，而且这一流量 Q 称为源的强度或者源强。则径向流速 u_r 等于流量 Q 除以圆周长 $2\pi r$。即

$$u_r = \frac{Q}{2\pi r}, \quad u_\theta = 0$$

势函数为

$$\varphi = \int u_r\,\mathrm{d}r + \int u_\theta\,\mathrm{d}\theta = \int \frac{Q}{2\pi r}\,\mathrm{d}r + \int 0 \times r\,\mathrm{d}r$$

得

$$\varphi = \frac{Q}{2\pi}\ln r \tag{9-19}$$

对于流函数，同理可得

$$\varphi = \int u_r r\,\mathrm{d}\theta - \int u_\theta\,\mathrm{d}r = \int \frac{Q}{2\pi r}r\,\mathrm{d}\theta + \int 0 \times \mathrm{d}r$$

$$\Psi = \frac{Q}{2\pi}\theta \tag{9-20}$$

对汇流流场来说，因其流动方向指向原点，径向速度 u_r 为负值，故其势函数和流函数的形

式相同，只要该函数为负值即可。或者把源、汇流场视为同样的 φ 和 Ψ 形式，如式(9-19)和式(9-20)，强度 Q 本身的正负值代表源和汇。

三、环流

这种流动是指宏观上做圆周运动，但是，除了圆心一点或者包括圆心的一定圆域以外，

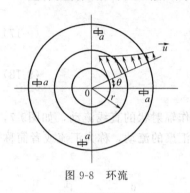

图 9-8 环流

到处是无旋的那种平面流动而言的。实际上，它是一个无限长的直线涡束或者圆柱形涡束的外部流动区域，在垂直于涡束的平面上呈现的流场（如图 9-8 所示）。在这种流场中，圆域内为有旋，圆域外为无旋。圆域周界上的速度、压力等运动参数保持连续。

它的流函数和势函数分别是

$$\Psi = -\frac{\Gamma}{2\pi}\ln r$$

$$\varphi = \frac{\Gamma}{2\pi}\theta$$

式中，Γ 为速度环量，它通常是对封闭周边写出的，在环流的情况下，是沿某一流线写出的速度环量，称为环流强度。对于环流，环流强度 Γ 为常量。

四、直角内的流动

直角内的流动也叫做二元流动。

假设无旋流动的速度势为

$$\varphi = a(x^2 - y^2)$$

流函数为

$$\Psi = 2axy$$

流线是双曲线簇，具有以下性质：

当 $\Psi > 0$ 时，x，y 值的符号相同，流线在一、三象限内；

当 $\Psi < 0$ 时，x，y 值的符号相反，流线在二、四象限内；

当 $\Psi = 0$ 时，$x = 0$ 或者 $y = 0$，坐标轴就是流线。这个 Ψ 为零的流线，称为零流线。原点是速度为零的点，称为驻点。

根据 $\varphi = a(x^2 - y^2)$ 可知，在 $y = 0$ 的轴上，随着 x 绝对值的增大，φ 也增大，这说明流动方向是沿 x 轴向外的，如图 9-9。

【例 9-5】 旋风除尘器上部的流动如图 9-10 所示，图中 $r_1 = 0.4\text{m}$，$r_2 = 1\text{m}$，$a = 1\text{m}$，$b = 0.6\text{m}$。气流沿管道从左流入，在内部旋转后，从上部流传。试估计旋转流动中，断面的流速分布。管中平均流速为 $v = 10\text{m/s}$。

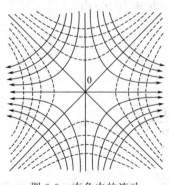

图 9-9 直角内的流动

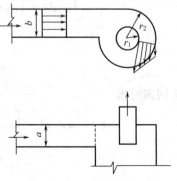

图 9-10 旋风除尘器的气流流动

解：流体在管中流动时，流速均匀分布，可以按无旋流动处理，但是受除尘器边壁作用，被迫做旋转流动，所以按环流做流速分配。

$$u_\theta = \frac{\Gamma}{2\pi r} = \frac{k}{r}$$

为确定 k 值，用连续性原理，流量保持不变。

旋风除尘器的气流流动

$$vb = \int_{r_1}^{r_2} u_\theta \, \mathrm{d}r = \int_{r_1}^{r_2} k \, \frac{\mathrm{d}r}{r} = \ln \frac{r_2}{r_1} k$$

$$k = \frac{vb}{\ln \dfrac{r_2}{r_1}} = \frac{10 \times 0.6}{\ln \dfrac{1}{0.4}} = 6.56 \, \mathrm{m^2/s}$$

由此可知，断面的流速分布是

$$u_\theta = \frac{6.56 \, \mathrm{m^2/s}}{r}$$

内壁

$$u_{\theta_1} = \frac{6.56}{0.4} = 16.4 \, \mathrm{m/s}$$

$$u_{\theta_2} = \frac{6.56}{1} = 6.56 \, \mathrm{m/s}$$

第四节　势流叠加原理

势流的叠加性，是势流在数学上的一个非常有意义的性质。满足拉普拉斯方程的势函数（或流函数），其叠加结果一定满足势流基本方程——拉普拉斯方程。

假设有两个势流 φ_1 和 φ_2，它们的连续性条件满足拉普拉斯方程，则这两个势函数之和 $\varphi = \varphi_1 + \varphi_2$ 也将适合拉普拉斯方程。也就是说，两势函数之和形成新函数，代表新流动。该原理为求解某些较复杂边界的势流问题提供了一个新途径。

新流动的流速

$$u_x = \frac{\partial \varphi}{\partial x} = \frac{\partial \varphi_1}{\partial x} + \frac{\partial \varphi_2}{\partial x} = u_{x_1} + u_{x_2}$$

$$u_y = \frac{\partial \varphi}{\partial y} = \frac{\partial \varphi_1}{\partial y} + \frac{\partial \varphi_2}{\partial y} = u_{y_1} + u_{y_2}$$

即新流动的流速等于原来两个势流流速的叠加，也就是在平面上，将原来两流速几何相加的结果。

同样我们可以得到复合流动的流函数等于原流动流函数的代数和，即

$$\Psi = \Psi_1 + \Psi_2$$

很显然，以上的结论可以推广到两个以上的流动，亦可推广到三元流动。如此便可将某些简单的有势流动，叠加为复杂的但实际上又有意义的有势流动。

一、均匀直线流中的源流

将源流和水平匀速流相加，源点为坐标原点，则流函数为

$$\Psi = v_0 r \sin\theta + \left(\frac{Q}{2\pi} \theta \right) \tag{9-21}$$

通过这个函数我们可以用极坐标画出它的流速场，如图 9-11，这是绕某种特殊形状物体前部的流动。

如图 9-11 可知，流速在源点 0 处最大，并且流速随与源点的距离的增大而减小，在离源点较远处，流速几乎不受源流的影响，保持匀速 v_0。在源点前某一距离 x_s，必然存在某一点 s，匀速流和源流在该点所造成的速度，大小相等，方向相反，使得该点的流速为零，这个点我们称为驻点。它的位置 x_s 可以根据势流叠加原理来确定，即

$$v_0 - \frac{Q}{2\pi x_s} = 0$$

$$x_s = \frac{Q}{2\pi v_0} \tag{9-22}$$

匀速直线流和源流叠加所形成的绕流物体是有头无尾的，所以称为半无限物体。研究半无限物体在对称物体头部流速和压强分布是很有用的。这种方法的推广，是采用很多不同强度的源流，沿 x 轴排列，使它和匀速直线流叠加形成和实际物体轮廓线完全一致或者较为吻合的边界流。这样，就可以估计物体上游端的流速分布和压强分布情况了。

二、匀速直线流中的等强源汇流

在匀速直线流中，沿 x 轴叠加一对强度相等的源和汇，叠加后的势流场如图 9-12 所示，这样我们就能够将上面讲述的半无限物体变成全物体，这样的流动叫绕朗金椭圆流动。

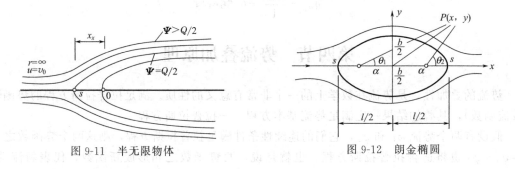

图 9-11　半无限物体　　　　　图 9-12　朗金椭圆

匀速直线流中的等强源汇流的流函数为

$$\Psi = v_0 y + \frac{Q}{2\pi} \left(\arctan \frac{y}{x+a} - \arctan \frac{y}{x-a} \right) \tag{9-23}$$

驻点在物体的前后，它满足流速为零的条件为

$$\frac{-Q}{2\pi \left(\frac{l}{2} - a \right)} + \frac{Q}{2\pi \left(\frac{l}{2} + a \right)} + v_0 = 0$$

解得

$$\frac{l}{2} = a \sqrt{1 + \frac{Q}{a\pi v_0}} \tag{9-24}$$

驻点在 $y=0$，$x = \pm \frac{l}{2}$ 处，由式(9-23) 可以看出，过驻点的流线的流函数之值为零。为求的椭圆的宽度 b，将 $x=0$，$y = \frac{b}{2}$ 代入 $\Psi = 0$。可得

$$v_0 \frac{b}{2} + \frac{Q}{\pi} \arctan \frac{b}{2a} = 0 \tag{9-25}$$

式中，$\dfrac{b}{2}$ 可以用试算法求得。

　　如果已经知道流函数，则流速场可以确定，压强的分布可以通过能量方程求得。但是，绕流物体的尾部，由于尾迹旋涡的形成，不能根据上述方法求解。但是物体的前部，由于附面层很薄，而且流动处于加速区，理论推算和实际推算的结果相一致。

　　这种方法的发展是沿 x 轴布置源流和汇流，使强度总和为零。它和均匀直线流叠加，使流动和实际物体更紧密相依。

三、偶极流绕柱体的流动

　　将上述的等强度的源流和汇流分别放在 x 轴的左侧 $(-a,0)$ 和右侧 $(a,0)$ 处（如图 9-13）并且相互接近，使 $a \rightarrow 0$，但是保持源点 和汇点的距离 $2a$ 和强度 Q 的乘积为定值 $M=2aQ$。这种流动称为偶极流，M 称为偶极矩。通过等强源流和汇流的流函数，我们可以得到偶极流的流函数

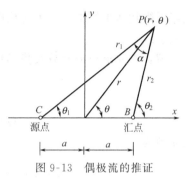

图 9-13　偶极流的推证

$$\Psi = v_0 r \sin\theta - \frac{M\sin\theta}{2\pi r} \qquad (9\text{-}26)$$

　　如果把零流线换成为物体的轮廓线，并设物体轮廓线上 $r=R$，则

$$v_0 R\sin\theta - \frac{M\sin\theta}{2\pi R} = 0$$

因而

$$M = 2\pi v_0 R^2$$

代入流函数式(9-26)，得

$$\Psi = v_0 \left(r - \frac{R^2}{r} \right)\sin\theta \qquad (9\text{-}27)$$

速度的分量为

$$u_r = 0$$

$$u_\theta = -2v_0 \sin\theta$$

最大表面速度为匀速直线流速的 2 倍，当 $\theta = \dfrac{\pi}{6}$ 时，物体上的流速等于匀速直线流速。

四、源环流

　　源环流就是将源流和环流相加，从而使流体既做旋转运动又做径向运动。它的流函数为

$$\Psi = \frac{Q\theta}{2\pi} + \frac{\Gamma}{2\pi}\ln r \qquad (9\text{-}28)$$

零流线方程，$\Psi = 0$。可得

$$r = \mathrm{e}^{-\frac{Q\theta}{\Gamma}}$$

　　这表明流线是对数螺旋线簇，如图 9-14，这种在半径为 r_1 的内圆周到半径为 r_2 的外圆周的流动，在工程上具有重要的意义。从内向外流速不断减小，压强不断增大。它的径向流速和周向流速分别为

$$u_r = \frac{Q}{2\pi r}$$

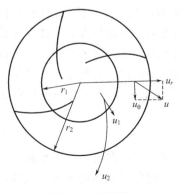

图 9-14　源环流

$$u_\theta = -\frac{\Gamma}{2\pi r}$$

因为 u_r 和 u_θ 的比值 $\frac{Q}{\Gamma}$ 保持不变，所以断面 1、2 的动量矩相等，作用于流体的力矩为

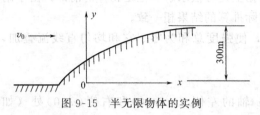

图 9-15 半无限物体的实例

零，说明流体和固体都不受力矩的作用，不存在能量交换。这种流动是流体离开叶轮后的流动。例如，离心水泵蜗壳内扩压流动就是这种流动。

【例 9-6】 某山脉剖面如图 9-15。山高为 300m，风速为 48km/h。它的地形可以近似的用半无限物体来模拟，为了将该山脉用作滑翔运动，求出流函数、势函数及半无限无限物体的轮廓线。

解：首先求出流函数及势函数

$$v_0 = \frac{48000}{3600} = 13.33\text{m/s}$$

$$Q = 2 \times 13.33 \times 300 = 8000\text{m}^2/\text{s}$$

流函数为

$$\Psi = v_0 y + \frac{Q}{2\pi}\arctan\frac{y}{x} = 13.33y + 1270\arctan\frac{y}{x}$$

势函数为

$$\varphi = 13.33x + 1270\sqrt{x^2 + y^2}$$

半无限物体的轮廓线为

$$13.33y + 1270\arctan\frac{y}{x} = \frac{1}{2} \times 8000 = 4000$$

第五节　绕流运动与附面层概述

用 N-S 方程可以得到小雷诺数流动条件下的近似解，工程上涉及大雷诺数流动，要寻求新的近似方法。

在绕流运动中，流体作用在物体上的力可以分为两个分量：其一是平行于来流方向的作用力，叫阻力；其二是垂直于来流方向的力，叫升力。本节主要讨论的是绕流阻力。它可以认为是由两部分组成的，即摩擦阻力和形状阻力。大量实验证明，在实际流体绕流固体时，固体边界上的流速为零，在固体边界的外法线方向上的流体速度从零迅速增大，流体在大的雷诺数下绕过物体运动时，其摩擦阻力主要发生在紧靠物体表面的一个速度梯度很大的流体薄层内，且存在较大的切应力，这一黏性不能忽略的薄层就称为附面层。形状阻力主要是指流体绕曲面体或具有锐缘棱角的物体流动时，附面层要发生分离，从而产生旋涡造成的阻力。这种阻力与形状有关，因此称之为形状阻力。

一、附面层的形成及其相关性质

如图 9-16 所示为绕平板的绕流流动。来流的流速 u_0 均匀分布，且方向平行于平板，流动时由于黏性的作用，固壁表面上的流体质点被黏滞于固壁，此时紧靠表面的流体质点的流速为零。在垂直平板方向，流速急剧增加，迅速接近未受扰动时的流速 u_0。因此，流场

中就出现了两个性质不同的流动区域。紧贴平板的一层薄层，其流速低于 u_0，流体作黏性流体的有旋流动，该层称为附面层。在此附面层外，流体作理想流体的无旋流动，速度保持原有的势流流速，该层称为势流区。

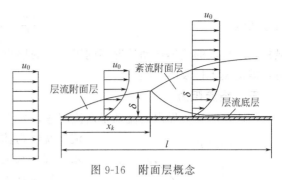

图 9-16　附面层概念

　　虽然物体表面的速度梯度很大，但是距离板面较远的地方的速度梯度就很小了，也就是说这时的速度变化很慢，由于种种因素的存在，我们很难确定附面层边界。实际上，对于曲面物体的绕流，附面层外边界定义为：假设物体表面速度为零，在物面的法线方向上速度增大，速度恢复到 $0.99u_0$ 的点组成的面，称为附面层的外边界。所以，实践中以平板表面沿外法线达到势流速度 u_0 的 99% 处的距离，称为附面层厚度，以 δ 表示。

　　一般地从平板迎流面的端点开始，附面层厚度 $\delta=0$，δ 将随着 x 的增大而增大。在平板的前部为层流流动；随着附面层厚度的增加，达到某一距离 x_k 处，层流流动转为紊流。而在做紊流流动的附面层内，还有一层极薄的层流底层，这和管道内流体作紊流运动的情况一致。附面层由层流转为紊流的条件，是由某一临界雷诺数来判定的。由实验可得，若来流的速度为 u_0，长度取平板前端到流态转化点的距离 x_k，则临界雷诺数为

$$Re_{x_k}=\frac{u_0 x_k}{\gamma}=(3.5\sim5.0)\times10^5 \tag{9-29}$$

如果长度取流态转化点的附面层厚度 δ，则相应的临界雷诺数为

$$Re_\delta=3000\sim3500$$

　　附面层这一概念的提出具有重要的意义，它能够将流场划分为两个计算方法不同的区域。附面层很薄，所以在计算的时候可以先假设附面层不存在，全部的流场都是势流区，这样边可以用势流理论来计算物体表面的速度，并用理想流体能量方程根据势流流速求相应的压强。而计得的压强和流速可认作附面层外边界的压强和流速。

二、管流附面层

　　需要指出的是附面层的概念对于管流同样有效，实际上，管路内部的流动都处于受壁面影响的附面层内。附面层内的梯度引起管路的沿程阻力，附面层分离则引起管路的局部阻力。

　　如图 9-17 所示为管流入口段的情况，在此可清楚地看到管流的发展过程。

　　现在假设流速以均匀速度流入，那么在入口段的始端将保持均匀的速度分布。但是由于受到管壁的作用，靠近管壁的流体将受阻滞而形成附面层，其厚度 δ 将随着与管口距离的增加而增加。当附面层厚度 δ 等于管径 r_0 后，则上下四周附面层相衔接，使附面层占有管流的全部断面，而形成充分发展的管流，其下游断面则保持这种状态不变。从入口到形成充分发展的管流的长度称入口段长度，以 x_E 表示。根据大量实验分析，有

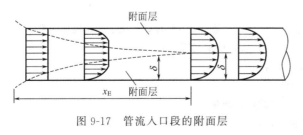

图 9-17　管流入口段的附面层

对于层流　　$\dfrac{x_E}{d}=0.028Re$ 　　(9-30)

对于紊流

$$\frac{x_E}{d}=50 \qquad (9\text{-}31)$$

显然，入口段的流体运动情况不同于正常的层流和紊流，因此在实验室内进行管路阻力试验时，需避免入口段的影响。

三、绕流阻力

流体在固体边界内的流动是内流问题，如管道、明渠中水流阻力及其水头损失问题。而

流体绕经物体时的绕流阻力问题即外流问题，如给水排水工程、水工建筑物的各种闸墩等，均属于外流问题。

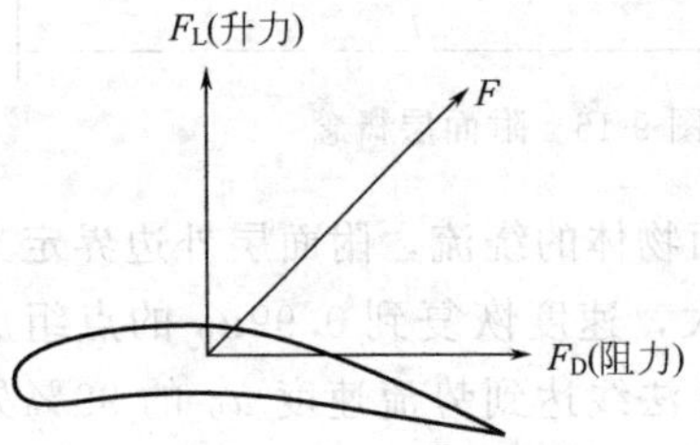

当流体与淹没在流体中的固体作相对运动时（图9-18），固体所受的流体作用力，按其方向可分为两个分力：一是平行于流动方向的作用在物体上的分力 F_D，称为绕流阻力。二是垂直于流动方向作用于物体上的分力 F_L，称为升力。该力只可能发生在非对称的绕流体上。绕流阻力主要是由形体造成的。

图 9-18　绕流阻力

绕流运动还可能使绕流体振动，如拦污栅振动，电线的风鸣均由绕流运动引起的。

思 考 题

1. 试判断下列说法是否正确？

① 无旋流动一定是环量等于零；反之环量等于零的流场，必定是无旋流动。

② 凡做圆周运动的流动，必定是有旋的；作直线运动的流动一定是无旋的。

③ φ 和 Ψ 是同时存在。就是说若 φ 存在，必有 Ψ；若 Ψ 存在，必有 φ。

2. 流函数有哪些物理意义？

3. 写出源、汇、偶、涡的势函数。这些势流的基本解有何用处。

4. 考虑一下有旋、无旋流动与层流、紊流流动有何差异？

5. 何为附面层？其厚度 δ 是如何定义的？

习 题

9-1　三元不可压缩场中 $u_x=x^2+z^2+5$，$u_y=y^2+z^2-3$，$z=0$ 处 $u_z=0$，试求 u_z 的表达式，并检验是否无旋？

9-2　判断下列各流场是无旋流还是有旋流？

(1) $u_x=x^2+x-y^2$　　　$u_y=-(2xy+y)$

(2) $u_x=y+2z$　　　$u_y=z+2x$　$u_z=x+2y$

9-3　剪切流动的速度场为 $u_x=ay$，$u_y=u_z=0$，其中 a 是常数，流线是平行 x 轴的直线，试问流场是有旋还是无旋？

9-4　已知不可压缩流体平面流动的速度势为 $\Psi=xy+2x-3y+10$，试判断该流动是否无旋？若是无旋，确定其流速势 φ。

9-5　试证明不可压缩流体 $u_x=2xy+x$，$u_y=x^2-y^2-y$ 是一个有势流动，试求其速度势函数。

9-6　不可压缩流体平面流动的速度势为 $\varphi=x^2-y^2+x$，试求其流函数。

9-7　已知二元流场的速度势为 $\varphi=x^2-y^2$，试求：

① u_x、u_y 并检验是否满足连续条件和无旋条件。

② 流函数，并通过 $(1,0)$、$(1,1)$ 两点的两条流线之间的流量。

9-8　对于 $u_x=2xy$，$u_y=a^2+x^2-y^2$ 的平面流动，问：

① 是否有势流动？若有势，确定其势函数 φ。

② 是否是不可压缩流体的流动？

③ 求流函数 Ψ。

9-9　已知速度势为：① $\varphi=\dfrac{Q}{2\pi}\ln r$；② $\varphi=\dfrac{\Gamma}{2\pi}\arctan\dfrac{y}{x}$，求其流函数。

9-10　有一平面流场，设流体不可压缩，x 方向的速度分量为 $u_x=\mathrm{e}^{-x}\cosh y+1$。

① 已知边界条件为 $y=0$，$u_x=0$，求 $u_x(x,y)$；

② 求这个平面流动的流函数。

9-11　已知平面流动的速度分布 $u_x=x^2+2x-4y$，$u_y=-2xy-2y$。试确定流动：是否满足连续性方程，是否有旋；如存在速度势和流函数，求出 φ 和 Ψ。

9-12　已知速度势 $\varphi=xy$，求速度分量和流函数，并证明等势线和流函数是正交的。

9-13　已知平面势流的速度势 $\varphi=y(y^2-3x^2)$，求流函数以及通过（0,0）及（1,2）两点连线的体积流量。

9-14　平面不可压缩流体速度分布为：$u_x=4x+1$；$u_y=-4y$。

① 该流动满足连续性方程否？

② 势函数 φ、流函数 Ψ 存在否？

③ 求 φ、Ψ。

9-15　平面不可压缩流体速度势函数 $\varphi=x^2-y^2-x$，求流场上 $A(-1,-1)$，及 $B(2,2)$ 点处的速度值及流函数值。

9-16　已知平面流动流函数 $\Psi=x+y$，计算其速度、加速度、线变形率（ε_{xx}、ε_{yy}），求出速度势函数 φ。

9-17　一平面定常流动的流函数为 $\Psi(x,y)=-\sqrt{3}x+y$，试求速度分布，写出通过 $A(1,0)$ 和 $B(2,\sqrt{3})$ 两点的流线方程。

9-18　在位于（1,0）和（-1,0）两点具有相同强度 4π 的点源，试求在点（0,0）、点（0,1）、点（0,-1）和点（1,1）处对应的速度 u_1、u_2、u_3、u_4。

9-19　汽车以 60km/h 的速度行驶，汽车在运动方向的投影面积为 $2\mathrm{m}^2$，绕流阻力系数 $C_D=0.3$，空气温度 0℃，密度 $\rho=1.293\mathrm{kg/m}^3$。求克服空气阻力所消耗的汽车功率。

9-20　有一理想流体的流动，其流速场为：$u_x=-\dfrac{cy}{x^2+y^2}$，$u_y=\dfrac{cy}{x^2+y^2}$，$u_z=0$，其中 C 为常数，u_x、u_y、u_z 分别为 x、y、z 方向的速度分量，它们的单位为 m/s 而 $C=1\mathrm{m}^2/\mathrm{s}$。

① 证明该流动为恒定流动，不可压缩，平面势流。

② 求流线方程并画出流动图形。

③ 已知 $A(1\mathrm{m},0)$ 点的压强水头 $\dfrac{p_A}{\rho g}=2\mathrm{m}(\mathrm{H_2O})$，试求 $B(0,2\mathrm{m})$ 点的压强水头为多少？设质量力只有重力，A、B 在同一平面上，重力方向为 z 方向。

第十章　一元气体动力学基础

第一节　声速、马赫数

一、声速

狭义的理解：声速是声音的传播速度。广义的理解：微小扰动在流体中的传播速度，就是声音在流体中的传播速度，以符号 c 表示声速。

为了说明微弱扰动在可压缩介质内传播的机理，假定在等直径的长管内充满静止状态的

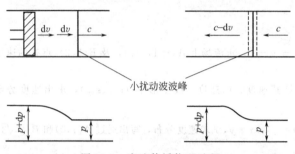

小扰动波波峰

图 10-1　音速传播物理过程

可压缩气体，管内左端装有一活塞，见图 10-1，若使活塞以微小速度 $\mathrm{d}v$ 向右运动，则紧贴活塞右侧的气体也随之以微小速度 $\mathrm{d}v$ 向右运动，并产生一个压缩的微小扰动，向右运动的流体又推动其右侧的流体向右运动，并产生微小的压强增量，如此继续下去，这个过程是以波的形式且以波速 a 向右传播，这就是微弱扰动的传播过程。

若定义扰动与未扰动的分界面为波峰，则波峰的传递速度就是声音的传播速度 c。波峰所到之处，流体压强为 $p+\mathrm{d}p$，密度变为 $\rho+\mathrm{d}\rho$。波峰未到之处，流体仍处于静止，压强、密度仍为静止时的 p、ρ。

为了分析方便起见，将坐标固定在波峰上，如图 10-1 所示。对于相对坐标来说，波面是静止不动的。于是观察到波峰右侧原来静止的流体将以速度 c 向左运动，压强为 p，密度为 ρ。左侧流体将以 $c-\mathrm{d}v$ 向左运动，其压强为 $p+\mathrm{d}p$，密度为 $\rho+\mathrm{d}\rho$。取图中虚线所示区域为控制体，波峰处于控制体中，当波面两侧的控制面无限接近时，控制体体积趋近于零。设管道截面积为 A，对控制体写出连续性方程

$$c\rho A = (c-\mathrm{d}v)(\rho+\mathrm{d}\rho)A \tag{10-1}$$

展开并略去二阶微量，可得

$$\frac{\mathrm{d}\rho}{\rho} = \frac{\mathrm{d}v}{c}$$

由完全气体状态方程 $\dfrac{p}{\rho}=RT$ 和式(10-1)，消去 $\mathrm{d}v$ 可得

$$c^2 = \frac{\mathrm{d}p}{\mathrm{d}\rho} \tag{10-2}$$

即

$$c = \sqrt{\frac{\mathrm{d}p}{\mathrm{d}\rho}} \tag{10-3}$$

由于该式仅是根据连续方程和动量方程推导出来的,所以它对于气体、液体都适用。虽然上式是声速公式的微分形式,是从微小扰动平面波导出的,但它也同样适用于球面波。

根据流体的弹性模量与压缩系数关系

$$E = \frac{1}{\beta} = \rho \frac{\mathrm{d}p}{\mathrm{d}\rho}$$

将式(10-3)代入

$$E = \frac{1}{\beta} = pc^2$$

$$c = \sqrt{\frac{E}{\rho}} \tag{10-4}$$

上式说明,声速与流体弹性模量平方根成正比,与流体密度平方根成反比。声速在一定程度上反映出压缩性的大小。对于水,$E = 2.06 \times 10^9 \mathrm{Pa}(t = 5℃)$,$\rho = 1000 \mathrm{kg/m^3}$,$c = \sqrt{\frac{2.06 \times 10^9}{1000}} = 1435 \mathrm{m/s}$,这就是声音在水中的传播速度。

声波传播速度很快,在传播过程中与外界来不及进行热量交换,且忽略切应力作用,即热交换和摩擦力都可忽略不计,无能量损失。所以整个传播过程可作为等熵过程。

根据力学知识,应用气体等熵过程方程式

$$\frac{p}{\rho^k} = c$$

微分上式 $\mathrm{d}p = ck\rho^{k-1}\mathrm{d}\rho$

则

$$\frac{\mathrm{d}p}{\mathrm{d}\rho} = ck\rho^{k-1} = \frac{p}{\rho^k}k\rho^{k-1} = k\frac{p}{\rho}$$

再将完全气体状态方程 $\frac{p}{\rho} = RT$ 代入

$$\frac{\mathrm{d}p}{\mathrm{d}\rho} = k\frac{p}{\rho} = kRT \tag{10-5}$$

将式(10-5)代入声速公式中,于是得到气体中声速公式

$$c = \sqrt{\frac{\mathrm{d}p}{\mathrm{d}\rho}} = \sqrt{k\frac{p}{\rho}} = \sqrt{kRT} \tag{10-6}$$

查表10-1,对于常温、常压下空气,绝热指数 $k = 1.4$,气体常数 $R = 287 \mathrm{J/(kg \cdot K)}$,所以空气中的声速公式为

$$c = 20.05\sqrt{T} \tag{10-7}$$

从式(10-6)中得出以下结论。

① 不同的气体有不同的绝热指数 k 及不同的气体常数 R,所以不同气体有不同的声速值。

如常压下,15℃空气中的声速,因空气 $k = 1.4$;$R = 287 \mathrm{J/(kg \cdot K)} = 287 \mathrm{N \cdot m/(kg \cdot K)} = 287 \mathrm{m^2/(s^2 \cdot K)}$;$T = 273 + 15 = 288 \mathrm{K}$。

$$c = \sqrt{kRT} = \sqrt{1.4 \times 287 \times 288} = 340 \mathrm{m/s}$$

压力及温度与空气相同时，氢气中的声速为 $c = 1295\text{m/s}$。

② 同一气体中声速也不是固定不变的，它与气体的绝对温度平方根成正比。

表 10-1　常见气体的气体常数、绝热指数

气 体 名 称	气体常数 $R/[\text{J}/(\text{kg}\cdot\text{K})]$	绝热指数 $k = c_p/c_V$	定压比热 $c_p[\text{J}/(\text{kg}\cdot\text{K})]$	定容比热 $c_v/[\text{J}/(\text{kg}\cdot\text{K})]$
空气	287	1.40	1004	718
氧 O_2	260	1.39	917	657
氮 N_2	296	1.40	1038	742
氢 H_2	4124	1.40	14320	10196
氦 He	2077	1.67	5200	3123
氩 Ar	208	1.67	523	315
一氧化碳 CO	297	1.40	1042	745
二氧化碳 CO_2	189	1.29	845	656
水蒸气 H_2O	461	1.33	1867	1406

③ 由 $c = \sqrt{\dfrac{\text{d}p}{\text{d}\rho}}$ 可知，声速在一定程度上反映了流体压缩性的大小。某种介质的声速越大，说明这种介质的可压缩性越小。

二、马赫数

如前述，声速大小在一定程度上反映气体可压缩性大小。在气体动力学中，常用气流本身的速度 v 和声速 c 的比值作为表征气流运动的一个参数，称为马赫数，用 M 来表示，即

$$M = \frac{v}{c} \tag{10-8}$$

$M > 1$，$v > c$，即气流本身速度大于声速，则气流中参数的变化不能向上游传播。这就是超声速流动。

$M = 1$，$v = c$，即气流本身速度等于声速，则气流中参数的变化不可能传播到上游，这就是等声速流动。

$M < 1$，$v < c$，气流本身速度小于声速，则气流中参数的变化能够各向传播，这就是亚声速流动。

M 数是气体动力学中一个重要无量纲数，它反映惯性力与弹性力的相对比值。如同雷诺数一样，是确定气体流动状态的准数。

【例 10-1】 某飞机在海平面和 11000m 高空均以速度为 1200km/h 飞行，问这架飞机在海平面和在 11000m 高空的飞行 M 是否相同？已知海平面上的声速为 340m/s，11000m 高空的声速为 295m/s。

解： 飞机的飞行速度

$$v = 1200 \times \frac{1000}{3600} = 333\text{m/s}$$

由于海平面上的声速为 340m/s，故在海平面上的 M 为 $M = \dfrac{333}{340} = 0.98$，即亚声速飞行。

在 11000m 高空的声速为 295ms，故在 11000m 高空的 M 为 $M = \dfrac{333}{295} = 1.129$，即超声

速飞行。

【例 10-2】 用声呐探测仪，探测水下物体，已知水温 20℃，水的弹性模量 $E=1.88\times10^9\,\text{Pa}$，密度为 998.2kg/m³，今测得往返时间为 6s，求声源到该物体的距离。

解：由式(10-4)

$$c=\sqrt{\frac{E}{\rho}}=\sqrt{\frac{1.88\times10^9}{988.2}}=1379.3\,\text{m/s}$$

从声源到物体之间的距离 s 为

$$s=ct=1379.3\times3=4138\,\text{m}$$

第二节　气体一元恒定流动的连续性方程

实际气体在常温下，压强、密度、温度三者之间基本上符合理想气体状态方程，所以在常温下，理想气体一维恒定流动的基本方程均适用于实际气体。本节将讨论理想气体作一维恒定流动时所遵循的基本方程。

一、连续性方程

根据连续性方程

$$\rho v A=c$$

对管流任意两截面

$$\rho_1 v_1 A_1=\rho_2 v_2 A_2 \tag{10-9}$$

为了反映流速变化和截面变化的相互关系，对上式微分

$$\mathrm{d}(\rho v A)=\rho v\,\mathrm{d}A+v A\,\mathrm{d}\rho+\rho A\,\mathrm{d}v=0 \tag{10-10}$$

或

$$\frac{\mathrm{d}v}{v}+\frac{\mathrm{d}\rho}{\rho}+\frac{\mathrm{d}A}{A}=0 \tag{10-11}$$

二、运动方程

对于一元流动，沿轴线 s 方向，应用理想流体运动微分方程，单位质量力在 s 方向分力以 S 表示，可得

$$S-\frac{1}{\rho}\times\frac{\partial p}{\partial s}=\frac{\mathrm{d}v_s}{\mathrm{d}t}=\frac{\partial v_s}{\partial t}+\frac{\partial v_s}{\partial s}\times\frac{\mathrm{d}s}{\mathrm{d}t} \tag{10-12}$$

对于一元恒定流动

$$\frac{\partial p}{\partial s}=\frac{\mathrm{d}p}{\mathrm{d}s};\ \frac{\partial v_s}{\partial s}=\frac{\mathrm{d}v_s}{\mathrm{d}s};\ \frac{\partial v_s}{\partial t}=0$$

当质量力仅为重力，气体在同介质中流动，浮力与重力平衡，不计质量力 S，并去掉脚标 s，则得

$$\frac{1}{\rho}\times\frac{\mathrm{d}p}{\mathrm{d}s}+v\,\frac{\mathrm{d}v}{\mathrm{d}s}=0 \tag{10-13}$$

上式称为理想气体一元恒定流动的欧拉运动微分方程，又称为微分形式的伯努利方程。积分上式，必须给出气体的 p、ρ 之间的函数关系，与气流的热力学过程有关。

三、能量方程

对式(10-13) 积分得

$$\int\frac{1}{\rho}\mathrm{d}p+\int v\,\mathrm{d}v=C$$

得

$$\int \frac{1}{\rho} dp + \frac{1}{2}v^2 = C \tag{10-14}$$

式(10-14) 中第一项的积分和热力学过程有关，现分别叙述如下。

1. 等温过程

热力学中等温过程指气体在温度 T 不变条件下所进行的热力过程。等温流动则是指气体温度 T 保持不变的流动。

等温过程 $T = C$，$\dfrac{p}{\rho} = RT = C$，代入 $\displaystyle\int \frac{dp}{\rho}$ 中进行积分

$$\int \frac{dp}{\rho} = \int \frac{C}{p} dp = C \ln p = \frac{p}{\rho} \ln p$$

代入式(10-14)，即得

$$\left.\begin{array}{c} \dfrac{p}{\rho} \ln p + \dfrac{1}{2}v^2 = C \\[3mm] RT \ln p + \dfrac{1}{2}v^2 = C \end{array}\right\} \tag{10-15}$$

或

在等温流动中，对于任意两断面的伯努利方程可写为

$$\left.\begin{array}{c} RT \ln p_1 + \dfrac{1}{2}v_1^2 = RT \ln p_2 + \dfrac{1}{2}v_2^2 \\[3mm] RT \ln \dfrac{p_1}{p_2} = \dfrac{v_2^2 - v_1^2}{2} \end{array}\right\} \tag{10-16}$$

或

2. 绝热过程

流动过程中，如果和外界没有热交换且无能量损失，则称为绝热过程，无摩擦的绝热过程即为等熵过程。

气体参数的变化服从等熵过程方程

$$\rho = \left(\frac{p}{C}\right)^{1/k} = p^{1/k} C^{-1/k}$$

代入能量方程 $\dfrac{1}{\rho} dv + v dv = 0$，积分可得

$$\int \frac{dp}{\rho} = C^{1/k} \int p^{-1/k} dp = \frac{k}{k-1} \times \frac{p}{\rho}$$

再代入式(10-14)，可得绝热流动的能量方程为

$$\frac{k}{k-1} \times \frac{p}{\rho} + \frac{1}{2}v^2 = C \tag{10-17}$$

对于任意两个断面能量的形式为

$$\frac{k}{k-1} \times \frac{p_1}{\rho_1} + \frac{v_1^2}{2} = \frac{k}{k-1} \times \frac{p_2}{\rho_2} + \frac{v_2^2}{2} \tag{10-18}$$

式中 k——绝热指数，$k = \dfrac{c_p}{c_V}$ 为定压比热与定容比热之比。

与不可压缩理想气体方程比较，式(10-17) 多出一项 $\dfrac{1}{k-1} \times \dfrac{p}{\rho}$。从热力学可知，该多出项正是绝热过程中，单位质量气体所具有的内能 u。

证明如下：从热力学第一定律知，对完全气体有

$$u = c_V T$$

$$T = \frac{p}{R\rho}$$

$$R = c_p - c_V$$

$$k = \frac{c_p}{c_V}$$

故内能 u 为

$$u = c_V T = c_V \frac{p}{(c_p - c_V)\rho} = \frac{c_V}{c_p - c_V} \times \frac{p}{\rho} = \frac{\frac{c_V}{c_V}}{\frac{c_p}{c_V} - \frac{c_V}{c_V}} \times \frac{p}{\rho} = \frac{1}{k-1} \times \frac{p}{\rho}$$

将内能 u 代入式(10-17) 中

$$u + \frac{p}{\rho} + \frac{v^2}{2} = 常量 \tag{10-19}$$

上式表明：气体等熵流动过程中，沿流任意截面上，单位质量气体所具有的内能、压能、动能三项之和均为一常数。

将热力学公式 $i = u + \frac{p}{\rho}$ 及 $i = c_p T$ 代入式(10-19) 便得出用焓表示的全能方程式。

$$i + \frac{v^2}{2} = 常量 \tag{10-20}$$

$$c_p T + \frac{v^2}{2} = 常量 \tag{10-21}$$

对任意两截面可列出

$$i_1 + \frac{v_1^2}{2} = i_2 + \frac{v_2^2}{2} \tag{10-22}$$

$$c_p T_1 + \frac{v_1^2}{2} = c_p T_2 + \frac{v_2^2}{2} \tag{10-23}$$

类似绝热运动，可得出多变流动的运动方程式

$$\frac{n}{n-1} \times \frac{p}{\rho} + \frac{v^2}{2} = 常量 \tag{10-24}$$

对任意两截面可写为

$$\frac{n}{n-1} \times \frac{p_1}{\rho_1} + \frac{v_1^2}{2} = \frac{n}{n-1} \times \frac{p_2}{\rho_2} + \frac{v_2^2}{2} \tag{10-25}$$

式中，n 为多变指数。从热力学中知，下列特殊流动时：

等温	$n = 1$
绝热	$n = k$
定容	$n = \pm\infty$

但实际流动中，并不存在绝对的等温流动、绝热流动或定容流动。所以 n 值是在上述所给值的左右变化。

3. 气体一元定容流动

定容流动是指气体容积不变的流动。亦即密度 ρ 不变的流动。

将 ρ＝常数下，代入式(10-14) 得

$$\frac{p}{\rho} + \frac{v^2}{2} = 常数$$

除以 g，得

$$\frac{p}{\rho g} + \frac{v^2}{2g} = 常数 \tag{10-26}$$

上式意义是：沿流各截面上单位质量（或重量）理想气体的压能与动能之和守恒，并可互相转换。

在元流任取两截面则可列出

$$\frac{p_1}{\rho} + \frac{v_1^2}{2} = \frac{p_2}{\rho} + \frac{v_2^2}{2} \tag{10-27}$$

第三节　滞　止　参　数

气流某断面的流速设想以无摩擦绝热过程降低至零时，断面各参数所达到的值，称为气流在该断面的滞止参数。滞止参数以下标"0"表示。例如 p_0、ρ_0、T_0、i_0、c_0 等相应地称为滞止压强、滞止密度、滞止温度、滞止焓值、滞止音速。

对于一元恒定等熵流动，滞止参数在整个流动过程中始终保持不变，因此可作为一种参考状态参数。假定另一任意断面上的参数分别为 p、ρ、T、i 和 c，则

$$i_0 = i + \frac{v^2}{2} = C \tag{10-28}$$

对于理想气体，$i_0 = c_p T_0$，而 $c_p = 常数$。所以在整个运动过程中

$$T_0 = 常数 \tag{10-29}$$

由 $\frac{p}{\rho} = RT$ 和 $\frac{p}{\rho^k} = C$ 得

$$\frac{\rho}{T^{1/k-1}} = \frac{\rho_0}{T_0^{1/k-1}} = C$$

因为 $T_0 = 常数$，所以

$$\rho_0 = 常数 \tag{10-30}$$

可得

$$p_0 = 常数 \tag{10-31}$$

由 $c_0 = \sqrt{kRT_0}$，可得

$$c_0 = 常数 \tag{10-32}$$

由上可知，滞止参数在整个流动过程中确实是不变化的。滞止温度 T_0、滞止焓值 i_0 和滞止音速 c_0 反映了包括热能在内的气流全部能量，而滞止压强 p_0 则只表示机械能。等熵流动中，气流速度若沿流增大，则气流温度 T、焓 i、音速 c，沿程降低。气流中最大音速是滞止时的音速 c_0。气体绕物体流动时，其驻点速度为零，驻点处的参数就是滞止参数。

第四节　可压缩气体在管道中的恒定流动

当气体在管路中做一元恒定流动时，根据式（10-10）以及

$$\frac{\mathrm{d}p}{\rho} + v\,\mathrm{d}v = 0 \tag{10-33}$$

消去密度 ρ，并将 $c^2 = \frac{\mathrm{d}p}{\mathrm{d}\rho}$，$M = \frac{v}{c}$ 代入，则有截面 A 与气流速度 v 之间的关系式

$$\frac{\mathrm{d}A}{A}=(M^2-1)\frac{\mathrm{d}v}{v} \tag{10-34}$$

这是可压缩流体连续性微分方程的又一形式。

一、气流速度与断面的关系

讨论式(10-34)，可得下面重要结论。

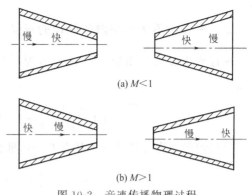

(a) $M<1$

(b) $M>1$

图 10-2 音速传播物理过程

① $M<1$ 为亚音速流动，$v<c$，因此式 (10-34) 中 $M^2-1<0$ 时，$\mathrm{d}v$ 与 $\mathrm{d}A$ 正负号相反，说明速度随截面的增大而减慢，随截面的减小而加快。这与不可压缩流体运动规律相同〔如图 10-2(a)〕。

② $M>1$ 为超音速流动，$v>c$，式中 $M^2-1>0$，$\mathrm{d}v$ 与 $\mathrm{d}A$ 正负号相同，说明速度随截面的增大而加快；随断面的减小而减慢〔如图 10-2(b)〕。

以上说明超音速流动和亚音速流动存在着截然相反的规律，为什么存在这种现象呢？

从可压缩流体在两种流动中，其膨胀程度与速度变化之间关系说明。

应用
$$\frac{\mathrm{d}p}{\rho}+v\,\mathrm{d}v=0$$

$c^2=\dfrac{\mathrm{d}p}{\mathrm{d}\rho}$ $\quad \mathrm{d}p=c^2\mathrm{d}\rho$ $\quad M=\dfrac{v}{c}$代入上式

得
$$\frac{\mathrm{d}\rho}{\rho}=-M^2\frac{\mathrm{d}v}{v} \tag{10-35}$$

上式中 $\mathrm{d}\rho$ 与 $\mathrm{d}v$ 符号相反，表明速度增加，密度减小。但 $M<1$ 时 M^2 远远小于 1，于是 $\dfrac{\mathrm{d}\rho}{\rho}$ 远远小于 $\dfrac{\mathrm{d}v}{v}$。也就是说亚音速流动中，速度增加得快，而密度减小得慢，气体的膨胀程度很不显著。因此 ρv 乘积随 v 的增加而增加。若两断面上速度为 $v_1<v_2$，则 $\rho_1 v_1<\rho_2 v_2$，连续性方程 $\rho_1 v_1 A_1=\rho_2 v_2 A_2$，则必有 $A_1>A_2$。同理，当 $M>1$ 时，M^2 远远大于 1，于是 $\dfrac{\mathrm{d}\rho}{\rho}$ 远远大于 $\dfrac{\mathrm{d}v}{v}$。这说明超音速流动中，若 $v_1<v_2$，则 $\rho_1 v_1>\rho_2 v_2$，必有 $A_1<A_2$。

根据上述分析，将 A、v、p、ρ 及 ρv 等与 M 数之间的关系，用表 10-2 来说明。

表 10-2 超音速与亚音速区别，各参数随 M 数的变化关系

马赫数 M	面积(A)	流速(v)	压力(p)	密度(ρ)	单位面积质量流量(ρv)	流管类型
<1	增大	减小	增大	增大	减小	亚音速扩压管
	减小	增大	减小	减小	增大	亚音速喷管
>1	增大	增大	减小	减小	减小	超音速扩压管
	减小	减小	增大	增大	增大	超音速喷管

③ $M=1$ 即气流速度与当地音速相等，此时称气体处于临界状态。气体达到临界状态的截面，称为临界截面。临界截面 A_k 上的参数称为临界参数（用脚标"k"表示）。临界气流速度 v_k、临界当地音速 c_k，因 $M=1$，所以 $v_k=c_k$。还有 p_k、ρ_k、T_k 等临界参数。

$M=1$ 时，式（10-34）中 $(M^2-1)=0$，则必有 $\mathrm{d}A=0$，联系式（10-35），当 $M=1$，说明临界截面上，密度的相对变化 $\dfrac{\mathrm{d}\rho}{\rho}$ 增或减等于速度相对变化 $\dfrac{\mathrm{d}v}{v}$ 的减或增，所以断面不需要变化。

二、气流按不可压缩流体处理的限度

现将滞止参数与断面参数比表示为马赫数 M 的函数。利用 $\dfrac{k}{k-1}RT_0=\dfrac{k}{k-1}RT+\dfrac{v^2}{2}$ 求出

$$\frac{T_0}{T}=1+\frac{k-1}{2}\times\frac{v^2}{kRT}=1+\frac{k-1}{2}\times\frac{v^2}{c^2}=1+\frac{k-1}{2}M^2 \tag{10-36}$$

根据绝热过程方程及气体状态方程可推出

$$\left.\begin{array}{l}\dfrac{p_0}{p}=\left(\dfrac{T_0}{T}\right)^{\frac{k}{k-1}}=\left(1+\dfrac{k-1}{2}M^2\right)^{\frac{k}{k-1}}\\[3mm]\dfrac{\rho_0}{\rho}=\left(\dfrac{T_0}{T}\right)^{\frac{1}{k-1}}=\left(1+\dfrac{k-1}{2}M^2\right)^{\frac{1}{k-1}}\\[3mm]\dfrac{c_0}{c}=\left(\dfrac{T_0}{T}\right)^{\frac{1}{2}}=\left(1+\dfrac{k-1}{2}M^2\right)^{\frac{1}{2}}\end{array}\right\} \tag{10-37}$$

显然，已知滞止参数及该截面上的 M 数，即可求出该截面上的压强、密度、温度值。

从式（10-37）可以看出，当 $M=0$ 时各参数比值均为 1，也就是说流体处于静止状态，不存在压缩问题。当 $M>0$ 时，气流具有不同的速度，也都具有不同程度的压缩，因此存在 M 在什么限度以内才可以忽略压缩性影响的问题。为此，对比一下考虑和不考虑压缩性时的计算结果。

不考虑压缩性时，按理想不可压缩流体能量方程（忽略重力作用）

$$p+\frac{\rho}{2}v^2=p_0 \tag{10-38}$$

$$\frac{p_0-p}{\frac{\rho}{2}v^2}=1 \tag{10-39}$$

考虑压缩性时，计算滞止压强 p_0。

$$\frac{p_0}{p}=\left(1+\frac{k-1}{2}M^2\right)^{\frac{k}{k-1}} \tag{10-40}$$

按二项式定理展开，取前三项可得

$$p_0-p=\frac{\rho}{2}v^2+\frac{\rho}{2}v^2\frac{M^2}{4}$$

即

$$\frac{p_0-p}{\frac{\rho}{2}v^2}=1+\frac{M^2}{4} \tag{10-41}$$

对比式（10-39）和式（10-41），可见随 M 的增大，气流按理想不可压缩流体能量方程计算的压强误差就越大，其相对误差为

$$\delta=\frac{M^2}{4} \tag{10-42}$$

当要求误差小于 1%，即 $\dfrac{\Delta p_0}{\dfrac{\rho v^2}{2}}=\dfrac{M^2}{4}<0.01$

则 $\qquad\qquad\qquad\qquad\qquad M^2<0.04\qquad M<0.2$

这就是说，$M<0.2$ 时便满足了限定的相对误差小于 1%，因此 $M\leqslant0.2$ 时可忽略气体的可压缩性，按不可压缩气体处理。对于 $15℃$ 的空气，$c=340\text{m/s}$，则 $M\leqslant0.2$ 时，相当气流速度 $v\leqslant Mc=0.2\times340\text{m/s}=68\text{m/s}$，这就是常压下空气的气流速度 $v<68\text{m/s}$ 时，可按不可压缩处理的理由。当要求相对误差小于 4% 时，M 为 0.4，其空气速度为 136m/s（计算从略，其他数值参见表 10-3）。

表 10-3　M 值与 v 与 δ 的关系

M	0.1	0.2	0.3	0.4	0.5	1.0
$v/(\text{m/s})$	34	68	102	136	170	340
$\delta/\%$	0.25	1.0	2.25	4.0	6.25	27.5

下面进一步分析不同速度情况下，密度的相对变化 $\dfrac{\rho_0-\rho}{\rho}$。

在绝热流动中

$$\frac{\rho_0}{\rho}=\left(1+\frac{k-1}{2}M^2\right)^{\frac{1}{k-1}}$$

两边同减去 1，得

$$\frac{\rho_0-\rho}{\rho}=\left(1+\frac{k-1}{2}M^2\right)^{\frac{1}{k-1}}-1$$

根据上式可求得不同 M 时密度的相对变化，如表 10-4 所示，$k=1.4$，取 $c=340\text{m/s}$。

表 10-4　不同 M 时密度的相对变化

M	0.1	0.2	0.3	0.4	0.5	1.0
$v/(\text{m/s})$	34	68	102	136	170	340
$\dfrac{\rho_0-\rho}{\rho}/\%$	0.5	2	4.56	8.2	12.97	57.74

比较上述计算结果得，当 M 稍有增大，密度相对变化就很明显，随着 M 的增大（即气流速度加快），则气流密度减小得越来越明显。

第五节　等温管路中的流动

许多输气管路，如天然气、氧气、乙炔气管路，由于管道很长，气体不断地通过管壁与外界进行热交换，使管内气体温度很快就接近外界环境温度，即近似于等温过程，虽然这种流动的马赫数通常较低，但是摩擦阻力作用较明显，压强的变化范围很大，不能当作不可压缩流动，而应当看作有摩擦阻力的等温管流。

一、气体管路运动微分方程

气体沿等截面管道流动时，由于摩擦阻力存在，使其压强、密度沿程有所改变，因而气流速度沿程也将变化，这样使计算摩擦阻力的达西公式不能用于全长 l 上，只能适用

于 dl 微段上，于是微段 dl 上的单位质量气体摩擦损失为

$$\mathrm{d}h_f = \lambda \frac{\mathrm{d}l}{D} \times \frac{v^2}{2} \tag{10-43}$$

将式（10-43）加到理想气体一元流动的欧拉微分方程式（10-33）中，便得到了实际气体的一元运动微分方程，即气体管路的运动微分方程式

$$\frac{\mathrm{d}p}{\rho} + v\,\mathrm{d}v + \frac{\lambda}{2D} v^2\,\mathrm{d}l = 0 \tag{10-44}$$

或写为

$$\frac{2\mathrm{d}p}{\rho v^2} + 2\frac{\mathrm{d}v}{v} + \frac{\lambda}{D}\mathrm{d}l = 0 \tag{10-45}$$

式（10-45）中，λ 为沿程阻力系数，λ 与相对粗糙度 $\dfrac{K}{D}$ 和雷诺数 $Re = \rho v D/\mu$ 有关，由于 D 不变，A 均为常数，管材一定，则相对粗糙度 $\dfrac{K}{D}$ 也一定；对于等温流动，动力黏度 μ 是不变的；从连续性方程 $\rho v A = $ 常数，可知 $\rho v = $ 常数，所以 $Re = \rho v D/\mu$ 也是一个常数，即管道上任何断面上的 Re 数都相等；故等温管流的沿程阻力系数是恒定不变的。

二、管中等温流动

根据连续性方程，质量流量 G 为

$$G = \rho_1 v_1 A_1 = \rho_2 v_2 A_2 = \rho v A$$

因 $A_1 = A_2 = A$

得出

$$\frac{v}{v_1} = \frac{\rho_1}{\rho} \tag{10-46}$$

等温流动有

$$\frac{p}{\rho} = \frac{p_1}{\rho_1} = RT = C$$

$$\frac{\rho_1}{\rho} = \frac{p_1}{p} = \frac{v}{v_1} \tag{10-47}$$

又可导出

$$\frac{1}{\rho v^2} = \frac{p}{\rho_1 v_1^2 p_1} \tag{10-48}$$

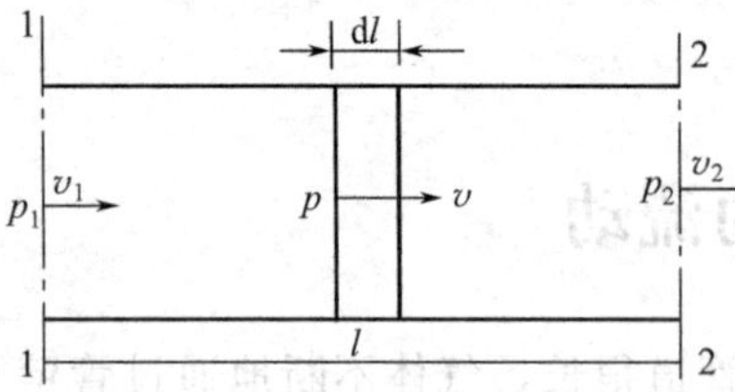

图 10-3　管流

将式（10-48）代入式（10-45）中，并对长度为 l 的 1、2 两断面进行积分（见图 10-3）。

$$\frac{2}{\rho_1 v_1^2 p_1}\int_1^2 p\,\mathrm{d}p + 2\int_1^2 \frac{\mathrm{d}v}{v} + \frac{\lambda}{D}\int_1^2 \mathrm{d}l = 0$$

得出

$$p_1^2 - p_2^2 = \rho_1 v_1^2 p_1 \left(2\ln\frac{v_2}{v_1} + \frac{\lambda l}{D}\right) \tag{10-49}$$

因管道较长

$$2\ln\frac{v_2}{v_1} \ll \frac{\lambda l}{D}$$

上式可写成

$$p_1^2 - p_2^2 = \rho_1 v_1^2 p_1 \frac{\lambda l}{D} \tag{10-50}$$

$$p_2 = p_1 \sqrt{1 - \frac{\rho_1 v_1^2}{p_1} \times \frac{\lambda l}{D}} \tag{10-51}$$

等温时

$$\frac{p_1}{\rho_1} = RT$$

$$p_2 = p_1 \sqrt{1 - \frac{v_1^2}{RT} \times \frac{\lambda l}{D}} \tag{10-52}$$

将 $\rho_1 = \dfrac{p_1}{RT}$，$v_1 = \dfrac{G}{\dfrac{\pi}{4}\rho_1 D^2}$ 代入式（10-50）中得

$$p_1^2 - p_2^2 = \frac{16\lambda l R T G^2}{\pi^2 D^5} \tag{10-53}$$

则

$$G = \sqrt{\frac{\pi^2 D^5}{16\lambda l R T}(p_1^2 - p_2^2)} \tag{10-54}$$

以上各式都是在等温管流中静压差较大，考虑了压缩性的情况下应用的，故又称为大压差公式。式（10-54）是气体管路设计计算中常使用的公式。

三、等温管流的特征

考虑摩阻的气体管路运动微分方程

$$\frac{\mathrm{d}p}{\rho} + v\,\mathrm{d}v + \frac{\lambda}{2D}v^2\,\mathrm{d}l = 0$$

将上式各项除以 $\dfrac{p}{\rho}$ 得

$$\frac{\mathrm{d}p}{p} + \frac{v\,\mathrm{d}v}{p/\rho} + \frac{v^2}{p/\rho} \times \frac{\lambda\,\mathrm{d}l}{2D} = 0 \tag{10-55}$$

完全气体状态方程式的微分形式为

$$\frac{\mathrm{d}p}{p} = \frac{\mathrm{d}\rho}{\rho} + \frac{\mathrm{d}T}{T}$$

等温时，$\mathrm{d}T = 0$，

$$\frac{\mathrm{d}p}{p} = \frac{\mathrm{d}\rho}{\rho} \tag{10-56}$$

连续性微分方程式 $\dfrac{\mathrm{d}\rho}{\rho} + \dfrac{\mathrm{d}v}{v} + \dfrac{\mathrm{d}A}{A} = 0$，当断面不变时 $\mathrm{d}A = 0$，则为

$$\frac{\mathrm{d}\rho}{\rho} = -\frac{\mathrm{d}v}{v} \tag{10-57}$$

由音速公式得

$$c^2 = k\frac{p}{\rho} \tag{10-58}$$

将式（10-56）～式（10-58）三式代入式（10-55）中

$$-\frac{\mathrm{d}v}{v} + kM^2\frac{\mathrm{d}v}{v} + kM^2\frac{\lambda\,\mathrm{d}l}{2D} = 0$$

$$\frac{\mathrm{d}v}{v} = \frac{kM^2}{(1 - kM^2)} \times \frac{\lambda\,\mathrm{d}l}{2D} \tag{10-59}$$

又可得出

$$-\frac{\mathrm{d}p}{p} = \frac{\mathrm{d}v}{v} = \frac{kM^2}{(1-kM^2)} \times \frac{\lambda \mathrm{d}l}{2D} \tag{10-60}$$

上式是在等温管流中，流速沿流动方向的变化规律。从式(10-60)可以得出以下结论。

① 气流参数的变化取决于 $1-kM^2$，当管长增加时，摩擦阻力加大。若 $1-kM^2>0$，则 v 增加，p 减小；若 $1-kM^2<0$，即 $M>\sqrt{\dfrac{1}{k}}$，则 v 减小，p 增加。所以，等温管流作亚音速流动时，流速不断增大，M 也不断增大，但不能超过 $\sqrt{1/k}$。因为当 $M>\sqrt{1/k}$ 时，$1-kM^2$ 即由正变为负，使 $\mathrm{d}v$ 由正变为负，即从加速变为减速，又使 M 降回到 $\sqrt{1/k}$ 以下。这说明在亚音速等温流动中，管道出口截面 M 只能等于或小于 $\sqrt{1/k}$，即 $M\leqslant\sqrt{1/k}$。所以，在等温管流计算时，一定要校验 M 是否小于等于 $\sqrt{1/k}$，若出口断面 $M>\sqrt{1/k}$ 则实际流动只能按 $M=\sqrt{1/k}$ 计算，只有当出口截面 $M\leqslant\sqrt{1/k}$ 时，计算才是有效的。

② 在 $M=\sqrt{1/k}$ 的 l 处求得的管长就是等温管流的最大管长，如实际管长超过最大管长，则必须减小管长，不然将使进口截面流速受阻滞。最大管长可按下式计算

$$\lambda\frac{l_{\max}}{D} = \frac{1-kM_1^2}{kM_1^2} + \ln(kM_1^2) \tag{10-61}$$

式中，M_1 为进口截面马赫数。

【**例 10-3**】 直径 $D=100\mathrm{mm}$ 的等温输气钢管，在某一断面处测得压强 $p_1=980\mathrm{kPa}$，温度 $t_1=20℃$，速度 $v_1=30\mathrm{m/s}$，钢管当量粗糙度 $k_s=0.19\mathrm{mm}$，试问气流流过距离为 $l=100\mathrm{m}$ 后，压强降为多少？

解：① 确定沿程阻力系数 λ

$t_1=20℃$ 的空气，查表 1-5，$\nu=15.7\times10^{-6}\mathrm{m^2/s}$

$$Re = \frac{v_1 D}{\nu} = \frac{30\times0.1}{15.7\times10^{-6}} = 1.92\times10^5$$

输气管道为钢管，当量粗糙度 $k_s=0.19\mathrm{mm}$，$\dfrac{k_s}{D}=0.0019$，查图 4-12 得 $\lambda=0.024$。

② 计算压强降

对于空气

$$R = 287\mathrm{J/(kg \cdot K)}, T = 273+20 = 293\mathrm{K}$$

应用式(10-52)

$$p_2 = p_1\sqrt{1-\frac{\lambda l v_1^2}{DRT}} = 980\times\sqrt{1-\frac{0.024\times100\times30^2}{0.1\times287\times293}} = 844.8\mathrm{kPa}$$

相应的压强降

$$\Delta p = p_1 - p_2 = 980 - 844.8 = 135.2\mathrm{kPa}$$

③ 校核是否 $M_2\leqslant\sqrt{1/k}$

由式 $\dfrac{v_2}{v_1} = \dfrac{p_1}{p_2}$ 得

$$v_2 = v_1\frac{p_1}{p_2} = 30\times\frac{980}{844.8} = 34.8\mathrm{m/s}$$

由式(10-6)得

$$c = \sqrt{kRT} = \sqrt{1.4 \times 287 \times 293} = 343 \text{m/s}$$

$$M_2 = \frac{v_2}{c} = \frac{34.8}{343} = 0.101$$

$$\sqrt{\frac{1}{k}} = \sqrt{\frac{1}{1.4}} = 0.845$$

$$M_2 < \sqrt{\frac{1}{k}}$$

计算有效。

将 $M_1 = \dfrac{v_1}{c} = \dfrac{30}{343} = 0.0875$ 代入式(10-61)，求得最大管长

$$l_{\max} = \frac{D}{\lambda}\left[\frac{1-kM_1^2}{kM_1^2} + \ln(kM_1^2)\right] = \frac{0.1}{0.024} \times \left[\frac{1-1.4 \times 0.0875^2}{1.4 \times 0.0875^2} + \ln(1.4 \times 0.0875^2)\right] = 365.7\text{m} > 100\text{m}$$

说明实际管长（$l = 100\text{m}$）远小于最大管长。

第六节　绝热管路中的流动

绝热管路中的流动是一种在隔热的长管中具有摩擦但不考虑热交换的流动，如果这种流动在等截面管中流动被称为范诺（Fanno）流动。

一、绝热管路运动方程

根据式(10-44)

$$\frac{\mathrm{d}p}{\rho} + v\,\mathrm{d}v + \frac{\lambda}{2D}v^2\,\mathrm{d}l = 0$$

将 $v = G/(\rho A)$ 代入上式得

$$\frac{\mathrm{d}v}{v} + \frac{A^2}{G^2}\rho\,\mathrm{d}p + \frac{\lambda}{2D}\mathrm{d}l = 0 \tag{10-62}$$

将绝热过程关系式 $\rho = \left(\dfrac{p}{C}\right)^{1/k}$ 代入，令 λ 为常数，对长度为 l 的两截面积分

$$\int_{v_1}^{v_2}\frac{1}{v}\mathrm{d}v + \frac{A^2}{G^2}C^{-1/k}\int_{p_1}^{p_2}p^{1/k}\mathrm{d}p + \frac{\lambda}{2D}\int_0^l\mathrm{d}x = 0 \tag{10-63}$$

即

$$\frac{k}{k+1}p_1\rho_1\left[1-(\frac{p_2}{p_1})^{\frac{k+1}{k}}\right] = \frac{G^2}{A^2}\left[\ln\frac{v_2}{v_1} + \frac{\lambda l}{2D}\right] \tag{10-64}$$

对等截面气体管路，由 $A_1 = A_2$，$\rho_1 v_1 = \rho_2 v_2$，$\dfrac{p_1}{\rho_1^k} = \dfrac{p_2}{\rho_2^k}$，得

$$\frac{v_2}{v_1} = \frac{\rho_2}{\rho_1} = \left(\frac{p_1}{p_2}\right)^{1/k} \tag{10-65}$$

将 $\dfrac{p_1}{\rho_1} = RT_1$ 和 $A = \pi D^2/4$ 代入式(10-64) 得

$$G = \frac{\pi D^2}{4}\sqrt{\frac{\dfrac{k}{k+1} \times \dfrac{p_1^2}{RT_1}\left[1-\left(\dfrac{p_2}{p_1}\right)^{\frac{k+1}{k}}\right]}{\dfrac{1}{k}\ln\dfrac{p_1}{p_2} + \dfrac{\lambda l}{2D}}} \tag{10-66}$$

当气流速度变化不大时，$v_1 \approx v_2$，对数项可以略去，可近似采用下列公式计算

$$G = \frac{\pi D^2}{4} \sqrt{\frac{\dfrac{k}{k+1} \times \dfrac{p_1^2}{RT_1} \left[1 - \left(\dfrac{p_2}{p_1}\right)^{\frac{k+1}{k}}\right]}{\dfrac{\lambda l}{2D}}} \tag{10-67}$$

$$G = \sqrt{\frac{\pi^2 D^5}{8\lambda l} \times \frac{k}{k+1} \times \frac{p_1^2}{RT_1} \left[1 - \left(\frac{p_2}{p_1}\right)^{\frac{k+1}{k}}\right]} \tag{10-68}$$

以上两式是绝热管流质量流量计算公式，在给出 p_1、p_2、l 和 D，估算 λ 值后，即可求出 G，然后对 λ 值再进行校核。

二、绝热管流的特性

将下列公式代入式（10-44）

$$\frac{p}{\rho^k} = c \qquad \frac{\mathrm{d}\rho}{\rho} = -\frac{\mathrm{d}v}{v} \qquad c^2 = k\frac{p}{\rho}$$

得

$$-k\frac{\mathrm{d}v}{v} + \frac{v\,\mathrm{d}v}{c^2/k} + \frac{\lambda\,\mathrm{d}l}{2D} \times \frac{v^2}{c^2/k} = 0 \tag{10-69}$$

$$\frac{\mathrm{d}v}{v}(k - kM^2) = kM^2 \frac{\lambda\,\mathrm{d}l}{2D}$$

$$\frac{\mathrm{d}v}{v} = \frac{M^2}{1-M^2} \times \frac{\lambda\,\mathrm{d}l}{2D} \tag{10-70}$$

或

$$\frac{\mathrm{d}p}{p} = -\frac{kM^2}{1-M^2} \times \frac{\lambda\,\mathrm{d}l}{2D} \tag{10-71}$$

上式就是分析摩擦阻力作用的基本方程。λ 总是正值，所以等式右侧永远为正值，当 $M<1$ 时，左侧系数为正，则必有 $\mathrm{d}v>0$，说明摩擦使亚音速气流加速；当 $M>1$ 时，左侧系数为负，则必有 $\mathrm{d}v<0$，说明摩擦使超音速气流减速。因此在等截面管道中，摩擦总是使气流的速度趋向于音速；故在绝热管流中，进口气流无论是亚音速还是超音速，它们的极限速度都是临界速度，而且临界状态只能出现在出口截面上。

与流速的变化相对应，摩擦作用使亚音速气流加速的同时，使压强沿程减小，密度减小，温度降低；相反，摩擦作用使超音速气流减速的同时，使压强沿程加大，密度加大，温度升高。

从上面的分析可以看出，对于绝热管流存在一个最大管长问题。所谓最大管长是指对于一定的进口马赫数 M_1，使出口断面刚好达到临界状态（$M_2=1$）的管长为最大管长 $l_{\max}$；显然，$l_{\max}$ 与进口马赫数 M_1、阻力系数 λ 和管径 D 有关，即 $l_{\max} = f(M_1, \lambda, D)$。最大管长可按下式计算

$$\lambda \frac{l_{\max}}{D} = \frac{1-M_1^2}{kM_1^2} + \frac{k+1}{2k} \ln \frac{(k+1)M_1^2}{(k-1)M_1^2+2} \tag{10-72}$$

若实际管长 $l \leqslant l_{\max}$ 流动可实现。若 $l > l_{\max}$，与等温管流情况相同。

思 考 题

1. 什么是音速？在气体中音速的大小与哪些因素有关？

2. 什么是马赫数？

3. 气流速度与断面的关系有哪几种？

4. 什么是滞止参数？在工程上有什么意义？

5. 为什么亚音速气流在收缩形管路中，无论管路多长也得不到超音速气流？

6. 为什么超音速飞机飞过头顶后，你才能听到它的声音？

7. 为什么等温管流在出口断面上的马赫数只能 $M_2 \leqslant 1$？

8. 为什么绝热管流在出口断面上的马赫数只能 $M_2 \leqslant \sqrt{\dfrac{1}{k}}$？

9. 试对比等温管流和绝热管流最大管长有何不同？

10. 在什么样的条件下，才可能把管流视为等温流动或绝热流动？

习　题

10-1　试求下列气体在15℃时的音速：①氧气；②二氧化碳。

10-2　某一绝热气流的马赫数 $M=0.8$，并已知其滞止压力为 $p_0 = 5 \times 98100 \mathrm{Pa}$，温度 $t_0 = 20℃$，试求滞止音速 c_0，当地音速 c，气流速度 v 和气流绝对压强 p？

10-3　在管道中流动的空气，流量为 0.227kg/s，某处绝对压强为 137900Pa，马赫数 $M=0.6$，截面积为 6.45cm²，试求气流的滞止温度？

10-4　过热蒸气的温度为 430℃，压强为 5000kPa，速度为 525m/s，求蒸汽的滞止参数 p_0、ρ_0 和 T_0？

10-5　空气管道某一断面上 $v=106\mathrm{m/s}$，$p=7\times 98100 \mathrm{N/m^2}$，$t=16℃$，管径 $D=1.03\mathrm{m}$，试计算该截面上雷诺数和马赫数。（提示：设动力黏滞系数 μ 在通常压强下不变）

10-6　直径为 200mm 的煤气管路，长 3000m，进口压强为 980kPa，温度为 300K，出口压强为 490kPa，若煤气 $R=490\mathrm{J/(kg \cdot K)}$，$k=1.3$，管路阻力系数为 0.015，求通过管路的质量流量。

10-7　16℃的空气在直径为 20cm 的钢管中作等温流动，沿管长 3600m 压降为 1at，设 $\lambda=0.032$，假若初始压强为 5at，试求质量流量？

10-8　空气通过直径为 25mm 的管路作等温流动，管长为 20m，温度为 15℃，进口流速为 65m/s，出口流速为 95m/s，出口为大气，大气压强为 101.325 kPa，求沿程阻力系数。

10-9　用毕托管测得空气的静压（表压）为 5kPa，总压（即滞止压强）与静压差为 65kPa。当地大气压为 102kPa，气流的滞止温度为 30℃，求气流速度。

10-10　空气沿直径为 30mm 的圆管作绝热流动，已知管道进口截面温度 $T_1=280\mathrm{K}$，压强为 $p_1=2.0 \times 10^5 \mathrm{Pa}$，马赫数 $M_1=0.2$，设 $\lambda=0.02$，求最大管长及出口温度、压强和流速？

10-11　空气在光滑水平管中输送，管长 200m，管径 5cm，$\lambda=0.016$，进口处绝对压强为 10^6 Pa，温度为 20℃，流速为 30m/s。当①气体为不可压缩流体；②可压缩等温流动；③可压缩绝热流动，分别计算沿管压降。

10-12　煤气在直径 100mm，长 450m 的管道中作等温流动，进口压强 $p_1=860\mathrm{kPa}$（绝对），温度 20℃，要求通过流量 2kg/s。试问：

① 管内是否会出现阻塞？

② 如果管道末端压强为 250kPa，要保证通过上述流量，进口断面压强应为多少？煤气的气体常数 $R=490\mathrm{J/(kg \cdot K)}$，绝热指数 $k=1.3$，管道的沿程阻力系数 $\lambda=0.018$。

第十一章　明渠恒定流动

第一节　明渠的分类

明渠水流是一种具有自由液面的水流，水流的表面压强为大气压强，即相对压强为零。故明渠水流也称为无压流。天然河道和人工渠道中的流动都是典型的明渠流。交通土建工程中的无压涵管、市政工程中的污水管道以及建筑物的雨水管道中的流动也属于明渠流。

由于渠道的过流断面形状、尺寸与底坡等因素对明渠水流有重要影响，故而在工程流体力学中通常根据上述因素对明渠进行分类。

① 按渠道的断面形状、尺寸是否沿流程变化，将渠道分为棱柱形渠道与非棱柱形渠道。凡是断面形状与尺寸沿流程不变的长直渠道，称为棱柱形渠道，否则称为非棱柱形渠道。棱柱形渠道的过流断面面积仅是水深的函数。非棱柱形渠道的过流断面面积不仅是水深的函数，而且还随着断面沿流程位置的不同而改变。天然渠道一般是非棱柱形渠道。而长直的人工渠道和涵洞则通常是典型的棱柱形渠道。

② 如图 11-1 所示，按渠道断面形状的不同，可分为梯形渠道、矩形渠道、圆形渠道等多种。

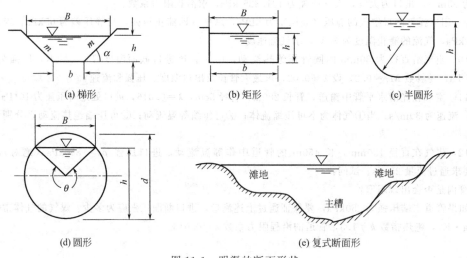

(a) 梯形　　　　　(b) 矩形　　　　　(c) 半圆形

(d) 圆形　　　　　(e) 复式断面形

图 11-1　明渠的断面形状

③ 按渠道底坡的不同，分为顺坡渠道、平坡渠道和逆坡渠道。明渠渠底平面倾斜的程度称为底坡，以符号 i 表示。如图 11-2 所示，i 等于渠底线与水平线之间的夹角 θ 的正弦值，即 $i = \sin\theta$。

通常规定，渠底沿流程降低的渠道为顺坡渠道或正坡渠道，如图 11-3(a) 所示，$i > 0$；渠底沿流程保持水平的渠道为平坡渠道，如图 11-3(b) 所示，$i = 0$；渠底沿流程上升的渠道为逆坡渠道，如图 11-3(c) 所示，$i<0$。

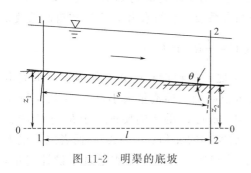

图 11-2　明渠的底坡

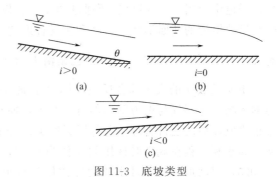

图 11-3　底坡类型

第二节　明渠均匀流

一、明渠均匀流的水力特征

均匀流是指流线为平行直线的流动。根据均匀流的性质，不难得出明渠均匀流具有如下水力特征。

① 明渠均匀流各过流断面上的流速分布、断面平均流速以及水深 h 沿流程不变，这个水深称为正常水深，用 h_0 表示。

② 如图 11-4 所示明渠均匀流，其总水头线、测压管水头线（水面线）与渠底线互相平行。即明渠均匀流的水力坡度 J，测压管坡度 J_p 和底坡 i 相互相等，即

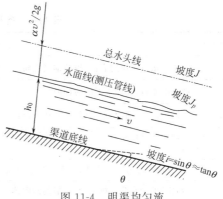

图 11-4　明渠均匀流

$$J=J_p=i \tag{11-1}$$

二、明渠均匀流的形成条件

根据明渠均匀流的上述特征，其形成必须具备如下条件：

① 顺坡（$i>0$）且底坡和粗糙系数沿流程不变的棱柱形渠道；

② 渠道中没有建筑物或障碍物；

③ 沿流程流量不变。

由上述条件可知，只有在顺坡渠道中才可能形成明渠均匀流。因为只有在顺坡渠道中重力在水流方向的分力恰好与水流阻力方向相反，两者相互平衡，从而使水流保持匀速流动。

三、明渠均匀流的基本计算

明渠均匀流动基本上都处于阻力平方区，其流速与水头损失的关系一般采用谢才公式 $v=C\sqrt{RJ}$。对于明渠均匀流，$J=i$，谢才公式可变形为

$$v=C\sqrt{Ri} \tag{11-2}$$

或

$$Q=AC\sqrt{Ri}=K\sqrt{i} \tag{11-3}$$

$$K=AC\sqrt{R} \tag{11-4}$$

式中 K 的单位与流量 Q 相同，称为流量模数，其物理意义表示在一定断面形状和尺寸的棱柱形渠道中，当 $i=1$ 时渠道所通过的流量。以上三式为明渠均匀流的基本公式。谢才系数 C 是反映渠道的断面形状、尺寸和粗糙程度的一个综合系数，它与水力半径 R 和粗糙系数 n 有关，可用曼宁公式 $C=\dfrac{1}{n}R^{\frac{1}{6}}$ 或巴甫洛夫斯基公式 $C=\dfrac{1}{n}R^y$ 计算。

粗糙系数 n 的大小综合反映了明渠壁面（包括渠底）的粗糙程度和其他因素对水流阻力的影响。它不仅与渠道壁面的材料有关，而且与水位高低（即流量大小）、施工质量以及渠道修成以后的运行管理情况等因素有关。分析表明，n 对 C 的影响要远大于 R 对 C 的影响。如水利工程在规划时选用的 n 值为 0.02，竣工后实测的 n 值为 0.0225，两者之差仅为 0.0025，但河道的实际过水能力却比原设计值减小了 11%。为了保证能通过原设计流量，需重新加高堤岸。因而，根据实际情况正确地确定粗糙系数 n，对明渠的水力计算十分重要。在设计中，如 n 值选得偏大，则渠道的断面尺寸就偏大从而增加征地面积和渠道造价，造成浪费。此时，由于实际流速大于设计流速，还可能会引起渠道冲刷。相反，如 n 值选得偏小，则设计的渠道断面偏小，实际过流能力不能满足设计要求，容易发生水流漫溢渠道，造成事故。而且因实际流速小于设计流速，对于挟带泥沙的水流还可能会造成渠道淤积。一般工程的粗糙系数可选用表 11-1 或有关手册中的数值。对于一些重要的河渠工程，其 n 值要通过试验或实测来确定。

表 11-1　各种不同粗糙面的粗糙系数 n

等级	渠壁种类	n	$1/n$
1	涂覆珐琅或釉质的表面；极精细刨光而拼合良好的木板	0.009	111.1
2	刨光的木板；纯粹水泥的粉饰面	0.010	100.0
3	水泥(含 1/3 细沙)粉饰面；安装和接合良好(新)的陶土、铸铁管和钢管	0.011	90.9
4	未刨而拼合良好的木板；在正常情况下内壁无显著积垢的给水管；极洁净的排水管；极好的混凝土面	0.012	83.3
5	琢石砌体；极好的砖砌体；正常情况下的排水管	0.013	76.9
6	"污染"的给水管和排水管；一般的砖砌体；一般情况的混凝土面	0.014	71.4
7	粗糙的砖砌体；未琢磨的石砌体；有洁净修饰且石块安置平整表面；极污染的排水管	0.015	66.7
8	普通块石砌体；状况满意的旧砖彻体；较粗糙的混凝土面	0.017	58.8
9	覆有坚厚淤泥层的渠道	0.018	55.6
10	很粗糙的块石砌体；用大块石的干砌体；碎石铺筑面；纯由岩山中开筑的渠道；用黄土、卵石和致密泥土做成而为淤泥薄层所覆盖的渠道(正常情况)	0.020	50.0
11	尖角的大块乱石铺就；用黄土、卵石和泥土做成而被非整片的(有些地方断裂)淤泥薄层所覆盖的渠道；大型渠道受到中等以上的养护	0.0225	44.4
12	大型土渠受到中等养护；小型土渠受到良好的养护；条件较好的小河和溪涧	0.025	40.0
13	中等条件以下的大渠道；中等条件的小渠道	0.0275	36.4
14	条件较坏的渠道和小河(例如有些地方有水草和乱石或显著的茂草等)	0.030	33.3
15	条件很坏的渠道和小河，断面不规则，严重地受到石块和水草的阻塞等	0.035	28.6
16	条件特别坏的渠道和小河(沿河有崩塌的巨石、绵密的树枝、深潭、坍岸等)	0.040	25.0

四、明渠水力最优断面

观察明渠均匀流的基本公式可知，明渠均匀流输水能力的大小取决于渠底坡度、渠壁的粗糙系数以及渠道过流断面的形状和尺寸。在明渠的设计中，一般是以地形、地质和渠道的表面材料为依据。从设计的角度考虑，希望在一定的流量下，设计出的渠道的过流面积达到最小，或者说在过流面积一定时通过的流量最大。满足这些条件的断面，其工程量最小，称为水力最优断面。

将曼宁公式代入式(11-3) 得

$$Q = \frac{1}{n} A R^{2/3} i^{1/2} = \frac{i^{1/2} A^{5/3}}{n x^{2/3}} \tag{11-5}$$

由上式可知，当 n、i 和 A 一定时，湿周 x 越小（或水力半径 R 越大），则流量 Q 越大；或者在 n、i 和流量 Q 一定时，湿周 x 越小（或水力半径 R 越大），则过水断面面积 A 越小。在面积相同的各种几何图形中，圆形具有最小的周界。通常工业管道的断面形状为圆形，对于明渠则为半圆形。在天然土壤中开挖渠道时，半圆形断面施工困难，故一般采用类似于半圆形的梯形断面。

梯形过流断面如图 11-1(a) 所示，其断面的几何关系为

$$A = (b + mh)h，x = b + 2h \sqrt{1 + m^2}$$

式中，m 为梯形断面的边坡系数，$m = \cot\alpha$。两式联立，则可得如下关系

$$x = \frac{A}{h} - mh + 2h \sqrt{1 + m^2} \tag{11-6}$$

根据水力最优断面的条件，即 n、i 和 A 一定时，湿周 x 最小，即

$$\frac{\mathrm{d}x}{\mathrm{d}h} = -\frac{A}{h^2} - m + 2\sqrt{1 + m^2} \tag{11-7}$$

从而得到水力最优的梯形断面的宽深比为

$$\beta_m = \frac{b}{h} = 2(\sqrt{1 + m^2} - m) \tag{11-8}$$

矩形断面作为梯形断面的特例，$m = 0$，计算得 $\beta_m = 2$，或 $b = 2h$，所以水力最优的矩形断面的底宽为水深的两倍。

应当指出，上述水力最优断面的概念仅是从工程流体力学的角度提出的。实际上"水力最优"并不等同于"技术经济最优"。对于工程造价基本上取决于土方及衬砌量定的小型渠道，水力最优断面接近于技术经济最优断面。而对于大型渠道，按水力最优条件得到的明渠过流断面是窄深型断面（$\beta_m < 1$）。这种断面形状不便于施工和养护，虽然是水力最优断面却并不是最经济的断面。在实际工程中，对于梯形渠道，通常以水力最优断面为参考，同时综合考虑工程量、施工技术、运行管理等各方面因素，确定出合理的断面形式。

五、允许流速

多数渠道的边壁是土壤，有些边壁则要用建筑材料进行衬护。在渠道设计中，除了考虑水力最优条件及技术经济因素外，还应控制渠道流速，使其既不会过大而使渠床遭受冲刷，也不会小到使水中的泥沙发生淤积。即要求渠中流速在不冲、不淤的流速范围内

$$v_{max} > v > v_{min} \tag{11-9}$$

式中　v_{max}——渠道最大不冲允许流速，m/s，各种土质和岩石渠道及衬砌渠道最大不冲允许流速可参阅表 11-2 和表 11-3；

　　　v_{min}——渠道最小不淤允许流速，m/s。一般渠道中最小不淤允许流速为 0.5m/s，对于污水管，最小不淤允许流速为 0.7~0.8m/s。

表 11-2　不冲允许流速/(m/s)

坚硬岩石和人工护面渠道	渠道流量/(m³/s)		
	<1	1~10	>10
软质水成岩（泥灰岩、页岩、软砾岩）	2.5	3.0	3.5
中等硬质水成岩（致密砾岩、多孔石灰岩、层状石灰岩、白云石灰岩、灰质砂岩）	3.5	4.25	5.0
硬质水成岩（白云砂岩、砂质石灰岩）	5.0	6.0	7.0
结晶岩、火成岩	8.0	9.0	10.0
单层块石铺砌	2.5	3.5	4.0
双层块石铺砌	3.5	4.5	5.0
混凝土护面（水流中不含砂和卵石）	6.0	8.0	10.0

表 11-3　土质渠道的不冲允许流速/(m/s)

	土质	$R=1m$ 的渠道不冲允许流速	说明
均质黏性土	轻壤土	0.6~0.8	①均质黏性土质渠道中各种土质的干容重为 12.75~16.67kN/m³
	中壤土	0.65~0.85	
	重壤土	0.7~1.0	
	黏土	0.75~0.95	②表中所列为水力半径 $R=1m$ 的情况。对 $R \neq 1m$ 的渠道，不冲允许流速等于表中相应数值乘以 R^a。对于砂、砾石、卵石、疏松的壤土和黏土，$a=\frac{1}{4} \sim \frac{1}{3}$；对于密实的壤土和黏土，$a=\frac{1}{4} \sim \frac{1}{5}$
	土质粒径/mm	$R=1m$ 的渠道最大不冲允许流速	
均质无黏性土	极细砂　0.05~0.1	0.35~0.45	
	细砂、中砂　0.25~0.5	0.45~0.6	
	粗砂　0.5~2.0	0.60~0.75	
	细砾石　2.0~5.0	0.75~0.90	
	中砾石　5.0~10.0	0.90~1.10	
	粗砾石　10.0~20.0	1.10~1.30	
	小卵石　20.0~40.0	1.30~1.80	
	中卵石　40.0~60.0	1.80~2.20	

六、明渠均匀流的水力计算问题

明渠均匀流的水力计算，主要有以下几种基本问题，以最常见的梯形断面为例分述如下。

1. 验算渠道的输水能力

已知渠道断面形状、尺寸、粗糙系数 n 及底坡 i，利用公式 $Q=AC\sqrt{Ri}=K\sqrt{i}$ 求渠道的输水能力 Q。这一类问题大多属于对已建成渠道进行输水能力的校核，有时还可用于根据洪水水位来近似估算洪峰流量。

2. 确定渠道底坡

设计新渠道时要求确定渠道的底坡。一般已知渠道断面形状、尺寸、粗糙系数 n、流量 Q 或流速 v，求所需的渠道底坡 i。

计算时，先算出流量模数 $K=AC\sqrt{R}$，再求出渠道底坡 $i=\frac{Q^2}{K^2}$。这类计算在工程上有重要的应用价值，如排水管或下水道为避免杂质沉积淤塞，要求有一定的"自清"速度，就必须要求有一定的坡度；对于通航的渠道，则要求由坡度来控制一定的流速。

3. 确定渠道断面尺寸

这是一类设计问题，一般已知设计流量、土壤或护坡材料，即已知 Q、n、m 和 i，求渠道的断面尺寸 b 和 h_0。

这时可能有许多组 b 和 h_0 的数值能满足 $Q=AC\sqrt{Ri}$。为了使这个问题的解能够唯一地确定，必须根据具体工程的要求，先给定水深 h_0 或渠道底宽 b，或宽深比 $\beta = \dfrac{b}{h_0}$，或流速 v。一般工程中有以下 4 种情况。

① 给定水深 h_0，求相应的底宽 b 由式(11-4)可知，流量模数 K 与底宽 b 之间的关系 $K=f(b)$ 为一非线性超越方程，一般采用迭代法或试算-图解法求解。试算-图解法就是先假定若干个不同的 b 值，由公式 $Q=AC\sqrt{Ri}$ 求出相应的 Q 值，绘出如图 11-5 所示的 Q-b 曲线。再由给定的 Q 值从图中找出对应的 b 值，即为所求。

② 给定底宽 b，求正常水深 h_0 仿照已知水深 h_0 求底宽 b 的解法，假设一系列水深 h，利用公式 $Q=AC\sqrt{Ri}$ 计算出相对应的流量 Q'，绘出如图 11-6 所示的 Q'-h 曲线。满足 $Q'=Q$ 的 h 值，即为所求正常水深 h_0。

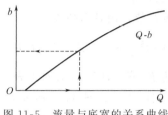

图 11-5　流量与底宽的关系曲线　　　　图 11-6　流量与水深的关系曲线

③ 给定宽深比 $\beta = \dfrac{b}{h}$，求正常水深 h_0 和底宽 b 渠道的宽深比 β 可以根据水力最优断面条件或技术经济断面条件来确定。与前面两种情况相似，β 值给定以后，问题的解就确定了。

④ 已知流量 Q、流速 v、底坡 i、粗糙系数 n 和边坡系数 m，要求确定 b 和 h_0。

【例 11-1】 某梯形断面渠道，底宽 $b=3\mathrm{m}$，边坡系数 $m=2.5$，粗糙系数 $n=0.028$，底坡 $i=0.002$。试求当水深 $h=0.8\mathrm{m}$ 时，该渠道的输水流量 Q。

解： 计算当水深 $h=0.8\mathrm{m}$ 时相应的水力要素。

过流断面面积　　　$A=(b+mh)h=(3+2.5\times0.8)\times0.8=4\mathrm{m}^2$

湿周　　　　　　　$x=b+2h\sqrt{1+m^2}=3+2\times0.8\times\sqrt{1+2.5^2}=7.308\mathrm{m}$

水力半径　　　　　$R=\dfrac{A}{x}=\dfrac{4}{7.308}=0.547\mathrm{m}$

谢才系数　　　　　$C=\dfrac{1}{n}R^{1/6}=\dfrac{1}{0.028}\times0.547^{1/6}=32.298\mathrm{m}^{0.5}/\mathrm{s}$

所以，该渠道的输水流量为 $Q=AC\sqrt{Ri}=4\times32.298\times\sqrt{0.547\times0.002}=4.27\mathrm{m}^3/\mathrm{s}$

【例 11-2】 有一矩形断面混凝土渠槽（$n=0.014$），底宽 $b=1.5\mathrm{m}$，槽长 $l=116.5\mathrm{m}$。进口处槽底高程 $\nabla_1=52.06\mathrm{m}$，当通过设计流量 $Q=7.65\mathrm{m}^3/\mathrm{s}$ 时，槽中均匀流水深 $h_0=1.7\mathrm{m}$。试求出口槽底高程 ∇_2？

解： 矩形断面混凝土渠槽的过水断面面积和水力半径分别为

$$A=bh_0=1.5\times1.7=2.55\mathrm{m}^2$$
$$R=A/x=2.55/(1.5+2\times1.7)=0.52\mathrm{m}$$

谢才系数为　　$C=\dfrac{1}{n}R^{1/6}=\dfrac{1}{0.014}0.52^{1/6}=64.05\mathrm{m}^{0.5}/\mathrm{s}$

根据明渠均匀流公式 $Q=AC\sqrt{Ri}$，得

$$i = \frac{Q^2}{A^2 C^2 R} = \frac{7.65^2}{2.55^2 \times 64.05^2 \times 0.52} = 0.00422$$

矩形断面混凝土渠槽两端的高差为 $\Delta h = l \times i = 116.5 \times 0.00422 = 0.49 \mathrm{m}$

矩形断面混凝土渠槽出口槽底的高程为 $\nabla_2 = 52.06 - 0.49 = 51.57 \mathrm{m}$

【例 11-3】 有一梯形断面渠道，已知渠底坡度 $i = 0.0006$，边坡系数 $m = 1.0$。粗糙系数 $n = 0.03$，底宽 $b = 1.5 \mathrm{m}$，求通过流量 $Q = 1 \mathrm{m}^3/\mathrm{s}$ 时的正常水深。

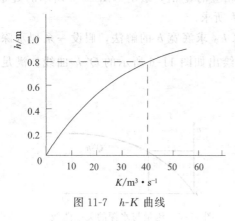

图 11-7 h-K 曲线

解 $\quad K = \frac{Q}{\sqrt{i}} = 40.82 \mathrm{m}^3/\mathrm{s}$

$$A = b(h + mh) = 1.5h + h^2$$

$$\chi = b + 2h\sqrt{1 + m^2} = 1.5 + 2h\sqrt{1 + 1.0^2}$$
$$= 1.5 + 2.83h$$

假定一系列 h 值，由基本公式：

$$K = CA\sqrt{R} = \frac{1}{n}A^{5/3}\chi^{-2/3} = f(h)$$

可得对应的 K 值。计算结果列于表 11-4，并绘出 $K = f(h)$ 曲线，如图 11-7 所示，当 $K = 40.82 \mathrm{m}^3/\mathrm{s}$ 时，得 $h = 0.80 \mathrm{m}$。这种方法为试算-图解法。

表 11-4 h-K 试算结果表

h/m	0	0.2	0.4	0.6	0.8	1.0
$K/\mathrm{m}^3 \cdot \mathrm{s}^{-1}$	0	6.08	14.62	25.92	40.22	57.78

【例 11-4】 某梯形断面的中壤土渠道，已知渠道的流量 $Q = 5 \mathrm{m}^3/\mathrm{s}$，边坡系数为 $m = 1.0$，底坡 $i = 0.0002$，粗糙系数 $n = 0.020$，试按水力最优断面设计该梯形渠道的尺寸。

解：梯形断面的过流断面面积 A 和水力半径 R 分别用断面宽深比 β 表示为

$$A = (b + mh)h = (\beta + m)h^2$$

$$R = \frac{(b + mh)h}{b + 2h\sqrt{1 + m^2}} = \frac{(\beta + m)h}{\beta + 2\sqrt{1 + m^2}}$$

将以上两式代入明渠均匀流公式 $Q = AC\sqrt{Ri}$ 中，可得到

$$Q = \frac{1}{n}AR^{2/3}i^{1/3} = \frac{1}{n}(\beta + m)h^2\left[\frac{(\beta + m)h}{\beta + 2\sqrt{1 + m^2}}\right]$$

从上式中可以导出 $\quad h = \left[\frac{nQ(\beta + 2\sqrt{1 + m^2})^{2/3}}{(\beta + m)^{5/3}i^{1/2}}\right]^{3/8} = \frac{1}{n} \times \frac{(\beta + m)^{5/3}h^{8/3}i^{1/2}}{(\beta + 2\sqrt{1 + m^2})}$

梯形水力最优断面的宽深比为

$$\beta_m = \frac{b_m}{h_m} = 2(\sqrt{1 + m^2} - m) = 2(\sqrt{1 + 1^2} - 1) = 0.83$$

将梯形水力最优断面的宽深比代入水深 h 的表达式中，即得到梯形断面的水深为

$$h_m = 2^{1/4}\left[\frac{nQ}{(2\sqrt{1 + m^2} - m)\sqrt{i}}\right]^{3/8} = 1.189\left[\frac{0.020 \times 5}{(2\sqrt{1 + 1^2} - 1) \times \sqrt{0.0002}}\right]^{3/8} = 1.98 \mathrm{m}$$

梯形断面的底宽为 $\quad b_m = \beta_m h_m = 0.83 \times 1.98 = 1.64 \mathrm{m}$

第三节 无压圆管均匀流

无压管道是指不满流的长管道，如污水管道、雨水管道、无压长涵管等。考虑水力最优条件，无压管道通常采用圆形断面，在流量较大时也可采用非圆断面形式。这里以圆形断面为例展开讨论。

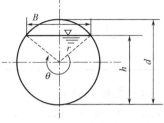

图 11-8　无压圆管均匀流过流断面

一、无压圆管均匀流的水力特征及水力要素

直径不变的长直无压圆管，其水流状态与明渠均匀流相同，它的水力坡度、测压管坡度和渠道底坡三者相等，即 $J=J_p=i$。此外无压圆管均匀流还具有另外一个特点，即流速和流量分别在水流为满管流之前，达到其最大值。

图 11-8 所示为一无压圆管均匀流过流断面。设管直径为 d，水深为 h。水深与直径的比值 $\alpha=h/d$ 称为无压圆管中水流的充满度，θ 称为充满角。无压圆管均匀流各水力要素间的关系如下。

过流面积 $\qquad\qquad\qquad\qquad A=d^2(\theta-\sin\theta)/8$

湿周 $\qquad\qquad\qquad\qquad\qquad x=d\theta/2$

水力半径 $\qquad\qquad\qquad\qquad R=d\left(1-\dfrac{\sin\theta}{\theta}\right)/4$

流速 $\qquad\qquad v=C\sqrt{Ri}=\dfrac{1}{n}\left[\dfrac{d}{4}\left(1-\dfrac{\sin\theta}{\theta}\right)\right]^{2/3}\sqrt{i}$

流量模数 $\qquad K=AC\sqrt{R}=\dfrac{d^2}{8}(\theta-\sin\theta)\dfrac{1}{n}\left[\dfrac{d}{4}\left(1-\dfrac{\sin\theta}{\theta}\right)\right]^{2/3}$

流量 $\qquad\qquad Q=K\sqrt{i}=\dfrac{d^2}{8}(\theta-\sin\theta)\dfrac{1}{n}\left[\dfrac{d}{4}\left(1-\dfrac{\sin\theta}{\theta}\right)\right]^{2/3}\sqrt{i}$

充满度 $\qquad\qquad\qquad\qquad \alpha=h/d=\sin^2(\theta/4)$

二、无压圆管均匀流的水力计算问题

无压圆管均匀流的水力计算，主要包括以下四种类型。

① 验算无压管道的输水能力，即已知 d、a、i、n，求 Q。

② 确定无压管道坡度 i，即已知 d、a、Q、n，求 i。这类计算在工程上有应用价值，如排水管或下水道为避免沉积淤塞，要求有一定的"自清"速度，就必须要求有一定的坡度。

③ 已知 d、Q、i、n，求 a（即求 h）。

④ 已知 Q、a、i、n，求 d。

实际工程中在进行无压圆管水力计算时，还要遵守国家颁布的有关标准如《室外排水设计规范》中的规定。

① 污水管道应按不满管流计算，其最大设计充满度按表 11-5 采用。

② 雨水管道和合流管道应按满流计算。

③ 排水管的最大设计流速：金属管为 10m/s；非金属管为 5 m/s。

④ 排水管的最小设计流速：污水管道在设计充满度下为 0.6 m/s，雨水管道和合流管道在满流时为 0.75 m/s。

此外，对最小管径和最小设计坡度等参数也有规定，设计时可参阅有关手册与规范。

表 11-5 最大设计充满度

管径(d)或暗渠高(H)/mm	最大设计充满度($a=h/d$ 或 h/H)
150～300	0.55
350～450	0.65
500～900	0.70
≥1000	0.75

【例 11-5】 某钢筋混凝土圆形污水管，管径 $d=800\text{mm}$，管壁粗糙系数 $n=0.014$，管道坡度 $i=0.002$，最大允许流速 $v_{max}=5\text{m/s}$，最小允许流速 $v_{min}=0.8\text{m/s}$，求最大设计充满度时的流速和流量并校核管中流速。

解： 求查表 11-5 得管径 800mm 的污水管最大设计充满度 $\alpha=0.7$。根据 $\alpha=h/d=\sin^2(\theta/4)$，解得 $\theta=227.16°$。

过水断面的面积：$A=\dfrac{d^2(\theta-\sin\theta)}{8}=0.3758\text{m}^2$

湿周：$x=\dfrac{d\theta}{2}=1.586\text{m}$

流量：$Q=K\sqrt{i}=\dfrac{d^2}{8}(\theta-\sin\theta)\dfrac{1}{n}\left[\dfrac{d}{4}\left(1-\dfrac{\sin\theta}{\theta}\right)\right]^{2/3}\sqrt{i}=0.504\text{m}^3/\text{s}$

流速：$v=1.34\text{m/s}$

由于 $v_{min}<v<v_{max}$，故所得的计算流速在允许流速范围之内。

第四节　明渠恒定非均匀流动的基本概念

明渠均匀流只能发生在断面形状、尺寸、底坡和粗糙系数等参数均沿程不变的长直棱柱形渠道中，而且要求渠道中没有修建任何水工建筑物。然而在交通土建和市政工程中常需在河渠上架桥、设涵、筑坝、建闸等。这些构筑物的存在都会引起渠道底坡的变化、或渠壁材料的改变、或渠道断面的变化等，从而破坏均匀流形成的条件，形成明渠非均匀流动。在明渠恒定非均匀流的水力计算中，常常需要对各断面的水深或水面曲线进行计算。后面的章节中将着重介绍明渠恒定非均匀流中水面曲线的变化规律及其计算方法。在深入了解明渠非均匀流的规律之前，首先介绍几个明渠非均匀流的基本概念。

一、断面单位能量

明渠渐变流的任一过流断面内，单位重量液体对基准面 0-0（图 11-9）的总机械能 E 为：

$$E=z+\frac{p}{\rho g}+\frac{\alpha v^2}{2g}=z_1+h+\frac{\alpha v^2}{2g} \tag{11-10}$$

式中　h——断面最大水深；

$\dfrac{\alpha v^2}{2g}$——平均流速水头；

z_1——过流断面最低点的位置水头（取决于基准面，而与水流的运动状态无关）。

若将基准面抬高至经过断面最低点，即以图 11-9 中的 0_1-0_1 线为基准线，则单位重量液体所具有的机械能为

$$e = h + \frac{\alpha v^2}{2g} \qquad (11-11)$$

e 称为断面单位能量或断面比能。

由图 11-9 不难看出，e 也就是渠底线与总水头之间的铅直距离。E 与 e 的关系：

$$E = e + z_1 \qquad (11-12)$$

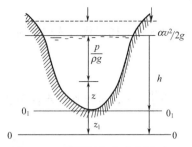

图 11-9 明渠渐变流过流断面

断面单位能量 e 和单位重量液体的机械能 E 是两个不同的概念。E 是相对于沿流程同一个基准面的机械能，其值必沿流程减小，即 $\mathrm{d}E/\mathrm{d}s < 0$。而 e 的基准面沿流程不固定，并且一般非均匀流的流速与水深皆沿程变化，导致 e 沿程可能增大，即 $\frac{\mathrm{d}e}{\mathrm{d}s} > 0$；也可能减小，即 $\frac{\mathrm{d}e}{\mathrm{d}s} < 0$；甚至还可能沿程不变，即 $\frac{\mathrm{d}e}{\mathrm{d}s} = 0$。一般称 e 沿流程增大的明渠流为储能流；而将 e 沿流程减少的明渠流称为减能流。

明渠非均匀流的水深是沿流程变化的，对于一定的流量 Q，可能以不同的水深 h 通过某一过流断面因而具有不同的断面单位能量 e。对于棱柱形渠道，流量一定时，断面单位能量随水深而变化，即

$$e = h + \frac{\alpha v^2}{2g} = h + \frac{\alpha Q^2}{2gA^2} = f(h) \qquad (11-13)$$

可见，当明渠断面形状、尺寸和流量一定时，断面单位能量 e 仅随水深 h 而变化。

这种变化可用图形表示出来（图 11-10）。当 $h \rightarrow 0$ 时，$A \rightarrow 0$，则 $e \approx \frac{\alpha Q^2}{2gA^2} \rightarrow \infty$，曲线 $e = f(h)$ 以横轴为渐近线；当 $h \rightarrow \infty$ 时，$A \rightarrow \infty$，则 $e \approx h \rightarrow \infty$，因此曲线 $e = f(h)$ 以通过坐标原点与横轴成 $45°$ 夹角的直线为渐近线。e 具有极小值 $e_{\min}$，该点将曲线分为上、下两支。在下支，断面单位能量 e 随水深的增加而减少，即 $\frac{\mathrm{d}e}{\mathrm{d}h} < 0$；在上支则相反，$e$ 随 h 的增加而增加，即 $\frac{\mathrm{d}e}{\mathrm{d}h} > 0$。从图 11-10 可以看出，相应于任一可能的 e 值，有两个水深 h_1、h_2 与之对应，但当 $e = e_{\min}$ 时，只有一个水深 h_k 与之对应，该水深称为临界水深。

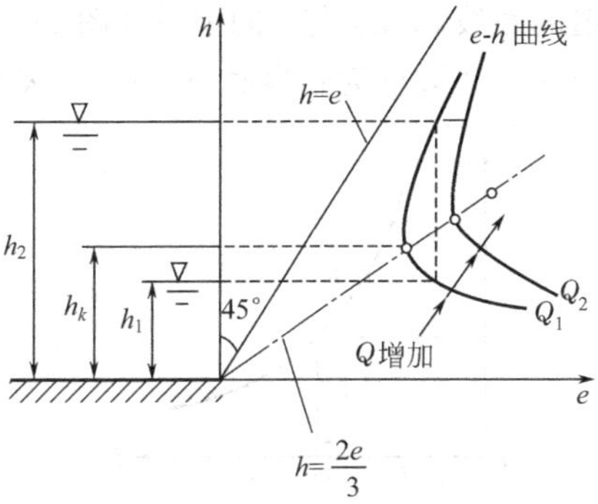

图 11-10 e-h 曲线

二、临界水深

临界水深是指在断面形状、尺寸及流量一定的条件下，相应于断面单位能量为最小值时的水深，即 $e = e_{\min}$ 时所对应的水深。临界水深 h_k 的计算式可根据其定义求出。将 e 对 h 求导

$$\frac{\mathrm{d}e}{\mathrm{d}h} = \frac{\mathrm{d}}{\mathrm{d}h}\left(h + \frac{\alpha Q^2}{2gA^2}\right) = 1 - \frac{\alpha Q^2}{gA^3} \times \frac{\mathrm{d}A}{\mathrm{d}h} \qquad (11-14)$$

由图 11-11 可知 $\qquad\qquad dA = B\,dh$

即 $$\frac{dA}{dh} = B \qquad\qquad (11\text{-}15)$$

将式(11-15) 代入式(11-14)，得

$$\frac{de}{dh} = 1 - \frac{\alpha Q^2}{g} \times \frac{B}{A^3}$$

令 $\dfrac{de}{dh} = 0$，可得临界水深公式

$$1 - \frac{\alpha Q^2}{g} \times \frac{B_k}{A_k^3} = 0 \quad \text{或} \quad \frac{\alpha Q^2}{g} = \frac{A_k^3}{B_k} \qquad\qquad (11\text{-}16)$$

对于断面形状、尺寸给定的渠道，在通过一定流量时，可应用式(11-16) 求其临界水深 h_k。对于矩形断面渠道，其水面宽度 B 等于底宽 b，代入式(11-16)，可得

$$h_k = \sqrt[3]{\frac{\alpha Q^2}{g b^2}} = \sqrt[3]{\frac{\alpha q^2}{g}} \qquad\qquad (11\text{-}17)$$

式中，q 为单宽流量，$q = \dfrac{Q}{b}$。

在分析明渠流动问题时，了解哪些位置会出现临界水深，具有重要的意义。只要测得相应断面上的临界水深和该断面的尺寸，其流量即能利用式(11-16) 简便地估算出来。在明渠中，若知道发生临界水深的断面位置，就相当于得到了一个已知条件（水深为临界水深），即可把该断面作为控制断面来推求上下游的水面曲线。

三、临界底坡

由明渠均匀流的基本公式 $Q = AC\sqrt{Ri}$ 可知：对于流量 Q，粗糙系数 n 以及渠道断面尺寸一定的棱柱形渠道，其正常水深 h_0 的大小仅取决于渠道的底坡 i。h_0 与 i 的关系如图 11-12 所示。当正常水深 h_0 恰好等于该流量下的临界水深时所对应的底坡称为临界底坡，以 i_k 表示。

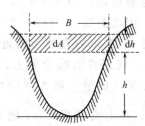

图 11-11 过流断面面积 A 随水深的 h 的变化

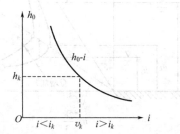

图 11-12 正常水深 h_0 与底坡 i 的关系

按照上述定义，在临界坡度时，明渠中的水深同时满足明渠均匀流基本公式和临界水深公式，即

$$Q = A_k C_k \sqrt{R_k i_k}$$

$$\frac{\alpha Q^2}{g} = \frac{A_k^3}{B_k}$$

联立以上两式可求得临界底坡 i_k，即

$$i_k = \frac{Q^2}{A_k^2 C_k^2 R} = \frac{g x_k}{\alpha C_k^2 B_k} \qquad\qquad (11\text{-}18)$$

临界底坡是为了便于分析明渠流动而引入的特定坡度，并不是明渠的实际底坡。根据明

渠的实际底坡 i 与某一流量下的临界底坡 i_k 的比较关系，可将渠道分为下列三种情况：如果渠道的实际底坡小于临界坡底，即 $i < i_k$（则 $h_0 > h_k$），此时渠道的底坡称为缓坡，而渠道称为缓坡渠道；如果 $i > i_k$（则 $h_0 < h_k$），此时渠道的底坡称为陡坡或急坡，而渠道称为陡（急）坡渠道；如果 $i = i_k$（则 $h_0 = h_k$），此时渠道底坡称为临界坡。必须指出，同一个底坡 i 在不同的流量 Q（或 n）值时可能是缓坡也可能是陡坡；但对于确定的 Q 或 n 值，i 属于哪种底坡则是一定的。

四、明渠流动的三种状态

实际观察发现，底坡平缓的渠道或处于枯水季节的平原河流中，水流徐缓。当水流受到障碍物（如河渠中的巨石、桥墩、坝等）的阻挡时，障碍物前方的水面壅高能逆流上传到较远的地方。明渠的这种流动状态称为缓流；而在山区和丘陵地区的陡槽、险滩中，则水流湍急。当水流遇到障碍物阻挡时，水面仅在障碍物附近隆起，障碍物的干扰不向上游传播。明渠的这种流动状态称为急流。

缓流与急流的判别在明渠恒定非均匀流的分析和计算中，具有重要意义。实际分析中常用的判别方法如下。

（1）断面比能法

① 缓流状态：$h > h_k$。此时，水流状态处在 $e = f(h)$ 曲线的上支（见图 11-10），$\dfrac{de}{dh} > 0$，断面比能随着水深的增大而增大。

② 急流状态：$h < h_k$。此时，水流状态处在 $e = f(h)$ 曲线的下支，$\dfrac{de}{dh} < 0$，断面比能随着水深增大而减小。

③ 临界流：$h = h_k$。此时，水流状态处在 $e = f(h)$ 曲线的极值点上，$\dfrac{de}{dh} = 0$。

（2）临界水深法　将实际渠道的非均匀流水深 h 与相应的临界水深 h_k 进行比较，若 $h > h_k$，流动为缓流；$h < h_k$，流动为急流；$h = h_k$，流动为临界流。

（3）临界流速法　明渠水深等于临界水深时的流速称为临界流速，以 v_k 表示。若明渠水流流速 v 小于相应的临界流速 v_k，即 $v < v_k$，流动为缓流；若 $v > v_k$，流动为急流；若 $v = v_k$，流动为临界流。

（4）佛汝德数法

$$令 \ Fr = \sqrt{\frac{\alpha Q^2}{g} \times \frac{B}{A^3}} = \sqrt{\frac{\alpha v^2}{g h_{\mathrm{m}}}} \tag{11-19}$$

式中，$h_{\mathrm{m}} = \dfrac{A}{B}$ 表示断面平均水深，则

$$\frac{de}{dh} = 1 - \frac{\alpha Q^2}{g} \times \frac{B}{A^3} = 1 - \frac{\alpha v^2}{g h_{\mathrm{m}}} = 1 - Fr^2 \tag{11-20}$$

由此可得：$Fr < 1$ 时，$\dfrac{de}{dh} > 0$，流动为缓流；

$Fr > 1$ 时，$\dfrac{de}{dh} < 0$，流动为急流；

$Fr = 1$ 时，$\dfrac{de}{dh} = 0$，流动为临界流；

（5）波速法　明渠流动中所遇到的障碍物，均可视为一种对水流的干扰。每一微小扰动

的影响将以一种微幅扰动波的形式在水流中传播。所到之处水流的水深、流速等水力要素均发生变化。明渠流动的水面线实际上是持续产生的所有扰动子波相互叠加的结果。根据恒定总流的能量方程和连续性方程，可推导出微幅扰动波的传播速度

$$c = \sqrt{\frac{gA}{\alpha B}} \qquad (11-21)$$

明渠水流流速 v 与微幅扰动波的传播速度 c 之比

$$\frac{v}{c} = \frac{Q/A}{\sqrt{gA/\alpha B}} = \sqrt{\frac{\alpha Q^2 B}{gA^3}} = Fr \qquad (11-22)$$

由此可以得出：$Fr < 1$ 时，则 $v < c$，流动为缓流，此时微幅扰动波既能向下游传播，又能逆行向上游传播；$Fr > 1$ 时，则 $v > c$，流动为急流，此时扰动波不能向上游传播，只能向下游传播；$Fr = 1$ 时，则 $v = c$，流动为临界流，此时扰动波向上游传播的速度为零。

上述五种判别方法是等价的。设计计算时，一般采用具有综合参数意义的佛汝德数判断。但在野外勘测时，应用波速法则更简便些。应特别注意的是，急坡渠道中的水流不一定是急流，缓坡渠道中的水流也不一定是缓流，只有在明渠水流为均匀流时渠道底坡的缓急才与水流的缓急是一致的。

【例 11-6】 有一梯形土渠，底宽 $b = 12\text{m}$，边坡系数 $m = 1.5$，粗糙系数 $n = 0.025$，动能修正系数 $\alpha = 1.1$，通过流量 $Q = 18\text{m}^3/\text{s}$，试求临界水深及临界底坡。

解：① 在临界状态下
$$\frac{\alpha Q^2}{g} = \frac{A_K^3}{B_K}$$

把已知数据代入，得
$$\frac{\alpha Q^2}{g} = \frac{1.1 \times 18^2}{9.8} = 36.67$$

取不同的水深 h 试算，试算过程见表 11-6。

过水断面面积　　　　　　$A = (b + mh)h = (12 + 1.5h)h$

水面宽度　　　　　　　　$B = b + 2mh = 12 + 3h$

$$\frac{A^3}{B} = \frac{[(12 + 1.5h)h]^3}{12 + 3h}$$

表 11-6　水深 h 与 $\dfrac{A^3}{B}$ 计算表

h/m	0.6	0.65	0.61	0.63	0.62	0.615
$\dfrac{A^3}{B}/\text{m}$	33.60	43.00	35.35	39.05	37.17	36.26

由表 11-6 可知，临界水深 $h_k = 0.615\text{m}$。

② 由式(11-18) $i_K = \dfrac{Q^2}{A_k^2 C_k^2 R}$，计算临界底坡

$$A_k = (b + mh_k)h_k = (12 + 1.5 \times 0.615) \times 0.615 = 7.95\text{m}$$

$$x_k = b + 2h_k\sqrt{1 + m^2} = 12 + 2 \times 0.615\sqrt{1 + 1.5^2} = 14.22\text{m}$$

$$R_k = \frac{A_k}{x_k} = \frac{7.95}{14.22} = 0.559\text{m}$$

$$c_k = \frac{1}{n}R_k^{1/6} = \frac{1}{0.025}0.559^{1/6} = 36.30\text{m}^{1/2}/\text{s}$$

$$i_k = \frac{Q^2}{A_k^2 C_k^2 R_k} = \frac{18^2}{7.95^2 \times 36.30^2 \times 0.559} = 0.00696$$

【**例 11-7**】　有一石砌矩形断面渠道，已知粗糙系数 $n=0.017$，宽度 $b=5$m，流量 $Q=10$m³/s，当正常水深 $h_0=1.85$m 时，试判别明渠水流的状态。

解：① 用临界水深法判别

单宽流量
$$q = \frac{Q}{b} = \frac{10}{5} = 2\text{m}^2/\text{s}$$

由式(11-17)
$$h_k = \sqrt[3]{\frac{\alpha Q^2}{g b^2}} = \sqrt[3]{\frac{\alpha q^2}{g}} = \sqrt[3]{\frac{1.0 \times 2^2}{9.8}} = 0.742\text{m}$$

因 $h_0 > h_k$，故此明渠流为缓流。

② 用临界流速法判别

临界流速
$$v_k = \frac{Q}{A_k} = \frac{Q}{b h_k} = \frac{10}{5 \times 0.742} = 2.7\text{m/s}$$

明渠流动的实际流速
$$v = \frac{Q}{A} = \frac{Q}{b h_0} = \frac{10}{5 \times 1.85} = 1.08\text{m/s}$$

因 $v < v_k$，故此明渠流为缓流。

③ 用佛汝德数法判别
$$Fr = \sqrt{\frac{\alpha Q^2}{g} \cdot \frac{B}{A^3}} = \sqrt{\frac{1.0 \times 10^2 \times 5}{9.8 \times (5 \times 1.85)^3}} = 0.254$$

因 $Fr < 1$，故此明渠流为缓流。

第五节　跌水与水跃

前面讨论了明渠水流的三种流动状态——缓流、急流和临界流。工程中往往由于明渠流动边界的突然改变，导致水流状态由急流向缓流或由缓流向急流过渡，从而发生水跃或跌水等急变流现象。明渠急变流的水力特征是：在很短的流程内水深和流速发生急剧变化；具有曲度较大的流线；过流水断面的压强不符合静水压强分布规律；水面曲线穿越临界水深线。

一、跌水

跌水是明渠水流从缓流过渡到急流、水面急剧降落的局部水力现象。如图 11-13 所示，这种现象常见于明渠底坡由缓坡变成陡坡或明渠断面突然扩大或缓坡渠道的末端跌坎处。了解跌水现象对分析和计算明渠恒定非均匀流的水面曲线具有重要意义。跌水上游的水深大于临界水深，跌水下游的水深小于临界水深，因此转折断面上的水深应等于临界水深。通常转折断面称为控制断面，其水深称为控制水深。在进行水面曲线分析和计算时控制水深可作为

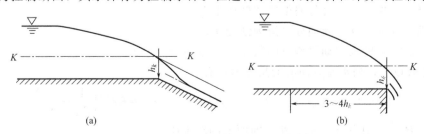

(a)　　　　　　　　　　　　(b)

图 11-13　跌水现象

已知水深，给分析、计算提供一个已知条件。

二、水跃

1. 水跃现象

水跃是明渠水流从急流状态过渡到缓流状态时水面骤然跃起的局部水力现象。水跃是一

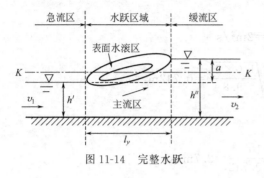

图 11-14　完整水跃

种明渠急变流，在闸、坝等泄水建筑物的下游，一般均有水跃发生。

如图 11-14 所示，水跃区的水流可分为两部分：上部区域是急流冲入缓流所激起的表面漩流，水流翻腾滚动，饱掺空气，叫做"表面水滚"；下部是主流区，流速由快变慢，水深由小变大。主流与表面水滚并没有明显的界限，两者之间不断地进行质量和动量交换。在发生水跃的突变过程中，水流内部产生强烈的摩擦掺混作用，其内部结构经历剧烈的改变和再调整，消耗大量的机械能。水跃区域甚至消耗高达 60%～70% 来流能量，具有突出的消能效果。因次，常被用来作为泄水建筑物下游的一种有效的消能方式。

在确定水跃区域的范围时，通常将表面水滚的前端称为跃前断面，该处的水深称为跃前水深 h'；表面水滚的末端称为跃后断面，该处的水深称为跃后水深 h''。通常跃前和跃后断面的位置是沿水流方向前后摆动的，量测时取其平均位置即可。跃前与跃后水深之差称为跃高 a。跃前与跃后两断面间的距离称为水跃长度 l_y。

2. 水跃基本方程

水跃的跃前水深和跃后水深之间的关系应满足水跃基本方程。这里仅讨论如图 11-15 所示的平坡（$i=0$）渠道中的完整水跃。所谓完整水跃是指发生在棱柱形渠道中，跃前与跃后水深相差显著的水跃。

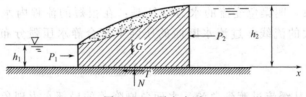

图 11-15　平底水跃

由于水跃区内部水流极为紊乱复杂，其阻力分布及能量损失规律尚未弄清，无法计算能量损失。应用能量方程推导水跃基本方程存在困难，故一般采用动量方程进行推导。在推导过程中，根据水跃发生的实际情况，做如下假设。

① 水跃段长度不大，可忽略渠底的摩擦阻力；

② 水跃的跃前、跃后断面处水流为渐变流；

③ 跃前、跃后断面的动量修正因数相等，即 $\beta_1=\beta_2=\beta$。

在上述假设下，列水流方向的动量方程，有

$$P_1 - P_2 = \rho Q(\beta_2 v_2 - \beta_1 v_1) = \rho Q(\beta v_2 - \beta v_1) = \beta \rho Q^2 \left(\frac{1}{A_2} - \frac{1}{A_1} \right) \tag{11-23}$$

式中　P_1，P_2——作用于跃前、跃后断面上的动水压力。

根据假设②，有

$$P_1 = \rho g h_1 A_1，P_2 = \rho g h_2 A_2 \tag{11-24}$$

式中　h_1，h_2——跃前、跃后断面形心处的水深。

把式(11-24)代入式(11-23)，整理得

$$\frac{\beta Q^2}{g A_1} + h_1 A_1 = \frac{\beta Q^2}{g A_2} + h_2 A_2 \tag{11-25}$$

式(11-25)就是平坡棱柱形渠道中完整水跃的基本方程式。

当流量和断面形状、尺寸给定时，$\dfrac{\beta Q^2}{g A} + hA$ 只是水深的函数。令

$$J(h) = \frac{\beta Q^2}{g A} + hA$$

称为水跃函数。式中，h 为断面形心处的水深。则完整水跃的基本方程式(11-25)可写为

$$J(h_1) = J(h_2) \quad 或 \ J(h') = J(h'') \tag{11-26}$$

式(11-26)表明，跃前、跃后断面的水跃函数值相等。因此同一个 J 对应于跃前、跃后两个水深。如图11-16所示，分别大于和小于临界水深 h_k，因而 h' 和 h'' 被形象地称为共轭水深。

(1) 共轭水深的计算　对于任意断面渠道，若已知共轭水深中的一个，求解另一个，一般可采用图解法。图解法是利用水跃函数曲线来直接求解共轭水深。当流量和明渠断面的形状尺寸给定时，可假设不同水深，试算出相应的水跃函数 $J(h)$。如图11-16所示，以水深 h 为纵轴，以水跃函数 $J(h)$ 为横轴，可绘出水跃函数曲线。下面从已知 h' 为例说明。以水深 h' 作水平线交 $J(h)$-h 曲线于 B 点，自 B 点作平行于 h 轴的直线与 $J(h)$-h 曲线的另一支交于 A 点，根据式(11-26)，该点所对应的水深即为所求的另一共轭水深 h''。

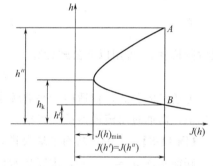

图 11-16　水跃函数曲线

水跃函数曲线具有如下特性：

① 水跃函数曲线上与 $J(h)_{min}$ 相应的水深即是临界水深 h_k；

② 当 $h > h_k$ 时（相当于曲线的上半支），$J(h)$ 随着跃后水深的减小而减小；

③ 当 $h < h_k$ 时（相当于曲线的下半支）；$J(h)$ 随着跃前水深的减小而增大。

对于矩形断面棱柱形渠道，将 $A_1 = bh'$，$A_2 = bh''$，$h_1 = h'/2$，$h_2 = h''/2$，$\dfrac{\alpha Q^2}{g b^2} = h_k^3$ 代入式(11-25)，并令 $\alpha \approx \beta$，可得

$$h'^2 h'' + h''^2 h' - 2h_k^2 = 0$$

解上式得

$$\left.\begin{array}{l} h' = \dfrac{h''}{2}\left[\sqrt{1 + 8(h_k/h'')^3} - 1\right] \\[2mm] h'' = \dfrac{h'}{2}\left[\sqrt{1 + 8(h_k/h')^3} - 1\right] \end{array}\right\} \tag{11-27}$$

或

$$h' = \frac{h''}{2}\left[\sqrt{1+8Fr_2^2}-1\right] \left.\begin{matrix}\\[2em]\\\end{matrix}\right\}$$

$$h'' = \frac{h'}{2}\left[\sqrt{1+8Fr_1^2}-1\right] \tag{11-28}$$

式(11-27) 或式(11-28) 即为平坡矩形断面渠道中水跃共轭水深的计算公式。

(2) 水跃消能计算　水跃现象在改变水流外部形态的同时，也引起了水流内部结构的剧烈变化，伴随而来的是水跃引起的大量的机械能损失。研究发现，水跃造成的机械能损失主要集中在水跃段，还有极少部分发生在跃后段。跃前断面与跃后断面间单位重量液体的机械能之差即是水跃消除的能量，以 h_l 表示。在跃前断面与跃后断面间列总流的伯努利方程，可得水跃的能量损失。对于平坡矩形断面棱柱形渠道，取 $\alpha_1 = \alpha_2 = \beta$ 有

$$h_l = h' - h'' + \frac{\alpha q^2}{2g}\left(\frac{1}{h'^2}-\frac{1}{h''^2}\right) = \frac{(h''-h')^3}{4h'h''} \tag{11-29}$$

(3) 水跃长度计算　水跃长度 l 包括水跃段长度 l_y 和跃后段长度 l_o 两部分，

$$l = l_y + l_o \tag{11-30}$$

水跃长度是泄水建筑物消能设计的主要依据之一。但由于水跃现象复杂，目前水跃长度的理论研究尚不成熟，较多依靠经验公式计算。下面介绍几个常用的平坡矩形断面明渠水跃长度的经验公式。

$$l_y = 4.5h'' \tag{11-31}$$

或

$$l_y = \frac{1}{2}(9.5h'-5h') \tag{11-32}$$

跃后段长度 l_o 可用以下公式计算

$$l_o = (2.5 \sim 3.0)l_y \tag{11-33}$$

上述经验公式，仅适用于底坡较小的矩形渠道，在工程上作为初步估算之用。若要获得准确值，需通过水流模型试验确定。

【例 11-8】　一矩形断面平坡渠道，底宽 $b = 2.0\text{m}$，流量 $Q = 10\text{m}^3/\text{s}$，当渠中发生水跃时，跃前水深 $h' = 0.65\text{m}$，求跃后水深 h''、水跃长度 l_y 及水跃能量损失 h_l。

解　跃前断面平均流速

$$v_1 = \frac{Q}{bh'} = \frac{10}{2 \times 0.65}\text{m/s} = 7.69\text{m/s}$$

跃前断面弗汝德数

$$Fr_1 = \frac{v_1}{\sqrt{gh'}} = \frac{7.69}{\sqrt{9.8 \times 0.65}} = 3.05$$

代入式(11-28)，求得跃后水深

$$h'' = \frac{h'}{2}(\sqrt{1+8Fr_1^2}-1) = \frac{0.65}{2} \times (\sqrt{1+8 \times 3.05}-1)\text{m} = 2.5\text{m}$$

按式(11-31) 计算水跃长度为

$$l_y = 4.5h'' = 4.5 \times 2.5 = 11.25\text{m}$$

按式(11-29) 计算水跃能量损失

$$h_l = \frac{(h''-h')^3}{4h'h''} = \frac{(2.5-0.65)^3}{4 \times 2.5 \times 0.65} = 0.974\text{m}$$

第六节　棱柱形渠道中渐变流水面曲线分析

工程中所见的大多数明渠流程，通常由若干个急变流段和均匀流段或非均匀流段组成。通常在缓坡渠道中设有闸坝，渠道末端布置跌坎。此时，闸坝上游一定范围内水位抬高，水流为渐变流，闸坝上游较远处可视作均匀流。坝上的溢流及水跃、跌水均为急变流，其他部分的流动为渐变流。

与明渠均匀流不同，明渠非均匀流的水深沿流程变化，水面线与渠底不平行。明渠水深沿程变化的情况，与河渠的淹没范围、坝堤的高度、渠道内冲淤的变化等诸多工程问题密切相关。因此，明渠非均匀渐变流水面曲线的分析是明渠非均匀流研究的主要内容。明渠非均匀渐变流水面曲线的分析就是根据渠道的水深条件、来流的流量和控制断面条件来确定水面曲线的沿程变化趋势和变化范围，定性地绘出水面曲线。

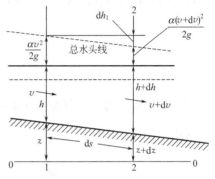

一、棱柱形渠道渐变流基本微分方程

下面推导棱柱形渠道渐变流的基本微分方程，为水面曲线的分析、计算提供理论基础。

图 11-17 表示一段输水流量为 Q，底坡为 i 的渠段，由于某种原因，水流作渐变流动。在流段上取两过流断面 1—1 和 2—2。两断面的间距为 $\mathrm{d}s$，水深相差 $\mathrm{d}h$，断面平均流速相差 $\mathrm{d}v$，渠底高程相差 $\mathrm{d}z$。以 0—0 为基准面列 1—1 和 2—2 断面间的能量方程：

图 11-17　明渠非均匀渐变流

$$z+h+\frac{\alpha v^2}{2g}=(z+\mathrm{d}z)+(h+\mathrm{d}h)+\frac{\alpha(v+\mathrm{d}v)^2}{2g}+\mathrm{d}h_l \tag{11-34}$$

展开 $\dfrac{\alpha(v+\mathrm{d}v)^2}{2g}$ 并略去二阶微量，得

$$\frac{\alpha(v+\mathrm{d}v)^2}{2g}=\frac{\alpha v^2}{2g}+\mathrm{d}\left(\frac{\alpha v^2}{2g}\right)$$

代入式(11-34)，整理得

$$\mathrm{d}z+\mathrm{d}h+\mathrm{d}\left(\frac{\alpha v^2}{2g}\right)+\mathrm{d}h_l=0 \tag{11-35}$$

式(11-35) 中各项都是流程 s（空间坐标）的连续函数，为分析各水力要素沿流程的变化，分别对 s 求导

$$\frac{\mathrm{d}z}{\mathrm{d}s}+\frac{\mathrm{d}h}{\mathrm{d}s}+\frac{\mathrm{d}\left(\dfrac{\alpha v^2}{2g}\right)}{\mathrm{d}s}+\frac{\mathrm{d}h_l}{\mathrm{d}s}=0 \tag{11-36}$$

渠道底坡

$$i=\sin\theta=-\frac{\mathrm{d}z}{\mathrm{d}s} \tag{11-37}$$

渐变流的微小流段内水头损失作均匀流处理，即

$$\frac{\mathrm{d}h_l}{\mathrm{d}s}\approx J=\frac{Q^2}{K^2} \tag{11-38}$$

又
$$\frac{\mathrm{d}\left(\dfrac{\alpha v^2}{2g}\right)}{\mathrm{d}s}=\frac{\mathrm{d}}{\mathrm{d}s}\left(\frac{\alpha Q^2}{2gA^2}\right) \tag{11-39}$$

对于非棱柱形渠道，有
$$A=f_1(h,s) \qquad h=f_2(s)$$

故
$$\frac{\mathrm{d}}{\mathrm{d}s}\left(\frac{\alpha Q^2}{2gA^2}\right)=-\frac{\alpha Q^2}{gA^3}\times\frac{\mathrm{d}A}{\mathrm{d}s}=-\frac{\alpha Q^2}{gA^3}\left(\frac{\partial A}{\partial h}\times\frac{\mathrm{d}h}{\mathrm{d}s}+\frac{\partial A}{\partial s}\right) \tag{11-40}$$

因为
$$\frac{\partial A}{\partial h}=B$$

则
$$\frac{\mathrm{d}}{\mathrm{d}s}\left(\frac{\alpha Q^2}{2gA^2}\right)=-\frac{\alpha Q^2}{gA^3}\left(B\frac{\mathrm{d}h}{\mathrm{d}s}+\frac{\partial A}{\partial s}\right) \tag{11-41}$$

将式(11-37)、式(11-38)、式(11-41) 代入式(11-36) 得
$$\frac{\mathrm{d}h}{\mathrm{d}s}=\frac{i-\dfrac{Q^2}{K^2}\left(1-\dfrac{\alpha Q^2}{gA}\times\dfrac{\partial A}{\partial s}\right)}{1-\dfrac{\alpha Q^2}{g}\times\dfrac{B}{A^3}} \tag{11-42}$$

对于棱柱形渠道，A 仅是水深的函数，故 $\dfrac{\partial A}{\partial s}=0$。

则式(11-42) 变为
$$\frac{\mathrm{d}h}{\mathrm{d}s}=\frac{i-\dfrac{Q^2}{K^2}}{1-\dfrac{\alpha Q^2 B}{gA^3}}=\frac{i-J}{1-\dfrac{\alpha Q^2 B}{gA^3}}=\frac{i-J}{1-Fr^2} \tag{11-43}$$

式(11-43) 就是棱柱形渠道渐变流基本微分方程。

二、棱柱形渠道渐变流水面曲线的类型和规律

下面依据棱柱形渠道渐变流微分方程式对不同底坡上可能出现的水面曲线形状进行分析。为了便于分析水深沿程变化的情况，一般根据实际水深与正常水深、临界水深的关系，在水面曲线的分析图上作出两条平行于渠底的直线。一条是距渠底距离为 h_0 的正常水深线 $N-N$；另一条是距渠底距离为 h_k 的临界水深线 $K-K$。利用这两条辅助线就把流动空间划分成为三个区域。其中，两条线以上的区域称为 a 区，其水深 $h>h_0$、h_k，流动为缓流；两条线之间的区域称为 b 区，其水深 h 介于 h_0 和 h_k 之间，流动可能是缓流，也可能是急流，根据具体情况而定；两条线以下的区域称为 c 区，其水深 $h<h_0$、h_k，流动为急流。

1. 顺坡渠道（$i>0$）

根据流量大小和渠道的形状、尺寸、粗糙程度的不同，把渠道分成缓坡（$i<i_k$）、急坡（$i>i_k$）、临界坡（$i=i_k$）三种情况。分别根据棱柱形渠道渐变流基本微分方程式(11-43)分析其水面曲线。

（1）缓坡渠道（$i<i_k$） 缓坡渠道上发生的均匀流一定是缓流，即 $h_0>h_k$，$N-N$ 线在 $K-K$ 线之上，流动空间分成 a、b、c 三个区域。如图 11-18 所示，根据控制水深的不同，可以形成三种水面曲线。

① a 区（$h>h_0>h_k$） 水深 h 大于临界水深 h_k，也大于正常水深 h_0，水流为缓流。式(11-43) 中，由于 $h>h_0$，故 $J<i$，则分子 $i-J>0$；而 $h>h_K$，故 $Fr<1$，则分母 $1-$

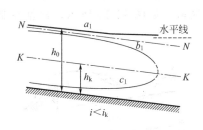
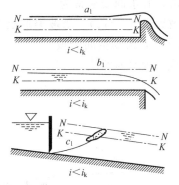

图 11-18　缓坡渠道水面曲线

$Fr^2>0$。所以 $\dfrac{\mathrm{d}h}{\mathrm{d}s}>0$，即水深沿程增加，称为 a_1 型壅水曲线。

a_1 型水面线两端的趋势：往上游，水深减小，$h\to h_0$，$J\to i$，则 $\dfrac{\mathrm{d}h}{\mathrm{d}s}\to 0$，水深沿程不变，这表明 a_1 型水面线上游以 N—N 线为渐近线；往下游 $h\to\infty$，$J\to 0$，$Fr\to 0$，$\dfrac{\mathrm{d}h}{\mathrm{d}s}\to i$，这表示 a_1 型水面线下游以水平线为渐近线。

以上分析可知，a_1 型水面线是上游以正常水深线为渐近线，下游以水平线为渐近线，形状下凹的壅水曲线。

在缓坡明渠上修建闸、坝挡水，如闸，坝前水深被抬高至正常水深以上，则闸、坝上游明渠中将形成 a_1 型水面线。

② b 区（$h_0>h>h_k$）　水深 h 大于临界水深 h_k，但小于正常水深 h_0，水流为缓流。式 (11-43) 中，由于 $h<h_0$，故 $J>i$，则分子 $i-J<0$；而 $h>h_K$，故 $Fr<1$，则分母 $1-Fr^2>0$。所以 $\dfrac{\mathrm{d}h}{\mathrm{d}s}<0$，水深沿程减小，称为 b_1 型降水曲线。

b_1 型水面线两端的趋势：往上游，水深增加，$h\to h_0$，$J\to i$，则 $\dfrac{\mathrm{d}h}{\mathrm{d}s}\to 0$，水深沿程不变，这表明 b_1 型水面线上游以 N—N 线为渐近线；往下游 $h\to h_k$，$Fr\to 1$，流态接近于临界流，$\dfrac{\mathrm{d}h}{\mathrm{d}s}\to -\infty$，水面线与 K—K 线正交，形成由缓流向急流过度的跌水现象。

由上可知，b_1 型水面线是上游以 N—N 线为渐近线，下游与 K—K 线正交，水深沿程减少，形状上凸的降水型曲线。

③ c 区（$h<h_k<h_0$）　水深 h 小于临界水深 h_k，也小于正常水深 h_0，水流为急流。式 (11-43) 中，由于 $h<h_0$，故 $J>i$，则分子 $i-J<0$；而 $h<h_k$，故 $Fr>1$，则分母 $1-Fr^2<0$。所以 $\dfrac{\mathrm{d}h}{\mathrm{d}s}>0$，水深沿程增加，称为 c_1 型壅水曲线。

c_1 型水面线两端的趋势：往下游，水深增加，$h\to h_k$，$Fr\to 1$，$1-Fr^2\to 0$，流态接近于临界流，$\dfrac{\mathrm{d}h}{\mathrm{d}s}\to +\infty$，水面线与 K—K 线正交，形成由急流向缓流过度的水跃现象。c_1 型水面线水深向上游减小，其水深取决于水工建筑物泄流情况，即 c_1 型水面线上游由边界条件确定，下游趋向垂直于 K—K 线，水深沿程增加，其形状为下凹的壅水曲线。缓坡渠道上的闸下出流，其水面线通常为 c_1 型。

（2）急坡渠道（$i > i_k$）　急坡渠道上发生的均匀流一定是急流，即 $h_0 < h_k$，$N—N$ 线在 $K—K$ 线之下，流动空间分成 a、b、c 三个区域。如图 11-19 所示，根据控制水深的不同，可以形成三种水面曲线。

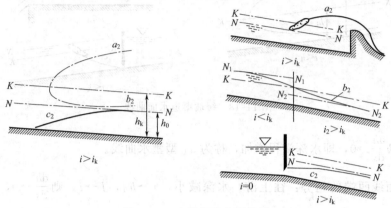

图 11-19　急坡渠道水面曲线

① a 区（$h > h_k > h_0$）　水深 h 大于临界水深 h_k，也大于正常水深 h_0，水流为缓流。采用与 a_1 型水面线相似的分析方法，由式（11-43）可得 $\dfrac{dh}{ds} > 0$，水深沿程增加，称为 a_2 型壅水曲线。

a_2 型水面线两端的趋势；往上游，水深减小，$h \to h_k$，$Fr \to 1$，则 $\dfrac{dh}{ds} \to +\infty$，水面线与 $K—K$ 线正交，形成水跃。往下游 $h \to \infty$，$J \to 0$，$Fr \to 0$，$\dfrac{dh}{ds} \to i$，在一定流程上水面线增加的高度恰好等于渠底降低的高度，故水面线下游以水平线为渐近线。

以上分析可知，a_2 型水面线是下游以水平线为渐近线，上游垂直穿越 $K—K$ 线形成水跃，形状上凸的壅水曲线。

② b 区（$h_0 < h < h_k$）　该区域的流动为急流。采用与 b_1 型水面线相似的分析方法，由式（11-43）可得 $\dfrac{dh}{ds} < 0$，水深沿程减小，形成 b_2 型降水曲线。

b_2 型水面线两端的趋势；往上游 $h \to h_k$，$Fr \to 1$，流态接近于临界流，$\dfrac{dh}{ds} \to -\infty$，水面线与 $K—K$ 线正交，形成跌水现象；往下游，水深减小，$h \to h_0$，$J \to i$，则 $\dfrac{dh}{ds} \to 0$，水深沿程不变，形成均匀流。

综上所述，b_2 型水面线是上游发生跌水，下游以正常水深线 $N—N$ 为渐近线，形状下凹的降水曲线。

当水流由缓坡渠道流入急坡渠道时，在变坡附近将形成由 b_1 型降水曲线和 b_2 型降水曲线相衔接的跌水现象。

③ c 区（$h < h_0 < h_k$）　该区域的水深 h 小于临界水深 h_k，也小于正常水深 h_0。水流为急流。由式（11-43）分析可知，该区域的水面线为上凸的壅水曲线，称为 c_2 型壅水曲线。该水面线向下游以正常水深线为渐近线，形成均匀流；水面线上游水深由边界条件

确定。

（3）临界坡渠道（$i=i_k$）　由于 $i=i_k$，则 $h_0=h_k$，N—N 线与 K—K 线重合，故临界坡上渠道空间只能划分为 a、c 两个区域。如图 11-20 所示，根据控制水深的不同，可以形成两种水面曲线。

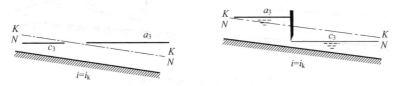

图 11-20　临界坡渠道水面曲线

① a 区（$h>h_0=h_k$）　由于水深 h 大于正常水深 h_0，也大于临界 h_k，水流为缓流。由式(11-43) 可得，$\dfrac{dh}{ds}>0$，即水深沿程增加，为壅水曲线，称为 a_3 型壅水曲线。

② c 区（$h<h_0=h_k$）　由于水深 h 小于正常水深 h_0，也小于临界 h_k，水流为急流。由式(11-43) 可得，$\dfrac{dh}{ds}>0$，即水深沿程增加，为壅水曲线，称为 c_3 型壅水曲线。

a_3 型和 c_3 型壅水曲线在实际工程中都很少见。

2. 平坡渠道（$i=0$）

在平坡渠道上不可能发生均匀流，即不存在 N—N 线，但仍有 K—K 线，所以平坡上的流动空间只能分成 b、c 两个区域（如图 11-21 所示）。

平坡渠道的渐变流基本微分方程式可写成

$$\frac{dh}{ds}=\frac{-J}{1-Fr^2} \tag{11-44}$$

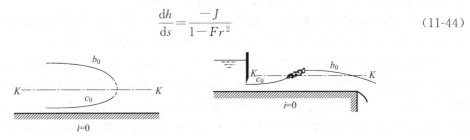

图 11-21　平坡渠道水面曲线

① b 区（$h>h_k$）　此区域的水深 h 大于临界水深 h_k，水流为缓流。由式(11-44) 分析可得，$\dfrac{dh}{ds}<0$，水深沿程减小，为降水曲线，称为 b_0 型降水曲线。当 $h\rightarrow h_k$ 时，$Fr\rightarrow1$，$\dfrac{dh}{ds}\rightarrow-\infty$，水面曲线与 K—K 线正交，将发生跌水现象；当 $h\rightarrow\infty$ 时，$J\rightarrow0$，$\dfrac{dh}{ds}\rightarrow0$，该水面曲线上游以水平线为渐近线。在平坡渠道末端跌坎的上游将形成 b_0 型的降水曲线。

② c 区（$h<h_k$）　水深 h 小于临界水深 h_k，水流为急流。由式(11-44) 分析可得，$\dfrac{dh}{ds}>0$，水深沿程增加，为壅水曲线，称为 c_0 型壅水曲线。当 $h\rightarrow h_k$ 时，$Fr\rightarrow1$，$\dfrac{dh}{ds}\rightarrow+\infty$，水面曲线与 K—K 线正交，将发生水跃现象；该水面曲线的上游取决于边界条件。

3. 逆坡渠道（$i<0$）

逆坡渠道上不可能发生均匀流，只有临界水深线 K—K。故逆坡渠道上的流动空间

分成为 b、c 两个区域。根据控制水深的不同，可以形成如图 11-22 所示的两种水面曲线。

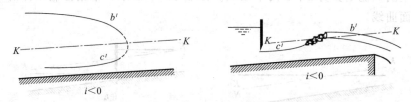

图 11-22　逆坡渠道水面曲线

用对平坡渠道相似的分析方法，由式(11-43)可得，b 区为降水曲线，称为 b' 型降水曲线；c 区为壅水曲线，称为 c' 型壅水曲线。

三、水面曲线分析的一般原则

上面分析了棱柱型明渠中的 12 种水面曲线，其中顺坡渠道 8 种，平坡与逆坡渠道各 2 种。它们既有相同的规律，又有各自的特点。分析水面曲线时，应注意以下几点。

① 求出渠道正常水深 h_0 和临界水深 h_k，然后将渠道流动空间分区。需要注意：只有在顺坡渠道中才存在 h_0，而且底坡 i 增大，h_0 减小；临界水深 h_k 与底坡 i 无关。

② 上述 12 种水面曲线，只表示在棱柱型渠道中可能发生的渐变流的情况。在某一确定的底坡上究竟出现哪一类型的水面曲线，应视具体条件而定。

③ 12 种水面曲线中，凡发生在 a 区和 c 区的水面曲线，都是水深沿程增加的壅水曲线；而发生在 b 区的水面曲线都是水深沿程减小的降水曲线。

④ 当水深接近正常水深时，水面线以 $N—N$ 线为渐近线，当水深接近临界水深时，与 $K—K$ 线正交，将发生水跃或跌水。在水深 $h \to \infty$ 时，水面线为水平线。

⑤ 在分析和计算水面曲线时，必须从某个位置确定、水深已知的断面开始，这样的断面称为控制断面，其水深称为控制水深。如闸孔出流时，闸孔后收缩断面的水深为控制水深；在跌坎上或其他缓流过渡为急流处，通常临界水深就可以作为控制水深。由控制断面处的已知水深确定所在流区的水面线形式，根据水面线变化规律，从控制断面分别向上游或下游确定水面线的变化趋势。

【例 11-9】 试讨论分析图 11-23 所示两段断面尺寸及粗糙系数相同的长直棱柱形明渠，由于底坡变化所引起的水面曲线的形式。已知上游及下游渠道的底坡均为缓坡，且 $i_k > i_2 > i_1$。

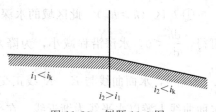

图 11-23　例题 11-9 图

解：根据题意，上、下游渠道均为断面尺寸和粗糙系数相同的长直棱柱形明渠，由于有坡度的变化，将在底坡转变断面上游或下游（或者上、下游同时）相当长范围内引起非均匀流动。

首先分别画出上、下游渠道的 $K—K$ 线及 $N—N$ 线。由于上、下游渠道断面尺寸相同，故两段渠道的临界水深相等。而上、下游渠道底坡不等，故正常水深则不等，因 $i_1 < i_2$，故 $h_{01} > h_{02}$，下游渠道的 $N—N$ 线低于上游渠道的 $N—N$ 线。

在上游无限远处应为均匀流，其水深为正常水深 h_{01}；下游无限远处亦为均匀流，其水

深为正常水深 h_{02}。由上游较大的水深 h_{01} 要转变到下游较小的水深 h_{02}，中间必经历一段降落的过程。水面降落有三种可能：

① 在上游渠道中不降，全部在下游渠道中降落；

② 完全在上游渠道中降落，下游渠道中不降落；

③ 在上、下游渠道中各降落一部分。

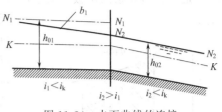

在上述三种可能情况中，第一种或第三种降落方式必然导致出现下游渠道中 a 区发生降水曲线的情况。这是不合理的。因此只有第二种情况会发生，即降水曲线全部发生在上游渠道中，由上游很远处趋近于 h_{01} 的地方，逐渐下降至分界断面处水深达到 h_{02}，而下游渠道保持为 h_{02} 的均匀流，所以上游渠道水面曲线为 b_1 型降水曲线（见图 11-24）。

图 11-24　水面曲线的连接

第七节　棱柱形渠道中渐变流水面曲线计算

对水面曲线进行了定性分析后，就可以对它进行定量计算；计算水面曲线的目的在于确定断面位置 s 和水深 h 的关系，根据计算结果，绘出非均匀的水面曲线，从而满足工程实践的需要。

计算水面曲线的方法很多，目前应用较普遍的是分段求和法和数值积分法。

一、计算公式与方法

棱柱形渠道中渐变流满足式(11-43)，即

$$\frac{\mathrm{d}h}{\mathrm{d}s}=\frac{i-\dfrac{Q^2}{K^2}}{1-\dfrac{\alpha Q^2 B}{gA^3}}$$

将上式分离变量，得

$$\mathrm{d}s=\frac{1-\dfrac{\alpha Q^2 B}{gA^3}}{i-\dfrac{Q^2}{K^2}}\mathrm{d}h$$

式子右端的 α、Q、g 均为给定常数，而 B、A、K 则是水深 h 的函数，因此上式可写成

$$\mathrm{d}s=\Phi(h)\mathrm{d}h \tag{11-45}$$

积分，得

$$s=\int\Phi(h)\mathrm{d}h \tag{11-46}$$

式中的积分函数 $\Phi(h)$ 是一个复杂的隐函数，一般情况下，式(11-46) 无法积分求解，通常采用近似积分的方法求解。

二、数值积分法

将式(11-45) 在位于 s_1，水深为 h_1 的断面以及位于 s_2，水深为 h_2 的断面间积分

$$\Delta s=\int_{s_1}^{s_2}\mathrm{d}s=\int_{h_1}^{h_2}\Phi(h)\mathrm{d}h \tag{11-47}$$

式中，$\Delta s=s_2-s_1$，为两断面间的距离。

被积函数
$$\Phi(h)=\frac{1-\dfrac{\alpha Q^2 B}{gA^3}}{1-\dfrac{Q^2}{K^2}}=\frac{1-\dfrac{\alpha Q^2 B}{gA^3}}{1-\dfrac{n^2 Q^2}{A^2 R^{4/3}}} \tag{11-48}$$

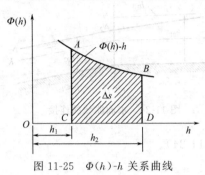

图 11-25　$\Phi(h)$-h 关系曲线

$\Phi(h)$ 是个相当复杂的函数。为了确定 $\Phi(h)$ 的值，可先假定若干个 h 值，根据断面形状、尺寸计算相应的 B、A 及 R 值，代入式（11-48）可分别算得对应的 $\Phi(h)$ 值，从而绘出如图 11-25 所示的 $\Phi(h)$-h 曲线。式（11-47）表明，$\Phi(h)$-h 关系曲线与 h 轴之间在 h_1 到 h_2 范围内的面积就等于 Δs，于是求距离的问题可以通过求解这一面积来解决。

三、分段求和法

分段求和法的要点是将待计算的流段分成若干分流段，并以有限差分式代替原来的积分式。然后根据有限差分式求得所需的水力要素。

分段求和法的有限差分公式可由式（11-43）导出。

$$\frac{\mathrm{d}h}{\mathrm{d}s}=\frac{i-\dfrac{Q^2}{K^2}}{1-\dfrac{\alpha Q^2 B}{gA^3}}$$

把 $\dfrac{\mathrm{d}e}{\mathrm{d}h}=1-\dfrac{\alpha Q^2 B}{gA^3}$ 代入上式并化简，得

$$\mathrm{d}s=\frac{\mathrm{d}e}{i-(Q/K)^2}=\frac{\mathrm{d}e}{i-J} \tag{11-49}$$

假设在各个分流段内水面高程和断面单位能量呈线性变化；近似认为各分段内沿程水头损失符合均匀流特征，于是可用谢才公式计算。

按上述假设有 $\Delta h_f=\dfrac{Q^2}{K^2}\Delta s=\dfrac{\overline{v^2}}{\overline{C}^2\overline{R}}=\overline{J}\,\Delta s$，则

$$\overline{J}=\frac{\Delta h_f}{\Delta s}=\frac{\overline{v}^2}{\overline{C}^2\overline{R}}$$

式中　$\overline{v}=\dfrac{v_1+v_2}{2}$，$\overline{R}=\dfrac{R_1+R_2}{2}$，$\overline{C}=\dfrac{C_1+C_2}{2}$

以有限差分式代替式（11-47），得到分段求和的计算公式

$$\Delta s=\Delta l=\frac{\Delta e}{i-J} \tag{11-50}$$

式中
$$\Delta e=e_2-e_1=\left(h_2+\frac{\alpha_2 v_2^2}{2g}\right)-\left(h_1+\frac{\alpha_1 v_1^2}{2g}\right)$$

式（11-50）即为分段求和的计算公式。假设若干个 Δh 值，求出对应 Δh 的 e、$\overline{J}$，即可求出每一个 Δh 对应的 Δs，由各 Δh 及对应的 Δs 可点绘出水面曲线。

需要注意的是：数值积分法只适用于棱柱形渠道；而分段求和法则既适用于棱柱形渠道，也适用于非棱柱形渠道。在非棱柱形渠道中采用分段求和法计算水画曲线时，分段数量越多，每段的距离越小，计算精度越高。

思　考　题

1. 从能量的观点说明明渠均匀流必然既是等速流又是等深流，因此它的总水头线、水面线和渠底线一定是互相平行的。

2. 什么是水力最优断面？渠道设计是否都采用水力最优断面？为什么？

3. 两个明渠的断面形状和尺寸均相同，但底坡和粗糙系数不同，当通过的流量相等时，问两明渠的临界水深是否相等？

4. 有两条顺坡棱柱形梯形断面的长渠道，已知流量 $Q_1=Q_2$，边坡系数 $m_1=m_2$，在下列情况下，试比较这两条渠道中的正常水深的大小。

① 粗糙系数 $n_1>n_2$，其他条件均相同。

② 底宽 $b_1>b_2$，其他条件均相同。

③ 底坡 $i_1>i_2$，其他条件均相同。

5. 两个明渠的断面形状、尺寸、底坡和粗糙系数均相同，而流量不同，问两明渠的临界水深是否相等？

6. 在一条能形成均匀流的渠道上，通过的流量一定。为防止冲刷，欲减小流速，问可采取哪些措施？

7. 急坡明渠中的水流只能是急流，这种说法是否正确？为什么？

8. 为什么在平坡、逆坡渠道上，不可能形成均匀流？而在顺坡的棱柱体渠道上（Q、n 和 i 不变时）水流总是趋于形成均匀流？

9. 明渠非均匀流有哪些特征？在底坡逐渐减小的顺坡渠道中，当水深沿程不变时，该明渠水流是否为非均匀流？

10. 断面单位能量 e 和单位重量液体总能量 E 有什么区别？明渠均匀流 e 和 E 沿流程是怎样变化的？明渠非均匀流 e 和 E 沿流程又是怎样变化的？

11. 试举例说明在什么情况下会发生雍水曲线和降水曲线。

12. 棱柱形渠道中发生非均匀流时，在缓坡渠道中只能发生缓流，在急坡渠道中只能发生急流。这种说法是否正确？为什么？

习　题

11-1　有一梯形断面渠道，底宽 b＝3.0m，边坡系数 m＝1.5，底坡 i＝0.0018，粗糙系数 n＝0.020，渠中发生均匀流时的水深 h＝1.6m。试求通过渠中的流量 Q 及流速 v。

11-2　某梯形断面渠道，设计流量 $Q=12\text{m}^3/\text{s}$。已知底宽 $b=3\text{m}$，边坡系数 $m=1.25$，底坡 $i=0.005$，粗糙系数 $n=0.02$。试求水深 h。

11-3　有一梯形断面渠道，底坡 $i=0.0005$，边坡系数 $m=1$，粗糙系数 $n=0.027$，过水断面面积 $A=10\text{m}^2$。试求水力最优断面及相应的最大流量。若改为矩形断面，仍欲维持原有流量，且其粗糙系数及底坡 i 保持不变，问其最佳尺寸如何？

11-4　某梯形断面渠道，底宽 $b=8\text{m}$，边坡系数 $m=2.0$，流量 $Q=30\text{m}^3/\text{s}$。试用图解法求临界水深。

11-5　某梯形断面渠道，设计流量 $Q=8\text{m}^3/\text{s}$。已知水深 $h=1.2\text{m}$，边坡系数 $m=1.5$，底坡 $i=0.003$，采用小片石干砌，粗糙系数 $n=0.02$。试求底宽 b。

11-6　有一矩形断面变底坡渠道，流量 $Q=30\text{m}^3/\text{s}$，底宽 $b=6.0\text{m}$，粗糙系数 $n=0.02$，底坡 $i_1=0.001$，$i_2=0.005$。求：①各渠段中的正常水深；②各渠段的临界水深；③判别各渠段均匀流的流态。

11-7　拟设计一梯形渠道的底宽 b 与水深 h，水在其中作均匀流动，流量 $Q=20\text{m}^3/\text{s}$，渠道底坡 $i=0.002$，边坡系数 $m=1$，粗糙系数 $n=0.025$，渠道按允许不冲流速 $v=0.9\text{m/s}$ 来设计。

11-8　圆形无压污水管，埋设坡度 $i=0.0018$，已知谢才系数 $C=48\mathrm{m}^{0.5}/\mathrm{s}$。管内为均匀流，用排污最大流量 $Q=2\mathrm{m}^3/\mathrm{s}$。试确定排水管的直径。

11-9　有一矩形断面渠道，宽度 $B=6\mathrm{m}$，粗糙系数 $n=0.015$，流量 $Q=15\mathrm{m}^3/\mathrm{s}$，试求临界水深 h_K 和临界坡度 i_K。

11-10　某矩形断面平底渠道，底宽 $b=7\mathrm{m}$，通过流量 $Q=40\mathrm{m}^3/\mathrm{s}$。若渠中发生水跃时，跃前水深 $h'=0.8\mathrm{m}$。求该水跃的跃后断面流速以及能量损失。

11-11　某矩形断面渠道，底坡 $i=0$，底宽 $b=8.0\mathrm{m}$，流量 $Q=16\mathrm{m}^3/\mathrm{s}$。设跃前水深 $h'=0.6\mathrm{m}$。求：①跃后水深 h''；②水跃长度 l；③水跃的能量损失。

11-12　有一梯形断面的排水渠道，长度 $l=5800\mathrm{m}$，底宽 $b=10\mathrm{m}$，边坡系数 $m=1.5$，底坡 $i=0.0003$，粗糙系数 $n=0.025$，在渠道末端设置一水闸，当过闸流量 $Q=40\mathrm{m}^3/\mathrm{s}$ 时，闸前水深 $h_1=4.0\mathrm{m}$。试用分段求和法计算渠道中水深 $h_2=3.0\mathrm{m}$ 处离水闸的距离。

11-13　某河纵剖面如图所示，在断面 5—5 修坝蓄水后，流量 $Q=26500\mathrm{m}^3/\mathrm{s}$，断面 5—5 处的水深 $h_5=186.65\mathrm{m}$，河床的粗糙系数 $n=0.04$，各断面距断面 5—5 的距离 l 以及在不同水位下的过水断面面积 A 和水面宽 B 见下表，试计算断面 5—5 到断面 1—1 的水面曲线。

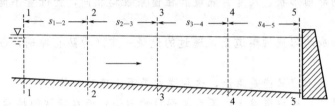

参　数		测站 5	测站 4	测站 3	测站 2	测站 1
h/m		186	186	187	187	188
		187	187	188	188	189
		188	188	189	189	190
A/m^2		18100	13500	18100	19000	14000
		19000	14200	19100	20500	14500
		20000	15000	20000	22000	15300
B/m		830	687	988	1170	738
		833	690	995	1180	743
		836	695	1000	1190	750
s/m		0	6000	10500	15000	24000

题 11-13 图

第十二章 堰 流

第一节 堰流的定义及分类

一、堰流的定义

无压缓流经障壁溢流时，上游发生壅水，然后水面跌落，这一局部水力现象称为堰流，障壁称为堰。堰对水流的约束，或者是侧向约束，或者是垂向约束。例如溢流坝溢流、闸口出流都属堰流。通过有边墩或中墩的桥孔出流以及涵洞的进口水流等在水力计算时通常也按堰流考虑。

堰流的水力特性：水流流进堰顶的过程中流线发生收缩，流速增大，势能转化为动能，堰上的水位产生跌落；由于水流在堰顶的流程较短，流线变化急剧、曲率半径很小，属于非均匀急变流，因此能量损失主要是局部水头损失；水流在流过堰顶时，一般在惯性的作用下均会脱离堰（构筑物），在表面张力的作用下，具有自由表面的液流会产生垂直收缩。

二、堰流类型

研究堰流的目的在于探讨流经堰的流量以及堰的其他特征量如堰宽 b、堰上水头 H、堰壁厚度 δ 及其剖面形状，堰上、下游坎高 p_1 及 p_2 和行近流速 v_0 等（如图 12-1 所示）的关系。

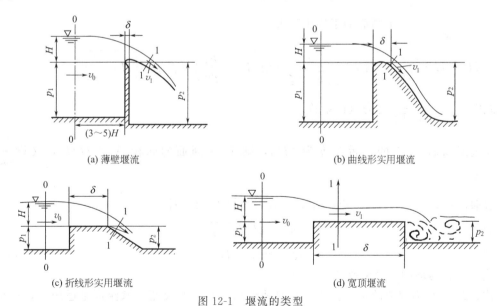

(a) 薄壁堰流　　　　　　　　　　　　(b) 曲线形实用堰流

(c) 折线形实用堰流　　　　　　　　　(d) 宽顶堰流

图 12-1　堰流的类型

工程上一般根据堰顶的厚度 δ 与堰上水头 H 的比值大小，将堰流分成以下三种类型。

（1）薄壁堰流（$\delta/H < 0.67$）　堰前的水流由于受堰壁的阻挡，底部水流向上收缩，水面逐渐下降，使过堰水流形成水舌。对于 $\delta/H < 0.67$ 的堰流，水舌和堰顶只有线的接触，

堰壁厚度不影响水流的特性，这种堰流称为薄壁堰流 [图 12-1(a)]。薄壁堰根据堰口的形状，一般有矩形堰、三角堰、梯形堰等。薄壁堰主要用作量测流量的设备。

（2）实用堰流（$0.67 < \delta/H < 2.5$）堰壁厚度对水舌形状有一定的影响，堰上的水流形成连续的降落状，这样的堰流称为实用堰流。实用堰的纵剖面可以是曲线形 [图 12-1(b)]，也可以是折线形 [图 12-1(c)]，工程中多采用曲线形实用堰；有些中、小型工程中，为方便施工，也采用折线形实用堰。

（3）宽顶堰流（$2.5 < \delta/H < 10$）堰顶厚度已大到对水流的顶托作用非常明显，在堰坎进口处水面发生降落，堰上水流接近水平流动，如下游的水位较低，水流在流出堰顶时将产生第二次跌落，这种堰流称为宽顶堰流 [图 12-1(d)]。实验表明，宽顶堰流的水头损失仍以局部水头损失为主，沿程水头损失可忽略。许多工程中的流动，如泄水闸门开启至闸门下缘离开水面时的闸孔出流、小桥孔过流、无压短涵管过流等，都属于这种流动。

当堰顶的厚度 δ 与堰上水头 H 的比值 $\delta/H > 10$ 时，沿程水头损失逐渐起主要作用，而水流也逐渐具有了明渠流的特征，其水力计算不再适用堰流理论。

三、堰流基本公式

不同形式的堰流具有相同的水力特性，即可以忽略沿程水头损失，或无沿程水头损失。因此，不同形式的堰流具有相同形式的计算公式，而差异只表现在某些系数取值的不同。

以图 12-1 所示的堰流为例来推导堰流水力计算的基本公式。以通过堰顶的水平面为基准面，对堰前断面 0—0 及堰后断面 1—1 应用能量方程式。其中 1—1 断面的中心与堰顶同高。能量方程式

$$H + \frac{\alpha_0 v_0^2}{2g} = \frac{p_1}{\rho g} + \frac{\alpha_1 v_1^2}{2g} + \zeta \frac{v_1^2}{2g}$$

式中　v_0, v_1——0—0、1—1 断面平均流速；

$\dfrac{p_1}{\rho g}$——1—1 断面的平均压强水头。

令 $H_0 = H + \dfrac{\alpha_0 v_0^2}{2g}$，则 $v_1 = \dfrac{1}{\sqrt{\alpha_1 + \zeta}} \sqrt{2g\left(H_0 - \dfrac{p_1}{\rho g}\right)} = \varphi \sqrt{2g\left(H_0 - \dfrac{p_1}{\rho g}\right)}$

式中，$\varphi = \dfrac{1}{\sqrt{\alpha_1 + \zeta}}$ 称为流速系数。

设过流断面 1—1 的水舌厚度为 kH_0，则 1—1 断面的面积 $A_1 = bkH_0$，又设 $\dfrac{p_1}{\rho g} = \zeta H_0$，则

过堰流量为　　　　　$Q = v_1 A_1 = k\varphi \sqrt{1-\zeta}\, b \sqrt{2g}\, H_0^{3/2}$

令　　　　　　　　　$m = k\varphi b \sqrt{1-\zeta}$　　　　　　　　　　（12-1）

则　　　　　　　　　$Q = mb \sqrt{2g}\, H_0^{3/2}$　　　　　　　　　　（12-2）

式中，m 为堰的流量系数。

式（12-2）称为堰流的基本公式。它对薄壁堰、实用堰及宽顶堰流都是适用的，只是不同类型堰的流量系数 m 值不同。

在实际工程中，常常根据直接测出的水头 H 求流量，而将行进流速水头 $\dfrac{\alpha_0 v_0^2}{2g}$ 包含在流量系数中，则式（12-2）改写为

$$Q = m_0 b \sqrt{2g} H^{3/2} \tag{12-3}$$

式中，m_0 为包括行进流速水头 $\dfrac{\alpha_0 v_0^2}{2g}$ 的流量系数。

如果堰流存在侧向收缩或堰下游水位对过堰水流有影响时，应把式（12-2）和式（12-3）式分别修正为：

$$Q = \sigma m b \sqrt{2g} H_0^{3/2} \tag{12-4}$$

和

$$Q = \sigma m_0 b \sqrt{2g} H^{3/2} \tag{12-5}$$

式中，σ 为淹没系数。

第二节　薄壁堰流

由于薄壁堰流的水头与流量的关系稳定，常常用作实验室或野外测量流量的一种工具。在实际工程中，通常根据薄壁堰流水舌的下缘曲线来构制实用堰的剖面形式和隧洞进口曲线。根据堰口形状的不同，薄壁堰可分为三角堰、矩形堰和梯形堰等。三角薄壁堰常用于测量较小的流量，矩形和梯形薄壁堰常用于测量较大的流量。

一、矩形薄壁堰

堰口形状为矩形的薄壁堰称为矩形薄壁堰。无侧收缩、自由式、水舌下通风的矩形薄壁正堰，称为完全堰。实验表明完全堰的水流最稳定，测量精度也较高。

采用完全堰测量流量时，应注意以下几点：

① 堰与上游渠道等宽；

② 下游水位须低于堰顶；

③ 堰上水头 H 一般应大于 2.5cm，并且水舌下面的空间应与大气相通，以保证水流稳定。

图 12-2 所示的流经完全堰的水舌，是根据巴赞（Bazin）的实测数据用水头 H 作为参数绘制的。由图 12-2 可见，自由水面因重力而降落的范围限于堰上游小于 $3H$ 的距离内。堰上水头 H 指在堰壁上游略大于 $3H$ 处从堰顶量到水面的距离。

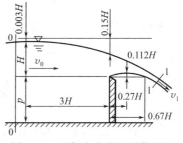

图 12-2　无侧向收缩矩形薄壁堰
自由出流的水舌形状

完全堰的流量可按式（12-3）计算。流量系数 m_0 需通过实验确定。下面介绍两个计算 m_0 的经验公式。

（1）雷布克（Rehbock）公式

$$m_0 = 0.403 + 0.053 \frac{H}{p_1} + \frac{0.0007}{H} \tag{12-6}$$

式中，堰高 p_1 和堰顶水头 H 均以 m 计。此式适用范围为 $H \geqslant 0.025\text{m}$，$H/p_1 \leqslant 1$ 及，$p_1 \geqslant 0.3\text{m}$。

（2）巴赞（Bazin）公式

$$m_0 = \left(0.405 + \frac{0.0027}{H}\right)\left[1 + 0.55\left(\frac{H}{H + p_1}\right)^2\right] \tag{12-7}$$

式中，堰高 p_1 和堰顶水头 H 均以 m 计。此式适用范围为 $H = 0.05 \sim 1.24\text{m}$，$b = 0.2 \sim 2.0\text{m}$ 及 $0.25\text{m} < p_1 < 1.13\text{m}$。在初步设计中，$m_0$ 可取 0.42。

二、三角堰

矩形堰适用于测量较大的流量。当 $H<0.15$m 时，矩形薄壁堰溢流水舌不稳定，甚至可能出现溢流水舌紧贴堰壁溢流的情况，即所谓的贴壁溢流。这时，稳定的水头流量关系已不能保证。对于这种情况，为了确保测量精度，宜采用三角堰。对于堰口两侧边对称的直角三角形薄壁堰（图 12-3）自由出流的流量可按下列经验公式来计算。

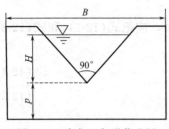

图 12-3　直角三角形薄壁堰

(1) 汤姆孙公式　　$Q=1.4H^{2.5}$　　　　(12-8)

式中，H 以 m 计，Q 以 m^3/s 计。此式适用范围为 $\theta=90°$，$H=0.05\sim0.25$m，$p\geqslant2H$；$b\geqslant(3-4)H$。

(2) 金格公式　　　　　　$Q=1.343H^{2.47}$　　　　(12-9)

上式中，H 必须以 m 代入，Q 以 m^3/s 计。此式适用范围为 $\theta=90°$，$H=0.25\sim0.55$m。

【例 12-1】　有一平底矩形水槽，槽中安装一矩形薄壁堰，堰口与槽同宽，即 $b=B=0.5$m，堰高 $p=0.45$m，堰上水头 $H=0.4$m，下游水深 $h_t=0.35$m。求通过该堰的流量。

解：因堰口与槽同宽，故无侧收缩。又因下游水深 $h_t<p$，下游水面低于堰顶，故为自由出流。由于 $H=0.4$m>0.025m，$H/p=0.4/0.45=0.89<1$，$p_1=p=0.45$m>0.3m，符合雷布克公式适用条件，则用式(12-6)计算流量系数为

$$m_0=0.403+0.053\frac{H}{p_1}+\frac{0.0007}{H}=0.403+0.053\times\frac{0.4}{0.45}+\frac{0.0007}{0.45}=0.4516$$

采用式(12-5)计算流量为

$$Q=m_0b\sqrt{2g}\,H^{3/2}=0.4516\times0.5\times\sqrt{2\times9.8}\times0.4^{3/2}=0.253\text{m}^3/\text{s}$$

第三节　实用堰流

实用堰主要用作挡水和泄流的水工建筑物，也可用作净水建筑物的溢流设备。其剖面形式是由工程要求所决定的，有曲线形实用堰 [图 12-1(b)]，也有折线形实用堰 [图 12-1(c)]。

堰顶曲线形状对曲线形实用堰的泄流能力影响很大。一般根据无侧收缩矩形薄壁堰水舌下缘的曲线确定堰顶曲线。如果堰顶曲线轮廓接近或稍高于无侧收缩矩形薄壁堰水舌下缘的曲线，则堰面上的动水压强就等于或稍大于大气压强，而不会形成真空，这种堰称为非真空堰 [图 12-4(a)]。如果曲线形实用堰堰顶曲线低于无侧收缩矩形薄壁堰水舌下缘的曲线，水舌将脱离堰面，脱离区的空气将不断地被水流带走，从而在堰面上形成真空（负压）[图 12-4(b)]，这种堰称为真空堰。

真空堰由于堰面上真空区的存在，堰的过流能力有所增加，这是真空堰有利的一面。但由于堰面真空区的存在，导致了水流不稳定，从而引起堰体振动，并在堰面上发生气蚀现象而使堰面遭到破坏，这又对溢流堰的运行不利。

实用堰的水力计算采用式(12-2)，即

$$Q=mb\sqrt{2g}\,H_0^{3/2}$$

实用堰的流量系数 m 的变化范围较大，由水头大小、堰壁形状及尺寸确定。初步估算时，真空堰可取 $m=0.5$，非真空堰可取 $m=0.45$，折线堰可取 $m=0.35\sim0.42$。

当下游水位高于堰顶且发生淹没水跃时，实用堰上形成淹没溢流。无侧收缩淹没溢流的

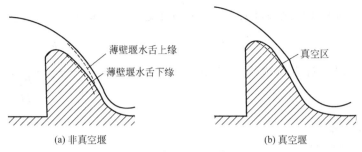

(a) 非真空堰　　　　　　　　　(b) 真空堰

图 12-4　实用堰过流曲线图

流量公式为

$$Q = m\sigma b \sqrt{2g}\, H_0^{3/2} \tag{12-10}$$

当堰宽 b 小于上游来流的水面宽 B 时，过堰水流发生侧收缩，其影响用侧收缩系数 ε 表示，非淹没有侧收缩的实用堰溢流量的计算公式为

$$Q = m\varepsilon b \sqrt{2g}\, H_0^{3/2} \tag{12-11}$$

初步估算时，可取 $\varepsilon = 0.85 \sim 0.95$。

第四节　宽 顶 堰 流

当堰顶水平且 $2.5 < \delta/H < 10$ 时，水流在进入堰顶时产生第一次水面跌落，此后在堰范围内形成一段几乎与堰顶平行的水流，这种堰流称为宽顶堰流。宽顶堰流是实际工程中很常见的水流现象。例如小桥桥孔的过水，无压短涵管的过水，水利工程中的节制闸、分洪闸、泄水闸等，当闸门全开时都具有宽顶堰的水力性质。另外，在城市建设中，人工瀑布的布水系统设计也将用到宽顶堰流知识。因此，研究宽顶堰溢流理论对水工建筑物的设计有重要意义。

一、自由式无侧收缩宽顶堰

实际工程中的宽顶堰堰口形状一般为矩形。如图 12-5 所示，宽顶堰溢流是很复杂的水流现象。根据其水流特点，可以认为，自由式宽顶堰水流在进口处形成水面跌落，在进口约 $2H$ 处形成小于临界水深 h_k 的收缩水深 h_C，然后堰顶水流保持急流状态，在堰尾处水面再次下降，与下游水流衔接。

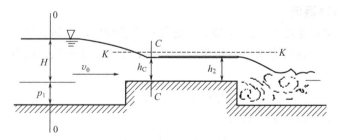

图 12-5　自由式无侧收缩宽顶堰

自由式无侧收缩宽顶堰流的流量计算可采用堰流基本公式(12-2)，即

$$Q = mb \sqrt{2g}\, H_0^{3/2} \tag{12-12}$$

流量系数 m 与堰的进口形式和堰的相对高度 p_1/H 有关，可按以下经验公式计算。

当 $\dfrac{p_1}{H} > 3$ 时，对直角边缘进口 $m = 0.32$；圆角进口 $m = 0.36$。

当 $0 < \dfrac{p_1}{H} \leqslant 3$ 时，对直角边缘进口 $m = 0.32 + 0.01\dfrac{3 - \dfrac{p_1}{H}}{0.46 + 0.75\dfrac{p_1}{H}}$；圆角进口 $m =$

$0.36 + 0.01\dfrac{3 - \dfrac{p_1}{H}}{1.2 + 1.5\dfrac{p_1}{H}}$。

二、无侧收缩淹没式宽顶堰

自由式宽顶堰堰顶上的水深 h_1 小于临界水深 h_k，即堰顶上的水流为急流。从图 12-5

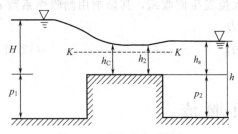

图 12-6　淹没式宽顶堰流

可见，当下游水位低于堰顶，即 $h_s < 0$ 时，下游水流不会影响堰上水流的性质。因此，要使宽顶堰发生淹没式溢流，则必有 $h_s > 0$。即 $h_s > 0$ 是形成淹没式堰流的必要条件。至于形成淹没式堰流的充分条件则是堰顶水流由急流完全转化为缓流。由实验得到的形成淹没式堰流的充分条件是

$$h_s = h - p_2 \geqslant 0.8H_0 \tag{12-13}$$

淹没式宽顶堰流如图 12-6 所示。淹没溢流由于受下游水位的顶托，堰顶水深 h_2 大于临界水深 h_K，使得堰的过流能量降低，其流量计算可采用式(12-10)，即

$$Q = m\sigma b\sqrt{2g}\,H_0^{3/2} \tag{12-14}$$

式中，σ 为淹没系数。它随淹没程度 h_s/H 的增大而减小，其值见表 12-1。

表 12-1　无侧收缩淹没式宽顶堰的淹没系数

h_s/H	0.80	0.81	0.82	0.83	0.84	0.85	0.86	0.87	0.88	0.89
σ	1.00	0.995	0.99	0.98	0.97	0.96	0.95	0.93	0.90	0.87
h_s/H	0.90	0.91	0.92	0.93	0.94	0.95	0.96	0.97	0.98	
σ	0.84	0.82	0.78	0.74	0.70	0.65	0.59	0.50	0.40	

三、侧收缩宽顶堰流

如果堰前引水渠道宽度 B 大于堰宽 b，则水流流进堰后，在侧壁发生分离，堰流过水断面的有效宽度减小、局部阻力增加。用侧收缩系数 ε 考虑上述影响，则自由式侧收缩宽顶堰的流量公式为

$$Q = m\varepsilon b\sqrt{2g}\,H_0^{3/2} \tag{12-15}$$

淹没式侧收缩宽顶堰流量公式为

$$Q = \sigma m\varepsilon b\sqrt{2g}\,H_0^{3/2} \tag{12-16}$$

对于单孔宽顶堰，收缩系数 ε 可用如下经验公式计算

$$\varepsilon = 1 - \frac{\alpha}{\sqrt[3]{0.2 + p_1/H}}\sqrt[4]{\frac{b}{B}}\left(1 - \frac{b}{B}\right) \tag{12-17}$$

式中，α 为墩形系数，矩形墩 $\alpha = 0.19$，圆形墩 $\alpha = 0.10$。

【例 12-2】　一直角进口无侧收缩宽顶堰，堰宽 $b=2.5\text{m}$，堰坎高 $p_1=p_2=0.6\text{m}$，堰上水头 $H=0.9\text{m}$。求当下游水深为 $h=1.2\text{m}$ 时通过此堰的流量。

解：① 判别出流形式

$$h_s=h-p_2=1.2-0.6=0.6\text{m}>0$$

$$0.8H_0>0.8H=0.8\times0.9=0.72\text{m}>h_s$$

所以堰流为无侧收缩的非淹没宽顶堰流。

② 求流量系数

$$\frac{p_1}{H}=\frac{0.6}{0.9}=0.667<3$$

$$m=0.32+0.01\frac{3-\dfrac{p_1}{H}}{0.46+0.75\dfrac{p_1}{H}}=0.32+0.01\times\frac{3-\dfrac{0.6}{0.9}}{0.46+0.75\times\dfrac{0.6}{0.9}}=0.344$$

③ 计算流量

$$Q=mb\sqrt{2g}\,H_0^{3/2}$$

式中，$H_0=H+\dfrac{\alpha_0 v_0^2}{2g}$，$v_0=\dfrac{Q}{b(H+p_1)}$

用迭代法求解 Q

第一次近似，取 $H_{0(1)}=H=0.9\text{m}$

$$Q_{(1)}=mb\sqrt{2g}\,H_{0(1)}^{3/2}=0.344\times\sqrt{2\times9.8}\times0.9^{1.5}=1.523\times0.854=1.3\text{m}^3/\text{s}$$

$$v_{0(1)}=\frac{Q_{(1)}}{b(H+p_1)}=\frac{1.3}{2.5(0.9+0.6)}=0.347\text{m}/\text{s}$$

第二次近似，取 $H_{0(2)}=H+\dfrac{\alpha_0 v_{0(1)}^2}{2g}=0.9+\dfrac{0.347^2}{2\times9.8}=0.906\text{m}$

$$Q_{(2)}=mb\sqrt{2g}\,H_{0(2)}^{3/2}=1.523\times0.863=1.314\text{m}^3/\text{s}$$

$$v_{0(2)}=\frac{Q_{(2)}}{b(H+p_1)}=\frac{1.314}{2.5(0.9+0.6)}=0.350\text{m}/\text{s}$$

第三次近似，取 $H_{0(3)}=H+\dfrac{\alpha_0 v_{0(2)}^2}{2g}=0.9+\dfrac{0.350^2}{2\times9.8}=0.906\text{m}$

$$Q_{(3)}=1.523\times0.863=1.314\text{m}^3/\text{s}$$

$$Q_{(3)}=Q_{(2)}$$

故堰流的流量为 $Q=1.314\text{m}^3/\text{s}$。

思　考　题

1. 简述堰流的水力特点。
2. 堰有几种类型？如何判别？
3. 简述宽顶堰的水流特点。
4. 宽顶堰实现淹没出流的充要条件是什么？
5. 堰流流量计算公式是如何推导出来的？

习　题

12-1　在一矩形渠道中，安设一无侧收缩的矩形薄壁堰，已知堰宽 $b=0.8\text{m}$，上下游堰高相同，即

$p_1 = p_2 = 0.6m$，下游水深 $h_1 = 0.3m$。当堰上水头 $H = 0.4m$ 时，求过堰流量。

12-2 一直角进口无侧收缩宽顶堰，宽度 $b = 2m$，堰高 $p = 0.5m$，堰上水头为 1.8m，设为自由出流，求通过堰的流量。

12-3 一矩形进口宽顶堰，堰宽 $b = 2m$，堰高 $p_1 = p_2 = 1m$，堰前水头 $H = 2m$，上游渠宽 $B = 3m$，边墩为矩形。下游水深为 28m，求过堰流量（设行近流速 v_0 可忽略不计）。

12-4 如图所示潜水坝，厚度 $l = 2m$，坝高 $p_1 = p_2 = 1m$，上游水位高出坝顶 0.6m，下游水位高出坝顶 0.1m，试求通过坝顶的单宽流量。

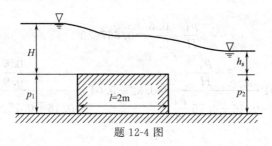

题 12-4 图

第十三章 渗 流

流体在孔隙介质中的流动称为渗流。孔隙介质包括土壤、岩石等各种多孔介质和裂隙介质。水在土壤或岩石孔隙中的存在状态有：气态水、附着水、薄膜水、毛细水和重力水。前四种水由于数量很少而呈现固态水的性质，一般在渗流研究中很少考虑。重力水在介质中的运动是重力作用的结果。本章研究的对象就是重力水在土壤孔隙中的运动，即地下水的运动。

第一节 渗流基本定律

一、渗流模型

天然的岩土颗粒，在形状、大小和分布上很不规则。因次，流体在多孔介质中流动，其流动路径相当复杂。无论用理论分析或实验手段都很难确定流体在某一具体位置的真实流动速度。并且从工程应用的角度来说也没有这样的必要。对于实际工程问题，重要的是在某一范围内渗流的宏观平均效果，而不是具体的流动细节。因此，研究时常引入简化的渗流模型来代替实际的渗流运动。

所谓渗流模型是指在边界形状与边界条件保持不变的条件下，认为孔隙和岩土颗粒所占据的全部空间均被流体所充满，把渗流的运动要素作为全部空间场的连续函数来研究。而渗流模型中的渗透流量、渗流阻力和渗透压力与实际渗流完全相同。

引入渗流模型后，可将渗流场中的水流看作是连续介质的运动。关于流体运动的各种概念，如流线、元流、恒定流、均匀流等均可直接应用于渗流研究。

二、渗流基本定律

1. 达西定律

法国工程师达西在分析了大量实验结果的基础上于 1856 年总结出了渗流水头损失与渗流速度、流量之间的基本关系式，称为达西定律。

达西实验的装置如图 13-1 所示。取一上端开口的直立圆筒，其侧壁上装有两支测压管。在距底板一定距离处安装一孔板 C，孔板上放颗粒均匀的砂粒。水由上端注入圆筒。由于渗流流速很小，其流速水头可忽略不计。因此水头损失 h_f 可用测压管水头差来表示。即 $h_f = H_1 - H_2 = \Delta h$。

达西分析了大量的实验资料，总结出以下结论：即水在单位时间内通过多孔介质的渗流流量 Q 与介质渗流长度 L 成反比，与渗流介质的过水断面面积 A 以及渗流长度两端的测压管水头差 Δh 成正比。即

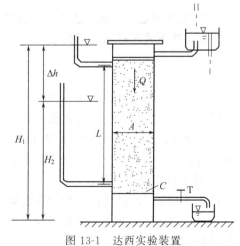

图 13-1 达西实验装置

$$Q = kA\frac{\Delta h}{L} \quad 或 \quad v = kJ \tag{13-1}$$

式中　k——渗透系数；

　　　v——渗流的平均流速，$v = \dfrac{Q}{A}$；

　　　J——水力坡度，即单位长度上的水头损失，$J = \dfrac{\Delta h}{L}$。

式(13-1) 就是著名的达西定律。由于式中渗流流速与水力坡度的一次方成正比，达西定律也称为渗流线性定律。它是研究渗流运动的理论基础。

2. 达西定律的适用范围

实验表明，随着渗流流速的增大，渗流流速与水力坡度的线性关系将不再成立。达西定律是有一定的适用范围的。根据实验，达西定律的适用范围是

$$Re = \frac{vd}{\nu} \leqslant 1 \sim 10$$

式中　Re——渗流雷诺数；

　　　d——岩土的平均粒径；

　　　ν——流体的运动黏度。

3. 渗透系数

渗透系数 k 是达西定律中的重要参数，其物理意义是单位水力坡度下的渗流流速。k 值的大小一般与多孔介质本身的粒径、形状、组成及分布以及水的黏性和温度等因素有关，因此要准确地确定其数值是比较困难的。常用的确定渗透系数 k 的方法主要有以下三种。

① 经验估算法　确定渗透系数 k 的计算公式大多是经验公式。这些公式各有其适用范围，一般作为粗略估算时使用。此外，还可参考有关规范或已建工程的资料确定 k 值。各类岩土的渗透系数 k 的参考值见表 13-1。

表 13-1　水在土壤中的渗透系数 k 的概值

土壤种类	渗透系数 $k/(\text{cm/s})$	土壤种类	渗透系数 $k/(\text{cm/s})$
黏土	6×10^{-6}	亚黏土	$6 \times 10^{-6} \sim 1 \times 10^{-4}$
黄土	$(3 \sim 6) \times 10^{-4}$	卵石	$(1 \sim 6) \times 10^{-1}$
细砂	$(1 \sim 6) \times 10^{-3}$	粗砂	$(2 \sim 6) \times 10^{-2}$

② 实验室测定法　该方法采用类似图 13-1 所示的实验装置，实测渗流的水头损失和相应的流量，按下式求得渗透系数 k 值

$$k = \frac{v}{J} = \frac{QL}{A\Delta h} \tag{13-2}$$

实验室测定渗透系数 k 的方法比较简单。但由于存在对实验土样或多或少的扰动，所得结果往往与实际岩土的渗透系数 k 有一定的差别。

③ 现场测定法　现场测定法是在现场钻井或利用原有井做抽水或灌水实验，测定流量和相应的水头等参数值，再根据井的产水量公式反算渗透系数 k 值。

4. 裘布依假设和裘布依公式

达西渗流定律所描述的是均匀渗流运动规律。而自然界中发生的渗流多为非均匀渐变渗流。为了能够借助达西渗流定律研究非均匀渐变渗流，裘布依（A. J. Dupult）于 1863 年提出如下假设：

① 各点渗流方向水平；

② 同一过水断面上，各点渗流流速相等。

在无压渗流中，重力水的自由表面称为浸润面。对于平面问题，浸润面成为浸润曲线。图 13-2 表示进入集水廊道的无压渗流。该流动为非均匀渐变渗流。根据裘布依假设，同一过水断面（同一竖直线）上各点的渗流流速 u 平行且相等，等于断面平均流速 v，得到

$$v = kJ = k\frac{\mathrm{d}z}{\mathrm{d}x} \qquad (13-3)$$

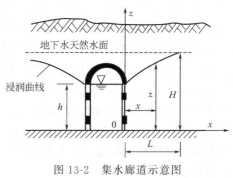

图 13-2 集水廊道示意图

式(13-3) 称为裘布依公式。特别指出的是，只有浸润面与水平面之间的夹角 θ 很小的渗流才可认为是非均匀渐变渗流，裘布依公式才是合理的；当 θ 角较大时，裘布依公式的合理性很差。

第二节 集水廊道和井

集水廊道和井是抽取地下水源或降低地下水位的集水建筑物，在铁路、公路、建筑、市政等土建工程中应用甚广，研究渗流在集水廊道和井中的应用具有非常重要的实际意义。

按照井所汲取的地下水的位置，可把井分为潜水井和承压井两种类型；按照井底是否达到不透水层，可把井分为完全（完整）井和非完全（完整）井。井底直达不透水层的井称为完全井，井底未达不透水层的井称为非完全井。本章主要研究潜水完全井和承压水完全井。

一、集水廊道

设有一矩形横断面的集水廊道，其底部位于水平不透水层上，如图 13-2 所示。在集水廊道抽水前的地下水面称为地下水天然水面。抽水达到恒定状态时的水面称为浸润面（浸润曲线）。按照裘布依公式，集水廊道的单侧单位长度流量即单宽流量 q 为

$$q = vz = k\frac{\mathrm{d}z}{\mathrm{d}x}z$$

将上式进行变量分离，并从（0，h）点沿浸润曲线积分到（x，z）点，得浸润曲线方程

$$z^2 - h^2 = \frac{2q}{k}x \qquad (13-4)$$

式中，h 为集水廊道中的动水位。

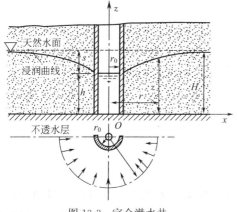

图 13-3 完全潜水井

式(13-4) 所描述的曲线见图 13-2。由图中浸润曲线可看出，随着 x 的不断增加，地下水位逐渐升高。在 $x \geqslant L$ 的区域，天然地下水位不受集水廊道中排水的影响，即 $z = H$。通常将 L 称为集水廊道的影响范围。将 $x = L$ 时 $z = H$ 这一条件代入式(13-4)，得到集水廊道的单宽流量 q 为

$$q = \frac{k(H^2 - h^2)}{2L} \qquad (13-5)$$

式中，H 为地下含水层的厚度。

二、潜水井（无压井）

地表下饱水带中第一个具有自由表面的含水

层中的重力水称为潜水。在潜水含水层中挖的井叫潜水井或无压井。

图 13-3 所示为一半径为 r_0 的完全潜水井。井底位于水平不透水层上，含水层的厚度为 H。未抽水前地下水的原始水面如图中虚线所示。抽水后，井中的水位下降，渗流通过井壁汇入井内。井周围的地下水面随之下降，形成一个以井孔为轴心的漏斗状潜水面。当抽水量 Q 恒定时，经过一定时间，渗流达到恒定状态，井中的水深 h 以及漏斗范围不再扩大。从井中心到漏斗边缘的距离称为井的影响半径 R。

假设井处于均质、各向同性的土层中，并且距离含水层边界很远，此时可认为渗流关于井轴是轴向对称的。渗流的过水断面是以井中心为轴心的圆柱面，其高度为浸润线在该断面处的高度。

设 z 为距井轴 r 处的浸润线高度（以不透水层表面为基准），按照裘布依公式，半径 r 处的断面平均流速 v 为

$$v = k \frac{\mathrm{d}z}{\mathrm{d}r}$$

过水断面的面积 $A = 2\pi rz$，则流经此断面的流量为

$$Q = vA = 2\pi rkz \frac{\mathrm{d}z}{\mathrm{d}r}$$

分离变量并从 (r_0, h) 点到 (r, z) 点沿浸润曲线积分，得浸润曲线方程为

$$z^2 - h^2 = \frac{Q}{\pi k} \ln \frac{r}{r_0} \tag{13-6}$$

当 $r = R$ 时，$z = H$，代入上式可得井的流量为

$$Q = 1.366 \frac{k(H^2 - h^2)}{\lg \dfrac{R}{r_0}} \tag{13-7}$$

井的影响半径 R 取决于岩土的性质、含水层厚度及抽水持续时间等因素，可通过现场抽水实验测定。估算时，可选取经验数据：对于细沙 $R = (100 \sim 200)$m；中沙 $R = (250 \sim 500)$m；粗沙 $R = (700 \sim 1000)$m。也可用以下经验公式估算

$$R = 3000s\sqrt{k} \tag{13-8}$$

式中，水位降深 $S = H - h$ 和影响半径 R 均以 m 计，渗透系数 k 以 m/s 计。

【例 13-1】 有一潜水完全井，含水层厚度 $H = 10$m，其渗流系数 $k = 0.0015$m/s，井的半径 $r_0 = 0.5$m，抽水时井中水深 $h = 6$m，试估算井的产水量。

解：井的水位降深为

$$S = H - h = 10 - 6 = 4\text{m}$$

由式(13-8)得井的影响半径

$$R = 3000s\sqrt{k} = 3000 \times 4 \times \sqrt{0.0015} = 464.8\text{m}$$

取 $R = 465$m，代入式(13-7)求得井的产水量为

$$Q = 1.366 \frac{k(H^2 - h^2)}{\lg \dfrac{R}{r_0}} = 0.044\text{m}^3/\text{s}$$

三、承压井（自流井）

当地下含水层位于两个不透水层之间时，含水层中的地下水处于承压状态，其所受压强大于大气压强，这样的含水层称为承压含水层。由承压含水层中抽水的井称为承压井或自

流井。

图 13-4 所示为一承压完全井。假设不透水层水平且含水层厚度 t 为常数。井孔穿过上面的不透水层后，井中的水位在不抽水时将升到高度 H。H 代表了地下水的总水头。按一定的流量 Q 抽水而达到恒定状态后，井中水位将下降 s。此时渗流为非均匀渐变流。根据裴布依公式，断面平均流速 $v=k\dfrac{\mathrm{d}z}{\mathrm{d}r}$。过水断面的面积 $A=2\pi rt$，则渗流流量为

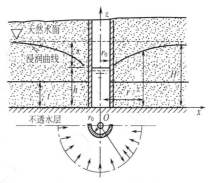

图 13-4　承压完全井

$$Q=vA=2\pi rtk\frac{\mathrm{d}z}{\mathrm{d}r}$$

分离变量后，从 $(r，z)$ 点积分至井边时 $(r_0，h)$ 点，得

$$z-h=\frac{Q}{2\pi tk}\ln\frac{r}{r_0}=0.366\frac{Q}{kt}\lg\frac{r}{r_0} \tag{13-9}$$

上式即为承压井的测压管水头线方程。引入影响半径的概念，把当 $r=R$ 时，$z=H$ 代入式(13-9)，得到承压完全井的产水量为

$$Q=2.732\frac{kt(H-h)}{\lg\dfrac{R}{r_0}}=2.732\frac{kts}{\lg\dfrac{R}{\gamma_0}} \tag{13-10}$$

影响半径 R 按式(13-8)估算。

【例 13-2】　用现场抽水试验确定某承压完全井的影响半径 R。在距井中心轴线半径 $r_1=10\mathrm{m}$ 处钻一观测孔。抽水达到稳定后，井中水位降深 $s=3\mathrm{m}$，而观测孔中的水位降深 $s_1=1.2\mathrm{m}$。设含水层厚度 $t=6\mathrm{m}$，井的半径 $r_0=0.1\mathrm{m}$。试求井的影响半径 R。

解：由承压井的测压管水头线方程式(13-9)可得

$$s=H-h=0.366\frac{Q}{kt}\lg\frac{R}{r_0} \tag{1}$$

$$s_1=H-h_1=0.366\frac{Q}{kt}\lg\frac{r_1}{r_0} \tag{2}$$

由 (1)、(2) 两式联立求解可得

$$\lg R=\frac{s\lg r_1-s_1\lg r_0}{s-s_1}=\frac{3\times\lg10-1.2\times\lg0.1}{3-1.2}=2.33$$

$$R=213.8\mathrm{m}$$

第三节　井　　群

对于多口井同时抽水，且每口井都处于其他井的影响范围内的多个井的组合，统称为井群。图 13-5 所示为一井群示意图。此时，各井的出水量和地下水位均受到影响，渗流区的浸润面形状变得异常复杂。因此，井群的水力计算比单井要复杂得多。

一、完全潜水井井群的水力计算

在渗流流场中，自不透水层至浸润面之间取一底面积为 $\mathrm{d}x\mathrm{d}y$、高度为 z 的微元柱体，如图 13-6 所示，其浸润曲面为 $cdhg$，将 xoy 坐标平面建立在渗流流场的不透水层上，则浸润曲面的方程可写为 $z=f(x，y)$。

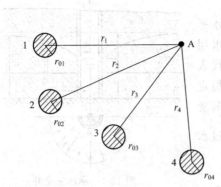

图 13-5　井群示意图

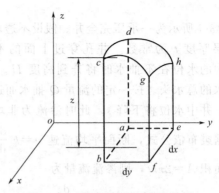

图 13-6　渗流流场中的微元柱体

假设渗流流体为不可压缩流体。从微元柱体的 $abcd$ 面流入柱体的质量流量为

$$\rho Q_y = \rho A_y v_y = \rho z\,\mathrm{d}xk\frac{\partial z}{\partial y} = \frac{\rho k}{2}\times\frac{\partial(z^2)}{\partial y}\mathrm{d}x$$

从 $efgh$ 面流出微元柱体的流量为

$$\rho Q_y + \frac{\partial(\rho Q_y)}{\partial y}\mathrm{d}y = \frac{\rho k}{2}\times\frac{\partial(z^2)}{\partial y}\mathrm{d}x + \frac{\rho k}{2}\times\frac{\partial^2(z^2)}{\partial y^2}\mathrm{d}x\,\mathrm{d}y$$

从微元柱体的 $aehd$ 面流入柱体的质量流量为

$$\rho Q_x = \rho A_x v_x = \rho z\,\mathrm{d}yk\frac{\partial z}{\partial x} = \frac{\rho k}{2}\times\frac{\partial(z^2)}{\partial x}\mathrm{d}y$$

从微元柱体的 $bfgc$ 面流入柱体的质量流量为

$$\rho Q_x + \frac{\partial(\rho Q_x)}{\partial x}\mathrm{d}x = \frac{\rho k}{2}\times\frac{\partial(z^2)}{\partial x}\mathrm{d}y + \frac{\rho k}{2}\times\frac{\partial^2(z^2)}{\partial x^2}\mathrm{d}x\,\mathrm{d}y$$

根据质量守恒定律，有

$$\left(\rho Q_x + \frac{\partial(\rho Q_x)}{\partial x}\mathrm{d}x - \rho Q_x\right) + \left(\rho Q_y + \frac{\partial(\rho Q_y)}{\partial y}\mathrm{d}y - \rho Q_y\right) = 0$$

即

$$\frac{\partial^2(z^2)}{\partial x^2} + \frac{\partial^2(z^2)}{\partial y^2} = 0 \tag{13-11}$$

式 (13-11) 为完全潜水井浸润面 z 所满足的微分方程式。该方程表明，潜水井的 z^2 是满足拉普拉斯方程的函数。因此，函数 z^2 可以叠加。即当井群的所有井同时工作时，所形成的 z^2 函数为井群中各井单独工作时的 z_i^2（第 i 个井的 z^2 函数）之和，即

$$z^2 = z_1^2 + z_2^2 + \cdots + z_i^2 = \sum_{i=1}^{N} z_i^2 \tag{13-12}$$

设井群中第 i 个井的半径为 r_{0i}，井中水深为 h_i，产水量为 Q_i，则

$$z_i^2 = \frac{Q_i}{\pi k}\ln\frac{r_i}{r_{0i}} + h_i^2$$

将上式代入式 (13-12)，得

$$z^2 = \sum_{i=1}^{N} z_i^2 = \sum_{i=1}^{N}\left(\frac{Q_i}{\pi k}\ln\frac{r_i}{r_{0i}} + h_i^2\right) \tag{13-13}$$

式中，N 为井群中井的个数。假设各井的产水量相等，即

$$Q_1 = Q_2 = \cdots = Q_N = \frac{Q_0}{N}$$

式中，Q_0 为井群的产水量。则式 (13-13) 可改写为

$$z^2 = \frac{Q_0}{N\pi k}\ln\frac{r_1 r_2 \cdots r_N}{r_{01} r_{02} \cdots r_{0N}} + \sum_{i=1}^{N} h_i^2 \tag{13-14}$$

设井群的影响半径为 R，在影响半径上任取一点 A，则 A 距各井的距离可近似认为 $r_1 = r_2 = \cdots = r_N = R$，而 A 点处 $z = H$。把上述关系代入式(13-14)，得

$$H^2 = \frac{Q_0}{N\pi k}\ln\frac{R^N}{r_{01} r_{02} \cdots r_{0N}} + \sum_{i=1}^{N} h_i^2 \tag{13-15}$$

将式(13-14)减式(13-15)，得

$$z^2 - H^2 = \frac{Q_0}{N\pi k}\ln\frac{r_1 r_2 \cdots r_K}{R^N} \tag{13-16}$$

式(13-16)为完全潜水井井群的浸润面方程。井群的影响半径 R 可由现场抽水试验测定或按下列经验公式估算

$$R = 575 s \sqrt{Hk} \tag{13-17}$$

式中　s——井群中心的水位降深，m；

　　　H——含水层厚度，m。

完全潜水井井群的总产水量为

$$Q_0 = \frac{\pi k(z^2 - H^2)}{\ln R - \dfrac{1}{N}\ln(r_1 r_2 \cdots r_N)} \tag{13-18}$$

二、完全承压井井群的水力计算

利用与完全潜水井相似的分析方法分析完全承压井井群，对于含水层厚度 t 为常数情况，可得

$$\frac{\partial^2(z)}{\partial x^2} + \frac{\partial^2(z)}{\partial y^2} = 0 \tag{13-19}$$

即完全承压井井群的 z 具有可叠加性。于是完全承压井井群的浸润面方程为

$$z = H - \frac{Q_0}{2\pi Nkt}\ln\frac{R^N}{r_1 r_2 \cdots r_N} = H - \frac{Q_0}{2\pi kt}\left[\ln R - \frac{1}{N}\ln(r_1 r_2 \cdots r_N)\right] \tag{13-20}$$

井群的总出水量为

$$Q_0 = \frac{2\pi kt(H - z)}{\left[\ln R - \dfrac{1}{N}\ln(r_1 r_2 \cdots r_N)\right]} \tag{13-21}$$

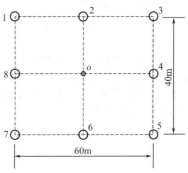

图 13-7　例题 13-3 图

【例 13-3】　由半径 $r_0 = 0.1$m 的 8 个完全潜水井所组成的井群如图 13-7 所示，布置在长 40m、宽 60m 的长方形周线上，以降低基坑地下水位。含水层位于水平不透水层上，厚度 $H = 10$m，土壤渗流系数 $k = 0.001$m/s，井群的影响半径 $R = 500$m，若每口井的抽水量为 0.0125m³/s，试求地下水位在井群中心点 o 的降落值。

解：根据题意可得各井到 o 点的距离为

$$r_1 = r_3 = r_5 = r_7 = 36.06\text{m}, \quad r_2 = r_6 = 20\text{m}, \quad r_4 = r_8 = 30\text{m}$$

将已知数据代入式(13-16)，得

$$z_o^2 = H^2 + \frac{Q_0}{N\pi k}\ln\frac{r_1 r_2 \cdots r_N}{R^N} = 10.10\text{m}^2$$

$$z_o = 3.18m$$

地下水位在井群中心点 o 的降落值
$$s = H - z_o = 10 - 3.18 = 6.82m$$

思 考 题

1. 为什么要提出渗流模型的概念？它与实际渗流有什么区别与联系？
2. 达西定律的适用条件是什么？
3. 裘布依公式和达西定律有何区别？
4. 影响渗透系数的因素有哪些？
5. 影响潜水井渗流流量的主要因素有哪些？影响承压井渗流流量的主要因素有哪些？

习 题

13-1 在实验室中，根据达西渗流定律测定某土壤的渗透系数。将土壤装在直径 $D=20cm$ 的圆筒中，在 40cm 的水头作用下，经过一昼夜测得渗透水量为 $0.015m^3/d$，两测压管间的距离为 $l=30cm$，试求：该土壤的渗透系数 k。

13-2 如图所示，某工厂区为降低地下水位，在水平不透水层上修建了一条长 100m 的地下集水廊道，然后经排水沟排走。经实测，在距廊道边缘 $L=80m$ 处地下水位开始下降，该处地下水深 H 为 7.6m，廊道中水深 h 为 3.6m，由廊道排出总流量 Q 为 $2.23m^3/s$，试求土层的渗透系数 k 值。

13-3 如图所示，已测得抽水流量 $Q=0.0025m^3/s$，钻孔处水深 $z=2.6m$，井中水深 $h=2.0m$，井的半径 $r_0=0.15m$，钻孔至井中心距离 $r=60m$，求土层的渗透系数 k。

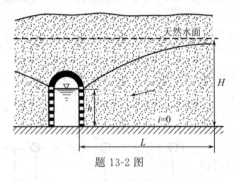
题 13-2 图

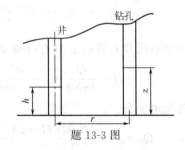
题 13-3 图

13-4 有一潜水完全井如图所示。井半径 $r_0=10cm$，含水层厚度 $H=8m$，渗透系数 $k=0.003cm/s$。抽水时井中水深保持为 $h=2m$，影响半径 $R=200m$，求出水量 Q 和距离井中心 $r=100m$ 处的地下水深度 z。

13-5 如图所示，有一水平不透水层上的渗流层，宽 800m，渗透系数 $k=0.0003m/s$，在沿渗流方向相距 1000m 的两个观察井中，分别测得水深为 8m 和 6m。试求渗流流量 Q。

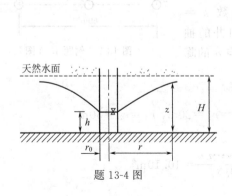
题 13-4 图

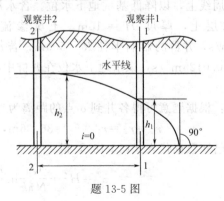
题 13-5 图

13-6　如图所示，利用半径 $r_0 = 10cm$ 的钻井（完全井）做注水试验。当注水量稳定在 $Q = 0.20L/s$ 时，井中水深 $h = 5m$，含水层为细砂构成，含水层水深 $H = 3.5m$，试求其渗透系数 k 值。

13-7　在公路沿线建造一条排水明沟（如图所示）以降低地下水位。含水层厚度 $H = 1.2m$，土壤渗透系数 $k = 0.012cm/s$，浸润曲线的平均坡度 $\bar{J} = 0.03$，沟长 $l = 100m$，试求从两侧流向排水明沟的流量。

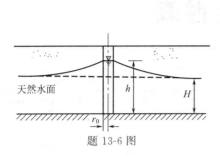

题 13-6 图

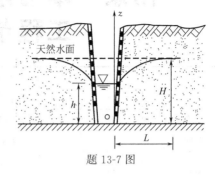

题 13-7 图

13-8　现打一潜水完全井，含水层厚度 $H = 6m$，渗透系数 $k = 0.0012m/s$，井的半径 $r_0 = 0.15m$，影响半径 $R = 300m$，试求井中水位降深 $s = 3m$ 时的产水量。

13-9　如图所示，为了用抽水试验确定某完全承压井的影响半径 R，在距离井中心轴线为 $r_1 = 15m$ 处钻一观测孔。当承压井抽水后，井中水面稳定的降落深度为 $s = 3m$，而此时观测孔中的水位降落深度 $s_1 = 1m$。设承压含水层的厚度 $t = 6m$，井的直径 $d_0 = 0.2m$。求井的影响半径 R。

13-10　如图所示，一布置在半径 $r = 20m$ 的圆内接六边形上的六个完全潜水井群，用于降低地下水位。各井的半径均为 $r_0 = 0.1m$。已知含水层的厚度 $H = 15m$，土壤的渗透系数 $k = 0.01cm/s$，井群的影响半径 $R = 500m$，今欲使中心点 G 处的地下水位降低 5m，试求：各井的出水量（假设各井的出水量相等）。

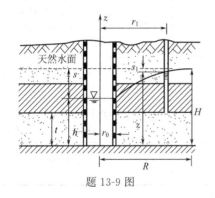

题 13-9 图

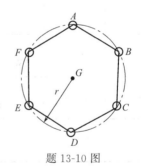

题 13-10 图

附录　本书常用的国际单位与工程单位对照表

物理量	国际单位制		工程单位制	
	量纲	单位名称、符号及换算	量纲	单位名称、符号及换算
长度	L	米(m),厘米(cm)	L	米(m),厘米(cm)
时间	T	秒(s),时(h)	T	秒(s),时(h)
质量	M	千克(公斤)(kg) 1公斤=0.102工程单位	$FL^{-1}T^2$	工程单位 1工程单位=9.8公斤
力	MLT^{-2}	牛顿(牛)(N) 1N=0.102kgf	F	公斤力(kgf) 1kgf=9.8N
压强应力	$ML^{-1}T^{-2}$	帕斯卡(帕)(Pa) Pa=N/m² 1bar=10^5Pa 1bar=1.02kgf/cm²	FL^{-2}	公斤力/米²(kgf/m²) 公斤力/厘米²(kgf/cm²) 1kgf/m²=9.8Pa 1kgf/cm²=0.98bar=98kPa
功能热	ML^2T^{-2}	焦耳(J) J=N・m=W・s 1J=0.2388cal	FL	公斤力・米(kgf・m) 卡(cal),千卡(kcal) 1cal=4.187J 1kgf・m=9.8J
功率	ML^2T^{-3}	瓦(W)=焦/秒(J/s) 1W=0.102kgf・m/s=0.2388cal/s	FLT^{-1}	公斤力・米/秒(kgf・m/s) 1kgf・m/s=9.8J/s=9.8W
动力黏度	$ML^{-1}T^{-1}$	帕秒(Pa・s)=10泊 1Pa・s=0.102kgf・s/m²	FTL^{-2}	公斤力・秒/米²(kgf・s/m²) 1kgf・s/m²=9.8Pa・s
运动黏度	L^2T^{-1}	米²/秒(m²/s) 1m²/s=10^4St(斯)	L^2T^{-1}	米²/秒(m²/s)

注：国际单位制是我国法定单位的基础，正式场合均应使用法定单位。

习 题 答 案

1-1　435.4kPa

1-2　0

1-3　0.25m³

1-4　80%

1-5　84N

1-6　$4×10^{-4}$Pa·s

1-7　$4.48×10^{-5}$N

1-8　18.4N

1-9　37.1N·m

2-1　$p_A=4900$Pa$=-0.5$mH$_2$O　$p_B=$
29400Pa$=3$mH$_2$O

2-2　$p_A=-9.8$kPa

2-3　5.61m

2-4　$ρ'=(1-a/b)ρ$，$p_A-p_B=\dfrac{a}{b}ρgH$

2-5　-5880Pa

2-6　0.188mH$_2$O，0.08mH$_2$O

2-7　1470Pa

2-8　15800Pa

2-9　1.15mH$_2$O

2-10　$H=0.213$m

2-11　$p_A=6932$N，$p_B=13039$N，$a=3.924$m/s²

2-12　18.67rad/s

2-13　-2462N，3977N

2-14　$P=124.86$N

2-15　16.5s^{-1}，1.15mH$_2$O，0，1.65mH$_2$O，
0.4mH$_2$O

2-16　$y=0.44$m

2-17　34.65kN，2.46m

2-19　1.414m　2.586m

2-20　18.05kN·m

2-21　98kN

2-22　41.6kN

2-23　$x=0.97$m

2-24　225kN，0.05m

2-26　闸门所受的静水压力和为45136N，与水
平方向所成的角为29.72°

2-27　$T=\dfrac{1}{n}ρgπR^2(H+R/3)$

2-28　(1) $P=314$N，(2) $G=2354$N，

$δ=0.9546$

2-29　24.5kN，120kN

2-30　1.2kN

2-31　$P=61.589$kN，$M=35.28$kN·m，
$x_D=0.805$m，$y_D=1.265$m

2-32　$δ=18.4$mm

2-33　$V=510$cm³，$G=8$N，$ρ=1599$kg/m³，
$D=1.599$

3-1　$y^3-6x^2y+5=0$

3-2　$x+y+z=0$　$z=C$

3-3　$x^2+y^2=C$

3-4　$u_z=dxz-2axz+\dfrac{e}{2}z^2+f(x, y, z)$

3-5　$v_1=80.4$m/s，$v_8=69.8$m/s

3-6　$v_2=5.6$m/s，$d_2=5$cm

3-7　300mm，1.18m/s

3-8　102L/s

3-9　10.9L/s

3-10　$H=1.23$m

3-12　$Q=0.091$m³/s

3-13　1.499m³/s

3-14　$θ=63°30'$

3-15　$v_2=1.574$m/s，$Q=0.0278$m³/s

3-16　0.044m

3-17　63.68Pa

3-18　6.03m/s 流出，2.58m/s 流入

3-19　$P=9.47$kW

3-20　$F=1968$N，$Q_1=25.05$L/s，
$Q_2=8.35$L/s

3-21　$F=456$N，$θ=30°$

3-22　8.69kN，14.98kN

3-23　523N

3-24　$h_2=1.63$m，$F=28.5$kN

3-25　0.312kN

3-26　$ω=\dfrac{Q}{3AR}\sinθ$；$M=\dfrac{ρRQ^2}{3A}\sinθ$

4-1　$Re_1/Re_2=2$

4-2　$ν=1.597×10^{-4}$m²/s

4-3　$u_{max}=0.566$m/s；$h_f=0.822$m

4-4　1.94cm

4-5　7.08L/s；紊流

4-6　$\lambda = 0.02185$

4-7　①2.038m；②$5.54 \times 10^{-6}$kPa

4-8　0.743m

4-9　$h_f = 0.13$m

4-10　$h_f = 12.997$m

4-11　$Q = 84.8$L/s

4-12　$v = 1.42$m/s

4-13　$\mu_n = 0.82$

4-14　5%

4-16　①$p_\Lambda = \rho g L \dfrac{\lambda \dfrac{h}{d} - 1}{\lambda \dfrac{L}{d} + 1}$；②$h = \dfrac{d}{\lambda}$

4-17　$h_f = 15$m，$\tau = 36.8 p_a$

4-18　$v = 5.024$m/s

4-19　$Q = 1.2$m³/s，$d = 0.507$m

4-20　2.15L/s

4-21　$H > (1 + \zeta) d / \lambda$

4-22　$K / d = 0.004$mm

4-23　0.022

4-24　44.2m

4-25　$Q = 2.4$L/s

4-26　$Q_圆 / Q_方 = 1.06$

4-27　$Q = 0.0327$m³/s

4-28　右侧水银液面较左侧高 0.219m

4-29　$h_f = 0.268$mH₂O

4-30　$H = 5.44$m

5-1　$\varepsilon = 0.64$，$\mu = 0.62$，$\varphi = 0.97$，$\zeta = 0.06$

5-2　①1.219L/s；②1.612L/s；③1.5m

5-3　①$h_1 = 1.07$m，$h_2 = 1.43$m；②3.56L/s

5-4　394s

5-5　7.89h

5-6　$t = \dfrac{4 l D^{3/2}}{3 \mu A \sqrt{2g}}$

5-7　80min

5-8　14.13L/s，3.11m

5-9　①$d_吸 = 200$mm，$d_压 = 150$mm；②$h_V = 5.066$mH₂O$< [h_V]$；③$H = 28.76$mH₂O

5-10　752.09kPa

5-11　0.529m

5-12　334s

5-13　67.4L/s

5-15　49L/s

5-16　108.7kPa

5-17　4.45L/s，20.55L/s，6.29m

5-18　1.26

5-19　Q 减小，Q_1 减小，Q_2 增大

5-20　5.656

5-21　256.2kPa

5-22　0.033m³/s，0.067m³/s，15.23m

5-23　20.76m

5-24　570Pa

5-25　10.14m

6-1　$S = K g t^2$

6-7　$Q = F_1 \left(\dfrac{\rho H^{3/2} g^{1/2}}{u}, \dfrac{b}{H} \right) \sqrt{g}\, H^{5/2}$
$= F \left(\dfrac{b}{H} \right) \sqrt{2g}\, H^{5/2}$

6-8　2.8m/s

6-10　2.26m³/s

6-12　74.67Pa；-35.56Pa

6-15　8320kN

6-17　950.87m/s　8.82Pa

6-19　11.9℃

6-21　$\lambda_f = 1$

7-1　$t_2 = 30.86$℃；$y = -1.54$m

7-2　$b_0 = 0.104$m；$s = 2.246$m

7-3　$G = 5.17$kg/s

7-4　$G = 0.552$kg/s

7-5　$d_0 = 0.14$m；$Q_0 = 0.1$m³/s

7-6　$v_m = 4$m/s；$v_2 = 2.78$m/s；$Q = 3.6$mm³/s

7-7　$v_m = 5.18$m/s；$v_2 = 2.43$m/s；$D = 1.0$m

7-8　$y = 0.0336 x^3 + 0.0288 x^2$

7-9　$v_2 = 0.18$m/s；$t_2 = 23.7$℃；$x = 3$m；$y = -4.3$m

7-10　$d_0 = 0.525$m；$v_0 = 9$m³/s；$s \approx 2.4$m；$y' = -0.0221$m

7-11　$t = 7.3$℃

7-12　①$d_0 = 0.945$m；②没有涡流区出现

8-1　$\varepsilon_{xx} = 1$，$\varepsilon_{yy} = 1$，$\varepsilon_{xy} = \dfrac{3}{2}$；$\omega_z = \dfrac{1}{2}$

8-2　$\omega_x = \dfrac{3}{2}$，$\omega_y = -2$，$\omega_z = -\dfrac{1}{2}$

8-3　$\omega_x = \omega_y = \omega_z = \dfrac{1}{2}$；$\varepsilon_{xy} = \varepsilon_{yz} = \varepsilon_{zx} = \dfrac{5}{2}$

8-4　$\Omega_x = 0$，$\Omega_y = c z \sqrt{x^2 + y^2}$，$\Omega_z = -c y / \sqrt{y^2 + z^2}$；$y^2 + z^2 = c_1$

8-5　①0；②$-\pi A b^2$

8-6　$\Gamma = 16\pi$

8-9　$a_x = 27$，$a_y = 9$，$a_z = 64$

8-10　$a_x = 3$，$a_y = -1$

8-11 $\omega_x = \dfrac{1}{2}x$, $\omega_y = -\dfrac{1}{2}y$, $\omega_z = -xy$; $a_x = 16/3$, $a_y = 32/3$, $a_z = 16/3$

8-12 ①$a_x = 1 + x + t$, $a_y = 1 + y - t$, $a_z = 0$；②流线方程：$(x+t)(y-t) = C_2$；③流线：$xy = -1$ 为二次曲线；④满足。

9-1 $u_z = -2(x+y)z$，有旋

9-2 ①无旋流；②有旋流

9-3 流场处处有旋

9-4 无旋，$\varphi = \dfrac{1}{2}(x^2 - y^2) - 3x - 2y$

9-5 $\varphi = \dfrac{x^2}{2} + 2x^2 y - \dfrac{y^2}{2} - \dfrac{y^3}{3}$

9-6 $\Psi = 4xy + y$

9-7 ①$u_\infty = 2x$, $u_y = -2y$，连续，无旋 ②$\Psi = 2xy$, $Q = 2$ 单位

9-8 ①有势流，势函数：$d\varphi = x^2 y + a^2 y - \dfrac{1}{3}y^3 + c$；②不可压缩流体的流动，存在流函数；③$\Psi = xy^2 - a^2 x - \dfrac{1}{3}x^3 + c$

9-9 $\Psi = \dfrac{Q}{2\pi}\theta$；$\Psi = -\dfrac{\Gamma}{2\pi}\ln r$

9-10 ①$u_{(x,y)} = e^{-x}\displaystyle\int_0^y \cosh y\,dy = e^{-x}\sinh y$；②$\Psi = e^{-x}\sinh y + y$

9-11 满足连续性方程；流动有旋；此流场为不可压缩流动的有旋二维流动，存在流函数 Ψ 而速度势 φ 不存在，$\Psi = x^2 y + 2xy - 2y^2$

9-12 $u_x = y$, $u_y = x$, $\Psi = \dfrac{1}{2}(y^2 - x^2)$

9-13 11（取绝对值）

9-14 ①流动满足连续性方程；②势函数 φ 存在，流函数 Ψ 也存在；③$\varphi = 2x^2 - 2y^2 + x$；$\Psi = 4xy + y$

9-15 在点 $(-1,-1)$ 处 $u_x = -3$, $u_y = 2$；$\Psi = 3$；在点 $(2,2)$ 处 $u_x = 3$, $u_y = 4$；$\Psi = 6$

9-16 $u_x = 1$, $u_y = -1$; $\varepsilon_{xx} = 0$, $\varepsilon_{yy} = 0$; $a_x = 0$, $a_y = 0$; $\varphi = x - y$

9-17 与 x 轴正向夹角为 $60°$；通过 A 点的流线方程为 $-\sqrt{3}x + y = -\sqrt{3}$，通过 B 点的流线方程也是 $-\sqrt{3}x + y = -\sqrt{3}$

9-18 $u_{1x} = 0$, $u_{1y} = 0$, $u_{2x} = 0$, $u_{2y} = 2$, $u_{3x} = 0$, $u_{3y} = -2$, $u_{4x} = \dfrac{4}{5}$, $u_{4y} = 2\dfrac{2}{5}$

9-19 $N = 1.796\text{kW}$

9-20 恒定，平面，不可压缩，有势流动，流线方程：$\dfrac{dx}{u_x} = \dfrac{dy}{u_y}$，$2.038\text{mH}_2\text{O}$

10-1 ①322.6m/s；②265m/s

10-2 $c_0 = 343\text{m/s}$；$c = 343\text{m/s}$；$v = 258.4\text{m/s}$；$p = 3.28 \times 98100 = 321768\text{Pa}$

10-3 $T_0 = 287\text{K}$

10-4 $p_0 = 7493\text{kPa}$；$\rho_0 = 20.92\text{kg/m}^3$；$T_0 = 777\text{K}$

10-5 $M = 0.311 Re = 48485 \times 10^3$

10-6 $G = 4.636\text{kg/s}$

10-7 $G = 2.31\text{kg/s}$

10-8 $\lambda = 0.013$

10-9 $v = 252.85\text{m/s}$

10-10 $l_m = 21.8\text{m}$；$v_2 = 307.42\text{m/s}$；$T_2 = 235.1\text{K}$；$p_2 = 1.086 \times 10^5\text{Pa}$

10-11 ①$\Delta p = 3.42 \times 10^5\text{Pa}$；②$\Delta p = 4.4 \times 10^5\text{Pa}$；③$\Delta p = 4.03 \times 10^5\text{Pa}$

10-12 ①管内出现阻塞；②$p_1 = 903.7\text{kPa}$

11-1 $Q = 18.14\text{m}^3/\text{s}$, $v = 2.1\text{m/s}$

11-2 $h = 1.015\text{m}$

11-3 $h = 2.34\text{m}$, $b = 1.94\text{m}$, $Q = 9.19\text{m}^3/\text{s}$, $h = 2.26\text{m}$, $b = 4.53\text{m}$

11-4 $h = 1.06\text{m}$

11-5 $b = 1.4\text{m}$

11-6 ①$h_{01} = 2.55\text{m}$, ②$h_{02} = 1.46\text{m}$, ③$h_k = 1.34\text{m}$，流态为缓流

11-7 $b = 61.24\text{m}$, $h = 0.36\text{m}$

11-8 $d = 1.44\text{m}$

11-9 $h_K = 0.86\text{m}$, $i_K = 0.0039$

11-10 $v_2 = 2.28\text{m/s}$, $\Delta E = 0.64\text{m}$

11-11 ①$h'' = 0.9\text{m}$, ②$l = 16.4\text{m}$

11-13 $h_1 = 188.45\text{m}$, $h_2 = 187.77\text{m}$, $h_3 = 187.47\text{m}$, $h_4 = 187.02\text{m}$, $h_5 = 186.65\text{m}$

12-1 $Q = 0.39\text{m}^3/\text{s}$

12-2 $Q = 10.68\text{m}^3/\text{s}$

12-3 $Q = 15.06\text{m}^3/\text{s}$

12-4 $Q = 0.66\text{m}^3/\text{s}$

13-1 $k = 4.15 \times 10^{-6}\text{m/s}$

13-2 $k = 0.04\text{m/s}$

13-3 $k = 1.54\text{m/s}$

13-4 $Q = 7.4 \times 10^{-4}\text{m}^3/\text{s}$, $z = 7.63\text{m}$

13-5 $Q = 3.36 \times 10^{-3}\text{m}^3/\text{s}$

13-6 $k = 3.66 \times 10^{-3}\text{cm/s}$

13-7 $Q = 5.5 \times 10^{-4}\text{m}^3/\text{s}$

13-8 $Q = 0.0134\text{m}^3/\text{s}$

13-9 $R = 183.7\text{m}$

13-10 $Q = 2.03\text{L/s}$

参 考 文 献

[1] 龙天渝. 流体力学. 3 版. 北京：中国建筑工业出版社，2019.

[2] 禹华谦. 工程流体力学（水力学）. 4 版. 成都：西南交通大学出版社，2018.

[3] 毛根海. 应用流体力学. 2 版. 北京：高等教育出版社，2009.

[4] 孙祥海. 流体力学. 上海：上海交通大学出版社，2000.

[5] 刘鹤年. 流体力学. 2 版. 北京：武汉大学出版社，2006.

[6] 祁德庆. 工程流体力学. 上海：同济大学出版社，1995.

[7] 潘文全. 工程流体力学. 3 版. 北京：清华大学出版社，1990.

[8] 汪兴华. 工程流体力学习题集. 北京：机械工业出版社，2000.

[9] 陈洁，袁铁江. 工程流体力学学习指导及习题解答. 北京：清华大学出版社，2015.

[10] 李玉柱，苑明顺. 流体力学. 2 版. 北京：高等教育出版社，2008.

[11] 张兆顺，崔桂香. 流体力学. 3 版. 北京：清华大学出版社，2015

[12] 裴国霞，唐朝春. 2 版. 水力学. 北京：机械工业出版社，2019.

[13] 吴持恭. 水力学. 4 版. 北京：高等教育出版社，2017.

[14] 韩占忠，王国玉. 工程流体力学基础. 北京：化学工业出版社，2012.

[15] 屠大燕. 流体力学与流体机械. 3 版. 北京：中国建筑工业出版社，2011.